现代表面工程技术丛书

现代表面热处理技术

主　编　潘　邻

编写人员　（以姓氏笔画为序）

肖钏方　张良界　吴　勉　赵俊平

夏春怀　陶锡麒　潘　邻

机械工业出版社

本书以工艺类型为主线，系统介绍了各种表面热处理技术及其应用，主要内容包括表面热处理的基本原理、工艺特点和工艺选择原则、工艺规范、工艺装备、质量检验等。本书对各种表面热处理技术的工艺参数和处理效果进行了重点介绍，同时，对近年来一些发展较快的表面热处理技术也做了介绍。本书面向工业生产，侧重于实际应用，以数据和实例为主要内容，尽可能多地吸收一些新的技术成果，实用性较强。

本书可供热处理工程技术人员、工人参考，也可供产品设计人员、相关专业在校师生及研究人员参考。

图书在版编目（CIP）数据

现代表面热处理技术/潘邻主编. —2 版. —北京：
机械工业出版社，2017.8（2022.4 重印）
（现代表面工程技术丛书）
ISBN 978 - 7 - 111 - 57471 - 2

Ⅰ. ①现…　Ⅱ. ①潘…　Ⅲ. ①表面热处理
Ⅳ. ①TG156. 99

中国版本图书馆 CIP 数据核字（2017）第 159881 号

机械工业出版社（北京市百万庄大街 22 号　邮政编码 100037）
策划编辑：陈保华　责任编辑：陈保华
责任印制：李　昂　责任校对：李锦莉　任秀丽
北京捷迅佳彩印刷有限公司印刷
2022 年 4 月第 2 版·第 2 次印刷
184mm×260mm · 20.25 印张·501 千字
2 501—3 000 册
标准书号：ISBN 978 - 7 - 111 - 57471 - 2
定价：69.00 元

前　言

　　构成各种机械的单元是零件，任何材料的优劣都将从零件的使用寿命上体现出来，特别是最直接参加工作的零件表面。据统计，机械产品中 80% 以上的零件的报废是由于表面失效造成的，而真正因材料整体强度不足产生断裂或变形的零件失效所占的比例很小（事实上，许多零件发生破裂，其裂纹也首先是从表面产生的）。因此，提高材料的表面耐磨性、耐蚀性、强度及抗疲劳性能，是延长零部件使用寿命、合理配置性能、保证系统稳定性的关键。另一方面，表面是材料最重要的部分，对大部分结构材料而言，它们的性能基本上都与表面状态有关。更重要的是，通过表面改性处理，可以大量节约资源和能源，充分发挥材料的潜力，减少优质材料消耗，降低生产成本。因此，包括表面热处理技术在内的表面工程技术得到人们的极大关注，发展很快，对各类构件的性能贡献度越来越高。

　　在表面热处理范围内，既有渗碳、渗氮等传统工艺，也有利用等离子体、高能量束进行表面改性的先进制造技术，内容十分丰富，应用非常广泛。近年来，我国正从制造大国向制造强国迈进，制造业得到飞速发展，表面热处理技术也将随之进步，并扮演更加重要的角色。本书编撰的目的是，面向表面热处理技术的实际工业生产应用，主要向热处理工程技术人员提供成熟的表面热处理技术资料，介绍表面热处理方面的新技术发展动态。本书侧重于实际应用，以数据和实例为主要内容，辅以少量的基础知识和基本原理，力争做到内容的科学性、实用性、可靠性和先进性。

　　本书是在《表面改性热处理技术与应用》（机械工业出版社出版）的基础上修订而成的。在修订过程中，注意反映表面热处理相关领域的技术进展情况，重点对原书进行了勘误，补充了一些工艺方法和技术参数，删除了部分过时的内容，并按新发布的热处理标准进行了更新。本书是在"特种表面保护材料及应用技术国家重点实验室"的组织、协调下完成的，在此，对相关人员的支持与付出表示深深的谢意。

　　全书以工艺类型为主线，共分为9章，另有附录两则。第1、4、5章由潘邻编写，第2章由赵俊平编写，第3章由肖钏方编写，第6章由张良界编写，第7章由潘邻和吴勉编写，第8章由陶锡麒编写，第9章由潘邻和夏春怀编写，全书由潘邻统稿。

　　由于表面热处理技术范围很广，更由于作者技术水平有限，可能出现挂一漏万之处，也难免存在缺点甚至错误，殷切地希望读者批评指正。

作　者

目　录

第1章 表面热处理技术基础

据统计，在国民经济各行各业所报废的构件中，80%以上是由于表面失效造成的。因此，通过各种表面工程手段，改善构件的表面状态，提高抗腐蚀、耐磨损、抗疲劳等性能，对提高产品的使用寿命至关重要。

在表面工程领域，表面热处理占有重要的地位。表面热处理历史悠长、技术成熟，它几乎是与钢铁冶炼技术同时产生的，从上千年以前的渗碳工艺到今天广泛应用的表面淬火和化学热处理，再到随着先进的能源开发而出现的高能束表面改性等，内容十分丰富，为我们面对各种复杂的工况提供了充足的选择余地。总体来讲，表面热处理技术可划分为两大类：一类是只有表面组织结构变化的表面相变热处理，另一类是涉及表面成分变化的化学热处理。当然，在许多覆层技术中，存在着合金元素向基材中扩散或是表面组织结构转变，也可归入表面热处理之列。按照材料表面成分变化的情况，表面热处理的分类如图 1-1 所示，本书主要介绍表面相变热处理和化学热处理两部分。表 1-1 是几种表面强化处理的性能与效果。

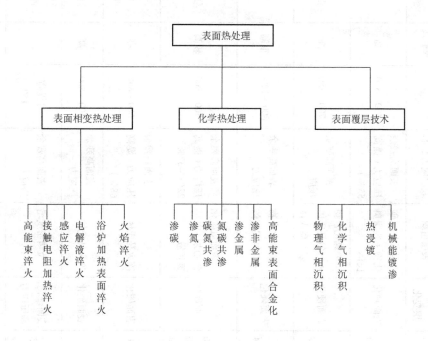

图 1-1　表面热处理的分类

表 1-1　几种表面强化处理的性能与效果

类型	表面层状态					性能特点					钢材成本	设备投资	适用钢材
	层深/mm	处理后表面层变化	表层组织	表层应力状态	表面硬度 HV	耐磨性	接触疲劳强度	弯曲疲劳强度	抗黏着咬合能力	变形开裂倾向			
渗碳淬火	中等 0.5~4.0	表面硬化	马氏体+碳化物+残留奥氏体	表面高残余压应力(提高55%)	650~850	高	好	好(提高40%~120%)	好	较大变形,不易开裂	低或中等	高	低碳钢,低合金钢,铁基粉末冶金重负载零件
碳氮共渗	较浅 0.1~1.0	表面硬化	碳氮化合物+含氮马氏体+残留奥氏体	表面高残余压应力	700~850	高	很好	很好	好	较小变形,不易开裂	低或中等	中等	低碳钢,中碳钢,中碳合金钢,铁基粉末冶金零件
渗氮	薄层 0.1~0.4	表面硬化	氮化合物+含氮固溶体	表面高残余压应力	800~1200	很高	好	好(提高15%~180%)	好	变形甚小,不易开裂	中等或高	中等	中碳合金渗氮钢,球墨铸铁零件
氮碳共渗	扩散层 0.5~1.0 化合物层 5~20μm	表面硬化	表面氮碳化合物层,内部氮扩散	表面高残余压应力(提高22%~32%)	500~800	较高	较好	较好	最好	变形小,不易开裂	低或中等	中等	碳钢,铸铁,耐热钢等轻负载高速滑动零件
感应淬火	0.8~50	表面硬化	淬火马氏体	表面高残余压应力(提高68%)	600~850	高	好	好	较好	较小	低	中等	碳钢或中碳合金钢,低淬钢零件
火焰淬火	1~12	表面硬化	淬火马氏体	表面高残余压应力	600~800	高	好	好	较好	较小	低	低	中碳钢或中碳合金钢零件
表面形变冷强化 表面滚压强化	0.5~1.5	表面硬化,高压应力	位错密度增加	表面高残余压应力	可提高150	—	改善	较大提高	—	—	—	较高	碳钢或合金钢零件
表面形变冷强化 喷丸	0.1~1.5	表面有凹坑	位错密度增加	表面高残余压应力	最高到300	—	改善	较大提高	—	—	—	中等	碳钢,合金钢,球墨铸铁零件

1.1　表面淬火基础

1.1.1　表面淬火的工艺特点

在很多情况下，我们既希望构件有较高的强度（硬度），又希望它的韧性要好，但二者常常是矛盾的，因此，使构件心部保持韧性而表面得到强化成为理想的选择。它可以通过表面淬火等工艺来实现。所谓的表面淬火有两种工艺方法。一是淬火前将工件全部加热，在冷却时使其表面的奥氏体过冷转变为马氏体，而心部的奥氏体由于冷却速度较小只发生珠光体转变，达到表面淬火的目的。这种方法对材料及淬火冷却介质的选择、工艺过程把握要求很高，硬化层深度控制较难，因而工业上较少应用。二是采用特殊的加热方法，使工件表面受热，温度迅速升高，表层被加热到 $Ac_1 \sim Ac_3$ 以上的温度，然后急剧冷却，表层被淬硬，而心部受热时温度只到达 Ac_1 以下，甚至未受热，心部不会出现淬火现象，实现表面淬火。后者可选择的热源较广，工艺过程、硬化层深度及质量易于控制，因而成为一类应用非常普遍的表面强化工艺。

根据不同的加热方法，表面淬火主要分为两大类：一类是外热源加热法，包括火焰加热、浴炉加热和电解液加热；另一类是内热源加热法，主要有感应加热和接触电阻加热。表面淬火进行的是局部强化，加热方式与常规的整体加热完全不同，必须特别注意。

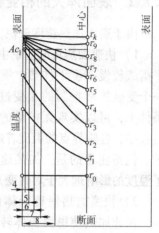

图 1-2　外热源加热时工件断面上温度的变化情况

τ_0—工件加热开始时刻
τ_k—工件加热终了时刻
$\tau_1 \sim \tau_9$—工件加热的各阶段
4～8—淬火层深度

外热源加热时工件断面上温度的变化情况如图 1-2 所示。在加热刚开始的 τ_0 时刻，工件表面和心部的温度均处于室温。在采用外热源开始加热时，外层的加热速度总是高于内层，因此，经过一段时间后，断面上温度按 τ_1 所示的曲线分布，依此类推，在 τ_k 时刻工件内外的温度达到均匀，且等于外部加热介质的温度。从图中曲线还可以看出，加热时间越长，工件达到相变点 Ac_1 以上温度的层深越厚（如 τ_4 时 Ac_1 以上的层深等于线段 4，τ_5 时层深等于线段 5），因此，可通过改变工件的加热时间获得不同的淬硬层深度。但是，从曲线也可以看到，越接近表面处，曲线靠得越紧，因而通过改变加热时间的方法来控制淬硬层深度比较困难。图 1-3 所示为不同加热速度下工

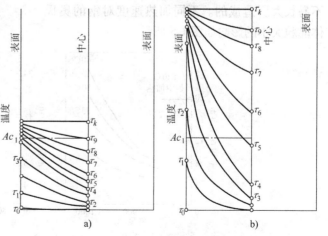

图 1-3　不同加热速度下工件断面上温度的变化情况
a）缓慢加热　b）快速加热

件断面上温度的变化情况。由图 1-3 可见，加热速度越快，工件内外的温差越大，近表面处曲线拉得较开，可以比较容易地控制淬硬层的深度。

在内热源加热时，主要是依靠金属对通过电流的阻力实现加热的。当在某种条件下电流通过预定的表层，该层被加热，而其他部位只有通过热传导的方法获得热量并升高其温度。因此，内热源加热表面淬火是通过调节被加热区电流的大小和电流的透入深度来控制淬硬层深度的。

1.1.2　表面淬火的相变特点

由于表面加热速度较快，其相变过程具有许多慢速加热时不具备的特点。

1）快速加热将改变钢中临界点的温度。在平衡或较慢速度下加热，钢的奥氏体化过程是一个受碳扩散控制的相变过程，但在高速加热条件下，可以实现无扩散的奥氏体化，在这个过程中，各临界点的温度普遍升高，如图 1-4 所示。值得注意的是，加热速度对奥氏体转变终了温度的影响远大于对转变开始温度的影响。

2）快速加热使奥氏体成分的不均匀性增加。快速加热使得奥氏体转变的孕育期缩短及马氏体点改变，可能导致淬火产物中出现不同形态的马氏体组织。特别是对合金钢进行快速加热，由于合金元素的扩散系数远远小于碳的扩散系统，更难实现成分均匀化。

3）快速加热将使奥氏体晶粒显著细化。这是由于加热速度的提高，形成奥氏体的临界尺寸减小，并且在高速加热的条件下起始晶粒也不易长大所造成的。不同加热速度对钢的奥氏体晶粒大小的影响如图 1-5 所示。

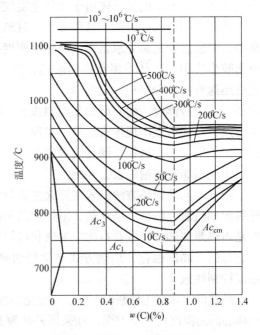

图 1-4　钢的非平衡加热相图

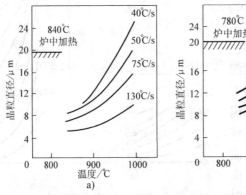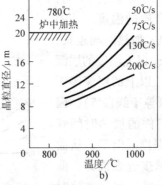

图 1-5　不同加热速度对钢的奥氏体晶粒大小的影响

a) 40 钢　b) T10 钢

常规的表面加热功率密度可达到 10^4W/cm^2，加热速度大于 $100°\text{C/s}$。因此，在制订工艺规范时，必须提高奥氏体化温度。几种常用钢材表面淬火推荐的加热温度见表 1-2。

表1-2　几种常用钢材表面淬火推荐的加热温度

牌号	预备热处理	原始组织	下列情况下的加热温度/°C			
			炉中加热	Ac_1 以上的加热速度/（°C/s）		
				Ac_1 以上的持续时间/s		
				30～60 / 2～4	100～200 / 1.0～1.5	400～500 / 0.5～0.8
35	正火	细片状珠光体＋铁素体	840～860	880～920	910～950	970～1050
	调质	索氏体	840～860	860～900	890～930	930～1020
40	正火	细片状珠光体＋铁素体	820～850	860～910	890～940	950～1020
	调质	索氏体	820～850	840～890	870～920	920～1000
45 50	正火	细片状珠光体＋铁素体	810～830	850～890	880～920	930～1000
	调质	索氏体	810～830	830～870	860～900	920～980
45Mn2 50Mn	正火	细片状珠光体＋铁素体	790～810	830～870	860～900	920～980
	调质	索氏体	790～810	810～850	840～880	900～960
40Cr 45Cr	调质	索氏体	830～850	860～900	890～920	940～1000
	退火	珠光体＋铁素体	830～850	920～960	940～980	980～1050
T8A T10A	退火	粒状珠光体	760～780	820～860	880～840	900～960
	正火或调质	片状珠光体或索氏体（＋渗碳体）	760～780	780～820	800～860	820～900
CrWMn	退火	粒状或粗片状珠光体	800～830	840～880	860～900	900～950
	正火或调质	细片状珠光体＋铁素体	800～830	820～860	840～880	870～920

1.1.3　表面淬火的组织与性能特点

1. 表面淬火的组织特点

经表面淬火后，工件截面一般可分为淬硬层、过渡层和心部组织三部分（见图 1-6）。温度高于 Ac_3 的部分加热淬火后得到全部马氏体，称为淬硬层（第 Ⅰ 区）；温度在 $Ac_3 \sim Ac_1$ 之间，淬火后得到马氏体＋铁素体组织，称为过渡层（第 Ⅱ 区）；加热温度低于 Ac_1 为原始组织（第 Ⅲ 区）。表面淬火后的组织及其分布还与钢的化学成分、淬火规范和工件尺寸等因素有关。当加热层较深时，在硬化层中可能出现马氏体＋贝氏体或马氏体＋贝氏体＋托氏体和少量铁素体的混合组织。

2. 表面淬火的性能特点

（1）表面硬度　经高、中频感应加热喷射冷却的工件，其表面硬度比普通淬火高 2～5HRC。这种高硬度现象是由于奥氏体成分不均匀、奥氏体晶粒细化以及快速冷却表层产生高压应力共同作用所形成的，如图 1-7 所示。

（2）耐磨性　表面淬火的淬硬层中马氏体晶粒极为细小，碳化物弥散度较大，硬度较高，并存在压应力状态，从而大幅度提高了材料的耐磨性，如图 1-8 所示。

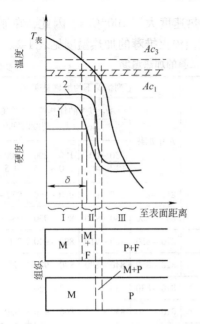

图1-6 表面淬火后组织和硬度的分布

1—45 钢 2—T8 钢

δ—硬化层 Ⅰ—淬硬层 Ⅱ—过渡层 Ⅲ—心部

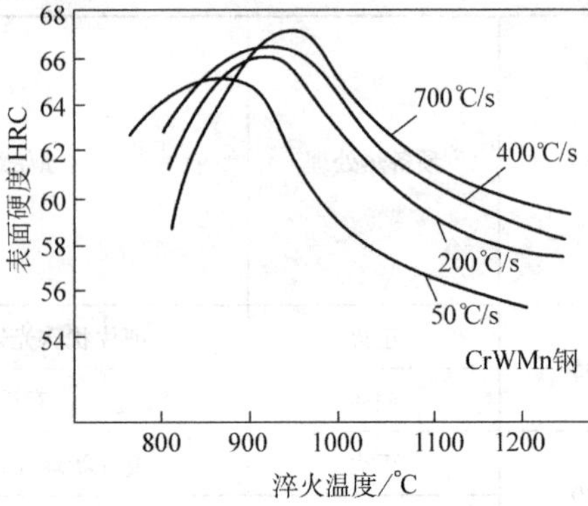

图1-7 不同加热速度下表面硬度
与温度的关系

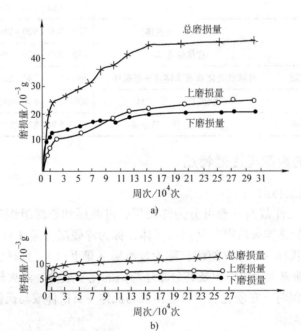

图1-8 普通淬火与高频感应淬火件的耐磨性对比

a) 普通淬火 b) 高频感应淬火

（3）疲劳强度 表面淬火显著提高工件的疲劳强度。例如，采用高频感应淬火的40MnVB 汽车半轴，其使用寿命比整体调质处理提高 20 倍。表 1-3 列出了 40Cr 钢不同处理状态下的疲劳强度比较。

表 1-3　40Cr 钢不同处理状态下的疲劳强度比较（光滑试样）

处理状态	疲劳强度 σ_{-1}/(N/mm^2)
正火	200
调质	240
调质 + 高频感应淬火（$\delta = 0.5$mm）	290
调质 + 高频感应淬火（$\delta = 0.9$mm）	330
调质 + 高频感应淬火（$\delta = 1.5$mm）	480

1.1.4　表面淬火常用材料

进行表面淬火的工件不仅希望获得高硬度和强度的表面，而且要求心部保持较高的综合力学性能，因此，$w(C)$ 为 $0.40 \sim 0.50\%$ 的中碳钢及球墨铸铁最适宜进行表面淬火处理。对于表面承受较小冲击和交变载荷下工作的工具、量具及高冷硬轧辊，也可采用高碳钢进行表面淬火。表面淬火常用材料见表 1-4。

表 1-4　表面淬火常用材料

类　别	材　料	用　途
碳素结构钢	35,40,45,50	模数较小、负载较轻的机床传动齿轮及轴类零件
碳素工具钢	T8,T10,T12	锉刀、剪刀、量具
合金结构钢	40Cr,45Cr,40MnB,45MnB	中等模数、负载较轻的机床齿轮或强度要求较高的传动轴
	30CrMo,42CrMo,42SiMn	模数较大、负载较重的齿轮和轴类零件
	55Tid,60Tid（低淬透性钢）	用于负载不大、模数为 $4 \sim 8$mm 的齿轮的仿形硬化
	5CrMnMo,5CrNiMo	负载大的零件
合金工具钢	GCr15,9SiCr	工具、量具，直径小于 $\phi100$mm 的小型冷轧辊
	9Mn2V	精密丝杠、磨床主轴
	9Cr2,9Cr2Mo	高冷硬轧辊
渗碳钢	20Cr,20CrMnTi,20CrMnMo	用于汽车、拖拉机上负载大、高耐磨的传动齿轮
铸铁	灰铸铁（P + C$_{片}$）	机床导轨、气缸套
	球墨铸铁（P + F + C$_{球}$）	曲轴、机床主轴、凸轮轴
	合金球墨铸铁（P + K$_{网,针}$ + C$_{片,菊}$）	农机零件
	可锻铸铁（P + F + C$_{团}$）	农机零件

注：P—珠光体；F—铁素体；C$_{片}$—片状石墨；C$_{球}$—球状石墨；K$_{网,针}$—网状或针状碳化物；C$_{片,菊}$—点状、菊状石墨；C$_{团}$—团状石墨。

1.2　化学热处理基础

化学热处理是表面合金化与热处理相结合的一项工艺技术。它是将金属工件置于一定温度的活性介质中保温，使一种或几种元素渗入工件表层，以改变其化学成分、组织和性能的热处理工艺。

化学热处理是一项古老而又充满活力的表面改性技术，在整个热处理技术中，占有相当大的比重。通过表面合金化实现表面强化，在提高表面强度、硬度、耐磨性等性能的同时，保持心部的强韧性，使产品具有更高的综合力学性能；表面合金化还可以在很大程度上改变表层的物理和化学性能，提高零部件的抗氧化性、耐蚀性；同时，化学热处理也是修复工程中修复热处理技术的重要组成部分。因此，化学热处理是机械制造、化工、能源动力、交通运输、航空航天等许多行业中不可或缺的工艺技术。

1.2.1 化学热处理的基本过程

要实现所需元素渗入工件表层，须经历一系列物理和化学反应，传统的化学热处理通常可归纳为渗剂的分解、工件表面对活性原子的吸收以及活性原子从工件表层向内部的扩散三个过程。

1. 渗剂的分解

介质中存在活性被渗原子是进行化学热处理的前提，这些活性被渗原子大多数来源于渗剂的分解（也有其他一些获得活性物质的方式，如电离等）。例如，渗碳时的活性碳原子 $[C]$，常由 CO 分解获得。而 CO 来源于一些化学反应：固体渗碳时，木炭在密封的渗碳罐中不完全燃烧产生 CO；气体渗碳时，依靠丙酮、煤油等有机物的分解而产生 CO。最终有下列反应式：

$$2CO \rightarrow CO_2 + [C] \tag{1-1}$$

另外，也可以从某些碳氢化合物分解直接得到活性碳原子，例如：

$$CH_4 \rightarrow [C] + 2H_2 \tag{1-2}$$

在渗氮时，活性氮原子 $[N]$ 来源于渗氮剂的分解，如气体渗氮时常见的氨气分解：

$$2NH_3 \rightarrow 2[N] + 3H_2 \tag{1-3}$$

渗剂的分解反应能否进行，应由该反应的热力学条件所决定，即需该反应的标准自由焓变化 $\Delta G^o \leq 0$。事实上，在化学热处理过程所处的体系中，发生的化学反应是非常复杂的，除了渗剂本身的分解外，还存在与其他元素的相互作用，推动或者制约主要反应的进行。特别是在多元共渗时，既需要考虑到共渗介质内各扩散物质之间的相互作用，还必须注意每种扩散物质与被渗金属之间的反应，即参与扩散层形成的各种元素的化学亲和力都会影响共渗的效果。因此，在进行化学热处理时，只有充分考虑到存在的所有化学反应，才能准确预测处理的结果。

渗剂分解时，除考虑反应的热力学判据外，还应计算反应的动力学过程，即反应速度问题。一个在热力学上可行的化学反应，可能会因为反应速度太慢而失去实际应用的价值。影响化学反应速度的因素很多，其中包括化学介质的性质、反应物的浓度、压强、温度、工件表面状况及催化剂等。

在化学热处理中，常用渗剂的活性来衡量渗剂所能提供活性原子的能力。由于化学热处理常用混合渗剂，可将渗剂的化学反应写成通式：

$$aA + bB \rightleftharpoons c[C] + dD \tag{1-4}$$

式中，$[C]$ 为活性渗入组元；D 为反应生成物；A、B 为反应物。

则化学平衡常数为

$$K = \frac{p_C{}^c p_D{}^d}{p_A{}^a p_B{}^b} \tag{1-5}$$

从式（1-5）可知，为提高渗剂活性，促使反应正向进行，必须增加渗剂成分 A 与 B 的分压，即活性原子 $[C]$ 的浓度与炉气成分 A、B 的浓度成正比，而与炉气成分 D 的浓度成反比。因此，可以用反应物质 A、B 的分压与反应生成物 D 的分压之比值来度量这种介质的活性。化学平衡常数 K 与活性的大小直接相关，且与温度之间符合阿累尼乌斯公式：

$$\ln K = -\frac{E}{RT} + \ln Z \tag{1-6}$$

式中，R 为摩尔气体常数；E 为激活能（J/mol）；Z 为频率因子。

对一定反应来说，E、Z 均为常数。化学热处理中常见反应的化学平衡常数与温度的关系见表 1-5。

表 1-5　化学热处理中常见反应的化学平衡常数与温度的关系

反 应 式	平 衡 常 数	平衡常数与温度的关系
$2CO \rightleftharpoons C + CO_2$	$K = \dfrac{p_{CO_2}}{p_{CO^2}}$	$\lg K = \dfrac{8720}{T} - 9.01$
$CH_4 \rightleftharpoons C + 2H_2$	$K = \dfrac{p_{H_2}^{\ 2}}{p_{CH_4}}$	$\lg K = \dfrac{4775}{T} + 5.77$
$CO + H_2O \rightleftharpoons CO_2 + H_2$	$K = \dfrac{p_{CO_2}p_{H_2}}{p_{CO}p_{H_2O}}$	$\lg K = \dfrac{1725}{T} - 1.59$
$NH_3 \rightleftharpoons \dfrac{1}{2}N_2 + \dfrac{3}{2}H_2$	$K = \dfrac{p_{N_2}^{\ 1/2} p_{H_2}^{\ 3/2}}{p_{NH_3}}$	$\lg K = -\dfrac{28631}{T} + 6.1$
$Fe + CO_2 \rightleftharpoons FeO + CO$	$K = \dfrac{p_{CO}}{p_{CO_2}}$	$\lg K = -\dfrac{1080}{T} + 1.3$
$Fe + H_2O \rightleftharpoons FeO + H_2$	$K = \dfrac{p_{H_2}}{p_{H_2O}}$	$\lg K = -\dfrac{960}{T} - 0.6$
$Mn + CO_2 \rightleftharpoons MnO + CO$	$K = \dfrac{p_{CO}}{p_{CO_2}}$	$\lg K = \dfrac{5240}{T} - 0.75$
$Mn + H_2O \rightleftharpoons MnO + H_2$	$K = \dfrac{p_{H_2}}{p_{H_2O}}$	$\lg K = \dfrac{7250}{T} - 1.1$
$\dfrac{2}{3}Cr + CO_2 \rightleftharpoons \dfrac{1}{3}Cr_2O_3 + CO$	$K = \dfrac{p_{CO}}{p_{CO_2}}$	$\lg K = \dfrac{4970}{T} - 0.08$
$\dfrac{2}{3}Cr + H_2O \rightleftharpoons \dfrac{1}{3}Cr_2O_3 + H_2$	$K = \dfrac{p_{H_2}}{p_{H_2O}}$	$\lg K = \dfrac{6325}{T} - 1.75$
$\dfrac{1}{2}Mo + CO_2 \rightleftharpoons \dfrac{1}{2}MoO_2 + CO$	$K = \dfrac{p_{CO}}{p_{CO_2}}$	$\lg K = -\dfrac{198}{T} + 0.65$
$\dfrac{1}{2}Mo + H_2O \rightleftharpoons \dfrac{1}{2}MoO_2 + H_2$	$K = \dfrac{p_{H_2}}{p_{H_2O}}$	$\lg K = \dfrac{1710}{T} - 1.1$
$Ti + CO_2 \rightleftharpoons TiO + CO$	$K = \dfrac{p_{CO}}{p_{CO_2}}$	$\lg K = \dfrac{12200}{T} - 0.2$
$Ti + H_2O \rightleftharpoons TiO + H_2$	$K = \dfrac{p_{H_2}}{p_{H_2O}}$	$\lg K = \dfrac{14100}{T} - 1.97$
$TiCl_4 + CH_4 \rightleftharpoons TiC + 4HCl$	$K = \dfrac{p_{HCl}^{\ 4}}{p_{TiCl_4}p_{CH_4}}$	$\lg K = -\dfrac{13830}{T} + 12.57$

在诸多因素中，温度对反应速度的影响最大，大多数化学反应都随温度的升高而迅速加快。因此，化学热处理过程必须在一定的温度条件下进行。

另外，催化剂在化学热处理过程中也起到非常重要的作用，一些处理过程在无催化剂的条件下甚至难以进行。如式（1-2）的甲烷热分解反应，在无催化剂时，600℃以下不会析出炭黑，约在600℃时才有炭黑出现，而甲烷在钢件表面的分解速度约为在陶瓷表面分解速度的7倍。又如式（1-3）的氨分解反应，必须在铁、镍等金属的作用下，才会分解出足够的活性氮原子。因此，进行化学热处理时应充分考虑催化剂所产生的影响，如 Fe、Co、Ni、Cr、Ti 等对 CO 分解起催化作用；Fe、Pt、W、Ni 等对 NH_3 分解起催化作用；Cr、Fe、Ni、Pt、W 等对碳氢化合物分解起催化作用等。

2. 活性原子在工件表面的吸收过程

吸附是物质在相界面上自动集聚的过程，固体的吸附就是固体物质自发地把周围介质中的分子、原子或离子吸附到固体表面的现象。这是由于固体表面的分子（或原子、离子）具有一定的表面能，它有吸附某种物质以降低其表面能的倾向。

吸附是一个放热过程，根据平衡移动原理，温度升高，平衡向吸热方向转移。因此，在相同的压力下，温度升高，将使吸附量下降。

吸附作用并非在固体表面均匀进行，吸附中心往往出现在表面的一些缺陷处。固体表面吸附的同时，还伴随着解吸（即吸附质脱落）的发生，这一过程可用渗碳时 CO 与铁表面的相互作用进行说明。

如前所述，气体渗碳时，CO 分解如式（1-1）所示。该反应的实质是一个 CO 分子从另一个 CO 分子中夺取氧原子而生成 CO_2，同时析出一个活性碳原子。碳和氧之间的结合力很强，单靠两个 CO 分子间的猛烈碰撞来破坏 C—O 键、完成上述转化几乎是不可能的。因此，在气相中进行这一反应需要很高的活化能。试验表明，当存在金属铁时，反应速度明显加快，它不仅吸收分解出来的活性碳原子，而且对 CO 分解起催化作用。此时，CO 的分解可做如下解释。

首先，CO 分子中的 C 和 O 分别被吸附在相邻的 Fe 原子上：

$$Fe_{(晶)} + CO_{(气)} \rightarrow Fe \cdot CO_{(吸附)} \tag{1-7}$$

由于 Fe 晶格中原子核间距（0.228nm）差不多比 CO 分子中核间距（0.115nm）大一倍，一旦发生化学吸附，CO 被强烈地变形，从而削弱碳和氧之间原有的结合力，为破坏 C—O 键提供了有利条件。这样，被吸附在 Fe 上而产生变形的 CO 分子就很容易与 CO 作用成为 CO_2 和 ［C］：

$$Fe_{(晶)} \cdot CO_{(吸附)} + CO_{(气)} \rightarrow Fe \cdot ［C］_{(吸附)} + CO_{2(气)} \tag{1-8}$$

吸附在 Fe 上的 ［C］可进一步渗入 Fe 的晶格而溶解。由此可见，吸附作用在渗碳和其他化学热处理过程中是普遍存在的，而且，由于吸附（特别是化学吸附）加速了化学介质的分解过程和活性原子的形成过程，使活性原子进一步向工件内部扩散成为可能。

3. 化学热处理中的扩散过程

在固体介质中，原子在化学位梯度（浓度、压力、电位、应力、磁场、晶体缺陷等）驱使下而引起的物质的宏观定向迁移，称为扩散。如当工件表层存在浓度梯度时，高浓度区的原子向低浓度区扩散，从而形成渗层，其结果将导致系统的自由能降低。

（1）扩散过程的宏观规律　渗入元素的原子在基体金属内部扩散的宏观规律，可用 Fick 定律及其方程表达。

1）Fick 第一定律。在稳态扩散条件下（即扩散通量不随时间而变化），在单位时间内

通过单位面积的扩散物质量与在扩散方向上的浓度梯度成正比,即

$$J = -D\frac{dc}{dx} \tag{1-9}$$

式中,J 为扩散通量 $[g/(cm^2 \cdot s)$ 或原子数 $/(cm^2 \cdot s)]$;D 为扩散系数 (cm^2/s);c 为扩散原子的体积浓度 $(g/cm^3$ 或原子数 $/cm^3)$;dc/dx 为扩散原子在 x 方向的浓度梯度 $(g/cm^4$ 或原子数 $/cm^4)$;负号表示下坡扩散的方向。

Fick 第一定律描述了扩散处于稳定状态时,任何点的浓度不随时间而变化。Fick 第一定律还可用下式表达:

$$dm = -D\frac{dc}{dx}d\tau dA \tag{1-10}$$

式中,dm 为通过横截面的物质数量;dA 为横截面面积;$d\tau$ 为间隔时间。

2) Fick 第二定律。在实际情况下,扩散物质的流量随距离而变化,即扩散物质的通量 J 是不稳定的,如图 1-9 所示,在物质流过长度为 dx 的体积元时,$J_{输入} \neq J_{输出}$,故有:

$$输入的质量 - 输出的质量 = 积累的质量 \tag{1-11}$$

通过平面 1 进入体积元的通量为

$$J = -D\frac{\partial c}{\partial x} \tag{1-12}$$

通过平面 2 流出体积元的通量为

$$J + \frac{\partial J}{\partial x}dx = -D\frac{\partial c}{\partial x} - \frac{\partial}{\partial x}\left(D\frac{\partial c}{\partial x}\right)dx \tag{1-13}$$

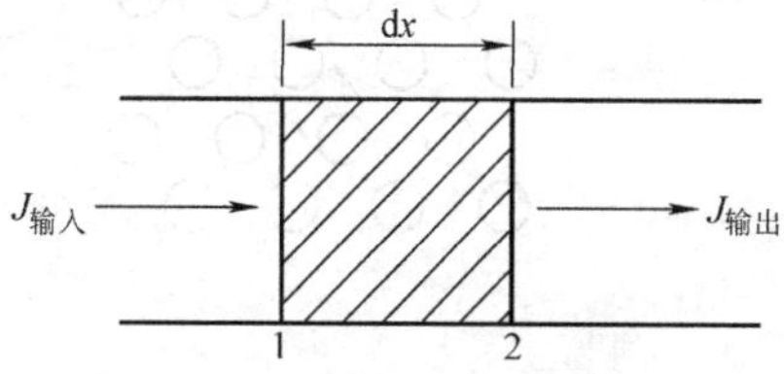

则相距为 dx 的扩散物质改变率为

图 1-9 单向扩散的微体积元

$$\frac{\partial J}{\partial x} = -\frac{\partial}{\partial x}\left(D\frac{\partial c}{\partial x}\right) \tag{1-14}$$

因为 $\partial J/\partial x$ 是单位时间内流过体积元的物质的差值,所以它等于这两个平面之间浓度变化率的负值 $(-\partial c/\partial \tau)$,于是有:

$$\frac{\partial c}{\partial \tau} = \frac{\partial}{\partial x}\left(D\frac{\partial c}{\partial x}\right) \tag{1-15}$$

式 (1-15) 即为 Fick 第二定律的数学表达式,如果 D 与浓度无关,且只考虑一维方向的扩散,Fick 第二定律又可表达为

$$\frac{\partial c}{\partial \tau} = D\frac{\partial^2 c}{\partial x^2} \tag{1-16}$$

由于式 (1-14) 是在假定 D 与浓度无关的条件下推导出的,这只有在纯金属的自发扩散时才可能做到。但在化学热处理过程中,扩散原子的浓度梯度很大,必然会带来较大误差,因而 Fick 第二定律只能粗略地描述化学热处理中渗层各点的浓度和浓度梯度随时间变化的情况。

概括地讲,Fick 第一定律描述了扩散通量 J 与浓度梯度的关系,而 Fick 第二定律则描述了渗层内浓度梯度与时间 τ 的关系。

(2) 扩散机制　在化学热处理过程中,固态金属内部的扩散具有多种可能的方式。当某种原子依靠能量起伏获得足够的能量时,就能挣脱周围原子的束缚而跳离原来的位置,即发生原子的扩散。事实上,目前人们对金属原子在固态下的扩散机制还不完全了解,也无法

直接进行观察，一般假设原子的扩散有以下几种机制。

1）交换型扩散。处于两相邻点阵位置的原子，依靠热振动有可能互换位置，原子以这种方式不断地交换时，就产生了扩散现象（见图1-10）。原子基本上可看成刚性的球体，一对原子进行交换时，必然会引起很大的瞬间畸变，这种晶格发生的畸变需要很大的能量，因此，采用这种方式进行扩散的可能性并不大。

2）间隙型扩散。原子在点阵的间隙位置跃迁而导致的扩散称为间隙型扩散（见图1-11）。间隙原子可以间隙式固溶体存在（如碳溶于α-Fe中），也可以因置换式固溶体中某些原子脱离其正常位置而进入间隙。形成间隙固溶体的元素易于按这种方式扩散。间隙原子也可能把邻近晶格结点上的原子从正常位置推到附近的间隙中，而自己占据这个结点的位置，从而实现原子的扩散。

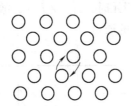

图1-10 原子直接交换模型

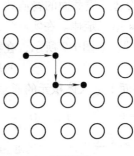

● 溶质原子
○ 溶剂原子

图1-11 间隙型扩散示意图

3）空位型扩散。根据热力学观点，在一定的温度条件下，晶格中总会存在一些空位，且空位的浓度随温度升高而增大。如果一个原子的相邻位置存在空位，它就有可能跳进该空位中，使原来的位置变成空位，同样，另外的原子也有可能填充到新形成的空位，如此连续运动，便形成了原子的扩散。空位型扩散所需的激活能较小，容易实现。图1-12所示为这种扩散方式的过程。

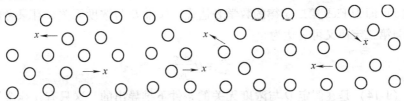

图1-12 空位型扩散时空位移动的过程

4）环形旋转型扩散。前面已经指出，原子直接交换进行扩散所需的激活能很大，实际过程中很难发生，但处在同一平面的几个原子［如面心立方晶格（111）面上三个原子、（100）面上的四个原子，体心立方晶格（110）面上的四个原子等］能够绕瞬时轴旋转，旋转的结果使原子位置发生了变化，这种环形旋转不断进行，便形成了扩散（见图1-13）。当参加旋转的原子数 n 越大，原子移动所要克服的位能越小，扩散越容易进行。当 $n = 2$ 时，则相当于交换型扩散。

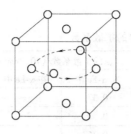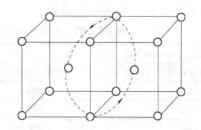

图 1-13　原子环形旋转示意图

按照这几种机制对铜自扩散的激活能进行计算，并进行试验测量，其值见表 1-6。从表中数据比较可见，计算值比实测值大得多。因此，这些机制并不能完全反映扩散的实际过程。金属扩散很可能是按空位和环形旋转的方式进行的，但实际晶体中除了空位及间隙原子这样一些点缺陷外，还有线缺陷存在。如以刃型位错作为隧道，原子沿这一通道进行扩散的激活能就小得多，特别是在较低温度时，空位的活动能力较小，这种扩散方式的作用更大。

表 1-6　按不同机制计算的铜自扩散的激活能

扩散机制	缺陷形成能 /(4.18kJ/mol)	扩散原子迁移能 /(4.18kJ/mol)	自扩散激活能 /(4.18kJ/mol)
交换	—	240	240
间隙	115	4.6	119.6
空位	23	23	46
环形旋转	—	91	91
试验数据			46

上述扩散过程的介绍，都是建立在二元系的基础上的。在实际的化学热处理中，受合金元素、杂质元素等因素的影响，其扩散过程非常复杂，必须充分注意。

（3）影响扩散过程的主要因素　就化学热处理过程而言，在大多数情况下扩散速度是整个过程的控制因素。因此，充分了解影响扩散过程的因素，对设计化学热处理工艺至关重要。

从 Fick 第一和第二定律可知，扩散速度主要取决于工件表面的扩散物质浓度 c_0、沿层深方向分布的浓度梯度 dc/dx 和扩散系数 D。通过控制化学介质的活性、流量等参数，可使工件表层的浓度保持为 c_0，而沿层深分布的浓度梯度总是随时间的延长逐渐降低。因此，扩散系数成为扩散过程中变化最大的因素。

1）温度的影响。在所有因素中，温度对扩散系数 D 影响最大。温度与扩散系数之间的关系可用下式表示：

$$D = D_0 e^{-Q/RT} \tag{1-17}$$

式中，D_0 为扩散常数，它与固溶体的晶体结构等因素有关；e 为自然对数的底；R 为摩尔气体常数；T 为热力学温度；Q 为扩散激活能。

由式（1-17）可见，扩散系数与温度成指数关系，温度增加可显著提高扩散系数。以碳在铁中的扩散为例，当温度从 925°C 提高到 1100°C 时，扩散系数可增加 6 倍以上。表 1-7

及表 1-8 列出了几种原子在铁中的扩散系数。

表 1-7　碳、氮原子在铁中的扩散系数

碳的扩散系数/($10^{-8}\mathrm{cm}^2/\mathrm{s}$)			氮的扩散系数/($10^{-8}\mathrm{cm}^2/\mathrm{s}$)			
扩散温度/℃	在 α-Fe 中	在 γ-Fe 中	扩散温度/℃	在 α-Fe 中	在 γ-Fe 中	在 ε 氮化物中
500	4.1	—	500	0.37	—	0.0028
700	61	—	520	0.50	—	0.0053
800	—	4	550	0.76	—	0.0112
850	—	6	600	1.43	0.0007	0.0395
900	360	—	700	4.57	0.0055	0.0834
925	—	16	800	8.14	0.029	1.828
1000	—	31	850	—	0.060	
1100	—	100				

表 1-8　部分原子在 γ-Fe 中的扩散系数

元素名称	Al		Si		Cr			Ni	Mo		W	Mn	
扩散温度/℃	900	1150	960	1150	1150	1200	1300	1200	1200	1280	1330	960	1400
扩散系数/($10^{-5}\mathrm{cm}^2$/d)	33	170	65	125	5.9	15~70	190~460	0.8	20~130	3.2	21	2.6	830

2）浓度的影响。渗入元素的浓度越高，表层与心部的浓度梯度越大，故使扩散系数增大。例如，碳在 γ-Fe 中扩散时，扩散系数 D 与碳含量 $w(\mathrm{C})$ 之间具有下列关系：

$$D = [0.04 + 0.08w(\mathrm{C})]\mathrm{e}^{-31350/RT} \qquad (1\text{-}18)$$

同时，随着碳浓度的升高，扩散的激活能降低。基于上述原理，在渗碳及碳氮共渗实际生产中，广泛采用强渗工艺，即在渗碳初期采用高碳势气氛，使工件表面迅速达到较高的碳浓度，加快碳原子的扩散速度；当层深快要达到要求时，再降低碳势，使表层过多的碳向内部扩散。采用这种工艺，可比普通渗碳方法缩短周期30%~50%。

3）晶格类型的影响。在化学热处理的温度范围内，钢铁材料存在 α-Fe 和 γ-Fe 两种类型的晶格。从表 1-7 可以看出，C、N 原子在体心立方的 α-Fe 中的扩散系数比在面心立方的 γ-Fe 中大得多，从而决定了 C、N 原子在体心立方的 α-Fe 中的扩散速度比在面心立方的 γ-Fe 中大，这可能是因为面心立方晶格原子的排列比体心立方晶格紧密，导致扩散激活能增加所至。

4）固溶体类型的影响。间隙式固溶体中的溶质原子（如铁中的碳、氮），在任何温度下都处于溶剂原子构成的晶格间隙中，扩散时不消耗脱离结点所需的能量，因而扩散激活能比同样的溶剂中形成置换式固溶体时小，见表 1-9。

表 1-9　晶格类型与固溶体类型对扩散常数及激活能的影响

溶剂	扩散元素	固溶体类型	扩散常数/(cm^2/s)	扩散激活能/（4.18J/mol）
γ-Fe	C	间隙式	$0.04 + 0.08w(\mathrm{C})$	31400±800
γ-Fe	N	间隙式	3.3×10^{-4}	34600

（续）

溶剂	扩散元素	固溶体类型	扩散常数/（cm²/s）	扩散激活能/（4.18J/mol）
γ-Fe	Al	置换式	—	44000
γ-Fe	Cr	置换式	—	80000
γ-Fe	Mo	置换式	6.8×10^{-8}	5900
γ-Fe	W	置换式	—	62500
α-Fe	C	间隙式	0.02	20000
α-Fe	N	间隙式	4.6×10^{-4}	17900
ε 氮化物	N	—	0.277	35200

5）固溶体中第三元素的影响。钢中的合金元素对渗入元素的扩散影响很大。能形成稳定碳化物的元素（如 W、Mo、Cr 等）将使碳在钢中的扩散激活能增大，非碳化物形成元素（如 Ni、Co）则正好相反；渗氮时，钢中的碳及大部分合金元素（除 Al 外）均降低氮的扩散系数；在 800℃ 以上碳氮共渗，氮的存在使碳的扩散速度显著提高。

6）晶粒界面的影响。晶界上存在的许多构造缺陷，使原子沿晶界扩散的速度加快，其扩散所需的激活能比晶内扩散小得多，这种差别对置换固溶体形成元素的影响更为明显，因此扩散具有结构敏感性。

7）形变与应力的影响。塑性变形和应力的存在，增加结构缺陷和点阵畸变，使扩散激活能降低、扩散系数增大。

除此之外，电场、磁场及其他物理场也会对扩散产生影响。

（4）化学热处理过程中的外扩散问题　一般来说，人们比较重视渗入元素在基材中的扩散，即元素的内扩散。但在一些情况下，渗入原子在气氛中的扩散（外扩散）速度，同样会影响化学热处理的效率。例如，在较高温度的真空渗碳条件下，界面反应和内扩散速度很快，但在不通孔处可能因为渗入元素供应不足而影响渗碳速度，即该处的物质传递受到阻碍。因此，这种特殊情况下外扩散速度便成为渗碳速度的控制因素。

外扩散的过程可由图 1-14 表示。介质中物质的传递由 Fick 第一定律表示：

$$J = -D \frac{\mathrm{d}a}{\mathrm{d}x} \qquad (1\text{-}19)$$

式中，J 为单位时间内通过单位面积边界的物质通量；D 为该物质在介质中的扩散系数；$\mathrm{d}a/\mathrm{d}x$ 为活度梯度（g/cm⁴ 或原子数/cm⁴）。

若在时间 τ 内通过面积为 A 的边界层的物质数量为 m，则 $J = (\mathrm{d}m/\mathrm{d}\tau) A^{-1}$，代入式（1-17），得

$$\frac{\mathrm{d}m}{\mathrm{d}\tau} A^{-1} = -D \frac{\mathrm{d}a}{\mathrm{d}x} \qquad (1\text{-}20)$$

由图 1-10 可知，$\mathrm{d}a/\mathrm{d}x = (a_b - a_i)/\delta$，代入上式，得

$$\frac{\mathrm{d}m}{\mathrm{d}\tau} = \beta(a_b - a_i) \qquad (1\text{-}21)$$

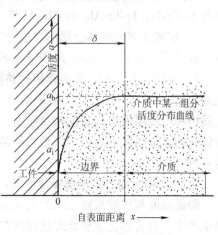

图 1-14　外扩散示意图

式中，$\beta = AD/\delta$，称为物质的传递系数；a_i 表示介质中某一气体组分的活度，a_i 表示工件表面处该组分的活度；δ 为有效边界层的厚度。

传递系数反映了在表面进行的化学反应的快慢。将阿累尼乌斯提出的化学反应与温度的关系应用于传递过程，则有

$$\beta = \beta_0 e^{-E/RT} \tag{1-22}$$

式中，β 为物质的传递系数（mm/s）；β_0 为常数（mm/s）；E 为反应激活能（J/mol）；R 为摩尔气体常数；T 为热力学温度。

与扩散系数相比，影响传递系数的因素更多，包括温度、压力、气氛组成、循环条件等。另外，与扩散系数一样，传递系数同样是精确进行化学热处理过程模拟的关键。

1.2.2　扩散层形成规律

1. 扩散层的形成过程及扩散层组织

（1）单元渗扩　化学热处理后渗层的组织结构，主要取决于渗入元素与基体材料组成的二元合金相图的类型。当渗入元素在基体扩散过程中没有成分的突变，即形成连续固溶体，称为纯扩散；而渗入元素渗入基体金属后，在扩散温度下随着表面溶质浓度的增加伴随着新相（一般形成某种化合物）生成的扩散，称为反应扩散。反应扩散形成多相扩散层，它仅在有限固溶的合金体系中才可能发生。

（2）多元共渗　相对于单元渗扩，多元共渗过程要复杂得多。根据各元素间化学作用的特点，可将两种扩散元素和基体（三元系）分为四类。

1）在两种扩散元素和基体组成的三元系中，有一种扩散元素与另一扩散元素、基体金属都可形成成分范围很窄的化合物。该三元系中扩散元素之一多是 C、N、B、Si 等相对原子质量很小的非金属；第二种扩散元素为电子 d 层不满的过渡族金属，组成的三元系有 Fe-Cr-B、Fe-Mo-B、Fe-W-B、Fe-Cr-C、Fe-Mo-C 等。在第二种扩散元素不超过它在渗层中相应的溶解度时，渗层的相组成与单元素渗扩时相似。

2）两种扩散元素之间，以及两种扩散元素与基体金属之间可形成共价键或金属键化合物，其化合物的成分范围较宽，且形成的化合物没有第一种稳定。扩散层多为以金属为基或以一种扩散元素与基体金属形成的化合物为基的固溶体，有时也会形成多相混合物。该三元系有 Fe-Cr-Ti、Fe-Cr-Al、Fe-Mn-Al 等。

3）扩散元素与基体金属形成成分复杂的固溶体，此时，扩散层是以铁为基的多元固溶体。该三元系有 Fe-Cr-Mo、Fe-W-V、Fe-Cr-Mn 等。

4）共渗元素之间不发生作用，共渗的结果完全取决于扩散元素与铁的相互作用。该三元系包括 Fe-C-N、Fe-B-C、Fe-B-Al 等。在这一类型中又有两种情况：一是共渗元素之间在介质中和扩散层内均不发生相互作用，如 C、N、B 作为一种扩散元素与另一种相对原子质量较大的非金属元素共存；二是两种共渗元素在介质中不发生作用，而在渗层中扩散时彼此相互影响，如 Fe-C-N、Fe-B-C 等。

2. 温度和时间对扩散层深度的影响

根据温度与扩散系数之间的关系可知，原子的扩散速度随温度的升高急剧增大。为了提高生产率，总希望化学热处理过程能在较高的温度下进行。但在实际操作中，除考虑渗速之外，还必须考虑渗层的组织与性能、工件的心部组织与性能、设备及工装允许使用的温度范

围等因素，处理温度不能无限升高。

当温度一定时，扩散时间越长，扩散层越深。但随着时间延长，渗层增加的速度变慢，即渗层深度的增加与扩散时间呈抛物线关系。渗碳温度及保温时间对渗层深度的影响如图 1-15 所示。

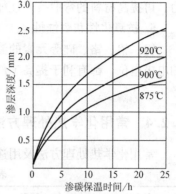

图 1-15　渗碳温度及保温时间对渗层深度的影响

1.2.3　化学热处理后渗层的性能评估

不同的材料经各种化学热处理后，表面将获得不同厚度、成分、组织和性能的渗层，其目的是满足不同服役条件的需要，这也是选择化学热处理工艺方法、制订化学热处理工艺方案的依据。

1. 硬度

经不同化学热处理工艺处理后所获得的渗层硬度是各不相同的。图 1-16 列出了几种化学热处理工艺的大致硬度范围。总的来讲，大部分化学热处理工艺都将使材料的表面硬度提高。

2. 耐磨性

根据磨损条件不同，磨损可分为四大类，即磨粒磨损、黏着磨损、接触疲劳磨损和腐蚀磨损。这四种磨损的机理各不相同，破坏形式各异，因而对表面渗层也有不同的要求。

对工件表面所施加的应力不致使磨粒破碎这类低应力磨粒磨损，化学热处理具有较好的效果；在高应力磨粒磨损条件下，对材料的强度、韧性要求很高，而渗层一般较脆，因此，难以用化学热处理方法来提高这类工件的耐磨性。

材料抵抗黏着磨损的能力决定于材料的压缩屈服强度（或硬度）、韧性，凡能提高材料表面硬度、减小摩擦副之间两种金属结合力的化学热处理方法，都将显著提高材料的抗黏着磨损能力。

材料接触疲劳强度除与材料的冶金质量、工件表面粗糙度等因素有关外，采用适

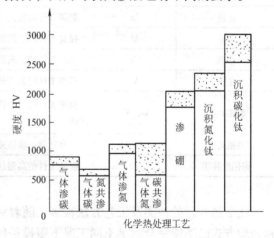

图 1-16　几种化学热处理工艺的大致硬度范围

当的化学热处理可显著提高接触疲劳强度，即提高材料抗接触疲劳磨损的能力。

典型的腐蚀磨损有氧化磨损、气蚀、微动磨损及特殊介质磨损等。致密而非脆性的氧化膜能显著提高磨损抗力。渗碳（碳氮共渗）、氧氮共渗、渗氮（氮碳共渗）等处理，可提高工件抗腐蚀磨损的能力。

3. 减小摩擦及抗擦伤性能

渗氮、氮碳共渗、渗硫等化学热处理方法，可降低材料表面的摩擦因数，起到固体润滑的作用，或是提高材料的抗咬合性能，防止工件表面擦伤。这些工艺广泛用于模具、滚动轴承、工具、轴类等零件的表面处理。

4. 弯曲疲劳强度

渗碳（碳氮共渗）、渗氮（氮碳共渗）等化学热处理工艺，能使工件表面产生残余压应力，可提高材料的弯曲疲劳性能。

5. 抗氧化性和耐蚀性

锌、铝、铬、硅等元素的渗入，或者是在工件表面形成致密的保护膜，或者是提高基体的电极电位，都有利于提高工件的抗高温氧化性和耐蚀性，这也是化学热处理的一个重要任务。

1. 2. 4　常用化学热处理方法及用途

常用化学热处理方法及用途见表 1-10。

表 1-10　常用化学热处理方法及用途

处理方法	渗入元素	用　　　途
渗碳及碳氮共渗	C 或 C、N	提高工件的耐磨性、硬度及疲劳强度
渗氮及氮碳共渗	N 或 N、C	提高工件的表面硬度、耐磨性、抗咬合能力及耐蚀性
渗硫	S	提高工件的减摩性及抗咬合能力
硫氮及硫氮碳共渗	S、N 或 S、N、C	提高工件的耐磨性、减摩性及疲劳强度、抗咬合能力
渗硼	B	提高工件的表面硬度、耐磨性及热硬性
渗硅	Si	提高工件的表面硬度、耐蚀性、抗氧化性
渗锌	Zn	提高工件的抗大气腐蚀能力
渗铝	Al	提高工件的抗高温氧化性及含硫介质中的耐蚀性
渗铬	Cr	提高工件的抗高温氧化性、耐磨性及耐蚀性
渗钒	V	提高工件的表面硬度、耐磨性及抗咬合能力
硼铝共渗	B、Al	提高工件的耐磨性、耐蚀性及抗高温氧化性，表面脆性及抗剥落能力优于渗硼
铬铝共渗	Cr、Al	具有比单一渗铬或渗铝更优的耐热性能
铬铝硅共渗	Cr、Al、Si	提高工件的高温性能

化学热处理的种类及工艺方法很多，随着对工件表面性能要求的提高，原有合金化体系和处理方式已不能完全满足不同工况下服役条件的要求，多元共渗、复合处理等工艺方法的应用面越来越大。近年来，各种新的技术手段不断涌现，又为化学热处理提供了新的能源，出现了一些特殊的化学热处理种类（如激光化学热处理、电子束化学热处理等），并开始得到工业应用。

第2章　感应热处理

2.1　感应加热的基本原理

感应热处理是表面热处理的一个重要组成部分，它以独特的加热方式，获得常规热处理难以实现的特殊效果。

感应加热是将电能以无接触方式传递到被加热工件内部，在工件内部直接产生热量而加热工件自身的一种加热方式，也称为内热源的加热方式。

感应热处理具有许多突出的特点：

1）优良的热处理质量。感应淬火得到硬的外壳和韧的心部，使工件得到优良的综合性能，特别是优良的抗疲劳性能。由于加热时间短，表面氧化皮很少，更少出现脱碳现象。

2）热效率高。感应加热电效率比常规热处理高出一倍以上，节能效果好。

3）局部热处理。感应加热能精确地控制热处理部位，大量用于局部热处理。

4）快速热处理。感应淬火的加热时间以秒计，生产节拍短，与机加工工序吻合。感应热处理装备大量安排在生产线或自动线上。

5）清洁的热处理。感应淬火通常不需要保护气氛，使用的淬火冷却介质一般为水或水基淬火冷却介质，淬火时没有油烟，劳动条件及生产环境好。

2.1.1　电磁感应和交流电的电效应

1. 电磁感应

当交流电通过一个线圈时，在这个线圈的内部和周围将产生一个交变磁场，如果将一个导体（金属工件）置于一个交变磁场中，则在这个导体上就会产生感应电动势和感应电流，这种现象称为电磁感应。

感应电动势 E（V）的大小为

$$E = 4.44fn\Phi10^{-8} \tag{2-1}$$

式中，f 为磁通变化频率（电流频率）（Hz）；n 为线圈匝数；Φ 为穿过导体的总磁通量（Wb）。

由式（2-1）可知，感应电动势的大小与磁通变化频率（即交流电频率）和磁通量大小有关。

电磁感应现象说明了电磁感应的实质，即交变电场能够引起交变磁场，反之，交变磁场也能引起交变电场。其意义在于，电磁感应能够将电能经由真空、空气或其他介质所构成的空隙，传递给需要加热的金属工件，而电源与被加热的金属工件之间无需有任何方式的直接接触。这就是感应加热基础。

在交变磁场中的导体所产生的感应电流在导体内自成回路称为涡流。

$$I = \frac{E}{Z} \tag{2-2}$$

式中，I 为涡流（A）；E 为感应电动势（V）；Z 为导体的阻抗（Ω）。

涡流使导体本身发热，所产生的热量 Q（J）可根据焦耳-楞次定律计算：

$$Q = I^2 Rt \tag{2-3}$$

式中，I 为涡流（A）；R 为导体的电阻（Ω）；t 为加热时间（s）。

由此可见，电磁感应在感应加热中起到了把电磁能传递到工件并转换成热能，进而使金属工件加热的作用。

2. 趋肤效应

趋肤效应也称集肤效应或表面效应。当直流电流流过导体时，导体截面上任意一点的电流密度是均匀的。电流密度 i（A/cm²）的大小可由式（2-4）表示：

$$i = \frac{I}{A} \tag{2-4}$$

式中，I 为流过导体的电流（A）；A 为导体截面面积（cm²）。

但是，当交流电通过导体时，导体截面上电流密度分布是不均匀的，越接近表面电流密度越大，越接近心部电流密度越小，这种电流密度倾向于表面增大的现象称为电流的趋肤效应（见图2-1）。设想把导体理解成由无限多的细线组成，当导体两端加上交流电时，导体中建立交变磁场。由于电磁感应效应，这些细线通过的交流电都会在其周围引起交变磁场，形成磁通。靠近导体中心的细线既交链导体外部磁通也交链导体内部磁通，所以它产生的感应电动势就最大，而靠近导体表面的细线，只交链外部磁通，它产生的感应电动势最小，而感应电动势与外加电场方向相反，结果导致合成电动势由导体表面向心部逐渐减弱。因此，电流密度由导体表面到心部逐渐减小。

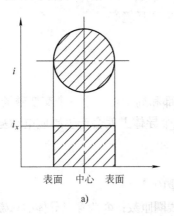
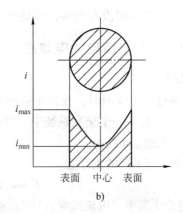

图 2-1　导体截面上电流密度的分布
a）直流电通过导体时导体截面上电流密度分布情况
b）交流电通过导体时导体截面上电流密度分布情况

导体截面上各点的电流密度 i_x（A/cm²）可由式（2-5）计算：

$$i_x = i_0 e^{-x/\Delta} \tag{2-5}$$

式中，i_0 为表面电流密度（A/cm²）；e 为自然对数底数；x 为导体截面上任意处至表面的距离（cm）；Δ 为电流透入深度（cm）。

由式（2-1）可知感应电动势 E 与电流频率 f 成正比。因此，电流频率越高，电流的趋肤效应越显著。交流电的趋肤效应为实现感应淬火和感应器制作中无须采用过大截面的导体提供了依据。

3. 邻近效应

当两个相互平行且互相靠近的导体分别通入交流电时，由于电磁感应的作用，两个导体中的电流密度要重新分配。如果在任何瞬间两平行导体中的电流方向都相同，则电流密度最大处集聚在两导体的外侧面，这种现象称为邻近效应（见图 2-2）。

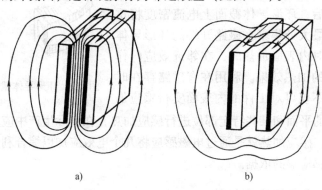

a)　　　　　　　　　　　　　　　　　　b)

图 2-2　通电导体的邻近效应

a）平行导体通入方向相反、大小相等的电流时
b）平行导体通入方向相同、大小相等的电流时

利用邻近效应原理，在实际生产中设计适当的感应器，可对工件表面的一定部位进行加热。

4. 环形效应

交流电通入一个环形导体时，将出现类似邻近效应的现象，电流密度最大处集聚在环形导体的内侧，这种现象称为环形效应（见图 2-3）。在实际生产中我们应用环形效应电流密度集聚在环的内侧的原理，制成圆环形感应器加热圆柱形工件的外表面。

5. 有磁路存在时的趋肤效应

环形效应对加热工件外表面是十分有效的，特别是圆柱形工件，然而在加热工件的内表面时，由于电流密度集聚在感应器的内侧，而外侧几乎为零，不利于工件加热。为改变这一状况，可采用图 2-4 所示的在一个矩形导体外面装了"Π"形的导磁体，然后对导体通上交流电使磁场与电流密度的分布发生变化。

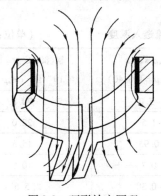

图 2-3　环形效应原理

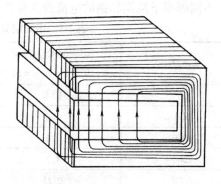

图 2-4　在有磁路存在时的趋肤效应

　　导磁体是具有良好磁导率、磁阻很小的磁性材料。当导体装上"Π"形导磁体后，通电导体产生的磁场磁力线绝大部分通过电磁体，并在"Π"导磁体的开端闭合形成回路。在有磁路存在时导体截面上电流密度最大处集聚在磁路开端一面的导体表面上，这种现象称为在有磁路存在时的趋肤效应。

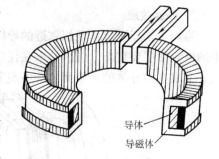

　　如图 2-5 所示，将圆环形感应器环形部分导体装上"Π"形导磁体后，环形导体截面上电流密度将重新分配，电流密度最大处集聚在磁路开端的环形导体外侧面。这样，在对内表面加热时，在邻近效应的作用下，可获得良好的加热效果。利用在有磁路存在时趋肤效应的原理，不仅可对工件的内表面实行感应加

图 2-5　环形导体截面电流密度的分布

热，而且可对工件的平面和某些特定部位进行感应加热，在实际生产中应用非常普遍。

　　综合以上所述，感应加热就是通过电磁感应将几个电效应加以综合利用。这几个电效应也是设计各类合适感应器的依据。

2.1.2　电流透入深度与感应加热

1. 电流透入深度

　　趋肤效应对电流在导体截面上的分布做了定性的描绘。电流透入深度的含义是定量的分析，对感应加热更具实际意义，而且，从电能的利用上还可达到最佳的经济性指标。导体截面上各点的电流密度可按式（2-5）计算。

　　当 $x = \Delta$ 时：$i_x = i_0 e^{-1} = i_0 \times (1/2.718) = 0.368 i_0$

　　工程上规定，从表面电流密度最大处 i_0 测到 $0.368 i_0$ 处的深度为电流透入深度。

　　电流透入深度 Δ（mm）可根据下式计算：

$$\Delta = 50300 \sqrt{\rho / \mu f} \tag{2-6}$$

式中，ρ 为材料的电阻率（$\Omega \cdot cm$）；μ 为材料的磁导率；f 为电流频率（Hz）。

　　从式（2-6）可知，电流透入深度 Δ 与 ρ、μ、f 三值有关。电流频率越高，电流透入深度越小；铁磁性材料的 ρ 和 μ 又是随着温度的变化而变化的。随着材料温度的升高，ρ 值升高，温度上升到居里点 770℃ 时，μ 值急剧降低到 1。

　　不同频率下纯铜和钢的电流透入深度见表 2-1。

表 2-1　不同频率下纯铜和钢的电流透入深度　　　　　　　　　　（单位：mm）

频率/Hz	纯铜（15℃，$\rho = 2 \times 10^{-6} \Omega \cdot cm, \mu = 1$）	钢（15℃，$\rho = 20 \times 10^{-4} \Omega \cdot cm, \mu = 10 \sim 40$）	钢（800℃，$\rho = 120 \times 10^{-4} \Omega \cdot cm, \mu = 1$）
50	10.0	10.0 ~ 5.0	70.8
500	3.0	3.0 ~ 1.5	22.0
1000	2.2	1.9 ~ 0.95	15.5
2500	1.3	1.5 ~ 0.7	10.0
8000	0.75	0.75 ~ 0.38	5.6
10000	0.7	0.7 ~ 0.35	5.0

（续）

频率/Hz	纯铜(15℃ ,$\rho = 2 \times 10^{-6}\Omega \cdot cm$,$\mu = 1$)	钢(15℃ ,$\rho = 20 \times 10^{-4}\Omega \cdot cm$,$\mu = 10 \sim 40$)	钢(800℃ ,$\rho = 120 \times 10^{-4}\Omega \cdot cm$,$\mu = 1$)
50000	0.3	0.30 ~ 0.15	2.2
70000	0.27	0.226 ~ 0.113	1.9
250000	0.13	0.15 ~ 0.07	1.0
450000	0.1	0.09 ~ 0.045	0.75

从表 2-1 中可知，在同一频率不同温度下电流透入深度差异很大。在居里点以下温度的电流透入深度称为电流冷透入深度（$\Delta_冷$），在居里点以上的电流透入深度称为电流热透入深度（$\Delta_热$）。这两个透入深度（mm）可用以下简化公式计算：

$$\Delta_冷 = 20/\sqrt{f} \tag{2-7}$$

$$\Delta_热 = 500/\sqrt{f} \tag{2-8}$$

式中，f 为电流频率（Hz）。

从能量消耗来看，由于热能与电流的平方成正比，在电流透入深度层内所产生的热量占全部电流产生热量的 86.5%。

应用电流透入深度的概念，可将式（2-5）用较为简单的等效公式来代替，认为在透入深度内电流密度是均匀的，其值为

$$i_x = i_0/\sqrt{2}$$

纯铜电流透入深度数值为设计感应器时选择导体截面厚度提供了依据。

2. 电流透入深度与感应加热的关系

电流透入深度与感应加热有着十分密切的关系。当工件在感应器中通电后的瞬间，工件的表面和内层的温度都接近室温，感应电流沿工件截面的分布按式（2-5）计算，电流透入深度按式（2-7）计算，热量只是集中在电流冷透入深度的薄层内，致使该层温度迅速升高。当该层温度升至居里点时，由于铁磁性材料的电阻率 ρ 迅速增加（约为室温时的 4~6 倍），μ 急剧下降（约下降数十倍），使感应电势在该层内大大减少，该层的温度上升速度随之变慢。此时，该层内部的第二层尚处在冷态（忽略表层加热时对第二层的热传导），大部分感应电流进入了表层以内的第二层，使第二层温度迅速升高。这样，电流一层一层地从表面向心部透入，工件也一层一层地从表面向内部被加热，直至温度高于居里点的加热层等于材料的电流热透入深度 $\Delta_热$ 为止。但必须指出，加热过程是连续进行的，并非热传导所致。

从电流透入工件的整个加热过程机理看，在电流热透入深度 $\Delta_热$ 内，加热过程虽是一层一层地连续进行，但并非是热传导的结果，加热层内消耗 86.5% 的能量，加热层的温度梯度小；在超过电流热透入深度的内层，由于透入的电能只有 13.5%，所以加热温度极低，加热层与心部温差大、梯度陡。电流透入深度的特性使感应加热出现两个不同的类型：

第一类是透入式加热。当 $\Delta_热 > x_淬$（淬硬层深度）时，淬硬层的热能由感应电流产生，整个层中温度基本上是均匀的，加热层与心部过渡层窄。这一加热类型是表面感应淬火所要求的，为了达到这个目的，必须根据工件淬硬层深度的要求选择电流的频率。

第二类是传导式加热。当 $\Delta_热 < x_淬$ 时，淬硬层中等于 $\Delta_热$ 的一部分属于透入式加热，而超过 $\Delta_热$ 部分的升温热能只能靠热传导来提供，为了使整个淬硬层深度 $x_淬$ 达到淬火温度，必须采用低的加热速度，否则表面会产生严重过热。而且，淬硬层内温度梯度大，淬硬层与心部的过渡区也大。图 2-6 所示为透入式加热和传导式加热时零件截面上的温度分布。

传导式加热一般只用在受电源设备限制、在高频设备上处理淬硬层深度要求深的工件。这种方法加热速度低、热效率低。在大批量生产条件下，应选择透入式加热类型而不应选用传导式加热类型。

3. 感应加热过程中物理性能的变化

金属的物理性能对电磁感应具有很大的影响，但是金属的这种物理性能均不是恒定的，它们的变化对感应加热过程的影响很大，而温度对其影响最为显著。

（1）电阻率与温度的关系　不同钢材在常温下的电阻率是不同的，但是它们均随着温度的升高而迅速增大，直到温度达到磁性转变点（即居里点，约770°C）以上，电阻率的增大才趋于缓慢，到达 800°C 时，它们的差别就很小了。一般可以认为，此时的电阻率是相同的。

（2）磁导率与温度的关系　磁导率与温度的关系主要是针对铁磁性材料而言的。因为铁磁性材料的磁导率随着材料温度的变化而变化。钢在 700°C 以下，随着温度

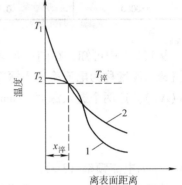

图 2-6　透入式加热和传导式加热时
零件截面上的温度分布
1—透入式加热　2—传导式加热

的升高磁导率变化不大；700 ~ 800°C 之间，磁导率急剧下降趋近于1；到了 800°C 以上，磁导率随温度的变化又变得很小。

除此以外，磁导率还随着磁场强度的改变而发生变化。不同化学成分的材料，在失去磁性之前磁导率基本不变，而当材料温度达到居里温度以上时，钢材就会失去磁性，μ 急剧下降为真空的磁导率（即 $\mu = 1$）。

4. 感应加热时的相变

（1）感应加热的特点　首先，感应热处理不同于常规热处理和其他表面热处理，感应热处理的热能直接在被加热体内部产生。这种加热特点决定了表面温度的变化和沿被加热体截面上的温度分布。

感应加热的第二个特点是，在采用合适的电流频率、合理结构的感应器时，加热速度比其他热处理快，一般均在几十分之一秒至几秒内完成整个热处理过程，其加热速度可达几百摄氏度每秒至上千摄氏度每秒。这种高速度加热对相变过程起着极其重要的影响。与常规热处理的穿透加热比较，感应加热几乎没有保温时间。同时在加热过程中由于受到材料物理性能变化的影响，加热速度不是一个常数。

（2）快速加热对临界点位置的影响　加热速度快是感应加热的一大特点，同时又是对相变温度、相变动力学和相变组织产生影响的重要因素。

感应加热时珠光体转变成奥氏体的相变过程也和其他热处理相变一样，在加热动力学曲线上记录了一段水平或倾斜线，相当于相变进行最强烈的时期。转变起始点以及转变过程可根据温度以及转变阶段所停留的时间来判断。决定相变过程速度和转变开始所需过热度的主要因素：一是相的自由能差的消失和产生；二是原子的扩散速度。这两种因素的作用方向是

一致的，均趋向于减少原始状态稳定性和加速转变过程。因此，不可能需要较大的过热度。图 2-7 所示为共析钢加热速度与临界点 Ac_1 的关系。由图 2-7 可见，转变开始温度 Ac_{1s} 的升高将是有限的，即使以 10^7℃/s 的加热速度加热，Ac_{1s} 仅升高到 840℃。但是，加热速度对转变终了温度 Ac_{1f} 有显著的影响：加热速度在 10^2℃/s 时，Ac_{1f} 为 950℃；以 10^5℃/s 加热时，Ac_{1f} 突然上升到 1050℃；当加热速度为 10^6℃/s 时，Ac_{1f} 可升到 1100℃左右。这是碳扩散控制的相变在高速加热条件下过渡到无扩散相变的特征。

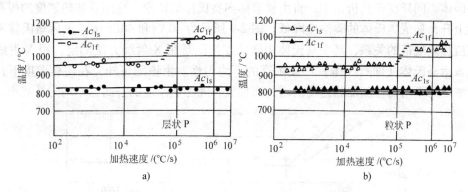

图 2-7　共析钢加热速度与临界点 Ac_1 的关系

a）原始组织为片状珠光体　b）原始组织为粒状珠光体

亚共析钢在加热速度很大时，相变首先完成的是珠光体向奥氏体的转变，这是因为珠光体组织弥散度较高，而后发生剩余铁素体向奥氏体的转变。因此，必须注意铁素体转变是在一半以上金属体积（珠光体）已转变成奥氏体而使材料失去磁性以后发生的，也就是说，必须考虑相变区域内居里点以上的加热速度。

铁素体的溶解不随加热速度改变而改变，但是它的溶解速度随加热速度的增加而变缓，溶解完时的最后温度随着加热速度的增大而移向更高的温度。

根据奥氏体形成的动力学可知，在连续加热时，相变温度不仅取决于加热速度，还决定于材料的原始组织。加热速度越大，Ac_3、Ac_{cm} 越移向高的温度范围，相变结束温度也向更高的温度范围移动（见图 2-8）。

（3）快速加热对钢的居里点位置的影响　钢的居里点相当于钢完全丧失磁性的温度。

铁素体的磁性转变温度与加热速度无关，这是因为在任何加热速度下，剩余的铁素体都要在高于这个与加热速度无关的温度内完成转变。当 $w(C)$ 小于 0.5% 时，转变发生在 768℃。

$w(C)$ 大于 0.5% 的亚共析钢的原始组织中，大部分是珠光体。因此，在通过 Ac_1 时，大部分金属由于珠光体的转变而丧失磁性，所以这一段的磁性转变点取决于珠光体的转变温度。

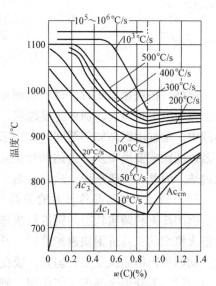

图 2-8　钢的非平衡加热相图

过共析钢磁性丧失主要是取决于珠光体的转变，而绝大部分的珠光体都是在接近 Ac_1 温度时发生的。因此，过共析钢的居里点线实际上与加热速度无关。

(4) 快速加热对钢的奥氏体均匀化的影响　快速加热时奥氏体的形成过程与缓慢加热转变时不同，珠光体到奥氏体的转变不是在恒定温度下完成的，而是在 Ac_1 以上的一个温度区间内完成的。转变温度越低，可能形成的奥氏体的碳浓度越高，随着温度升高，可以形成碳浓度较低的奥氏体。因此，共析钢快速加热时，全部完成铁素体到奥氏体相变后，仍然残留着渗碳体。同样在亚共析钢中，自由铁素体向奥氏体的转变，也随着加热速度的提高，转变温度上升，形成奥氏体的碳浓度降低。图 2-9 所示为 40 钢和 40Cr 钢淬火后马氏体不均匀性与感应加热规范的关系，其中马氏体中碳浓度情况是用 X 射线方法测定，用 X 射线衍射宽度来表示马氏体（即奥氏体）中碳浓度的不均匀性。由该图可知，在同样温度下，奥氏体中碳浓度的不均匀性随加热速度的增加而加大，随加热温度的升高，不均匀性减小。

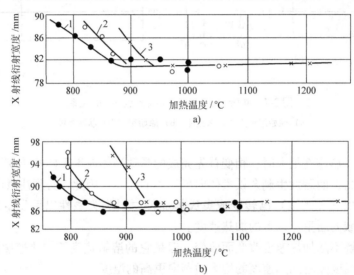

图 2-9　马氏体不均匀性与感应加热规范的关系

a) 40 钢　b) 40Cr 钢

1—8℃/s　2—200℃/s　3—850℃/s

此外，在快速加热时，材料的原始组织及材料中的合金元素对奥氏体的均匀化影响很大。原始组织越粗大，加热速度越快，奥氏体中碳浓度的不均匀状况越严重。在感应热处理实践中，常常用提高加热温度的方法来获取较均匀的淬火组织。一般合金元素在奥氏体中的扩散速度比碳要慢得多，为达到合金元素的均匀化就需要加热到更高的温度，但这很容易造成过热。因此，一般来说，高合金钢不适于快速加热淬火。

(5) 快速加热与晶粒长大的关系　对共析钢、过共析钢的退火、正火和调质状态或亚共析钢的淬火和调质状态的钢进行快速加热时，加热速度越大，初生奥氏体晶粒就越细。而对正火组织的亚共析钢快速加热时，开始只是珠光体部分的奥氏体转变，随着加热速度的增大，初始奥氏体晶粒变细。但是，要使自由铁素体进一步溶解，就必须继续加热。当加热速度很大时，为获得全部奥氏体组织，则必须加热到更高的温度，这样就可能导致奥氏体晶粒的显著长大。综合这两方面因素的结果，对有自由铁素体的亚共析钢来说，为使全部完成奥氏体转变,快速加热时不一定比加热速度较低时的初始晶粒细小。

在快速加热时,为了得到细小晶粒,对于亚共析钢材料必须先进行调质处理,以消除自由铁素体。除了选择合理的预备热处理,保证快速加热必要的原始组织以外,采用本质细晶体钢作为感应加热用钢,以获得细小晶粒度是必要的。

2.2　感应热处理工艺

感应热处理工艺的编制过程是根据工件的技术要求(包括工件的材料、原始组织状态、技术要求)、上下道工序的关系等条件及因素,选择合理的加热、冷却方法和设备,计算出合理的电、热参数,编制出正确的工艺文件等一个完整系统的过程,它的最终目的是保证工件技术要求,降低成本,提高生产率。

2.2.1　感应热处理件的技术条件

感应热处理件的技术条件是选用感应热处理设备(包括电源设备、淬火机床)、合理地设计感应器、确定感应热处理工艺、检查和验收感应热处理工件质量的基本根据。

感应热处理工件的技术条件有工件材料、表面硬度、淬硬层深度、硬化区分布、形变量、表面裂纹及金相组织要求等。

一般情况下,以上技术条件多以图示法或文字说明出现于工件图上。值得注意的是,工件图上所标注的技术条件,一般是工件加工完毕后成品所要达到的技术要求,或感应热处理整个工序完毕后所要达到的技术要求。而感应热处理往往只是工件加工中的一道中间工序,或由数道工序完成的工序组,此时,必须根据工件最后成品所要求的技术条件来制订本道工序的技术条件。例如,材料为 45 钢的汽车发动机零件摇臂轴,硬度要求为 50~58HRC(成品要求),而在摇臂轴表面感应淬火后的表面硬度,必须要求材料淬火硬度达到 55HRC 以上,然后通过回火达到图样要求硬度。又如,某汽车发动机曲轴主轴颈,淬硬层深度要求为 1.5~4.0mm,这是曲轴成品的淬硬层深度要求。在制订感应加热淬火工艺时,必须考虑淬火后的磨削量和允许的弯曲变形量,再确定淬火工序的淬硬层深度。

可以根据 JB/T 9204—2008 《钢件感应淬火金相检验》 和 JB/T 9205—2008 《珠光体球墨铸铁零件感应淬火金相检验》 两个金相检验标准,进行感应热处理零件的金相组织检验。

2.2.2　感应热处理常用材料及其对原始组织的要求

随着感应热处理工艺应用面的增加,感应热处理零件的用材范围也不断扩大,它主要分为钢和铸铁两大类。感应热处理常用材料见表 2-2。

表 2-2　感应热处理常用材料

类　别	牌　号
优质碳素结构钢	25、30、35、40、45、50、55、60 25Mn、30Mn、35Mn、40Mn、45Mn、50Mn、55Mn、60Mn
低淬透性含钛优质碳素结构钢	55Ti、60Ti、70Ti

（续）

类　　别	牌　　号
合金结构钢	30Mn2、35Mn2、40Mn2、45Mn2、50Mn2 20MnV、27SiMn、35SiMn、42SiMn、40B、45B、50B 40MnB、45MnB、40MnVB 40MnV、48MnV 30Cr、35Cr、40Cr、45Cr、50Cr 38SiCr、30CrMo、35CrMo、42CrMo、40CrV、40CrMn 25CrMnSi、30CrMnSi、35CrMnSi 40CrMnMo、40CrNi、45CrNi、50CrNi、40CrNiMnA 8CrMoV、88Cr2MoV、9Cr2、9Cr2Mo、9Cr2W、9Cr2Mo、9Cr2MoV 9Cr2、9Cr2Mo、9Cr2V 75CrMo、70Cr3Mo、35CrMo、42CrMo、55Cr
弹簧钢	65、70、85、65Mn、70Mn、55Si2Mn、55SiMnB、55SiMnVB 60Si2Mn、60Si2MnA、60Si2CrA、50CrVA、60CrMnBA
铬轴承钢	GCr6、GCr9、GCr9SiMn、GCr15、GCr9SiMn
碳素工具钢	T7、T8、T8Mn、T9、T10、T11、T12、T13
合金工具钢	9Mn2V、CrWMn、9CrWMn、5CrMnMo、5CrNiMo、9SiCr
不锈钢棒	20Cr13、30Cr13、32Cr13Mo
耐热钢棒	42Cr9Si2、40Cr10Si2Mo、80Cr2Si2Ni
中空钢	ZKT8、ZK8Cr、ZK55SiMnMo、ZK35SiMnMoV
一般工程用铸造碳钢	ZG230-450、ZG270-500、ZG310-570、ZG340-640
灰铸铁	HT200、HT250、HT300、HT350
珠光体可锻铸铁	KTZ450-06、KTZ50-04、KTZ650-02、KTZ700-02
球墨铸铁	QT400-18、QT400-15、QT450-10、QT500-7 QT600-3、QT700-2、QT800-2、QT900-2
粉末冶金铁基结构材料	FTG30、FTG60、FTG90、FTG70Cu3、FTG60Cu3Mo

　　用于感应淬火的钢材，宜选用本质细晶粒钢。要求较高机械强度的零件或要求有较高耐磨性的零件需先进行调质处理；一般感应淬火零件需先进行正火处理；对于要求较低或只要求提高耐磨性的零件，也可以不做预备热处理。

　　对用于感应淬火的铸铁材料原始组织，涉及珠光体含量、形态、石墨类型、磷共晶和渗碳体的含量及某些元素的成分等。常用于感应淬火的灰铸铁应以珠光体为基体，要严格控制铸铁成分中的 S、P、C、Si、Mn 等元素的含量，淬火前的组织主要控制珠光体含量和粗细、磷共晶和渗碳体含量及石墨粗细。球墨铸铁一般也是以珠光体为基体，珠光体含量要求大于75%（体积分数），珠光体形态以细片状为佳；对球化率、碳化物和磷共晶的含量也有一定的要求，一般情况下，碳化物和磷共晶的总含量不超过3%（体积分数）。

2.2.3　感应加热设备频率和加热比功率的选择与确定

1. 感应加热设备频率的选择与确定

　　合适的感应加热设备频率是提高感应热处理生产率、技术经济指标和处理工件质量的关键。所谓频率选择，不是选择某一正确频率的数值，然后根据这个频率数值来确定选用设备的频率。因为这样做是没有意义的，设备制造厂也不可能制造无数不同频率的设备。所谓频率选择，是指选择最合适的频率数量级，或者说频率范围，然后在合适频率范围内确定使用的设备。

如前所述，透入式加热在能量的利用、生产率、技术经济指标、工件质量等方面优于传导式加热，因此首先应选择透入式加热，即有 $\Delta_热 > x_淬$。根据式（2-8）可得

$$f < 250000/x_淬^2 \tag{2-9}$$

式中，f 为电流频率（Hz）；$x_淬$ 为硬化层深度（mm）。

这就确定了选择频率的上限，高于上限时不能实现透入式加热。但是电流频率也不能太低，因为频率太低，$\Delta_热$ 值就越大，此时，在要求 $x_淬$ 较小的情况下，要求设备功率很大，相应输入感应器上的功率也很大，感应器因发热功率损失也很大，即使感应器在通水冷却条件下，仍将发热而影响工作。实践证明，在较小的感应器功率损失时，取 $\Delta_热$ 的四分之一小于 $x_淬$ 的频率作为频率的下限，即

$$x_淬 > 0.25\Delta_热 \tag{2-10}$$

将 $\Delta_热 = 500/\sqrt{f}$ 代入式（2-10），可得

$$f > 15625/x_淬^2 \tag{2-11}$$

频率范围应为

$$15625/x_淬^2 < f < 250000/x_淬^2 \tag{2-12}$$

实际使用中，一般认为 $x_淬 \approx (0.4 \sim 0.6)\Delta_热$ 时，电流频率为最佳。电流频率最佳值为

$$f_最佳 = 60000/x_淬^2 \tag{2-13}$$

表 2-3 为不同频率的淬硬层深度。

表 2-3　不同频率的淬硬层深度

频率/kHz		250	70	35	8	2.5	1.0	0.5
淬硬层深度/mm	最小值	0.3	0.5	0.7	1.3	2.4	3.6	5.5
	最大值	1.0	1.9	2.6	5.5	10	15	22
	最佳值	0.5	1.0	1.3	2.7	5	8	11

电流频率的选择，除上述从电流透入深度与感应加热类型考虑以外，还必须注意感应器的电效率。感应器的电效率取决于被加热工件的直径 D（mm）。

当 $D/\Delta_热$ 大于 6 且小于或等于 10 时，电效率 $\eta_冷 = 80\%$；当 $D/\Delta_热 = 3.5$ 时，电效率 $\eta_冷 \approx 70\%$。感应器电效率为 70% ~ 80% 时，工作的电流频率是合适的电流频率。

将 $\Delta_热 = 500/\sqrt{f}$ 分别代入 $D/\Delta_热 < 10$ 和 $D/\Delta_热 = 3.5$ 中，可得

$$3062500/D^2 < f < 25000000/D^2 \tag{2-14}$$

不同直径圆柱工件表面淬火频率的选择见表 2-4。此表只考虑了感应器效率和工件直径关系，在选择电流频率时，还必须与工件淬硬层深度结合起来综合考虑。

表 2-4　不同直径圆柱工件表面淬火频率的选择

频率/kHz	允许最小直径/mm	推荐直径/mm	频率/kHz	允许最小直径/mm	推荐直径/mm
1.0	55	160	35.0	9	26
2.5	35	100	70.0	6	18
8.0	19	55	250.0	3.5	10

对于齿轮、凸轮、偏心轮之类表面几何形状复杂的工件，表面淬火后要得到沿表面轮廓均匀分布的淬火层是比较困难的。但是，只要选择合适的电流频率，供给足够的单位功率，还是可以得到比较满意的淬硬层形状的。

对齿轮来讲，电流频率过高，会造成齿顶温度过高；而当电流频率过低时，易造成齿根过热。当选择合适频率时，即使在齿根的电能略大于齿部的电能时，齿轮的加热也比较理想。合适的频率为

$$f = 250000/m \tag{2-15}$$

式中，m 为齿轮模数（mm）。

齿轮进行感应淬火时，除选择合适的频率外，要求供给足够大的单位功率，缩短加热时间，以达到满意的淬硬层形状。

凸轮的感应淬火类似于齿轮，频率高凸轮尖部易于加热；反之，则凸轮尖部加热温度偏低。推荐的合适频率如下：

$$f = 380000/r \tag{2-16}$$

式中，r 为凸轮尖部半径（mm）。

在实际应用中，频率的确定无须计算。实际生产操作时，只需根据设备系列频率范围、工件的技术要求，查对相应的推荐表即可确定。对已有现存电源设备而增加新工件时，也可以根据新增工件的技术要求，合理使用现有设备。

2. 感应加热比功率与电源功率的选择

设备频率确定后，正确选择比功率，进而选择电源的功率，对满足感应热处理工件的技术要求、合理使用设备、提高设备的技术经济指标是十分重要的。一旦设备频率、比功率确定后，工件的加热速度也随之而定。

比功率就是加热工件单位表面上所吸收的电功率。比功率选择的依据是电流频率、被处理工件的尺寸和工件的技术要求。一般情况下，电流频率越低，工件尺寸（直径）越小，要求淬硬层深度越浅，选择比功率就越大；反之，则选择比功率越小。

一般比功率的推荐值如下：

在采用高频电源时，比功率 $P_0 = 0.2 \sim 0.5 \mathrm{kW/cm^2}$；

在采用中频电源时，比功率 $P_0 = 0.5 \sim 0.2 \mathrm{kW/cm^2}$。

根据工件加热面积，通过推荐的比功率值计算和选择电源的功率。电源的功率可通过下式计算：

$$P = \frac{AP_0}{\eta_1 \eta_2} \tag{2-17}$$

式中，P 为电源功率（kW）；A 为工件同时加热的表面积（cm²）；P_0 为比功率（kW/cm²）；η_1 为淬火变压器频率，常取 80%；η_2 为感应器效率，常取 80%。

高频发生器功率不能直接从仪表上读出，可用下式计算：

$$P_Z = P_R \eta \tag{2-18}$$

式中，P_Z 为高频装置振荡功率（kW）；P_R 为阳极输入功率（kW）；η 为振荡管效率，取 60% ~ 70%。

此外，P_R 可由下式求出：

$$P_R = nEI \tag{2-19}$$

式中，n 为振荡管数量；E 为阳极负载电压（kV）；I 为阳极电流（A）。

计算出 P_R 后，其他比功率计算可按式（2-17）进行计算。

近年来，已可对比功率、加热时间、发电机功率用一些估算图估算，通过已知的淬硬层深度、表面需达到的最高温度从曲线上求得加热时间与比功率。图 2-10 所示为在 10kHz 电流频率下，用半环形感应器进行大曲轴感应加热的功率估算图。利用估算图可以粗略估计加热时间、比功率。但是，在实际生产中，还必须根据不同的感应器和技术要求调整参数。

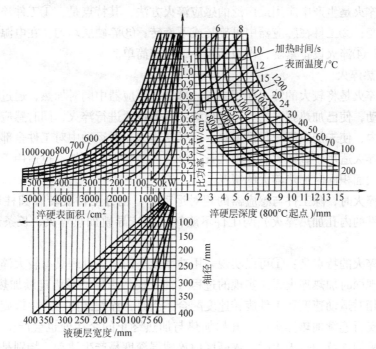

图 2-10　用半环形感应器进行大曲轴感应加热的功率估算图

对直径大、淬火区长而使加热面积太大的淬火工件，根据推荐的比功率值计算所得的电源功率很大，可采用连续加热淬火法选用较小功率的电源，或采用现用的电源，用式（2-20）确定同时加热的面积 $A(\mathrm{cm})$：

$$A = \frac{P\eta_1\eta_2}{P_0} \tag{2-20}$$

然后，计算出连续加热淬火的感应器有效宽度 $H(\mathrm{cm})$：

$$H = \frac{A}{\pi D} \tag{2-21}$$

式中，D 为工件直径（cm）。

2.2.4　感应加热方式和冷却方式

实际生产中，工件的大小、形状是多种多样的，淬硬区分布、技术要求也各有不同，为了满足各种工件的技术要求，必须采用多种工艺和操作方法。感应淬火原则上分为两大类，即同时加热淬火和连续加热淬火。

1. 同时加热淬火

同时加热淬火是将感应淬火工件的淬硬区（包括有几个淬硬区同时加热和几个淬硬区中的一个或其中的几个同时加热）同时置于感应器中加热，达到加热温度后同时冷却的淬火方法。这种方法常用于：①工件的直径不太大、硬化区不很长的各种形状的淬硬区；②具有多个不同位置的淬硬区，各淬硬区淬火面积不大时，进行逐个或几个淬硬区的同时加热淬火；③模数小于5mm且齿部不宽的齿轮齿面淬火。

同时加热淬火是生产中应用最广泛的感应淬火方法，其特点是：①工件淬硬区与感应器的相对位置不变；②工件在感应器中可旋转或不旋转；③淬硬层均匀；在电源功率相同的情况下生产率高；④淬火设备紧凑，占地面积小，操作简单。

2. 连续加热淬火

连续加热淬火是将较大的淬火面积中的一部分在感应器中同时加热，通过感应器与淬火工件的相对运动，使已加热到温的淬火部位移到冷却位置进行淬火，同时感应器进入未加热的工件淬火区内，使未加热部分得到加热。这样在连续相对运动中对工件全部淬硬区进行淬火。连续加热淬火适用于直径大、淬硬区长、淬硬面积大的工件，也适用于现有电源功率小，无法实行大面积同时加热淬火的情况。

连续加热淬火时，除工件与感应器的相对运动外，也分工件旋转（圆柱形工件外表面加热、长孔工件的内孔加热淬火）与工件不旋转（机床导轨加热淬火、长条形淬硬区的平面加热）两类。

连续加热淬火的特点是：①可以实现采用功率较小的电源处理具有较大淬硬区面积的工件；②可以实现同时加热淬火无法实现的过程（如大模数齿轮的单齿连续加热淬火）；③在工件与感应器相对运动速度和工件旋转速度配合不当时，淬硬区内会产生螺旋形软带；④当回转工件表面实行连续加热淬火时，开始加热与加热终止的交接处也会产生软带（如火车轮子轮廓表面采用连续加热淬火时，淬硬区内淬硬层深度易产生波动，特别是有阶梯的轴类工件在阶梯处常常有加热不足的过渡区）；⑤相对于同功率的电源而言，生产率较低，无法实行自行回火工艺；⑥配套设备多，占地面积大。

3. 冷却方式

感应淬火通常采用的冷却方式有喷射冷却、流水冷却和浸入冷却三种。冷却方式的选择，取决于加热方法、工件淬火部位的形状及工件的材料。连续感应淬火一般采用喷射冷却方式；同时感应加热淬火的冷却方式有喷射冷却、流水冷却和浸入冷却等。

对感应淬火工件，采用喷射冷却或流水冷却等快速流水冷却方法，在生产中具有良好的效果，因此生产中应用最广泛。除因快速加热使淬硬层获得细晶粒组织以外，快速冷却获得比普通淬火高的淬火硬度是感应加热淬火的另一重要特征，这是由于喷射式或流水式快速冷却，限止了淬火马氏体自回火程度，同时增加了淬火工件表面压应力所致。对于形状复杂的工件（例如花键轴、齿轮等）在快速冷却条件下容易产生淬火裂纹时，喷射式或流水式快速冷却可调整淬火冷却介质的压力、流量，从而降低冷却速度，也可用聚乙烯醇、聚丙烯酰胺水溶液或其他淬火冷却介质进行喷射冷却，防止淬火裂纹的产生。对于复杂的合金钢工件，可采用浸油冷却。

此外，喷射式冷却能较方便地实行自回火工艺，有效地减小工件的淬裂倾向。连续加热淬火时，喷射冷却可直接在感应器的有效圈钻上喷射孔，也可在感应器有效圈一侧附加喷水装置来实施，喷水孔角度一般为 $30° \sim 50°$。

2.2.5　感应淬火后的回火

感应淬火后的工件，一般应回火后才能使用。但感应淬火工件表面硬度要求高，多数情况下只进行低温回火。低温回火的目的在于消除内应力，降低脆性，提高韧性。感应淬火后的回火方式有炉中回火、自行回火和感应回火。

1. 炉中回火

炉中回火一般适用于尺寸小、形状复杂、壁薄、淬硬层浅的工件。此类工件淬火后的余热少，难以实现自回火。此外，采用连续加热表面淬火的工件（除特别长、大的工件以外），一般也在炉中回火。回火必须及时，淬火后工件的回火须在 4h 内进行。常用钢表面淬火件炉中回火工艺规范见表 2-5。

表 2-5　常用钢表面淬火件炉中回火工艺规范

牌　号	要求硬度　HRC	淬火后硬度　HRC	回火温度/℃	回火时间/min
45	40 ~ 45	≥50	280 ~ 300	45 ~ 60
		≥55	300 ~ 320	45 ~ 60
	45 ~ 50	≥50	200 ~ 220	45 ~ 60
		≥55	200 ~ 250	45 ~ 60
	50 ~ 55	≥55	180 ~ 200	45 ~ 60
50	53 ~ 60	54 ~ 60	160 ~ 180	60
40Cr	45 ~ 50	≥50	240 ~ 260	45 ~ 60
		≥55	260 ~ 280	45 ~ 60
42SiMn	45 ~ 50	≥55	220 ~ 250	45 ~ 60
	50 ~ 55		180 ~ 220	60 ~ 90
15、20Cr、18CrMnTi 20CrMnMoV（渗碳后）	56 ~ 62	56 ~ 62	180 ~ 200	60 ~ 120

2. 自回火

自回火是对加热完成后的工件进行一定时间和压力的淬火冷却介质（水或其他冷却液）喷射冷却后停止冷却，利用存留在工件内部残存的热量，使淬火区再次升温到一定温度，达到回火的目的。自回火是感应淬火广泛采用的回火工艺。该工艺简单，节省能源和回火设备。

由于自回火是利用残存余热进行短时间的回火过程，它和炉中回火比较，在达到同样硬度和残余应力的条件下，自回火的回火温度要比炉中回火温度高。达到同样硬度的自回火温度与炉中回火温度的比较见表 2-6。

表 2-6　达到同样硬度的自回火温度与炉中回火温度比较

平均硬度　HRC	回火温度/℃	
	炉中回火	自回火
62	100	185
60	150	230
55	235	310
50	305	390
45	365	465
40	425	550

目前生产中保证自回火质量最常用的方法是控制喷射液的压力和喷射时间。喷射压力和时间用工艺试验得到。此外，还可借助于测温笔来测定工件的表面温度。

3. 感应回火

感应回火是将已淬火的工件重新通过感应加热以达到回火目的的。这种回火方法特别适合于连续加热淬火的长轴工件，可与淬火紧连在一起，即工件通过淬火感应器加热和喷射冷却后，连续通过回火感应器进行回火加热。由于回火温度总处在居里点以下，在回火加热的全过程中，材料均在铁磁性区，电流透入深度小，而回火加热层深度必须达到淬火层深，所以感应回火必须采用低的比功率，用延长回火加热时间、利用热传导来达到加热层深度。与自回火一样，要达到同炉中回火一样的硬度，感应回火的温度要高于炉中回火温度。

2.2.6　感应加热工艺的编制

感应加热工艺是实现工件感应热处理质量的保证，也是操作者实施过程中的依据。在根据感应热处理工件图样技术要求，确定电源频率、功率、加热方法、冷却方法、回火方式，以及设计制造适合的感应器之后，进行工艺试验，确定工艺参数是编制工艺的基础。

1. 感应淬火工艺参数的确定

感应淬火工艺参数一般分为电参数和热参数两部分。

（1）电参数　由于铁磁性材料在加热过程中磁导率和电阻率的变化，将会引起电参数在加热过程中很大的变化，所以电参数规范有冷电参数和热电参数两种。将工件置于感应器中，在强制冷却条件下加热（使工件温度处于冷态）时所指示的电参数称为冷电参数；同样，工件在感应器中不进行强制冷却而直接加热时的电参数称为热电参数。当设备、感应器和工件等条件一定时，冷热规范之间存在着严格的对应关系。在调试合格后，两个电参数即被确定下来，每次生产前，用冷电参数（一般称冷规范）来核对生产工件的工艺正确性，用热规范来检查、观察生产过程中电参数的波动情况。因此，两种电参数均要记入生产工艺卡中。由于强制冷却条件下的冷电参数较为稳定，所以常作为参数复核的主要方法。

1）电子管式高频电源设备的电参数。电子管式高频设备的电参数有阳极电压、阳极电流、栅极电流、槽路电压。高频设备不能直接从仪表中读出输出功率的大小，在谐振最佳状态下，一般以槽路电压的大小来直观指示功率的大小。槽路电压大，表示输出功率大。

2）晶体管或晶闸管电源设备的电参数。这类电源的电参数有直流电压、直流电流、工作频率、变压器匝比、电容量等。需要注意，这类电源通常采用带数字显示的多圈电位器调节电压，因直流电压还受到外网电压的影响，该数值只可以作为一个辅助参考，不可作为工艺参数管理。这些电参数与工件的形状和大小、技术要求、加热方法、感应器结构等有密切的关系。工件在工艺试验阶段，根据理论和经验数据，经过反复多次调整，直至符合工件的技术要求，调试加工出合格工件。

（2）热参数　感应淬火的热参数是指在一定的淬火加热功率下，确定的加热时间、淬火冷却时间和冷却液压力（一般指喷射淬火自回火工艺）。与常规热处理不同，感应淬火在选择比功率和功率的基础上，以加热时间作为参数来保证淬火加热温度和加热层深度。工艺试验时，在选定比功率和预选加热时间后经过淬火试验，以解剖工件使淬火区达到规定的淬硬层深度和淬硬层的金相组织为准，确定淬火加热时间。

淬火冷却介质的压力、温度及淬火冷却介质的浓度是决定这种淬火冷却介质冷却速度的主要因素。这些参数以保证淬硬层组织充分完成马氏体转变、获得足够的淬火硬度和避免淬火裂纹的产生为准。对淬火后自回火的工件来说，还必须保证自回火的温度和工件回火以后的硬度；对淬火后炉中回火的工件，也必须严格控制冷却时间，避免使工件冷透产生淬火裂纹。

除此以外，感应淬火的参数还有回火规范。对于自回火工件，保证淬火冷却介质的压力、温度和冷却时间也就保证了工件的回火规范；对炉中回火工件，必须根据回火温度、回火时间与回火硬度的关系，确定回火温度和回火加热时间。

对工件进行感应回火与进行于感应淬火类同，必须确定正确的电参数和热参数。连续感应回火时，还必须确定工件与感应器的相对移动速度。

2. 感应热处理工艺编制

工艺是整个生产实施过种中的依据，工艺的正确性、先进性是提高生产率，提高各项技术经济指标，达到产品质量的保证。感应热处理虽是一门独立且特殊的技术，但却是工件生产过程中的一道工序，它和其他工序有着密切的联系，受其他工序的影响，也影响到其他工序。因此，感应热处理工艺技术人员在编制工艺时，必须全面考虑问题，在确保工艺稳定性的基础上求得工艺的先进性。

1）必须了解工件的工作状态，感应热处理的作用及失效形式。

2）必须熟知感应热处理工件的各项技术要求。

3）了解感应热处理前后工序的情况，如表面粗糙度、预留磨削量、变形量、孔槽加工状况等。把这些情况考虑到感应热处理工艺中去，对不合格部分提出修改意见。

4）认真做好工艺试验，电源设备力求在最佳谐振状态，工艺参数正确，能稳定地达到工件的各项技术要求。

感应热处理工艺参数不是一成不变的数据，在实际生产中它受着多种因素的影响，如材料原始组织的差异、感应器效率的衰减、变压器的修理和更换、电器元件的更换等。随着这些因素的变化，工艺参数必须做相应的修改。

2.2.7　感应热处理的工艺调整

选择合适的电源和工艺设备，是实施感应热处理工艺的前提条件。而制订合理的工艺，是充分发挥设备的能力，最终生产出合格产品的必要条件。

感应热处理工艺调整的内容包括电规范调整和热规范调整两大方面。下面重点对电规范调整做详细的介绍。电规范调整的目的是，调整出工件感应加热所需的合理功率及其他电参数，使电源在不过载情况下处于良好的工作状态。

1. 高频电源的电规范调整

高频电源的电规范调整应达到如下要求：

1）电规范参数，即阳极电压、阳极电流、栅极电流、槽路电压等应在设备的额定值范围内，不应使设备处于过载情况下工作。

2）使振荡器处在临界或轻微过压状态（即谐振状态）工作，此时，振荡器的效率最高。

3）在设备谐振状态下，调出工件所需的电参数。

调整前，必须知道设备的额定值。如 GP60-CR13 型高频设备的阳极电压不超过

13500V，阳极电流不超过 3.5A，栅极电流不超过 0.75A，槽路电压不超过 9kV。阳极电流、栅极电流的额定值还可以从不同型号振荡管的参数中选取，见表 2-7。

表 2-7 振荡管阳极电流和栅极电流的额定值

振荡管阳流	FU-431S	FU-22S	FU-23S(Z)	FU-433S
阳极电流/A	3.5	4.5	13	12
栅极电流/A	0.75	0.85	3	2.55

振荡器处在谐振状态下工作时的工作效率最高，主要是通过调整耦合和反馈，使阳极电流和栅极电流的比例处在振荡器最佳工作状态。不同的振荡管的比例是不同的，采用 FU433S、FU23S 时，比值为 4~7；采用 FD911S 时，比值常为 7~10。

调节耦合的目的主要是改变阳极负载电阻。当耦合手轮调大，阳极负载减小，阳极电流增大，栅极电流减小，槽路电压也随之增大，此时，振荡部分的输入和输出均增加；当继续调大耦合手轮时，阳极电流继续增大，但槽路电压不再增加，这说明振荡部分输入继续增加而输出不再增加，调节已过了头。在欠压状态下，调大反馈手轮时，栅极电流上升，与此同时阳极电流也随之上升。当接近谐振临界点（谐振阻抗等于振荡管内阻）时，继续增大反馈，栅极电流继续增大，阳极电流上升，并达到最大值。当超过临界点时，阳极电流急剧下降，这个谐振临界点就是阳极电流和栅极电流的最佳比值。

当调整到稍过压状态时，振荡功率、效率仍比较高。当调整到欠压状态时，振荡功率、效率急剧下降。因此，在调整高频电源电规范时，必须调整到谐振状态或稍过压状态。

调试完高频电源设备电参数后，进而调整工件生产的实际电参数。由于高频设备的电参数不能直接显示加热功率，工件加热获得的比功率无法计算，所以在调试工件实际生产中的电参数时，必须在调好的电参数下，预先选定一个加热时间进行加热试验，然后对试验工件进行金相检查，从金相检查结果确定调试方案。如果硬度、金相组织合格，淬硬层深度深（或浅），则减少（或增加）加热时间；如果金相组织粗大（或珠光体、铁素体尚未完全转变），则必须调大（或减小）阳极电压，以减小（增大）比功率，同时进一步调整加热时间。如此反复调整直至完全符合工件的技术要求，这时的电参数就是需要的电参数值。必须指出的是：①整个调整过程必须严格按高频设备的操作规范进行；②调整中严格控制阳极电流和栅极电流的最佳比值；③工件调试过程中，同时记录冷电参数规范和热电参数规范。

2. IGBT 晶体管变频电源电参数的调整

新型静止变频电源主要有晶闸管、IGBT 晶体管、MOSFET 晶体管电源等类型。这几种类型电源没有振动，体积小，质量轻，安装、使用都非常方便，广泛应用于热处理加热、锻造加热、熔炼等领域。

（1）IGBT 晶体管变频电源的特点　目前，IGBT 晶体管变频电源的工作频率可覆盖 1~200kHz，功率可达数百甚至上千千瓦，应用最为广泛。其主要特点如下：

1）体积小。电源采用模块化、集成化结构电源，体积是相同功率的电子管式电源的 1/4，更节省面积与空间。

2）寿命高。电源采用晶体管器件，无寿命限制。

3）高效节能。电源整机能量转换效率高于 98%，比电子管式电源的效率提高 1 倍以上，节能效果明显。

4）安全环保。电源无高电压危险，使用与维护更安全。

5）适应范围广。电源频率可覆盖从中频到超音频范围，电源对负载的适应能力强，比其他电源更能适应多品种生产的要求。

6）使用简便。电源采用频率自动扫描工作原理，对负载匹配无特殊要求，在任意负载状态下电源能够起振工作；负载的匹配方式为调整电容 C 与电感 L（变压器匝比），匹配状态以满足零件加热的频率范围要求为目标；电源的运行参数可根据需要设定，参数采用数字仪表显示。

7）维修方便。电源运行的时序逻辑采用 PLD（可编程逻辑器件）控制，电源的水、电连接均采用标准插接件连接，整流与逆变采用全模块化结构。因此，电源的故障查询、检测、维修更换方便快捷。

8）功率调节范围宽，其调节范围为额定功率的 10% ~ 100%。

9）频率自适应，即工作频率与功率调节无关，而只与负荷振荡电路的谐振频率相同。从额定频率的 50% ~ 125% 较大的频带宽度允许加热期间，感应负载有较大的波动而不需要再调节补偿电容。

（2）电源组成　SSTP 系列晶体管逆变电源的组成包括：①主空气开关及交流接触器；②直流整流器；③平波电抗器；④电源控制电路；⑤IGBT 逆变器；⑥操作及测量系统；⑦冷却系统；⑧柜体。

三相进线 380V/50Hz 电流经过三相全控整流系统整流，得到脉动的直流电流，该直流电流经过平波电抗器得到平滑的直流电流，直流电流进入逆变桥完成逆变，向电源负载系统（L-C 并联谐振回路）提供中频电流。逆变桥由每组四个 IGBT 模块组成，最多可接四组。

电源的控制电子电路安装在一个标准机箱中，各控制板采用标准插件板安装。每块插件板都配有前面板，前面板装有发光二极管和数码显示管，由此可观察整个设备的工作情况，在设备出现故障情况下，可快速确定故障位置，便于及时处理。

（3）电源使用要求　电源使用要求包括电源使用环境的要求、供电电网的要求和冷却水的要求。

1）电源使用环境的要求：①周围环境温度为 5 ~ 40℃；②最大相对湿度不大于 85%；③周围没有导电、易燃易爆的尘埃和爆炸性气体，以及能严重损害金属工件和绝缘装置的腐蚀性气体及蒸气；④没有明显的振动和颠簸；⑤安装在通风良好的室内，垂直安装。

2）供电电网的要求：①电压波形为正弦波（只要实际电压的瞬时值 a 对基波电压的瞬时值 b 的最大偏差不大于基波峰值电压 c 的 5%，即 $|a-b| < = 0.05c$，则认为电压波形为正弦波）；②电压幅值波动不超过 ±5% 时，保持可靠工作，附属设备及控制电路电压波动的范围不超过 ±10%；③各相电压的对称度要求是，网络系统的负序分量不超过正序分量的5%；④频率变化不超过 ±2%。

3）冷却水的要求：①冷却水在入口处的温度为 5 ~ 35℃；②开放式回水时，冷却水入口处压力为 0.20 ~ 0.25MPa；③封闭式回水时，冷却水入口处压力为 0.25 ~ 0.40MPa；④冷却水温升≤15℃。

（4）电源原理　经三相全控桥整流后的直流电压，通过电抗器平波、隔离，供给逆变器，直流电通过交替开通和关断 IGBT1、IGBT3 和 IGBT2、IGBT4 使电流极性交替变换，并供给作为并联振荡电路的负载。整个系统以自低向高的扫频方式启动。在启动的初期，逆变器以最低开关频率和最小回路电流投入工作。随着开关频率的升高，逆变器的工作电压和工作电流的相位逐渐接近。当两者相位差到一定值时，逆变器的工作频率被锁定，并随着加热情况的化而变化。这样 IGBT 总是在中频电压过零点时被关断，从而减小了开关损耗。

在一般设备中共有十块插件式电路板，各插件式电路板完成不同的功能。插件式电路板从左到右其排列顺序为 A4、A5……A13，如图 2-11 所示。

A2	空	A4	A5	A6	A7	A8	A9	A10	A11	A12	A13
GRS		REG	EOK	SKI	AOK	SEA2	SEA1	GSQ	UIP	WRS1	WRS2

图 2-11　插件式电路板的排列顺序

1）A2 板 GRS——整流脉冲功放板。三相同步信号输入后，生成三相双窄脉冲，并进行脉冲放大，驱动三相全控整流桥的晶闸管。脉冲的移相角度由 A4 板的移相电平决定，移相电平越高，移相角度越大，对应输出的直流电压越高。整流脉冲波形，如图 2-12 所示。调试时，顺序如下：开控制电源，用示波器检查 + A/ + B/ + C/ − A/ − B/ − C 有双尖脉冲。整流驱动板六个红灯亮；通主回路，通主接触器，直流电压表上显示有负压在 100V 左右为正常。

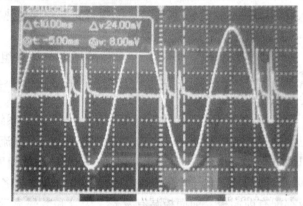

图 2-12　整流脉冲波形

2）A4 板 REG——电流电压调节电路板（见图 2-13）。对采集的电压、电流信号进行双闭环调节。最终输出移相电平到整流脉冲功率放大板。

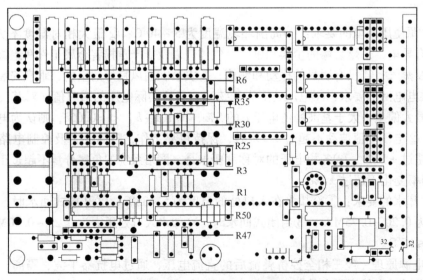

图 2-13　电流电压调节电路板

启动时由启动电流 R1 提供一定的移相电压，其与电流反馈综合后决定启动后的直流电压，顺时针提高；限流值由 R25 设定，顺时针放大；输出电压低限由 R50 控制，与启动电流综合；输出电压高限由 R47 控制，逆时针降低输出电压。

3）A5 板 EOK1——信号输入电路板。为防止外部干扰，提高电源的稳定性和可靠性，系统中所有的外部开关量输入均采用光耦隔离。对于所有的输入通道，当有效信号输入时，其对应的发光二极管会亮，以便更好地监视各信号的状态。

4）A6 板 SKI——总控电路板。该电路板是整个系统的控制核心，主要电路由一片 EPLD 及外围芯片组成。根据 A5 板来的输入信号，完成对整个系统的时序逻辑控制。由于 EPLD 的处理速度快，对系统的保护更为及时。

5）A7 板 AOK1——信号输出电路板。对控制输出信号，也采用光耦隔离。对于所有的输出通道，当信号有效时，其对应的发光二极管会亮，以便更好地监视各信号的状态。

6）A8-SEA2/A9-SEA1 板——故障处理指示电路板。A8/A9 板组成一个完善的故障报警系统。外部的各种故障信号通过 A5 板隔离后输入，通过 A9 板的选通，再由 A8 板存储、译码，最后显示在 A8 板的两位数码管上，方便使用者进行故障检测与设备维护。

7）A10 板 GSQ——电源电路板。交流电经该电路板稳压后，输出稳定的 ±15V 给其他电路板供电。该电路板工作正常时，电路板上的两个发光二极管会亮。

8）A11 板 UIP——过电压、过电流保护电路板（见图 2-14）。该电路板提供以下两种保护：

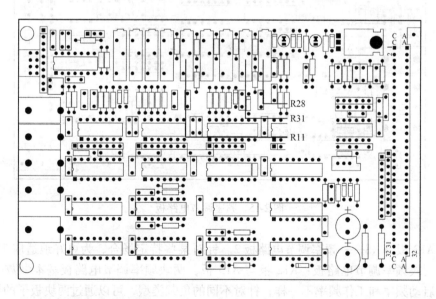

图 2-14　过电压、过电流保护电路板

①过电压保护。在中频电压过高时，保护晶体管。过电压设定值由 R28 和 R31 调节，R28 逆时针，R31 顺时针，过电压值放大。取样信号来自中频电压互感器，经过信号变换板 UIE 取样后输入，在电路板中经过整形并与设定值比较，一旦超过设定值，设备将立即停止工作，主接触器断开，整流桥和逆变器也停止工作，形成对设备的及时保护。

②过电流保护。工频的取样信号来自进线的电流互感器。经过信号变换板 UIE 整形取

样后，在电路板中经过整形并与设定值比较，一旦超过设定值，设备将立即停止工作，主接触器断开，整流桥和逆变器也停止工作，形成对设备的及时保护。设定值由 R11 调节，顺时针过电流值放大。

注意进线电流信号中若有一相接反，略升电压，就会出现过电流。此时，中频波形和直流波形都正常。

9）A12 板 WRS——频率调节电路板 1。该电路板是整个逆变系统的核心部分，根据中频电压互感器的反馈信号，完成对负载变化频率的跟踪。CD4046 及其相关外围电路构成完善的锁相电路，形成对频率的跟踪。最后形成逆变驱动脉冲，通过光纤隔离后发送到 IGBT 驱动板，完成系统的逆变。

如图 2-15 所示，调节位置及调节方法如下：

W2：启动频率即最低振荡频率调节，顺时针降低。

W3：关断时间调节，顺时针加大。

W4：重叠时间调节，顺时针加大。

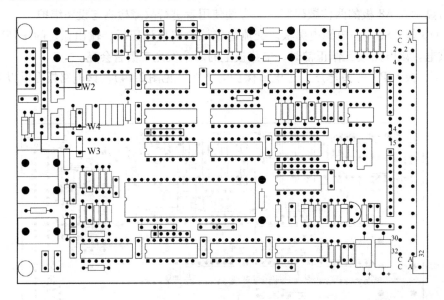

图 2-15　频率调节电路板

10）A13 板 WRS——频率调节电路板 2。针对某些特定场合，为更好地适应工作环境，电源配备两块频率调节电路板：A12 板与 A13 板，两块频率调节电路板基本参数一致，不同的是其启动频率和工作频率不一样，针对不同的负载类型，可以通过两块板子的切换来选择合适的工作参数，频率调节电路板的切换通过电源面板上的旋钮来实现。调节方法与 A12 板一致。正常情况下，A12 板为高频调节电路板，A13 板为低频调节电路板，当被选中时，频率调节电路板自身对应的指示灯会亮。

（5）IGBT 电源的操作　IGBT 电源的操作如下：

1）上电步骤：①合"控制电源总开关"，各电路板上电，确定无故障指示后进行下一步操作；②合"主空开合"；③合"主接触器合"，注意主接触器在系统有故障时会断开或合不上，只有确定系统无故障后才能合主接触器。

此时电源面板上"主空开合"和"主接触器合"指示灯应该全亮,而且直流电压表应显示有负压。至此,电源即可进行正常加热。加热/加热停旋钮应置于"加热停"的位置,内操/外操旋钮应置于"内操"的位置。

2)断电步骤:①断主接触器;②断主空气开关;③断控制电源总开关。

3)故障指示。控制面板上有故障指示,各代码意义如下:

01 表示过流;04 表示过压;05 表示超频;06 表示相位错误 1;07 表示不振;108 表示相位错误;209 表示不振;210 表示电压过低 1;11 表示电压过低;213 表示漏电保护;14 表示电路保护断开;15 表示整流桥熔断器断开;16 表示水温水压保护。

在设备使用过程中,常见错误为代码 16,即水温水压保护。出现此错误时请检查:①变压器、电源水压是否正常,确定实际水压黑色指针超过绿色限位指针;②确定水温正常,温度表工作正常,且实际水温不超过设定值。

检查完毕后按故障复位按键,故障指示消除后再合主接触器,设备可继续工作。

(6)IGBT 电源的检查 IGBT 电源的检查如下:

1)操作步骤的检查。在确定感应器已连接好,工件已经正确地放入感应器内,电源和感应器的冷却水压水温达到要求,且机床能满足加热的条件时,给电源送上控制电源,检查电路板的正负 15V 电源,电路板及继电器的指示灯状态是否正常,按复位后各点状态是否正常,故障指示能否清除,否则检查水压流量温度保护。再合主回路空气开关,合主接触器,将功率旋钮调至最小,按启动,观察电路板指示灯的状态,可以看到电路板 A12 上 B2、C2 灯亮,直流电压和电流建立,可以听到电流流过电抗器的声音。

2)整流桥的检查。在电抗器声音出现异常时,必须检查整流部分:主电路器件接触良好,空气开关触点接触良好,快熔电阻为 0Ω,整流脉冲正常,晶闸管正常,电抗器水通畅。合上控制电源后,整流脉冲变压器板的 6 个红色脉冲指示灯亮。用万用表的直流档测量,红表笔接门极,黑表笔接阴极,电压一般为 0.2~0.6V,且六路脉冲幅值基本一致;过高可能门极开路或门极电阻太大;过低可能为单脉冲或门极电阻太小。在有整流脉冲时,合上主空气开关和主接触器,直流有负电压,一般为 -200V 左右。正电压为不正常,后果是可能损坏逆变桥的 IGBT 模块。

整流脉冲的常见故障:脉冲变压器板的损坏,整流板的集成块损坏。

整流桥的不常见故障:整流晶闸管的损坏,主电路缺相。

电源的相序非常重要,在设备改接电源时,相序不能弄错。

具体检查方法是:上电前先断开输入至电抗器的传输电缆,合上控制电路电源,合主空气开关和主接触器,此时直流电压表应显示有 -100V 以上的负压,或者使用数字万用表直流电压档测试整流器上直流电压,红表笔对整流模块正输出,黑表笔对负输出,测出的电压为负电压且在 -100V 以上,即为正常。若为正电压或者没有显示都不正常,有双踪示波器时请使用示波器检测电源相序。

3)逆变桥的检查。每一只 IGBT 配一块驱动电源,驱动电源输出 +15V,驱动板指示灯指示有电源。

逆变 IGBT 无烧损,无变色,无发热。断电时,用万用表二极管档检测 GE 极间反向 -0.276 左右,正向不通。IGBT 安装时底面抹上导热硅脂,均衡压紧,台面均匀受力,与铜板连接面自然平滑。快恢复二极管检测同普通二极管。吸收电路无异常。

控制电源合上后，短接机箱背后的 125－126 引角，用示波器观察 IGBT 驱动波形为方波，上升沿下降沿的间距不大于 1μs，正向幅值 15V，负向幅值 －15V。对角驱动波形一致。

4）负载的检查。负载包括从逆变桥出来的中频电缆、中频变压器、补偿电容、连接排和感应器。输出电缆一般采用双绞线，以减少线路电感。功率越大，频率越高，要求越严格。

注意检查电缆和接头、感应器和过渡排接触面，感应器必须保持冷却水畅通。另外，可检查中频电压互感器各原二次侧的阻值。

（7）故障的检查和调试　故障的检查和调试如下：

1）过电流 －01。A8 板上 01 指示过电流故障。由于 IGBT 的过载能力很差，即使是毫秒级的过载也可以引起烧毁或特性变差，故电源设置了过电流故障。过电流信号由三相进线的电流互感器接入，整形取样后进入电路板实时检测，过电流值由 A11 板的 R11 设定，一旦超过设定值，设备将立即停止工作，主接触器断开，整流桥和逆变器也停止工作。

确定没有对过电流设定值以及功率调节后，引起过电流故障的原因有：①负载突然变化；②主回路短路；③整流桥晶闸管烧毁；④母排打火；⑤电流电压反馈回路故障；⑥负载对地，或感应器打火；⑦逆变桥 IGBT 及其他元件故障；⑧直流过电压引起的；⑨保护晶闸管引起；⑩放电管损坏。

在过电流故障时，请注意观察发生的异常。

2）过电压 －04。A8 板上 04 指示过电压故障。过电压信号由中频电压互感器的 X51/X52 经 UIE 板调节后进入 A11 板实时检测，过电压值由 A11 板的 R28/R31 设定，一旦超过设定值，设备将立即停止工作，主接触器断开，整流桥和逆变器也停止工作。

引起过电压故障的原因有：①整流桥故障；②负载连接松动或开路；③逆变 IGBT 故障；④控制板故障；⑤逆变脉冲电路故障；⑥设备误动作或外界因素干扰；⑦电流电压反馈回路故障。

3）直流过电压。直流过电压是指整流桥输出直流电压过高。引起直流过电压的原因有：①负载变化太大，或开路；②逆变驱动脉冲不对；③母排对地，不能建立电压；④整流脉冲或移相电平有误；⑤接地不可靠。

（8）电源维护　电源的日常维护工作如下：

1）防尘防潮检查。机箱中的电路板、所有高低压电气元件必须注意防潮防尘。电路板或高低压电气元件上若灰尘过多或过于潮湿，极有可能导致信号线间误导通，产生无法预料的后果，所以在日常工作中必须注意检查。

2）连接线检查。所有的接线端和连接螺钉一年检查一次其紧固情况，若处于振动的环境中一年至少检查四次。

3）密封性检查。在有灰尘和潮湿危害的环境中，一年至少检查一次所有门的密封条，必要时重新更换。对已经侵入的灰尘和潮气必须清除干净。

4）冷却水检查。一个月至少检查一次冷却水循环设备的性能和密封。必要时冲洗或用气吹通堵塞的管道，重新拧紧松动泄漏的软管。对于封闭管道中的水推荐一年更换一次。此外，应用干净的饮用水或非矿化水，最好采用蒸馏水。管道水循环回路每年至少清洗一次。

2.3　感应热处理件的质量检查

2.3.1　感应热处理件的质量检查项目

感应热处理件的质量检查，一般分感应热处理前的检查和感应热处理后的检查两个环节。

1. 感应热处理前的质量检查

感应热处理前的质量检查，是对工件感应热处理前应达到的技术要求、工件的外观以及实现感应热处理所必需的辅助工序的检查。其目的是确保工件正常的进入感应热处理工序，保证安全生产，避免工件不必要的报废。检查内容有：

1）感应热处理前的工件必须完成应有的全部工序，无漏工序现象。

2）必须保证工件达到感应热处理前要求的尺寸公差范围和形状。

3）在感应热处理前，工件应经过清洗，去除表面油污、锈蚀、氧化皮、毛刺等杂物。

4）在必要的情况下，感应热处理前应对工件材料的化学成分、硬度、原始组织进行检查。

2. 感应热处理后的检查

感应热处理后工件的质量检查，一般采用生产现场的日常质量检查和定期金相全面检查相结合的检查制度。

（1）生产现场的日常质量检查　生产现场的日常质量检查由专职检查员检查、操作工人自检和相互检查三种形式配合进行。日常检查的主要项目有表面质量、表面硬度、淬硬区范围、变形量等。

（2）定期金相全面检查　定期金相全面检查必须在批量生产（备有试样）时进行，且工艺参数（包括电参数、热参数、淬火介质的温度、压力、材料成分等）有较稳定的重复性。

对大批量工件，成批生产前必须做小批量试生产，全面检查合格后才能按工艺生产。在正常生产情况下，每月定期检查 1 或 2 次，以确定工艺的准确性。

在批量生产情况下，当更换设备的关键元件（如淬火变压器、淬火感应器等）或关键部分功能衰减引起工艺参数变更时，必须对工件进行全面的金相检查，以验证工艺，并进行相应调整。

2.3.2　感应热处理件的质量检查方法及标准

1. 表面质量检查

感应热处理工件表面不允许有淬火裂纹、局部烧熔和其他表面有害缺陷。工件一般应全部进行目测检查。重要工件或带沟槽、孔眼等易淬裂的工件，在单件或小批量生产时，应全部进行无损检测；成批或大批量生产时，应按照零件工艺卡规定的检查比例进行无损检测。

2. 表面硬度的检查

单件或少批量生产时，应全部检查工件的硬度；批量生产时，一般按 5% ~ 10% 的比例检查硬度；大批量生产时，可根据工艺卡规定的比例检查。

硬度的测定一般可用洛氏硬度计进行，较大及复杂的工件可采用便携式硬度计或笔式硬度计。在难以用以上硬度计测试的形状不规则的沟槽内淬硬区，可用锉刀检查，必要时用金相解剖法测试样块硬度进行核对。

3. 淬硬层深度及淬硬区宽度的检查

（1）淬硬层深度的检查　通常采用硬度法和显微组织观察法两种。对于材质一致性好、形状简单的圆棒工件，在生产现场可用磁性无损检测方法检查，但在一定时间内必须用硬度法和显微组织观察法进行核对，修正硬化层深换算曲线和数据。硬度法检查淬硬层深度的取样部位见图2-16。

图 2-16　硬化层深度检验的取样部位

1）硬度法。测试淬硬层深度的硬度法是在试样的断面上用硬度计测量有效淬硬层深度的方法。有效淬硬层深度是从淬火状态或淬火后低温回火（回火温度低于200℃）状态的工件淬硬层表面至规定的界限硬度位置的距离。规定的表面最低硬度≥48HRC 时的界限硬度值见表2-8。

表 2-8　表面最低硬度≥48HRC 时的界限硬度值

$w(C)(\%)$	维氏硬度　HV	洛氏硬度　HRC
0.25 ~ 0.32	350	36
0.33 ~ 0.43	400	41
0.43 ~ 0.53	450	45
> 0.53	500	49

表面最低硬度小于48HRC 时的界限硬度可按式（2-22）计算

$$界限硬度(HV) = 0.8 \times 最低表面硬度(HV) \qquad (2-22)$$

硬度法测试时推荐使用维氏硬度计，试验力可用 4.9 ~ 49N（0.5 ~ 5kgf），推荐试验力为 49N（5kgf）。当要求的最小淬硬层深度大于2mm 时，可用洛氏硬度计测量。硬度压痕可选择垂直测定和倾斜测定两种排列方法（见图2-17）。压痕中心至试样边缘的距离应大于压痕对角线长度的2.5 倍，相邻压痕中心的间距大于压痕对角线长度的2.5 倍。淬硬层深度为 0.5 ~ 1.0mm 时，允许压痕间距扩大到≤0.2mm；淬硬层深度大于1.0mm 时，根据深度不同，压痕间距允许扩大到 0.20 ~ 1.0mm。

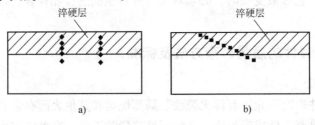

图 2-17　硬度压痕排列方法

a）垂直测定　b）倾斜测定

在 1.5mm 宽的测量带内的 2 或 3 条线上检测硬度时，硬度压痕的排列如图2-18 所示。图中 d 为硬度压痕中心至表面的距离，$d_n - d_{n-1} \leqslant 0.1mm$。

在有疑问的断面上，可测量多条测量带上的硬度，根据各部分的位置与硬度值，做至表面距离与硬度关系的曲线，测出有效淬硬层深度。

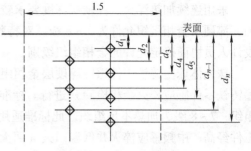

2）显微组织观察法。该法是在 100 倍的金相显微镜下，按照界限金相组织来测定有效淬硬层的方法。有效淬硬层深度是从淬火状态或淬火后低温回火状态的工件表面至规定的界限金相组织位置的距离。

图 2-18　硬度压痕的排列

界限金相组织的规定如下：

①预先经调质处理的钢制工件的界限金相组织为 20% 索氏体组织。

②预先经正火处理的钢制工件的界限金相组织为 50% 马氏体组织。

③表面硬度 ≤55HRC 的钢制工件，其淬硬层深度由表面测至心部组织的一半。

④珠光体体积分数高于 60% 的球墨铸铁的界限金相组织测至 20% 珠光体组织处。

花键、模数 ≤4mm 的齿轮或齿底要求有一定淬硬层的齿轮、链轮，其淬硬层深度应从花键、齿轮、链轮的底部测量。

（2）淬硬区宽度的检测　通常也有硬度法和显微组织观察法两种。

1）硬度法。检测淬硬区两端的硬度至边界点，量取两端边界点之间的距离即为淬硬区的有效宽度。边界点的硬度值可根据钢材的碳含量决定，数值同淬硬层深度界限值，见表 2-8。

2）显微组织观察法。试样在放大 100 倍的金相显微镜下测至淬硬区边缘的半马氏体处，淬硬部位两端半马氏体点之间的距离为淬硬区宽度。该法常用于不能用硬度法测量淬硬区的工件。

4. 金相组织的检查

淬硬层金相组织的检查与评定，在放大 400 倍的金相显微镜下进行。

根据 JB/T 9204—2008《钢件感应淬火金相检验》，钢制工件淬硬层金相组织共分 10 级：1 ~2 级为过热组织；3 ~7 级为合格组织；8 ~10 级为加热不足组织。表 2-9 为钢制工件感应淬硬层的金相组织评级说明。

表 2-9　钢制工件感应淬硬层的金相组织评级说明

级别	金相组织评级说明	评　语
1	粗马氏体	不合格
2	较粗马氏体	不合格
3	马氏体	合　格
4	较细马氏体	合　格
5	细马氏体	合　格
6	微细马氏体	合　格
7	微细马氏体，其碳含量不均匀	合　格
8	微细马氏体，其碳含量不均匀，并有少量极细珠光体和少量铁素体（<5%）	不合格（≥55HRC），合格（<55HRC）
9	微细马氏体加网络状极细珠光体和未溶铁素体（<10%）	不合格（≥55HRC），合格（<55HRC）
10	微细马氏体加网络状极细珠光体和大块状未溶铁素体（>10%）	不合格

未经调质处理或正火处理的工件，原则上不进行金相组织的检查。

采用连续加热淬火、淬硬层深度要求较浅、形状复杂的工件（如蜗杆等），加热不易均匀，淬硬层金相组织允许为 3~8 级。对特殊工件，可根据工件的实际情况，由工艺人员和设计人员协商确定允许的金相组织级别。

珠光体球墨铸铁工件感应淬硬层金相组织的评级，可根据 JB/T 9205—2008《珠光体球墨铸铁零件感应淬火金相检验》进行。标准共分 8 级：1~2 级为过热组织；3~6 级为合格组织；7~8 级为加热不足组织。此标准适用于珠光体（体积分数）不低于 65% 的球墨铸铁工件经高、中频感应淬火并低温回火（回火温度 ≤200℃）后的硬化层金相组织的检验。表 2-10 为珠光体球墨铸铁感应淬硬层的金相组织评级说明。

表 2-10　珠光体球墨铸铁感应淬硬层的金相组织评级说明

级别	金相组织评级说明	评　语
1	粗马氏体,大块状残留奥氏体,莱氏体,球状石墨	不合格
2	粗马氏体,大块状残留奥氏体,球状石墨	不合格
3	马氏体,块状残留奥氏体,球状石墨	合　格
4	马氏体,少量点状残留奥氏体,球状石墨	合　格
5	细马氏体,少量未溶铁素体,球状石墨	合　格
6	细马氏体,少量未溶铁素体,球状石墨	合　格
7	微细马氏体,少量未溶珠光体,未溶铁素体,球状石墨	不合格
8	微细马氏体较多量未溶珠光体,未溶铁素体,球状石墨	不合格

5. 变形量与裂纹的检查

（1）变形量的检查　不同形状的工件的变形规律是不同的，不同服役条件的工件对变形量的大小和变形发生部位的要求也各不相同。感应热处理后对工件变形量的检查，主要依据工件的技术要求进行。在没有具体变形要求时，也可以按常用的规定来检查。

1）轴类工件的变形主要是挠曲变形，通常可用中心架和百分表来测量。有具体变形量要求的工件可根据技术要求检查。一般轴类工件淬火后经校正，径向圆跳动量允许为直径留磨量的 1/2；板类工件的挠曲变形量小于留磨量的 2/3；套筒类工件变形后应有不小于 0.02mm 的留磨量。

2）齿轮类工件主要检查齿向的变形量。模数 <4mm、齿宽 <40mm 的齿轮，高频感应淬火后齿向允许变形量为 0.01mm；模数 ≥4mm、齿宽 <40mm 的齿轮淬火后齿向允许变形量为 0.015mm。

齿环类工件的变形主要是内孔（内孔的胀大和缩小、圆度）和端面的平面度，一般在专用检具上检查。

3）由于齿轮的结构、淬火范围、区域的不同，齿轮淬火后内孔的变形（包括花键孔）倾向是多种多样的，如内孔的胀、缩、锥度等，这些工件必须按技术要求，用专用检具检查。

（2）裂纹的检查　重要的工件感应淬火后，均须进行裂纹检查。对淬火裂纹的检查有特殊要求的工件必须按工件的技术要求进行，对一些专用件也可根据相应标准进行检查。

工件感应淬火后的表面裂纹，一般采用磁粉检测和荧光检测。经磁力检测的工件应经过退磁处理后再进入下道工序。

2.3.3　感应热处理件的常见质量问题和返修措施

1. 感应热处理件的常见质量问题及产生原因

感应热处理件的常见质量问题有开裂，硬度过高或过低，硬度不均匀，淬硬层过深或过浅，淬硬层深度不均，表面局部烧熔等。其原因归纳如下：

（1）开裂的原因　加热温度过高、不均匀，冷却过快且不均匀；淬火冷却介质选择不当，冷却速度过大；材料淬透性偏高，成分偏析，含有害元素，存在缺陷；零件结构设计不合理，技术规范不当。

（2）淬硬层深度过深或过浅的原因　加热功率过高（低）且加热时间过长（短）；电源频率选择不当，并且在此情况下又没有选择合理的比功率与加热时间；材料的淬透性过高或过低；淬火冷却介质的温度、压力、成分选择不当。

（3）工件表面硬度过高或过低的原因　材料碳含量偏高或偏低；回火温度偏低或过高且回火时间不当；淬火冷却介质的成分、压力、温度选择不当；材料表面脱碳；淬火加热温度低组织尚未转变等。

（4）表面硬度不均匀的原因　感应器结构不合理，引起加热、冷却不均匀；材料原始组织不良（带状组织、偏析、局部脱碳）。

（5）表面局部烧熔的原因　感应器结构不合理；加热时间过长；工件带有尖角、孔、槽、表面有缺陷；连续加热或半圈旋转加热时，移动或旋转过程中有突然停止现象。

2. 感应热处理工件的返修措施

（1）感应热处理工件允许返修范围　由感应热处理产生的工件质量问题，并不是都能进行返修的。一般情况下，当工件出现表面硬度偏低且有大片软点，淬硬区宽度、淬硬层深度、金相组织（一般是欠热状态）不符合技术要求等情况时，允许进行返修处理。

（2）返修处理的方法　感应热处理工艺返修处理的方法如下：

1）将需返修处理的工件重新置于感应器中加热到 700～750℃后，在空气中冷透，然后调整淬火规范进行第二次淬火。

2）对数量较多的小型工件，可将工件置于炉中加热到 550～600℃，保温 60～90min，然后在水中或空气中冷却，再按调整好的淬火规范进行第二次淬火。

3）返修后的工件均应进行严格的质量检查，较重要的工件必须全部进行无损检测。

2.4　感应热处理设备

感应热处理设备主要包括感应加热电源、感应加热机床、变压器和冷却系统等。近年来，感应热处理设备尤其是电源和机床设备发展迅速，生产厂家越来越多，设备的技术水平和质量都在不断提高，产品的种类越来越全、成套性越来越高，有的厂家可以同时提供电源、机床、变压器、感应器、冷却系统和安装调试服务。

2.4.1　感应加热电源

按提供的频率划分，感应加热电源有超音频和高频（20～1000kHz）、中频（1～10kHz）、工频（50Hz）电源；按变频方式划分，有电子管、机式、晶闸管、晶体管电源等。

1. 电子管电源

电子管电源常用在高频和超音频频率范围，其主体是一个大功率电子管自激振荡器。它将工业电网频率为 50Hz 三相 380V 的电流，先经过阳极变压器升压，然后整流为 6.75 ~ 13.5kV 的连续可调的直流电流，再通过大功率电子管自激振荡器将高压直流电流变换为高频或超音频交流电流。由于高压操作比较危险，便采用淬火变压器降低电压输出给感应器，以加热工件。在 20 世纪 80 年代，电子管电源技术曾经有过一次进步，即采用晶闸管代替电子管整流和调压，减少了设备故障，提高了生产率，降低了生产成本。随着技术的发展，电子管电源由于变频效率低、振荡器的寿命短、设备体积大、故障多等原因，已逐渐被晶体管电源代替。

2. 晶闸管电源

晶闸管电源也称为可控硅电源或 KGPS 电源（KG 表示可控硅，P 表示变频，S 表示水冷），是取代机式电源的新型电源，它是利用晶闸管元件把 50Hz 工频三相交流电变换成单相中频交流电对工件加热的。国外在 20 世纪 60 年代开始研制，我国在 20 世纪 70 年代开始研制，到 80 年代已成功应用于生产。由于晶闸管电源具有设备效率高（电子管电源的效率为 50% ~ 75%，机式电源的效率为 70% ~ 85%，晶闸管电源的效率为 90% ~ 95%）、体积小、不需要单独机房、无回转运动体、启动方便（电子管电源的灯丝需要预热，机式电源不能连续多次启动）、运行无噪声、便于生产连线实现自动控制、成本低等优点，其应用范围越来越广泛。

晶闸管中频电源由三相 380V 电源供电，经三相桥式全控整流电路转换为直流到逆变部分，转为中频进入谐振回路，最后到负载。在感应淬火中应用，负载通常是淬火变压器、电容器、感应器与工件，特殊的专用场合也有不用中频变压器而与感应器直连的。国产晶闸管中频电源的中频额定电压为 750V。在感应淬火领域晶闸管电源正逐步被晶体管 IGBT 电源取代。

3. 晶体管电源

晶体管电源是取代电子管电源的新型电源，这种新型的全固态高频电源采用新型电力电子器件静电感应晶体管（SIT），使装置全固态化。它具有转换效率高、工作电压低、操作安全、使用寿命长和可省去高压整流变压器等优点。晶体管电源由可控整流、逆变器和控制电路三部分组成。该电源装置是由三相 380V、50Hz 的电源经过空气开关、滤波器、接触器、快速熔断器，加到由晶闸管组成的三相可控硅整流上；整流器输出侧接有续流管、整流器的直流输出电压，分别输入到带电感电容滤波器的两组单相桥式逆变器上，逆变器的输出高频电压经高频变压器输出；两组逆变器的高频变压器的二次绕组相串联后，接到高频电容器和淬火变压器组成的串联谐振电路上；高频功率由淬火变压器输出。

20 世纪 80 年代，绝缘栅双极晶体管（IGBT）问世，它已成为 5 ~ 100kHz 频段感应加热电源的首选器件。目前，国外 IGBT 电源频率可做到 200kHz，国内 120kHz 的电流已产业化。它的开关速度虽比不上 SIT、MOSFET，但比 SCR、GTO 和 GTR 等的开关速度高得多，并且具有输出阻抗高、驱动功率小、容易驱动和通态压降低等优点，能满足高频和超音频感应加热电源的要求。因此，IGBT 全固态晶体管电源应运而生。IGBT 全固态电源使用频率范围很宽，可取代机式电源、晶闸管电源和超音频电子管电源。

2.4.2　感应加热机床

感应加热机床有不同的分类方式。按生产方式分为通用机床和专用机床；按电流频率分为高频机床、中频机床和工频机床；按所生产的零件可分为轴类机床、齿轮类机床、钢板弹簧和导轨类机床等；按所生产的零件安放形式分为立式机床和卧式机床两大类；按热处理工艺分为淬火机床、回火机床和透热用机床等。一般情况下可按通用机床和专用机床分类。

1. 通用机床

通用机床具有较大包容性，同一台机床可以轮换生产多个品种的零件，且既可以进行感应淬火，也可以进行感应回火。它适用于单个或小批量生产。

2. 专用机床

专用机床只具有单一性，一台机床仅能生产同一种零件，如曲轴淬火机床或凸轮轴淬火机床只能实现曲轴或凸轮轴的感应淬火和自回火。专用机床适用于批量和大批量生产。

目前，提供感应加热机床的国内外公司很多，知名公司生产的感应淬火机床的技术水平很高，其主要特点如下：

1）机床品种多，成套性强，一般都有数十种通用和专用淬火机床供用户挑选，而且还可以成套提供全套设备，包括电源、机床、变压器、感应器和冷却系统等。用户购置后，只要安装，接通水电就可以生产了。

2）机床精度高。连续淬火机床采用机械传动，传动方式为步进电动机加滚动丝杠。

3）机床自动化、智能化程度高。机床或生产线采用逻辑电路，计算机带屏幕显示以实现工艺操作的自动化、智能化控制。

2.5　感应器

感应淬火是通过感应器来实现的。感应淬火的质量及设备的效率和利用率，在很大程度上都取决于感应器的结构设计与制造。感应器设计一般包括两部分：一是感应器的结构设计；二是电参数的计算。一个成功的感应器设计与制造，往往要经过多次设计、试验之后，才能最后确定感应器的结构和尺寸。

2.5.1　感应器的分类与结构

1. 感应器的分类

由于淬火工件的形状多种多样，感应器的样式也很多。为了便于叙述和了解，现将感应器做如下分类。

（1）按电源分类

1）高频电源用感应器。这种感应器应用于频率为 $30 \sim 400 \mathrm{kHz}$ 的情况。

2）中频电源用感应器。这种感应器应用于频率为 $1 \sim 30 \mathrm{kHz}$ 的情况。

（2）按加热方式分类

1）同时加热淬火感应器。这种感应器能包围工件需要加热的一段或一段以上的全部表面，并同时完成该表面上所有点的加热淬火任务。

2）连续加热淬火感应器。这种感应器仅能包围淬硬区的一部分，淬硬区的加热淬火通过感应器和被加热工件的相对移动来完成。

（3）按感应器的形状分类

1）圆柱外表面淬火感应器。这种感应器用于圆柱形轴类及齿轮等工件的淬火，由于它在加热时"圆环效应"与"邻近效应"的作用叠加，所以这种感应器效率最高。

2）平面淬火感应器。这种感应器用于平面工件或其他形状工件的端面部分加热淬火。由于它在加热时"圆环效应"与"邻近效应"的作用不一致，故效率低于前者。

3）内孔淬火感应器。这种感应器用于处理工件内孔。由于"圆环效应"与"邻近效应"的作用相反，使感应器电流难以靠近工件表面，故该感应器效率最低。

4）其他淬火感应器。这些感应器用于不规则工件的表面淬火。

2. 感应器结构

感应器结构由四个主要部分组成（见图2-19）：

（1）有效圈 有效圈是产生磁场的施感导体，它使需要加热的工件表面产生感应电流。多数情况下有效圈也是供水装置的一部分。

（2）接触板 接触板是连接有效圈与淬火变压器的连接板。

（3）供水装置 供水装置包括供给淬火用水和冷却用水的专门装置。

（4）定位夹具 定位夹具是工件在感应器上的定位装置。

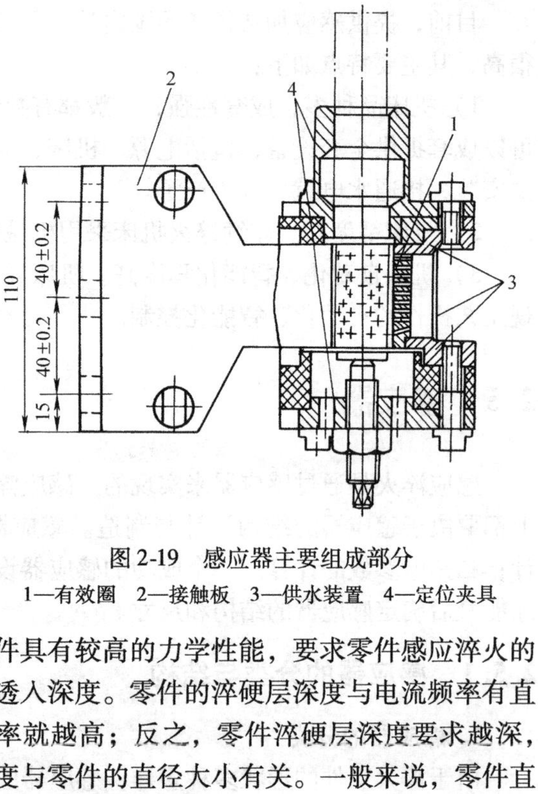

2.5.2 感应器的设计步骤

感应器设计的基本依据是产品图样中对零件的技术要求，这些技术要求主要有零件的淬硬区、淬硬层深度、表面硬度等。感应器的设计步骤如下：

1. 选择频率

在感应器设计过程中，选择合适的电流

图 2-19 感应器主要组成部分
1—有效圈 2—接触板 3—供水装置 4—定位夹具

频率是非常重要的。在实际生产中，为了使零件具有较高的力学性能，要求零件感应淬火的过渡区深度较小，零件淬硬层的深度小于电流透入深度。零件的淬硬层深度与电流频率有直接关系。零件淬硬层深度要求越浅，电源的频率就越高；反之，零件淬硬层深度要求越深，电源的频率就得越低。此外，零件的淬硬层深度与零件的直径大小有关。一般来说，零件直径越大，要求零件淬硬层越深，电源频率就越低；零件直径越小，要求零件淬硬层就越浅，电源频率就越高。因此，选择零件的几何尺寸（棒件的直径或板件的厚度）和淬硬层深度成为选定频率的主要依据。

在选择频率时，一般以淬火工件的热渗透深度大于淬硬层深度来确定选择频率的上限值，即

$$\Delta_热 > x_淬 \tag{2-23}$$

式中，$\Delta_热$为淬火工件的热透入深度；$x_淬$为技术要求的淬硬层深。当钢件加热到 $800 \sim 900℃$ 时，$\Delta_热 = \dfrac{500}{\sqrt{f}}$ mm。

将 $\Delta_热$ 代入式（2-23）中，则得到频率的上限值，即

$$f = \frac{2500}{x_{淬}^2} \qquad (2\text{-}24)$$

为了保证感应器的效率和工作的可靠性，通常以淬火工件的热透入深度 $\Delta_热$ 为 4 倍的淬硬层深度来选定频率的下限值，即 $\Delta_热 \leq 4x_淬$，将 $\Delta_热 \leq 4x_淬$ 代入 $\Delta_热 = \dfrac{50}{\sqrt{f}}$ cm，则频率的下限值为

$$f \geq \frac{150}{x_{淬}^2} \qquad (2\text{-}25)$$

根据上面的计算得到感应淬火的频率选择范围为

$$\frac{150}{x_{淬}^2} \leq f < \frac{2500}{x_{淬}^2} \qquad (2\text{-}26)$$

在实际生产中，常以 $\Delta_热 = 2x_淬$ 来计算中频感应淬火频率的选择范围。

表 2-11 列出了根据淬硬层深度和工件直径所选择的感应加热最佳频率。

表 2-11　感应加热最佳频率

淬硬层深度/mm	工件直径/mm	中频电源			高频电源	
		1000Hz	2600Hz	8000Hz	20～100kHz	200kHz 以上
0.4～1.25	6～25				I	I
1.25～2.5	8～16			II	I	I
	>16～25		I	I	I	I
	>25～50	II	I	I	II	II
	>50	II	I	I		
2.5～5	19～35		I	I	I	II
	>35～50		I	I	II	
	>50～75	I	I	II		
	>75～100	I	I	II		
	>100	I	II	II		

注：1. 工件材料为钢。

　　2. I—最佳频率；II—合适率；III—勉强可用频率。

必须指出，在选择频率时应考虑以下几点：

1）选择的频率过高，而零件技术要求的淬硬层较深时，若要得到所要求的淬硬层深度，则应延长加热时间，但这样做的结果会增大感应加热过渡区，导致零件力学性能的降低。

2）选择的频率过低，而零件技术要求的淬硬层深不深时，若要得到所要求的淬硬层深度，则应增加比功率，并缩短加热周期。

3）选择的频率不能太低，也就是说过分低于零件要求的淬硬层深度所对应的频率时，则容易形成工件的感应加热引起的透热现象。透热工件的淬火所得到的淬硬层深度，实际上是工件材料的淬透性所具有的淬硬层深度。

2. 选择加热方式

加热方式主要有一次加热和连续加热两种。加热方式的选择，主要由单位面积上所输入的功率大小来决定。单位表面上的功率（即比功率）为

$$\Delta_p = \frac{P}{A} \qquad (2\text{-}27)$$

式中，Δ_p 为单位表面功率（kW/cm^2）；P 为感应加热电源标称功率（kW）；A 为被加热工件的表面积（cm^2）。

感应加热是采用一次加热还是连续加热，一般由式（2-27）来计算确定。表 2-12 给出了加热方式与感应加热电源比功率的选择，表 2-13 给出了感应加热电源的额定功率和最大允许加热面积，供选用加热方式时参考。

表 2-12 加热方式与感应加热电源比功率的选择

加热方式 供电方式	比功率/（W/cm^2）	
	一次加热	连续加热
中频电源	0.3 ~ 2.5	2 ~ 3.5
机式电源	0.5 ~ 2	2 ~ 3.5

表 2-13 感应加热电源额定功率与最大允许加热面积

电源种类	电源额定功率/kW	同时加热淬火面积/cm^2	连续加热淬火面积/cm^2
中频电源 （2.5 ~ 8kHz）	100	128	64
	160	205	102
	200	256	128
	250	320	160
高频电源 （100 ~ 300kHz）	60	59	29
	100	98	49
	200	196	98

还要特别指出，比功率大小的选择很重要，这是由于它直接影响到感应淬火后的热处理质量。例如：铸铁工件表面淬火开裂倾向较大，就应采用较小的比功率；钢质工件的开裂倾向较小，可用较大的比功率。在工件的原始组织中，铁素体较多时，应采用较小的比功率，给铁素体充分溶解留够时间。感应淬火前，经过调质和正火的工件则要采用较大的比功率。对于形状复杂的工件，感应加热时加热温度不容易均匀，就要采用较小的比功率；对于形状简单的工件，其加热淬火可采用较大的比功率。

3. 选择感应器类型

感应器类型取决于感应热处理工件的形状和尺寸。

4. 确定感应器主要参数

1）接触板和有效圈使用材料的厚度及其定位方式等。

2）有效圈的尺寸（内径、高度、形状等）和其他部分的尺寸。

感应器制造完了之后，经过试验和使用，如果工件能达到产品图样要求，即认为感应器的设计是合理的。如果发现在加热过程或冷却中有缺陷，应对感应器做适当修改或重新设计。

2.5.3 典型感应器的设计

1. 圆柱外表面淬火感应器

圆柱外表面淬火感应器包括一圈单孔、双孔串并联及多圈单孔等类型的感应器。

（1）有效圈 工件被加热表面加热效果的好坏、加热效率的高低，很大程度上取决于有效圈的尺寸及形状，因而有效圈设计是感应器设计中最重要的环节。有效圈一般采用纯铜制造。

1）有效圈的主要尺寸。有效圈的主要尺寸包括内径和高度。有效圈尺寸是依据被淬火工件的直径、淬硬区的长度决定的。

有效圈内径的设计可参考下式：

$$D = d + 2a \tag{2-28}$$

式中，D 为有效圈内径（mm）；d 为淬火工件外径（mm）；a 为工件外径与感应器内径之间的径向间隙（mm）。

a 的大小直接影响感应器的效率，对淬火裂纹的形成也有影响。a 增大时，加热效率降低。但 a 太小，也会产生不利影响：一是工件容易和有效圈内径相碰，使工件和感应器打火，从而造成工件和感应器损伤；二是工件容易和有效圈内壁相磨，造成感应器早期磨损而报废；三是由于淬火喷水柱不能分散而直接射于高温的工件表面上，就使正对喷水孔的工件表面上形成一种按喷水孔分布的显微裂纹。设计时，a 不应大于淬火工件直径的 5%～10%。当工件直径较小时，间隙取上限；工件直径较大时，间隙取下限。a 的数据选择可参考表 2-14。

表 2-14　间隙与工件外径的对应关系

工件外径 d/mm	间隙 a/mm
15～30	1.5～2.5
>30	>2.5～5

对于圆柱齿轮及花键的高频感应淬火，为了防止加热时齿轮及花键的顶部温度过高，间隙 a 一般采用 4～6mm。

在连续感应加热淬火时，应考虑工件旋转和工件加热淬火后产生的弯曲变形等因素，间隙要适当增大一些。

有效圈高度设计可分别参考下面数据：

当圆柱工件局部淬火时，有效圈高度按下式计算：

$$H = (1.05 \sim 1.2)L \tag{2-29}$$

式中，H 为有效圈高度（mm）；L 为工件淬硬区长度（mm）。

上式一般在淬硬区为 40～100mm 时使用。一般来说，有效圈的每端要比工件要求的淬硬区长 4～6mm。

当圆柱工件全长淬火时，有效圈高度可按下式计算：

$$H = l + (6 \sim 10)\,mm \tag{2-30}$$

式中，H 为有效圈高度（mm）；l 为工件长度（mm）。

当曲轴轴颈或类似轴颈淬火时，有效圈高度可按下式计算：

$$H = b - (2 \sim 6)\,mm \tag{2-31}$$

式中，H 为有效圈高度（mm）；b 为轴颈宽度（mm）。

有效圈高度需要比工件淬硬区长的原因，是感应淬火时工件的淬硬区存在边缘效应，即在淬火时工件淬硬区的两端淬硬层浅而中间深，这种效应是由于有效圈两端磁力线密度小于中间密度造成的。

当淬火工件的形状不允许有效圈的高度加长时（如凸缘、曲轴轴颈等 T 字形零件和工字形零件，零件邻近淬硬区部分有要求不进行淬火和加热的螺纹，零件淬火后易形成裂纹的槽孔等），可以将有效圈不能加长的一端（或两端）设计成带有 3~5mm 宽的凸台，使磁力线在零件的淬硬区域内接近相等而克服边缘效应。

2）有效圈厚度的选择。有效圈厚度的选择是指感应器有效圈施感导体材料的板厚或管厚的选择。有效圈厚度的选择主要取决于下列因素：

①有效圈厚度的选择与电源频率有关。频率越高，电流透入越浅，有效圈厚度可以薄一些；频率越低，电流透入越深，有效圈厚度可以厚一些。

②有效圈的工作温度影响电流在纯铜内的透入深度。纯铜在 40℃ 时的电流透入深度与纯铜在 1000℃ 时的电流透入深度之比约为 1∶3。当有效圈采用水冷进行加热时，可视为有效圈处在常温下，即纯铜在 40℃ 时的电流透入深度，并以此来选择有效圈厚度；当有效圈不采用水冷进行加热时，可视为有效圈在 1000℃ 下，即纯铜在 1000℃ 时的电流透入深度，并以此来选择有效圈厚度。

③在相同频率下，有效圈的厚度与加热时间有关。加热时间较长时，有效圈的厚度应适当加厚。

④用于大量生产的感应器往往装有定位夹具。为了承担夹具的重量，在选择有效圈厚度时，应适当增加厚度，使有效圈具有足够的刚度。

此外，在采用中频电源供电时，由于感应器上的电流大，产生的磁场会较强，易在有效圈和被加热工件之间产生较大的相互吸引力，使感应器产生变形，因此，这时应适当增加有效圈厚度，使有效圈具有足够的刚度。

在实际生产中，要想在理论上计算有效圈的厚度是很困难的，而且也很复杂。下面把在实际生产应用中总结的有效圈厚度计算方法推荐如下：

在感应器工作时有效圈没有水冷却的情况下，可采用下面经验公式：

$$\delta = (2 \sim 4)\frac{230}{\sqrt{f}} \tag{2-32}$$

式中，δ 为有效圈厚度（mm）；f 为电源频率（Hz）。

将电源频率代入式（2-32）中，可计算出有效圈厚度，见表 2-15。

表 2-15　有效圈（无水冷）厚度

电源频率/kHz		2.5	8	200~300
有效圈厚度 /mm	极限值	9~18	5~10	0.9~1.8
	最佳值	12	8	1.5

在感应器工作时有效圈通水冷却的情况下，可采用下面经验公式：

$$\delta = (1.3 \sim 2.5)\frac{70}{\sqrt{f}} \tag{2-33}$$

式中，δ 为有效圈壁厚（mm）；f 为电源频率（Hz）。

将电源频率代入式（2-33）中，可计算出有效圈壁厚，见表 2-16。

表 2-16　有效圈（通水冷却）壁厚

电源频率/kHz		1	2.5	8	200~300
有效圈壁厚 /mm	极限值	3~5.7	1.8~3.4	1~2	0.2~0.35
	最佳值	4	2.5	1.5	>0.5

（2）接触板 接触板的结构如图 2-20 所示，它的一端用螺栓与淬火变压器连接，另一端与有效圈焊接。接触板材料采用纯铜制造。为了使有效圈的电流分布均匀，与变压器连接的接触板高度 H 应大于或等于与有效圈连接的高度 h。除上述要求外，选择接触板时还应考虑下面几点：

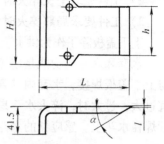

1）它的强度设计除需考虑承受夹具的重量外，有时还要考虑承受工件的重量。

2）接触板的长度 L 一般采用 80～120mm，在专用设备上有时达到 200mm 以上。设计中应注意接触板不宜太长，太长时将增加铜的耗损和漏磁损失，从而降低了感应器效率。

3）工件在感应器中加热时间较长时，考虑到接触板的温升和温升造成的能量损失，应在接触板上设计专用冷却水套。

图 2-20 接触板的结构

4）为了保证接触板和淬火变压器良好接触，与淬火变压器连接的接触板的两个连接面，须等到接触板与有效圈焊接后，再进行最后加工。

接触板与有效圈多采用铜焊，在特殊情况下也可用银焊。焊缝角度为 10°～15°（有效圈开口角度为 45°，接触板的 α 角度为 30°～35°）。银焊的优点是熔点低，易焊接，焊后导电性好，外形美观。

为了使接触板的两块板之间保持良好的绝缘，一般在接触板的两块板之间采用云母片（或聚四氟乙烯板）绝缘后，再用螺栓把接触板的两块板和云母片夹紧。用于中频电源时，云母片厚度为 2mm；用于高频电源时云母片厚度为 5mm。采用聚四氟乙烯板时，其厚度可适当减薄。夹紧用的螺栓用尼龙或黄铜制成。当采用黄铜螺栓夹紧时，在螺栓上必须套上夹布胶木制成的绝缘套管和绝缘垫圈，如图 2-21 所示。夹紧用螺栓一般设计两个即可。为了不影响高频电流的输出，螺

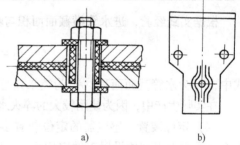

图 2-21 接触板的连接方式
a）用黄铜螺栓夹紧
b）螺孔位置及孔对电流的影响

栓孔应设计在接触板的上下两侧边。接触板螺栓孔的两侧，电流密度会增大，套在螺栓上的绝缘夹布胶木制成的绝缘套管，会因烘烤而失去绝缘能力，必须加以重视。

（3）供水装置 供水装置由有效圈、上下盖板、水套、水斗、水管组成。感应器中的有效圈一是起导电作用，二是作为供水装置的一部分。有效圈在用作供水装置时，又分为供淬火用水装置和供冷却用水装置两种。前者在有效圈上钻喷水孔，后者不钻喷水孔。

有效圈上喷水孔大小及其分布，对淬火工件的硬度分布和裂纹的产生都有直接影响。有效圈壁厚为 6mm 时，常用 $\phi 1.5～\phi 1.8mm$ 的钻头直接钻孔；若有效圈壁厚大于 6mm 时，由于在厚的纯铜板上钻许多小孔较困难，钻头常易折断，其末端则残留在孔中。为了减少钻孔的困难，往往把喷水孔设计成阶梯孔。在有效圈内侧钻 $\phi 1.5～\phi 1.8mm$ 的孔，有效圈外侧钻 $\phi 3～\phi 3.5mm$ 的孔，大孔深度为有效圈壁厚的 1/2。应该指出，由于有效圈钻成阶梯孔后，对有效圈截面有一定削减，因此，在设计时应适当增加有效圈的厚度。

孔的排列按棋盘格式，在整个圆周表面上均匀分布着交错的孔。为了使工件在淬火时得到均匀冷却，喷水孔的分布应注意以下几点：

1）接触板与有效圈连接处孔的角度，有 2 或 3 排分别按 60°和 45°钻孔，其他孔的中心则通过有效圈的中心线。

2）工件要求全长淬火时，有效圈轴向方向的最上和最下两层孔的喷水角为 15°。

3）工件要求局部淬火时，有效圈轴向方向上下端分别有两层 15°~30°的喷水斜孔。

上下盖板除了作为供水装置的上下堵头外，还起着支承定位夹具作用，采用纯铜板制作。

水套和水斗的功能是使淬火水沿圆周均匀分布。水套由 1.5mm 厚的纯铜板弯成，两端与上下盖板焊接，水套内壁到有效圈的外圆的距离一般为 14~16mm。设计中应注意水腔不宜过大，过大时，淬火水不易在很短时间内充满水腔而影响淬水质量。水斗焊在水套上，水管焊在水斗上。感应器的水斗、水管使用数量见表 2-17。

表 2-17　感应器的水斗、水管使用数量

工件直径/mm	淬火区长度/mm	水管数量及形式
15~45	13~35	两个水管
	36~60	两个水斗和水管
	40~120	两个水斗和四个水管
>45~80	25~50	三个水斗和三个水管
	50~120	三个水斗和六个水管
>150	30~50	四个水斗和四个水管

根据实践经验，进水管横截面面积与喷水孔的总面积之间的关系可按下式计算：

$$A_{\mathrm{J}} = \left(\frac{1}{3} \sim \frac{1}{4} \right) A_{\mathrm{P}} \tag{2-34}$$

式中，A_{J} 为水管截面面积；A_{P} 为喷水孔总截面面积。

在实际生产中，因为使用较大的淬火水压，所以进水管截面面积可小于排水管截面面积。

（4）定位装置　感应器的定位装置多用于大量或批量生产时。在感应器设计时，只要在有效导体上下部位设置工件定位装置，即可满足生产要求。

工件在感应器内的准确位置是由定位装置来保证的。设计时，除了遵循一般定位夹具的设计原则外，还应注意以下几点：

1）被淬火工件和有效圈应有良好的绝缘。

2）防止在定位夹具上的工件产生涡流而烧坏工件。

3）由于定位夹具和高频电场接近，又和淬火用水经常接触，所以往往要求定位夹具进行防锈处理。

定位夹具的结构形式，一般是根据被淬火工件的外形、淬硬区部位来确定的。

2. 内孔淬火感应器

内孔淬火感应器与圆柱外表面淬火感应器在结构上的主要区别是它的接触板。内孔淬火感应器的接触板比圆柱外表面淬火感应器的接触板与有效圈之间多了一段连接板。

（1）连接板　连接板的长短、相对位置对感应器的效率有直接影响，因此，在设计时应特别注意。在生产中常用的连接板有如下两种：

1）同心管连接板。同心管连接板（见图 2-22）的导电截面

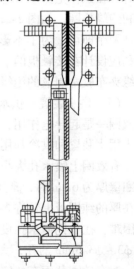

图 2-22　同心管机械式
内孔连续淬火感应器

为圆环，故其有效导电截面比同样面积的矩形导体大。由于邻近效应，电流将沿着内管的外表面和外管的内表面流过，因两管电流方向相反，磁场方向也相反，磁力线互相抵消，所以形成的磁通小、感抗小、反电势小，产生的涡流较小，因而常用于内孔和较深内孔的连续淬火。

2）方管连接板。方管连接板（见图 2-23）与同心管连接板相比效率较低。其优点是制造方便，精度高。

（2）有效圈　内孔淬火感应器的有效圈直径，一般可由下式计算：

$$D = d - (1.2 \sim 2)\,\text{mm} \tag{2-35}$$

式中，D 为有效圈直径（mm）；d 为淬火工件内径（mm）。

（3）定位导向装置　在内孔淬火感应器中，有效圈的上下两端一般采用由夹布胶木制成的导向块。导向块用于固定导磁体，以保持有效圈与被淬火工件有均匀的间隙。生产中，导向块与淬火工件之间的间隙为 $0.6 \sim 1\,\text{mm}$ 左右（直径方向）。在下导向块的圆周方向应开一些等距离的排水槽，目的是便于淬火用水流出。

（4）中频连续淬火内孔淬火感应器
当工件内孔直径大于 $\phi 50\,\text{mm}$ 时，中频连续淬火内孔感应器如图 2-22 所示。它采用同心管连接板，连接板与有效圈采用黄铜螺栓连接，这样便于利用一个连接板来换用几种不同直径的有效圈。导磁体是采用 $0.2\,\text{mm}$ 厚的冷轧硅钢片。在该感应器中，往往将有效圈与连接板的交接处制作成"S"形，以保证工件在加热中不旋转也能得到均匀加热。

当工件内孔直径为 $\phi 30 \sim \phi 50\,\text{mm}$ 时，中频连续淬火内孔感应器如图 2-23 所示。这种感应器结构特点是连接板采用平行管引入。由于有效圈的直径太小，连接板与有效圈之间的连接较困难，另外，有效圈的内、外弧长相差也较大，导磁体不容易沿整个有效圈圆周装满。为此，连接板与有效圈之间用纯铜条和有效圈焊接。纯铜条需要在此之前钻孔，以便淬火用水通入有效圈。采用这种形式便于在有效圈上多装一些导磁体。

（5）高频内孔淬火感应器　高频内孔淬火感应器的结构与中频连续淬火内

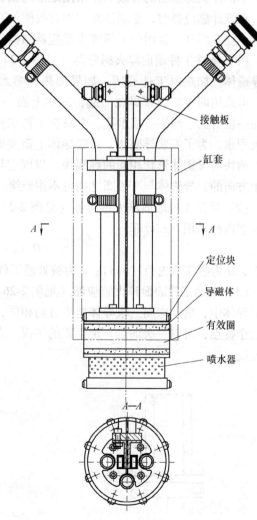

接触板

缸套

定位块

导磁体

有效圈

喷水器

$A—A$

图 2-23　方管连接机械式内孔淬火感应器

孔淬火感应器的结构基本相同。不同的是，接触板应制作成适用于高频变压器的结构，感应器上的导磁体应改用铁氧体导磁体。

3. 平面、端面及侧面淬火感应器

对工件的平面进行感应加热时，存在两个效应：一是有效圈的环形效应；二是有效圈与工件的邻近效应。两个效应的相互制约，共同决定着电流在感应器中的分布。由于邻近效应比环形效应小，结果是有效圈对应平面的内侧加热层深于外侧。这种形式的平面加热时，在两个导体之间存在一个低温带，低温带的宽窄与两个导体的间距有关。在设计中，应注意有效圈两导体之间的距离不能太近。若太近，必将使涡流互相削弱，影响工件加热温度上升。因此，两个导体之间的距离，应是感应器和工件之间间隙的 5 倍，通常为 6 ~ 12mm。用这种感应器对工件平面进行感应淬火时，由于两个导体之间存在低温带，一般只宜用于进行连续淬火。连续淬火时，前面的导体起预热作用，后面的导体完成加热并实施淬火。在导体上安装导磁体后，将会显著提高加热速度。

平面淬火感应器的有效圈多采用矩形纯铜管弯成。为了防止有效圈在磁场作用下产生变形，在设计感应器时，必须注意增加有效圈的强度。

下面介绍几种常用的平面淬火感应器结构。

（1）圆柱工件端面淬火感应器（见图 2-24） 它的有效圈为一根简单的直导线，其上装有导磁体。加热时工件旋转。如果加热和喷水在同一感应器中进行时，可采用两根纯铜管焊在一起，其中上面一根管通水冷却感应器，下面一根管的下端钻有喷水孔，它只在工件加热到淬火温度后才喷出淬火用水。为了安装导磁体，可在导体上需要安装导磁体一段的两端焊上两块与导磁体形状相同的纯铜块，以固定导磁体。由于感应电流是单方向的，导磁体与有效圈之间可不用绝缘。

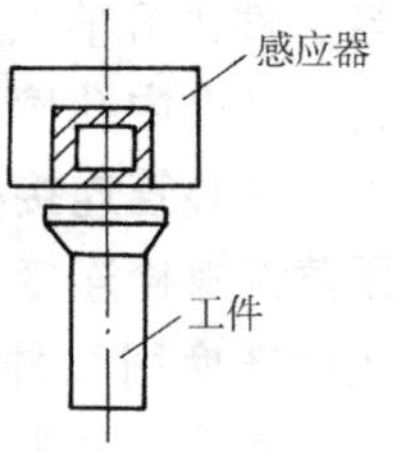

（2）筒形工件端面淬火感应器（见图 2-25） 筒形工件端面淬火感应器内径采用下式计算：

$$D = d + 8mm \tag{2-36}$$

式中，D 为感应器内径（mm）；d 为被处理工件内径（mm）。

（3）矩形工件表面淬火感应器（见图 2-26） 在组成矩形工件表面淬火感应器有效圈的五根导体中，由于中间三根导体电流方向相同，导体间磁场不会互相抵消而产生低温带。利用这个特点，可以一次加热一定面积的平面。在中间三根导体上加上导磁体，可显著提高加热速度。

图 2-24 圆柱工件端面淬火感应器示意图

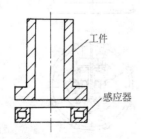

图 2-25 筒形工件端面淬火感应器

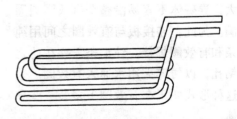

图 2-26 矩形工件平面加热感应器

4. 复杂或不规则形状工件的淬火感应器

进行复杂或不规则形状工件的感应淬火时,由于工件形状复杂或不规则,因而在淬火感应器的设计中,常遇到较多困难。一般来说,这类感应器设计要通过多次试验之后才能定形。下面举例介绍这类感应器。

(1) 分开式淬火感应器 由于曲轴轴颈处于曲拐之间,在没有轴颈专用淬火机时,要想将轴颈加热淬火,可以采用分开式感应器,如图 2-27 所示。它的有效圈设计和圆柱外表面淬火感应器基本相同,不同的地方是它的有效圈由三块圆弧组成,其中一块是半圆弧,另两块 1/4 的圆弧组成一个半圆弧与接触板拼焊后,连接到淬火变压器上,这样,三块圆弧组成一个环形回路。这种分开式曲轴整圈淬火感应器在设计时应注意以下特殊要求:

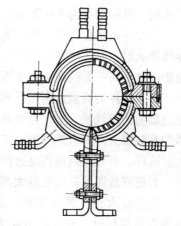

图 2-27 曲轴轴颈淬火感应器

1) 分开式曲轴整圈淬火感应器因曲轴装卸,需要经常打开和闭合。闭合时,要求接触面必须接触良好。为此,常采用的压紧形式是螺栓式,但为了操作方便,也可采用滚轮形式压紧。

2) 有效圈应具有一定的刚度,因此,有效圈常用整块纯铜锻坯切削成形,或用 10 ~ 12mm 厚纯铜板弯曲而成。

(2) 复合表面工件淬火感应器 如球头销一类复合表面工件,既有球面淬火,又有圆柱面淬火,该复合表面工件的淬火感应器如图 2-28 所示。其特点是工件的球面部分位于感应器上端,并靠感应器来支承球头销工件。球头销工件球面部分的加热方式类似端面加热;而球头销工件的杆部加热是圆柱外表面加热。为了使两表面加热温度和层深接近,它们之间的间隙比是不同的。球面部分的间隙与圆柱部分的间隙之比约为 1:(4 ~ 5),当球面部分的间隙为 1.5 ~ 2mm 时,圆柱部分的间隙约为 6mm。当电源为高频电源时,由于电源频率高,两部分的间隙比可缩小为 1:(2.5 ~ 3)。

5. 连续淬火感应器

连续淬火一般用于工件淬火面积较大、设备比功率不足的情况下。轴类工件的连续淬火感应器如图 2-29 所示,它与同时淬火感应器的主要区别在于:

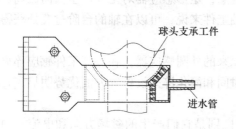

图 2-28 球头支承淬火感应器

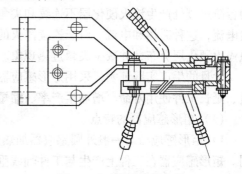

图 2-29 连续淬火感应器

1) 有效圈高度小,感应器与工件的间隙较大。

2) 喷水孔有一定斜度。

3）由于连续加热时间长，感应器本身要求有较好的冷却条件。

连续淬火感应器的有效圈一般采用纯铜板经切削加工而成，也可用方纯铜管弯制而成。在有效圈的外圈焊有冷却用的水腔。有效圈与工件的间隙常为 3 ~ 12mm。当淬火工件较短粗时，因淬火后变形较小，间隙可为 3 ~ 5mm；当淬火工件较细、较长或花键轴类工件连续淬火时，其间隙可为 4 ~ 12mm。

连续淬火感应器的有效圈高度常采用 15 ~ 20mm。如此选择感应器高度的原因是：工件连续淬火时，被感应器包围的工件表面上，同时存在磁变点以上的高温带和磁变点以下的低温带。这一高一低的两部分表面上的磁导率和电阻率是不同的。工件的低温带磁导率大，电阻率小；工件的高温带则磁导率小，电阻率大。如果将感应器和工件的关系看成变压器，即感应器为初级线圈，工件为次级线圈，那么工件上电阻率的变化，一定会相应地反映到感应器的有效圈上。即有效圈内与工件低温带对应部分的电阻小，与工件高温带对应部分的电阻大。这样，有效圈内电流经过的实际高度，为工件磁变点以下电阻小所对应部分的高度。因此，若把有效圈的高度取得太高，有效圈将损耗功率。

连续淬火感应器有效圈上的喷水孔角度为 30° ~ 45°。当工件的材料为中碳钢、形状为等直径圆柱时，喷水孔角度为 45°；当工件为不等直径即阶梯轴时，喷水孔角度为 30° ~ 35°。喷水孔角度一般不能太小，否则，淬火冷却水容易反射到加热表面，影响工件加热。在实际使用中，往往把有效圈喷水水压降低，而主要依靠附加喷水圈来对工件进行淬火。

当有效圈的直径小于 φ100mm 时，淬火冷却水的进水管采用两个水管；有效圈的直径为 φ100 ~ φ150mm 时，采用三个水管；有效圈的直径在 φ150mm 以上时，采用四个水管。

在某些条件下，仅使用从有效圈内喷出的淬火冷却水进行淬火时，工件仍因冷却不足而有自回火现象。这时应在感应器的下端增加一辅助喷水圈，克服因喷水不良而导致的工件自回火现象。

6. 矩形感应器

矩形感应器采用矩形纯铜管弯制有效圈，弯制成形的有效圈似矩形，并在矩形有效圈的矩形纯铜管上装上导磁体。矩形感应器代替环形感应器用于轴类工件，特别是阶梯轴工件的一次整体感应淬火（加热时工件旋转），具有理想的淬火效果。其原因是，环形感应器对零件产生纵向磁场、横向电流，这种磁场和电流，对于连续淬火的阶梯轴工件来说，容易在轴的台阶过渡处产生淬火硬化层不连续和尖角过热现象；矩形感应器对工件产生横向磁场、纵向电流，这种磁场和电流，对于连续淬火的阶梯轴工件来说，可以在轴的台阶过渡处获得理想淬火硬化层分布，并减少尖角过热现象。

大量的生产实践证实，采用矩形感应器代替原来的外圆感应器，在提高工件感应淬火质量、延长工件使用寿命、增加生产率、缩短辅助时间和简化淬火设备等方面优势明显。

（1）矩形感应器的特点

1）矩形感应器与一般外圆感应器加热原理的区别是它们产生的磁场方向和电流方向不同。矩形感应器在工件上产生与工件轴线垂直的横向磁场，与工件轴线平行的纵向电流；而外圆感应器在工件上产生与工件轴线平行的纵向磁场，与工件轴线垂直的横向电流。比较这两种感应器的加热原理，不难看出矩形感应器具有更优越的功能与特点。

2）矩形感应器的应用特点：一是电流的走向好。由于矩形感应器有效圈的有效导体与淬火工件的轴线平行，这样可以得到与工件轴线平行的纵电流走向。这为轴类工件，特别是阶梯轴类工件淬火获得连续均匀分布的淬硬层创造了条件。二是可以充分发挥导磁体的强化作用。在对轴类工件表面加热时，可在矩形感应器有效圈的有效导体上，安装导磁体来强化加热效果。在对阶梯轴类工件表面加热时，可在矩形感应器有效圈的有效导体上，根据间隙大小来安装导磁体，实现局部加热强化效果，使阶梯轴工件也能得到连续均匀分布的淬硬层。三是对长轴工件可以实现整体加热一次淬火。有些工件（如半轴），通常采用圆环感应器，以立式淬火的方式对工件进行连续感应淬火。现在，随着感应加热技术的进步，也有采用矩形感应器，以卧式淬火的方式对工件进行整体加热一次淬火。

（2）矩形感应器设计中的参数选择

1）矩形感应器的比功率。在感应器设计中，对外圆柱表面加热感应器比功率的计算，不论按感应器的内表面积还是按工件要求淬火的表面积计算，两者是基本相同的。然而对矩形感应器来说，由于感应器的有效圈是用矩形纯铜管弯成的回路，有效圈有效导体与工件对应的表面积比工件需要加热的表面积小许多。因此，感应器上的比功率和工件上的比功率是不同的。例如，汽车平衡轴要求在直径 $\phi65\text{mm}$、长 136mm 的外圆表面上进行感应淬火，采用半圈矩形感应器，加热时工件旋转。这里感应器相对于工件的有效导体面积为 80cm^2，工件需要加热的表面积为 278cm^2，若供电功率为 140kW，则在感应器有效导体上的比功率为 $140\text{kW}/80\text{cm}^2 = 1.75\text{kW}/\text{cm}^2$。平衡轴表面的比功率为 $140\text{kW}/278\text{cm}^2 = 0.5\text{kW}/\text{cm}^2$。由此看来，感应器上的比功率为工件上的比功率的 3.5 倍。这一实例说明，矩形感应器有效导体上的比功率和工件上的比功率是不同的。对工件进行同时整体加热一次淬火时，矩形感应器有效导体上的比功率可参考表 2-12 的下限值。

2）有效导体管壁厚度的选择。当采用矩形纯铜管制作感应器的有效导体时，须用水冷却，冷却水的出水温度一般控制在 55℃ 以下，此时管壁厚度按下式计算：

$$\delta = \frac{11}{\sqrt{f}} \tag{2-37}$$

式中，δ 为管壁厚度（cm）；f 为电源频率（Hz）。

当电源频率为 8000Hz 时，管壁厚度为 1.23mm，常选用 1.5mm。当供电频率为 2500Hz 时，管壁厚度为 2.2mm，常选用 2.5mm。由于矩形感应器有效导体上的电流密度大，为了防止过热烧损，有效导体的管壁厚度要比一般感应器选得厚一些。例如，频率为 8000Hz 时，有效导体管壁厚度采用 2 ~ 3mm；频率为 2500Hz 时，有效导体管壁厚度采用 3 ~ 4mm。

3）矩形感应器的强度问题。感应器有效导体的电流与工件上的感应电流方向相反。如果把感应器有效导体和工件看成是两根平行的载流导体，那么工件和感应器有效导体间的相互作用力为

$$F = \frac{\mu I^2 L}{2\pi a} \tag{2-38}$$

式中，F 为磁场力；μ 为磁导率；a 为感应器与工件间的间隙；L 为有效导体长度；I 为电流。

由式（2-38）可以看出，磁场力的大小与磁导率、感应电流的平方和有效导体长度成正比，与间隙成反比。矩形感应器的有效导体是由纯铜管或纯铜板制成。纯铜材料强度较低，特别是有效导体长度大于 200mm 时，磁场力的作用较大，感应加热过程中，感应器有效圈

会出现抖动或弯曲变形等现象，这样会影响感应加热效果和减少感应器使用寿命。为了防止这些现象的出现，在设计时应注意增加感应器的强度和刚度。在生产应用中，通常在感应器有效圈上焊上铜螺柱，用较厚的夹布胶木板或石棉水泥板连同导磁体一起固定连接成整体的矩形感应器。

4）矩形感应器最佳频率的选择。在设计矩形感应器时，应注意选择合适的电源频率。矩形感应器用于中频感应淬火时，频率多选用 8000Hz。如此选择频率的原因：一是由矩形感应器结构决定的。矩形感应器的有效圈是由两根或四根矩形纯铜管组成的回路，轴类工件表面淬火时，因感应器有效圈的有效导体的根数排列受到限制，有效导体的总截面面积不可能很大。矩形纯铜管的壁厚一般为 1.5～2.5mm，若选择频率过低，则要增加纯铜管壁厚，这样做将会相应减少冷却水的通流面积而影响感应器冷却效果。二是由矩形感应器加热方式决定的。矩形感应器加热时，感应器固定不动，工件旋转，这时感应器有效导体上聚集较大的比功率，并以扫描的方式反复对旋转工件表面进行感应加热。这种透热式的加热，与频率的选择有直接的关系，频率越高，趋肤效应越强，工件表面加热速度就越快。

2.5.4　磁屏

在感应加热过程中，经常遇到这种情况，即在同一个工件表面有两个淬火区，且两淬火区之间的间隙很小。当完成一个区域淬火、开始对第二个淬火区加热时，会对第一个已经淬火的部位产生不需要的重新加热。为了解决这一问题，在感应器设计时应采用磁屏。

磁屏的作用是设法减少漏磁场的影响范围。通常采用的磁屏方法有两种：短路环法和集磁板法。

1. 短路环法

短路环用铜管或铜板制成，如图 2-30a 所示。在工件加热时，短路环中产生感应电流，其电流产生的磁场方向与感应器的磁场方向相反，因而它可以抵消或削弱漏磁场的强度和作用范围。短路环一般采用纯铜制成。铜板厚度应大于感应电流透入深度。当电源频率为 200～300kHz 时，厚度为 1mm；当电源频率为 8kHz 时，厚度为 5mm。

2. 集磁板法

集磁板采用具有良好磁性的低碳钢板制成，如图 2-30b 所示。在工件加热时，漏磁经过集磁板而形成回路，这样集磁板便起到了磁屏作用。

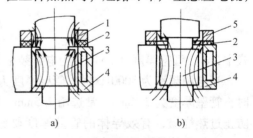

图 2-30　磁屏应用
a）短路环　b）集磁板
1—短路环　2—绝缘板　3—工件
4—有效圈　5—集磁板

在实际应用中，为了减少在集磁板中产生涡流，通常在集磁板的内圆周上，每 10°～15°开一些宽 1.5mm、深 12mm 的等分槽口。

2.5.5　导磁体

导磁体是磁的优良导体，具有很强的驱流作用，它是利用趋肤效应原理对感应加热过程产生影响的。在感应器有效圈的有效导体上镶装导磁体可提高耦合效率，减少磁力线逸散损失，减少磁力线对人体的磁辐射。导磁体既可提高感应加热效率，又能降低能耗，其应用十分广泛。

导磁体按电源频率来分，可分为中频导磁体和高频导磁体。中频导磁体采用的是硅钢片，硅钢片经模具冲压成所需形状的导磁体片，将导磁体片安装在感应器有效导体上，并压紧便组成了中频导磁体。硅钢片的厚度可参考下式计算：

$$\delta = \frac{10 \sim 30}{\sqrt{f}} \tag{2-39}$$

式中，δ 为硅钢片厚度（mm）；f 为电源频率（Hz）。

在实际应用中，当电源频率为 8kHz 时，硅钢片厚度采用 0.1 ~ 0.35mm；电源频率为 2.5kHz 时，硅钢片厚度采用 0.2 ~ 0.5mm。硅钢片厚度越薄，感应器效率越高。中频导磁体除了采用硅钢片外，目前也采用硅铁粉组成的导磁体。这种导磁体的优点是很容易制成各种所需形状的整块导磁体。

高频导磁体由锰、锌铁氧体组成，适应频率在 40kHz 以上。它也很容易制成各种所需形状的整块导磁体。

2.6　应用实例

感应热处理具有加热速度快、节能、氧化脱碳少、污染少、易于实现流水生产、质量稳定等特点，因此，在国内外机器制造行业，特别是在汽车、拖拉机行业得到了广泛应用。

2.6.1　曲轴的感应热处理

曲轴是发动机中的重要零件之一，它与气缸、活塞、连杆等零件构成了发动机的动力装置，并由曲轴向外输出功率。曲轴工作时所受到的力相当复杂，主轴颈、连杆轴颈和曲柄臂受力情况各不相同，但它们主要承受反复弯曲和扭转负载，而主轴颈和连杆轴颈通常与滑动轴承配合，故在高速旋转下还要承受强烈的摩擦。因此，曲轴的损坏形式主要是疲劳断裂和轴颈的磨损，提高曲轴使用性能的目标就是提高其疲劳强度和耐磨性。

轴颈淬火通常用于球墨铸铁曲轴和承受弯矩不大的钢曲轴，其目的主要是为了提高耐磨性和扭转疲劳强度（与油孔和油孔走向有关）。球墨铸铁曲轴弯曲疲劳强度的提高通常还要增加圆角滚压工艺。对于承载较大的钢曲轴，则采用轴颈和圆角都淬火强化的工艺。影响钢曲轴强度的因素有淬火硬度、轴颈和圆角的淬火深度、止推面淬火区域高度等。需要注意，淬火后的回火对疲劳强度也有较大影响。

1. 曲轴感应淬火的优点

曲轴生产中大量采用感应淬火工艺，技术和经济指标非常好。在各种热处理技术和表面强化技术长足发展的今天，感应淬火仍然是目前曲轴首选的强化技术。

1）钢曲轴经感应淬火 + 低温回火后，与调质态相比，可提高曲轴疲劳强度 134%，同时大大提高了轴颈表面的耐磨性，而其他强化手段则难以同时达到以上两项指标。

2）感应淬火生产率高，如单机加工一根六缸曲轴只需要 5min 左右。而且感应淬火工序由于清洁及可按节拍生产，可以直接安排在曲轴生产流水线上，从而节省了物流费用和时间。

3）对曲轴而言，感应淬火是最节能的热处理技术。曲轴仅对轴颈等需要淬火硬化的部位表面加热，而且电效率高，时间短，比其他热处理能耗降低80%以上。

4）由于加热范围小，时间短，使处理的曲轴变形小，氧化脱碳少，可以减少精加工余量，从而减少了机加工的工作量等。

2. 感应淬火曲轴的设计和材料

（1）感应淬火曲轴的设计　曲轴的设计要与热处理工艺相结合，才能更好地提高性能，减轻重量。对感应淬火的曲轴来说，设计时要注意感应淬火本身的特点。

按照传统的渗氮曲轴设计思想，曲柄臂外侧的一端要减薄，如图2-31所示。其依据有两个：①减轻曲轴自重；②有观点认为，该处减薄可以提高渗氮曲轴疲劳强度。对于感应淬火曲轴，由于感应磁场有尖角效应，加热时外侧感应发热严重，在加热时间很短（通常小于20s）的情况下，热量来不及向相邻部位传导，将导致该部位过热或温度高于其他部位较多，淬火后将使变形增大，也容易发生淬火开裂。因此，如图2-31b所示，感应淬火曲轴设计时，应保证 A 值不能过小，α 值不能过大。

2）曲轴材料。汽车曲轴常用材料有调质钢42CrMo、35CrMo、40Cr 等，非调质钢38MnVS6、48MnV、C38N2 等，以及球墨铸铁 QT600-2、QT700-2、QT800-2 等，这些材料都可以进行感应淬火。根据曲轴产品设计中有关数据，如曲轴载荷，发动机转速，发动机服役条件等确定曲轴服役条件，选用材料时要根据服役条件与相应的材料淬火后能达到的技术指标等因素进行分析。材料中 Cr、Mo 等合金成分可以显著提高材料的淬透性，从而提高曲轴的强度，但淬火开裂倾向大，需要使用 PAG 水基淬火冷却介质以避免淬火裂纹。

选材时应考虑满足性能要求的前提下优先选择球墨铸铁和非调质钢，以降低生产成本。

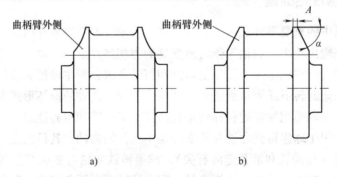

图2-31　曲轴曲柄外侧结构
a）渗氮曲轴设计　b）感应淬火曲轴设计

3. 热处理规范制订

1）预备热处理。预备热处理的设计非常重要。制订工艺时，要考虑不同的预备热处理对感应淬火的影响，才能将材料和热处理工艺的性能发挥到最佳状态。

调质钢经调质处理可以得到细致均匀的组织，零件内应力较小，对感应淬火有好处（淬火组织均匀，淬火变形和开裂倾向小）。非调质钢利用 V、Ti 等元素的加入细化晶粒，在大幅度降低生产成本的同时提高各项力学性能，但其在组织准备上不同于调质钢，所以在制订感应热处理工艺时，要根据其组织特点加以分析，才能充分地利用其优点而避免其不足。

　　球墨铸铁曲轴的基体为珠光体，其形态以细片状、片状为好。球墨铸铁曲轴感应淬火前的组织主要有正火态和铸态两种。正火处理提高了珠光体的含量（体积分数可高达98%），组织也较均匀，感应淬火工序容易得到组织、硬度均匀的淬硬层。但珠光体含量过高，使碳化物在晶界有较多聚集，增加了曲轴的脆性，易产生淬火裂纹，对冷加工性能也有影响。铸态球墨铸铁曲轴内应力较小，感应淬火后变形量也小，但铸态组织中铁素体较多，对淬火组织和硬度不利，要得到理想的淬火组织对感应淬火工艺要求较高。铸态球墨铸铁珠光体的体积分数控制在75%~90%为最好。

　　2）感应淬火技术要求的制订。感应淬火技术要求的指标主要有：表面硬度、硬化区范围、硬化层深度、金相组织及淬火变形量等。

　　淬火硬化层金相组织：钢曲轴为针状或细针状回火马氏体，不应出现游离铁素体；球墨铸铁曲轴允许在球状石墨的附近有少量未溶铁素体，但不能成环状。

　　硬化层深度及表面硬度是获得高疲劳强度的重要指标，都有一个最佳范围，过高和过低都会使疲劳强度降低。硬化层深度和表面硬度过低，会造成零件强度不足，耐磨性降低；反之，当硬化层深度过高时，压应力峰值从表面向内推移，表面压应力降低，从而使强度降低，硬度过高带来的危害是明显的，它使零件的脆性增加，在曲轴受到弯扭疲劳载荷及冲击力的情况下强度严重降低。常用钢曲轴的淬火硬化层深度及表面硬度与疲劳强度的关系如图 2-32 所示。

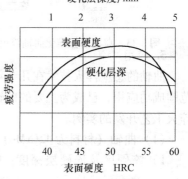

图 2-32　淬火硬化层深度及表面硬度与疲劳强度的关系

　　图 2-32 中所示硬化层深度最佳范围适用于 $\phi55$ ~ $\phi90mm$ 的轴颈，其他轴颈应在此基础上做出调整。在以提高耐磨性为主时，钢曲轴表面硬度可取 55HRC 左右，球墨铸铁曲轴表面硬度≥47HRC。疲劳强度要求高时，应以得到高而均匀的表面压应力为主，对表面硬度则不过分追求。

4. 感应器设计及标准化

　　除电源、机床等基础设备外，实施曲轴感应淬火工艺的核心部件就是感应器。目前广泛采用的是半圈鞍式淬火感应器，如图 2-33 所示。下面就半圈鞍式感应器设计制造技术进行讨论。感应器组成部分主要有：有效圈、水电快速接口、支撑护板、定位装置及喷水器。有效圈是感应器的核心，其结构如图 2-34 所示。

　　有效圈是感应电流的载体，电源能量通过有效圈产生的磁场输出到零件，有效圈设计的水平直接关系到能量的输出及能量在零件表面的分布。设计中应重点考虑以下几方面：①有效圈弧段、横直线段的形状、大小和比例关系；②导磁体形状、安装位置、使用量；③有效圈与零件径向、轴向间隙。由于电流的热效应，有效圈在工作中会发热，所以必须通水冷却，水流截面根据加热功率的大小计算，保证有效圈工作在正常温度（55℃以下）。

　　水电快速接口、支撑护板、定位装置等是感应器辅助功能件，考虑其通用性及互换性设计成标准件，可使制造难度降低和可靠性提升。喷水器的设计要计算零件淬火所需水量，合适的喷水量保证得到所需的表面硬度，并避免淬火裂纹的产生。各个部分组成感应器时互相配合，并非只有单一的功能。如图 2-34 所示的感应器结构，喷水器具有喷水、支撑护板、固定有效圈、支撑定位块等功能，而护板也具有安装定位块、固定喷水器、屏蔽磁场、固定水路及作为喷水器盖板等功能。

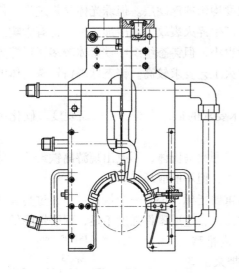

图 2-33 典型的标准化曲轴淬火感应器

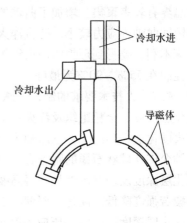

图 2-34 曲轴感应器有效圈结构

5. 应用

曲轴的感应淬火技术在几十年不断探索的基础上，已经取得非常高的技术成就，并在大范围成功应用，已成为主要的曲轴强化手段，并在不断扩大应用。下面是某四缸机曲轴感应淬火工艺开发的实例。

（1）曲轴（材料为 42CrMo）圆角感应淬火技术要求

1）淬硬区及淬硬层深度：断面淬硬区高度 $H \geqslant 5.0$mm，轴颈淬硬层深度 $A = 2.5 \sim 4.5$mm，圆角淬硬层深度 $B = 1.8 \sim 4.0$mm。

2）淬火 + 回火后，表面硬度为 50 ~ 55HRC，淬硬区金相组织为马氏体 3 ~ 6 级，不得有淬火裂纹。

3）淬火 + 回火后，径向圆跳动 ≤0.5mm（测量中间主轴颈）。

（2）工艺开发用设备与工装、辅料　采用中频电源 IGBT200kW/5 ~ 15kHz，曲轴专用淬火机床，PAG 淬火冷却介质（TW-Ⅱ，质量分数为 8% ~ 10%），专用感应器 DFK4110M/R、DFK4110P/R。

（3）淬火工艺　曲轴感应淬火的工艺过程：感应淬火→变形测量→荧光磁粉检测→回火→变形量测量。曲轴感应淬火工艺参数见表 2-18。

表 2-18　曲轴感应淬火工艺参数

部位	电压/V	电流/A	功率/kW	加热时间/s	冷却喷液压力/MPa	喷液时间/s	转速/(r/min)
主轴颈	385	260	100	13	0.15	12	40
连杆轴颈	360/415	235/270	85/112	13.5	0.15	12	40

注：连杆轴颈加热带功率分配功能，在拐内和拐外提供不同的加热功率，以得到均匀的硬化层。

（4）回火工艺　采用井式炉回火，工艺参数为 200℃ ×1.5h。

（5）检验结果　曲轴感应淬火检验结果见表 2-19。

表 2-19　曲轴感应淬火检验结果

检 验 项 目		检 验 结 果	
		主轴颈	连杆轴颈
淬硬区组织		马氏体 5 级	马氏体 5 级
表面硬度　HRC		52 ~ 53	52 ~ 53.5
淬硬区域及淬硬层深度/mm	A	3.2	3.3 ~ 3.5
	B	2.6	3
	H	7.5	7.5
荧光磁粉检测		合格	
淬火、回火后变形量/mm		径向圆跳动 0.22 ~ 0.31	

2.6.2　半轴的感应热处理

汽车后桥半轴是传递转矩的重要零件。半轴不仅承受驱动转矩，而且承受作用在车轮上下、前后、左右的负载引起的弯矩。因此，后桥半轴应具有足够的强度来满足使用条件。

我国常用的半轴材料有 45 钢、40Cr、40MnB、42CrMo 等；国外常选用 S48C、S50C、SCM440H 等钢种。

半轴热处理工艺包括调质处理、中频感应热处理、调质处理后再中频感应热处理。

某型汽车半轴材料为 40MnB 钢。半轴的感应热处理要求为：半轴锻后毛坯先经调质处理，调质处理硬度为 229 ~ 269HBW，机加工后再中频感应淬火和回火，淬硬层深度为 4 ~ 7mm，淬火硬度为

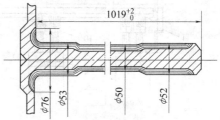

图 2-35　汽车半轴及硬化层分布

52 ~ 63HRC，淬硬层分布如图 2-35 所示。以前，中频感应淬火是在立式双工位淬火机床上采用连续淬火方式，淬火后在立式双工位回火机床上进行感应回火。随着感应热处理技术的发展，该半轴中频感应淬火采用了大功率整体加热一次淬火。

1. 半轴连续淬火

半轴连续淬火在两台立式淬火机床上进行，每台机床可同时对两根半轴进行淬火。淬火时机床带动半轴旋转，环形感应器按淬火工艺，自下而上做连续运动，边加热边淬火。使用电源为四台机式电源，每台电源频率为 2500Hz，功率为 100kW。淬火冷却介质为聚乙烯醇水溶液。

2. 半轴感应回火

半轴感应回火采用矩形感应器进行感应回火。回火是在两台立式回火机床上进行的，回火时半轴旋转。每台机床可同时对两根半轴进行回火，分别由两台 100kW、2500Hz 机式电源供电。回火时，先将淬火后的半轴水冷 20s，然后进行感应回火，回火温度为 250℃，回火时间为 90s，再水冷 20s，接着进行校直。

3. 半轴大功率淬火设备及特点

半轴大功率淬火技术是感应热处理技术的一大发展，由于这种淬火工艺需要有大功率中频电源，因此而得名，也叫一次加热淬火。大功率淬火是在卧式万能淬火机床上进行的。加热淬火时感应器不动，半轴定速旋转，淬火完毕，感应器随同淬火变压器一起退出，半轴自

回火；更换半轴后，感应器随同淬火变压器再次进给到位，开始第二个循环。由此可见，半轴大功率淬火设备是由卧式万能淬火机床、中频电源、淬火变压器、感应器、限变形机构和淬火冷却装置等部分组成的。半轴大功率淬火感应器如图2-36所示。感应器有效圈近似为一个矩形，它的两个长条部分，为了使其具有一定的强度，先采用纯铜板机加成截面为"▢"形的长条，然后加盖板焊成矩形管；它的两个短条部分实际上是两个半圆环，靠近法兰盘一侧的半圆环为焊合件，花键一侧的半圆环为矩形纯铜管弯制而成。有效圈的法兰盘侧的半圆环上和花键部位的半圆环上须安装厚0.2mm的硅钢片导磁体。感应器的喷水圈用夹布胶木制作，其上的紧固件及管接头等用黄铜加工而成，各件用环氧树脂粘接或用螺栓连接组装成喷水圈。限变形机构由支架、调整板、调整螺栓、辊轮座、辊轮及转轴等组成（见图2-36）。限变形机构可对变形辊轮做全方位调整，以满足工艺要求。辊轮、转轴及辊轮座等均应选用非磁化钢（奥氏体钢）制作。

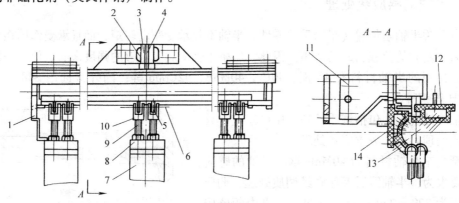

图2-36　半轴大功率淬火感应器

1—附加喷水圈　2—冷却水套　3—接触板　4—绝缘板　5—辊轮　6—转轴　7—支架
8—调整板　9—调整螺杆　10—辊轮座　11—紧固装置　12—上喷水圈　13—有效圈　14—侧喷水圈

半轴大功率淬火有如下两个特点：

（1）横向磁场加热　当半轴采用圆环形感应器加热时，其磁力线是平行半轴轴线的，利用这种磁场加热，即为纵向磁场横向电流加热。当半轴采用矩形感应器加热时，其磁力线是垂直半轴轴线的，利用这种磁场加热，即为横向磁场纵向电流加热。这一改变有两个优点：一是像半轴这样的变截面轴，由横向磁场纵向电流来加热，变截面处淬硬层分布均匀，台阶尖角也不易过热；二是半轴表面上产生的磁感应强度，可由毕沙拉定律求得，即半轴表面某点的磁感应强度只与磁导率成正比，与该点的间隙成反比：

$$B = \frac{\mu I}{2\pi a} \tag{2-40}$$

式中，B 为磁感应强度（$\times 10^4$T）；μ 为磁导率（H/cm）；I 为有效圈上的电流（A），当电压一定时，I 为常量；a 为半轴与有效圈的间隙（cm）。

调整 μ 和 a 值，即可调整半轴某处的磁感应强度，使其加热均匀。

（2）脉冲加热升温及脉冲喷射冷却　半轴大功率加热时，感应器不动，半轴绕轴线定速旋转，半轴被加热表面依次循环脉冲加热升温，基本上使半轴各个部位同时达到要求的淬火温度范围（880~950℃）。不难看出，脉冲加热升温具有加热时间较短和传热时间较长的特点。半轴大功率加热用感应器的加热板宽度为 20mm，两块加热板的宽度共为 40mm，半轴轴径为 φ50mm，圆周长为 157mm。半轴旋转一周时，表面各点被加热板加热的时间，占转一周时间的 1/4 略多一点，而传热时间占 3/4。因为这一特点，在达到淬火温度的总加热层中，提高了传导加热层的比例，减少了感应电流加热层的比例，所以当要求的淬硬层深度一定时，大功率淬火所选用的电流频率应比圆环形感应器所选用的频率稍高些。

淬火冷却时，半轴表面被依次循环脉冲喷射冷却，基本上使半轴各个部位同时冷却到马氏体转变温度区间。从图 2-36 的 A—A 视图不难看出，脉冲喷射冷却时，半轴在旋转一周中，具有较长的喷射冷却时间和较短的停喷时间。这种冷却方式既能使半轴较快地冷到马氏体转变温度，又不至于分解成非马氏体组织，同时又使半轴较连续喷冷的淬火应力大大降低，增加了淬火组织的稳定性。

4. 半轴大功率淬火工艺参数

电流频率	8000Hz
中频电源功率	260～280kW
匝比	5/2
加热时间	59s
间隙时间	3s
冷却时间	22～28s
淬火温度	800～950℃
自回火温度	190～230℃

5. 半轴感应热处理后的强化效果

过去半轴热处理常用调质处理的办法，易发生早期疲劳损坏。半轴调质处理后，再进行中频感应淬火和回火，可显著提高半轴的疲劳寿命。半轴中频感应淬火和回火后，表面硬度为 52～58HRC，硬化层深度为半轴直径的 10%～15% 时，其强化效果最好。

半轴中频感应淬火后，在淬火表面产生 200～600MPa 残余应力，这一残余压应力对半轴来说非常有利。

2.6.3　三销轴和球头销的感应热处理

三销轴和球头销等是某型汽车上的轴类零件。为了提高这些零件轴表面的耐磨性，要求轴表面进行中频感应淬火。

1. 三销轴

三销轴如图 2-37 所示。材料为 40MnB，调质硬度为 255～285HBW，轴表面要求中频感应淬火，表面硬度为 58～63HRC，轴的圆角不要求淬火。采用中频感应淬火处理后，工件在试验中轴的圆角处出现弯曲疲劳裂纹。为了解决中频感应淬火后轴的圆角出现疲劳裂纹问题，将零件轴表面和圆角同时进行了中频感应淬火，达到了满意的效果。经过测试，中频感应淬火后圆角处的残余压应力为 190MPa，零件的弯曲疲劳寿命提高了 13 倍以上。

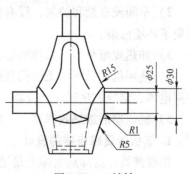

图 2-37　三销轴

2. 球头销

球头销如图 2-38 所示。球头销原来要求选用 18CrMnTi 渗碳钢制造，原工艺首先在零件杆部镀铜（防渗），然后渗碳并渗后预冷淬火，高温回火，保证零件杆部是调质状态，满足力学性能要求，最后对球头部位淬火及低温回火，使球头部位的硬度为 58～63HRC，满足耐磨要求。这种方法热处理工艺复杂，成本高。现采用 45 钢制造，实施中频感应淬火工艺。球头销锻后进行调质处理，然后机加工，球头部位进行中频感应淬火（见图 2-38a），淬火硬度为 58～63HRC。经弯曲疲劳试验，球头销易在颈部断裂，寿命和断裂部位与渗碳的球头销相近。当中频感应淬火硬化区超过颈部时（见图 2-38b），在同样试验条件下，弯曲疲劳寿命比只球头部位淬火时高出两倍多，断裂部位发生在中频感应淬火过渡区。再将中频感应淬火硬化区延长至整个杆部（见图 2-38c），整体强度大为提高，虽然断裂仍发生在颈部，但弯曲疲劳寿命提高了 20 多倍。

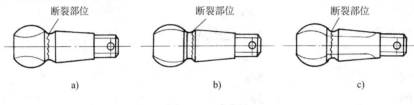

断裂部位　　　断裂部位　　　断裂部位

a)　　　　　　　b)　　　　　　　c)

图 2-38 球头销

2.6.4 钢板弹簧的感应热处理

钢板弹簧是汽车悬架系统的重要总成，它必须具有很好的弹性和柔性、高的机械强度、优良的耐磨性和耐蚀性等。

某型汽车前后钢板弹簧，材料为 55SiMnVB 弹簧钢，这种钢淬透性好，脱碳倾向小。钢板背面带双槽。设计成双槽形状是考虑钢板弹簧在受力时，正面承受拉应力，背面承受压应力，这样可以减轻零件的重量，节约钢材。

热处理是钢板弹簧生产过程中的重要工序，也是使钢板弹簧具有良好综合性能的重要手段。汽车前后钢板弹簧的热处理是采用中频感应穿透加热，于 S6632 快速淬火油中淬火，电阻炉中回火，并采用预应力喷丸强化。

钢板弹簧采用中频感应加热有以下优点：

1）加热速度快，因而在加热过程中产生氧化皮极少，基本上不增加钢板弹簧片表面的脱碳。

2）车间没有烟和炉灰，没有强烈的热辐射，因而大大改善了热处理工人的劳动条件，避免了环境污染。

3）加热规范稳定，如调整好，就可以按节奏连续生产。

4）使用机动灵活，无须像其他热处理炉那样预先升温和保温，可以按照需要启动部分中频电源、部分加热床和感应器。

5）感应器的加热效率高，一般可达 60％ 以上。

1. 钢板弹簧感应器的设计

钢板弹簧片的加热实际上是透热，因此感应器设计应按透热来考虑。中频电源频率的选择，对于板材而言，根据板厚的不同电源频率选为 10kHz 左右。

一套钢板弹簧由多片钢板片组成，为了满足生产节拍，需要多个感应器同时工作来加热不同的钢板弹簧片，并且所有感应器的加热速度要基本相同。与每一个感应器相匹配的还有加热床、推料机、淬火机、淬火油槽和输送带等，这些组成一条中频感应淬火生产线。要使各感应器的加热速度完全相同，这在感应器设计和制造上是很难满足的。为此，在每台加热床中有一个特殊的自耦变压器，以调节感应器的使用电压，来保证各个感应器加热速度一致。

钢板弹簧淬火加热用的感应器通常为长方形，如图 2-39 所示。它由外壳、线圈、耐火衬、进出水管、接线板、导轨组成。感应器的有效圈设计很重要，特别是线圈（见图 2-40）主要尺寸的选择合适与否会对加热效果产生很大影响，这些尺寸主要有三个，即线圈开口长度 l_1、宽度 b_1 和高度 h_1。长度 l_1 应略大于被加热的钢板弹簧片的长度，它可按下式计算：

$$l_1 = l_2 + \Delta l_2 + 2\sigma + (1 \sim 2)\ \text{cm} \tag{2-41}$$

式中，l_1 为线圈开口长度（cm）；l_2 为被加热钢板弹簧片的长度（cm）；Δl_2 为钢板弹簧片由初始温度加热到规定的淬火温度时的线膨胀量（cm）；σ 为耐火衬的厚度（cm）。

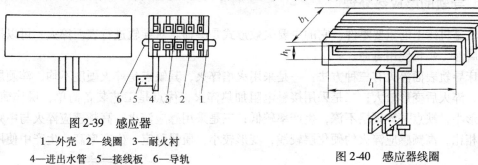

图 2-39　感应器
1—外壳　2—线圈　3—耐火衬
4—进出水管　5—接线板　6—导轨

图 2-40　感应器线圈

宽度 b_1 与被加热的钢板弹簧片的数量有关，数量又取决于每块钢板弹簧片所需的最短加热时间和生产节奏，它可按下式计算：

$$b_1 = nb_2 + \Delta b \tag{2-42}$$

式中，b_1 为有效圈的宽度（cm）；n 为加热时放置在感应圈中的钢板弹簧片数量；b_2 为一块钢板弹簧片的宽度（cm）；Δb 为了消除感应圈的边缘效应而增加的宽度（cm），一般取 Δb 为高度 h_1 的 $1 \sim 2$ 倍。

高度 h_1 可按下式计算：

$$h_1 = h_2 + c + 2\sigma \tag{2-43}$$

式中，h_1 为有效圈高度（cm）；h_2 为钢板弹簧片的厚度（cm）；c 为钢板弹簧片与耐火衬之间隙（cm）；σ 为耐火衬的厚度（cm）。

2. 感应器的制造与使用

感应器制造必须按照严格工艺过程进行。在制作线圈时，先将矩形纯铜管按图下好料，然后把所有的接口处沿铜管四周加工成 45°左右的斜面。这样，在焊接时焊料就能充满两斜面所形成的 V 形坡口，保证足够的焊接强度。焊接是保证感应器质量的关键，必须牢固。焊接可用氧乙炔焊，焊料可用银丝或黄铜丝，焊剂可用脱水硼砂。线圈焊好后，必须试水压，一般在 0.5MPa 下持续 10min，随后在质量分数为 30% 以下的硫酸或盐酸里进行酸洗，最后用清水冲洗。线圈清洗干净后进行绝缘处理，再与酚醛层压板、石棉水泥板等装配在一起。在线圈的进口和出口端装上水泥板，其他四面装上酚醛层压板，它们之间的连接均用黄铜螺钉。

感应器装配好后再制作耐火衬。耐火衬以水玻璃耐火混凝土为佳，它是由高铝骨料、细高铝粉、耐火黏土、水玻璃、水和氟硅酸钠等按一定比例和规定的方法配制而成的。高铝骨料、细高铝熟粉和耐火土必须经过磁选，否则，耐火衬在使用中易击穿烧熔。耐火衬做完后，先要进行自然干燥，然后烘干。

钢板弹簧加热用感应器犹如一台台小炉子，放置在各个加热床前端。安装时，应注意调整与推料机的相对位置，以免钢板碰撞耐火衬。感应器母排与加热床汇流排之间要用铜螺钉连接。感应器冷却水不准超过55℃，一般控制在45℃左右。夏季应注意防潮，冬季应注意防冻。

在正常使用下，感应器的使用寿命很长，一般只需修补或更换耐火衬即可。

2.6.5　导轨的感应热处理

导轨是机床上的重要零件，它的主要失效形式是磨损。对导轨进行表面淬火，可以提高它的耐磨性，延长使用寿命。

机床导轨表面淬火有三种方法：一是采用火焰淬火，其缺点是淬火硬度不均，淬硬层深浅不一，淬火后变形较大；二是采用接触电阻加热淬火，优点是工艺装备简单，操作简便，淬火变形小，缺点是淬硬层不深，生产率较低；三是采用感应淬火。高频感应淬火与中频感应淬火相比，高频感应淬火的硬化层较浅，变形较小，质量稳定，生产率高，生产中使用较普遍。

机床导轨的高频感应淬火，大多数采用双回线平面型感应器（见图2-41），前面一个导体用于预热，后面一个导体用于加热。为了提高加热效率，可在后面一个导体上安装 Ⅱ 形导磁体，并且钻有45°的喷水孔，以便在加热后淬火。由于机床床身笨重，淬火后进行回火困难，应采用自行回火，即

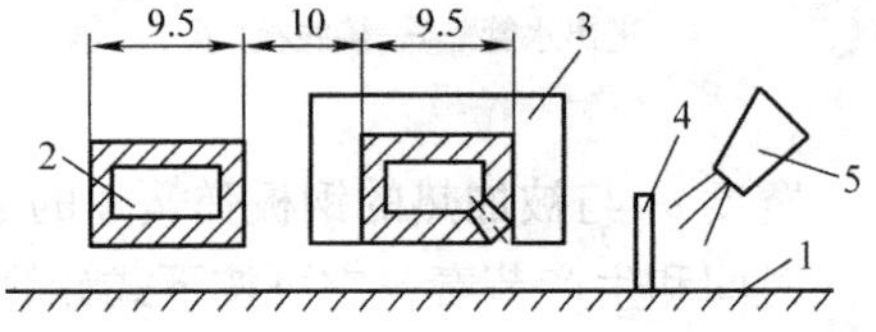

图2-41　机床导轨高频感应淬火
1—导轨　2—感应器　3—导磁体
4—挡水板　5—吹风板

在距喷水孔后面一定距离的地方设置一挡水板，以便利用余热进行自回火。最好在挡水板的后面，再增设一吹风板，将溢出的水滴吹去，以保证回火顺利进行。

机床导轨有凸起的尖角，在感应器设计时，应考虑各部分温度的均匀性。这可通过调整导磁体的位置和各处的间隙来实现。

机床导轨一般采用1级灰铸铁，石墨应呈细小条状，分布均匀，基体组织为珠光体，或少量游离铁素体。

铸铁的淬火工艺主要根据基体组织确定。对于具有珠光体基体的铸铁来说，可以采用比较大的比功率、大的加热速度及不太高的淬火温度。反之，对于具有铁素体基体的铸铁，就应采用比较小的比功率、长的加热时间及较高的淬火温度，使石墨能充分溶入奥氏体内。如果淬火后硬度不高，也可以先经高频感应正火（用压缩空气吹冷），然后再次加热，用较低的温度淬火。对含有磷共晶的铸铁，加热温度的上限不可超过950℃，以免磷共晶分解，引起淬裂。

对于珠光体基体的导轨，可采用比功率为 $0.3 \sim 0.5 \mathrm{kW/cm^2}$、加热速度为 $50 \sim 150 \mathrm{℃/s}$、移动速度为 $1.5 \sim 3 \mathrm{mm/s}$（导轨相对感应器而言）、淬火温度为 $900 \sim 920 \mathrm{℃}$ 和自回火温度为 $200 \sim 300 \mathrm{℃}$ 的工艺。处理后，可获得深度为 $1.5 \sim 2.5 \mathrm{mm}$ 的硬化层，表面硬度达 $48 \sim 58 \mathrm{HRC}$，金相组织为细针状马氏体、石墨及磷共晶。

机床导轨经高频感应淬火后，一般变形规律是中部呈现凹陷，凹陷深度与导轨长度及硬化层深度有关（硬化层越深，变形越大）。当导轨长度约为 $2 \mathrm{m}$、硬化层深度为 $2 \sim 3 \mathrm{mm}$ 时，最大凹陷约为 $0.2 \sim 0.4 \mathrm{mm}$。如果工艺规程固定，在床身精刨时预留变形量，即可减少淬火后的磨削量。

第3章 火焰淬火

将氧乙炔火焰或其他气体火焰喷射到工件表面，使其表面迅速加热到淬火温度，然后将一定的冷却介质喷射到加热表面或是将工件浸入到冷却介质中进行淬火的一种工艺方法，称为火焰淬火。其目的与感应淬火基本相同。

3.1 火焰淬火的特点

火焰淬火具有如下特点：

1）设备简单，投资少。

2）操作方法灵活，特别适用于超大、异形工件，并可进行现场处理。这是其他淬火方法难以实现的。

3）通过调整喷枪的行进速度及喷嘴与工件淬火表面的距离，可获得硬度梯度较为平缓的淬硬层，并可在一定程度上调整淬硬层深度（2~10mm）。

4）多为手工操作，机械化、自动化程度较低，高噪声、潮湿、易燃、易爆、劳动环境恶劣，工人操作时注意力要高度集中，容易疲劳，且随操作技术水平的高低，产品质量的波动较大。

5）只适用于火焰喷射方向的表面，薄壁零件不适合火焰淬火。

6）火焰加热使用的混合气有爆炸的危险，应特别注意。

3.2 火焰淬火用燃料和装置

由于火焰淬火要求具有较快的加热速度（一般达1000℃/min以上），因此，用于火焰淬火的燃料必须具有较高的发热值，且来源容易，价格低廉，在贮存和使用中安全、可靠、污染小。

乙炔、煤气、天然气、丙烷或者煤油都可作为火焰淬火的燃料（见表3-1），但目前我国仍普遍用氧乙炔火焰来实施火焰加热。氧乙炔火焰温度较高（达3100℃），比较适宜浅层表面淬火，深层加热时工件表面容易过热。

表3-1 用于火焰淬火的燃料

气体	加热值/(MJ/m³)	火焰温度/℃		氧与燃料气常用比率	氧与燃料气混合气比热值[1]/(MJ/m³)	正常燃烧速率/(mm/s)	燃烧强度/[mm·MJ/(s·m³)]	空气与燃料气常用比率
		氧助燃	空气助燃					
乙炔	53.45	3105	2325	1.0	26.7	535	14284	—
城市煤气	11.2~33.5	2540	1985	[2]	[2]	[2]	[2]	[2]
天然气(甲烷)	37.3	2705	1875	1.75	13.6	280	3808	9.0
丙烷	93.9	2635	1925	4.0	18.8	305	5735	25.0

① 氧与燃料气混合气的热值乘以正常燃烧速率的乘积。

② 随加热值和成分而异。

火焰淬火装置的燃料供应系统主要由高压燃料气发生器（或燃料气汇流排）、氧气汇流排、减压阀、安全防爆装置（防爆水封、回火防止器）及输气导管等组成。淬火系统则由喷枪、淬火喷嘴、淬火水嘴及供水管道、淬火机床或淬火行走机构等组成。测温可采用辐射温度计或红外温度仪进行，但难以实现精确控温，一般作业条件下由操作者目测控制淬火温度。图 3-1 所示为氧乙炔火焰淬火装置系统示意图。

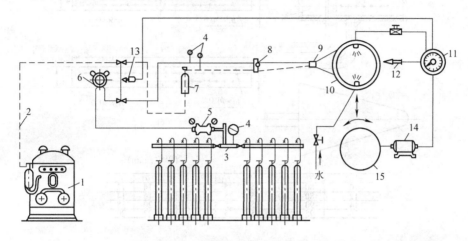

图 3-1　氧乙炔火焰淬火装置系统示意图

1—高压乙炔发生器　2—乙炔导管　3—氧气汇流排　4—压力表　5—汇流排减压阀　6—氧
气站减压器　7—防爆水封　8—气体手动开关　9—混合室　10—环形火焰喷嘴　11—电子
调节记录仪　12—辐射温度计　13—气体自动开关　14—移动用电动机　15—淬火机床移动装置

图 3-2 所示为几种典型火焰喷头的结构。喷嘴的形状取决于工件的尺寸、淬火硬化部位形状和淬火方法等，喷嘴有单头，也有多头。喷头的结构有直接通冷却水的、不通冷却水的（单头喷嘴），以及与喷水器联在一起的多种形式。多喷嘴的喷头在设计时，要注意使混合室的尺寸与喷火孔数目及面积匹配。如果混合室太小，则容易导致"回火"（火焰回击），而混合室面积过多超过喷火孔面积，则由于气流速度大大超过燃烧速度又使火焰喷头无法发挥有效作用。实际上由于火焰淬火较多地应用于异形表面的仿形淬火，大多数情况下火焰喷嘴采用手工制作。一般是用纯铜板或纯铜管轧成矩形，然后用冲头冲出单排或多排的火焰喷孔。图 3-3 所示是一种大模数齿轮沿齿廓淬火的火焰喷嘴。

制作火焰喷嘴应注意以下几点：

1）火焰喷嘴面的曲率必须采用仿加热面曲率，以使火焰喷射距离相同，加热均匀。

2）水室和气室必须相互紧贴，并用铜焊焊死，

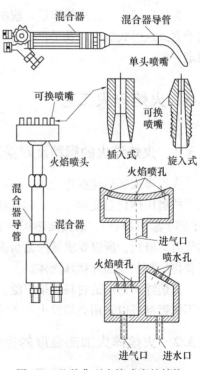

图 3-2　几种典型火焰喷头的结构

靠水室来冷却气室，防止加热过程中气室本身吸热升温后发生"炸枪""回火"，影响淬火的连续性，进而影响淬火质量，甚至导致烧损喷枪、导管和气瓶爆炸事故的发生。

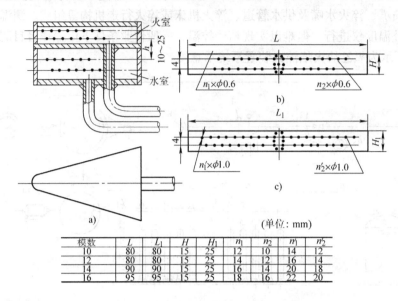

图3-3　大模数齿轮沿齿廓淬火的火焰喷嘴
a) 外形　b) 火孔分布　c) 水孔分布

模数	L	L_1	H	H_1	n_1	n_2	n_1'	n_2'
10	80	80	15	25	12	10	14	12
12	80	80	15	25	14	12	16	14
14	90	90	15	25	16	14	20	18
16	95	95	15	25	18	16	22	20

3）火焰喷嘴之喷孔的总面积应小于混合室导管的截面面积，一般二者的面积比为1:(2.5~3)。

为了保证火焰淬火的质量，应尽量采用淬火机床作业。将工件固定在淬火机床上（类似于立式或卧式机床以及平面行走装置），采用无级调速系统，以确保淬火面的硬度均匀、稳定。

3.3　火焰淬火工艺

3.3.1　火焰淬火的钢种及对钢原始组织的要求

火焰淬火加热速度比较快，相对于普通热处理来讲，其奥氏体化时间很短，晶粒不易长大，故奥氏体化温度向高温方向推移。由于火焰加热的工件内表层温度主要由热传导所决定（不同于感应加热），故其加热层由表及里的温度分布是比较平缓的。因为火焰淬火的奥氏体化时间极短，所以要求其原始组织均匀，碳化物细小。工件最好先进行正火或调质处理，以获得细粒状或细片状珠光体。

火焰淬火适用的材料也很广泛。一般情况下，中碳及中碳合金结构钢、工模具钢、马氏体不锈钢都可以采用火焰淬火，灰铸铁、球墨铸铁也可以采用火焰淬火。

3.3.2　火焰淬火加热温度的控制

前面已述及，由于火焰淬火加热时间短，与普通热处理相比，奥氏体化时间短，晶粒长大的时间也极短，故其实际晶粒度较为细小。因此，可以适当提高其奥氏体化温度，以促进其碳化物的溶解和均匀化，不同材料的火焰淬火温度要比普通淬火温度高 $20 \sim 30℃$，一般钢件的火焰淬火温度为 $Ac_3 + (80 \sim 100)℃$，铸铁的火焰淬火温度为 $[730 + 28w(Si) - 25w(Mn)]℃$。

火焰淬火温度与喷嘴和工件的距离及喷嘴移动速度密切相关，但火焰加热的移动速度和加热时间的掌握比较困难，尤其是异形表面、局部尖角、孔洞、键槽边缘的温度控制更为困难，实际操作中主要由操作者目测火色来确定。

3.3.3 火焰淬火硬化层深度的控制

火焰淬火硬化层深度主要取决于钢材的淬透性、工件尺寸、加热层深度及冷却条件等，对具体工艺的控制则主要取决于加热温度、加热时间或淬火行进速度及淬火冷却介质等。

火焰淬火工艺参数的选择见表3-2。火焰淬火实际加热时间与表面温度分布的关系如图3-4所示。钢与铸铁经火焰淬火后的硬度见表3-3。

表 3-2 火焰淬火工艺参数的选择

序号	工艺参数	数 据						
1	淬火温度	钢件：$Ac_3 + (80 \sim 100)℃$，一般为 880 ~ 900℃ 铸铁件：$[730 + 28w(Si) - 25w(Mn)]℃$						
2	火焰强度	氧与乙炔的体积比为 1:(1.1 ~ 1.5)，以 1:(1.15 ~ 1.25) 为最佳 氧气压力一般为 0.15 ~ 0.18MPa 乙炔压力一般为 0.1 ~ 0.15MPa						
3	加热距离	喷嘴火孔到工件表面距离为 8 ~ 15mm，将火焰调整到中性火焰后，喷嘴与工件表面间距以保持工件处于火焰的还原焰区为合适						
4	移动速度	调整好喷嘴与工件间距后，将加热起头处加热到 800 ~ 850℃后，开始移动喷嘴。调整移动速度一般为 50 ~ 300mm/min，大件取下限，小件取上限。移动过程中，要保持加热表面的温度达到淬火温度						
		喷嘴移动速度 /(mm/min)	50	70	100	125	140	150	175
		淬火层厚度/mm	8	6.5	4.8	3.2	2.6	1.6	0.8
		齿轮模数/mm	5 ~ 10			11 ~ 20		>20	
		喷嘴移动速度/(mm/min)	120 ~ 150			90 ~ 120		<90	
5	火孔中心与水孔中心距离	以 10 ~ 20mm 为宜，水孔向后倾斜 15° ~ 30°						
6	淬火冷却介质	水压保持在 0.1 ~ 0.2MPa，聚乙烯醇水溶液的质量分数为 3% ~ 5%。整体浸淬可用油。此外，还可采用乳化液、压缩空气等						
7	淬火后回火	根据工件最终的硬度选择回火温度，一般火焰淬火的回火温度比普通淬火回火温度要低 20 ~ 30℃						

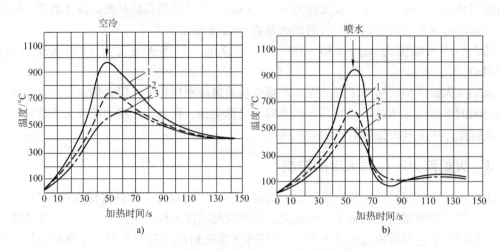

图 3-4 实际加热时间与表面温度分布的关系

a）空冷时 b）水冷时

1—表面温度 2—表面下 2mm 处温度 3—表面下 10mm 处温度

注：试样尺寸为 25mm×50mm×100mm；喷嘴移动速度为 75mm/min；喷嘴与工件间距为 8mm。

表 3-3 钢与铸铁经火焰淬火后的硬度（AISI）

材料		受冷却剂影响的典型硬度			材料		受冷却剂影响的典型硬度		
		HRC					HRC		
		空气①	油②	水②			空气①	油②	水②
碳钢	1025～1035	—	—	33～50	合金钢	52100	55～60	55～60	62～64
	1040～1050	—	52～58	55～60		6150	—	52～60	55～60
	1055～1075	50～60	58～62	60～63		8630～8640	48～53	52～57	58～62
	1080～1095	55～62	58～62	62～65		8642～8660	55～63	55～63	62～64
	1125～1137	—	—	45～55	渗碳合金钢④	3310	55～60	58～62	63～65
	1138～1144	45～55	52～47③	55～62		4615～4620	58～62	62～65	64～66
	1146～1151	50～55	55～60	58～64		8615～8620	—	58～62	62～65
渗碳碳钢	1010～1020	50～60	58～62	62～65	马氏体不锈钢	410 和 416	41～44	41～44	—
	1108～1120	50～60	60～63	62～65		414 和 431	42～47	42～47	—
合金钢	1340～1345	45～55	52～57③	55～62		420	49～56	49～56	—
	3140～3145	50～60	55～60	60～64		440（典型的）	55～59	55～59	—
	3350	55～60	58～62	63～65	铸铁（ASTM）	30	43～48	43～48	
	4063	55～60	61～63	63～65		40	48～52	48～52	
	4130～4135	—	50～55	55～60		45010	35～43	35～45	
	4140～4145	52～56	52～56	55～60		50007,53004, 60003		52～56	55～60
	4147～4150	58～62	58～62	62～65		80002		56～59	56～61
	4337～4340	53～57	53～57	60～63		60-45-15		—	35～45
	4347	56～60	56～60	62～65		80-60-03		52～56	55～60
	4640	52～56	52～56	60～63					

① 为了获得表中的硬度值，在加热过程中，那些未直接加热区域必须保持相对冷态。

② 薄的部位在淬油或淬水时易开裂。

③ 经旋转和旋转—连续复合加热，材料的硬度比连续式、定点式加热材料的硬度稍低。

④ 渗层表面碳含量 $w(C)$ 为 0.90%～1.10% 的硬度值。

3.3.4 火焰淬火常见缺陷与对策

1. 淬火开裂

淬火开裂是火焰淬火的常见缺陷，尤其是齿轮进行火焰淬火时，极易在齿顶处出现密集裂纹。一般合金结构钢（如 40Cr、35CrMo、40CrMo）齿轮火焰淬火推荐使用合成淬火冷却介质，否则，采用水淬很难通过磁粉或着色检测。乳化剂可避免碳钢件产生淬火裂纹，但对合金结构钢的效果不明显。此外操作中要避免起头与收尾的重叠，应当留有 5 ~ 10mm 软带，中间中断淬火后，重新起头时也应当留 5 ~ 10mm 软带，否则在这些重叠区域极易产生裂纹。火焰应距离边缘或尖角 5 ~ 10mm，否则边缘或尖角也极易因温度高、淬火应力大而产生裂纹。

2. 硬度不足或不均匀

火焰淬火硬度不足的主要原因有材料中碳含量偏低，加热温度不够，冷却不良（冷却水压低，水量不足）等；硬度不均匀则是由于火孔大小不一，火孔堵塞，喷水孔堵塞等原因所造成。对于硬度不足或不均匀，可根据其具体原因采取相应对策。

3. 熔化

火焰淬火时，移动速度慢或停顿可引起淬火表面烧熔。此外，尖角、孔边也极易烧熔。轻微熔化可用砂轮打磨修复。

4. 畸变

火焰淬火极易变形，尤其是板状工件单面淬火。可以通过改善加热条件，调整喷嘴尺寸等来减小淬火变形，对于单面淬火件，可采用夹具固定、淬火后采用长时间回火来消除应力，以减少变形，并可采用加热校直的方法恢复工件尺寸精度。

3.4 应用实例

1. 电铲提升卷筒火焰淬火

提升卷筒（见图 3-5）是采煤挖掘设备电铲的重要部件，尺寸大，筒壁厚，采用 45 钢制造，其工作面承受钢丝绳频繁、剧烈的摩擦和交变应力。采用氧丙烷火焰淬火处理，其工艺参数：丙烷流量为 2 ~ 2.3m³/h，氧气流量为 2.8 ~ 3.6m³/h，丙烷压力为 0.08MPa，氧气压力为 0.8MPa，淬火速度为 95 ~ 105mm/min，喷嘴与工件的间隙为 10 ~ 14mm。淬火处理后表面硬度达到 50HRC，淬硬层深度 ≥3.5mm，表层组织为贝氏体，过渡层为贝氏体 + 珠光体 + 铁素体组织。采用该工艺处理后，卷筒表面的耐磨性大幅度提高，且应力分布理想，不易产生内裂纹或表层剥落现象。

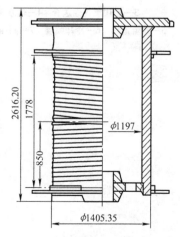

图 3-5 提升卷筒

2. 发动机挺杆火焰淬火

挺杆是发动机上的关键部件，与凸轮形成高应力接触，摩擦力较大，因而工件表面要求高硬度及高耐磨性，基体具有一定的综合力学性能。挺杆原热处理采用盐浴整体淬火或高频感应淬火，常出现裂纹、变形或表面性能不足。采用火焰淬火工艺对挺杆进行处理，保证了产品质量，降低了生产成本，取得良好效果。

挺杆的外形尺寸见图3-6，其材料为铬钼铜冷激合金铸铁。采用图3-7所示的装置进行火焰淬火，其工艺参数：火焰加热温度为880℃±20℃，挺杆旋转速度为30~60r/min，乙炔压力为0.04~0.06MPa，氧气压力为0.5~0.7MPa，喷嘴距加热表面的距离为50mm，淬火后经190℃×120min回火。采用该工艺处理后，淬硬层深度≥3mm，冷激层深度≥4mm，底面硬度为63~69HRC，杆部硬度为93~104HRB。

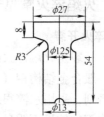

图3-6　挺杆的外形尺寸

3. 高压管件内表面火焰淬火

高压管件广泛用于石油矿山高压管路的连接，承受高压介质的冲刷和磨损，要求内表面具有高硬度、高耐磨性，同时具有一定的综合力学性能。高压管件采用35CrMo钢制造，火焰淬火装置如图3-8所示。火焰淬火的工艺参数：火焰加热温度为900℃±40℃，乙炔压力为0.04~0.06MPa，氧气压力为0.5~0.7MPa，工件旋转速度为2~4r/min，喷嘴与工件相对移动速度为100~140mm/min，淬火后经220℃×(80~100)min回火。该工件处理后，表层为回火马氏体。硬度为50~55HRC，次表层为回火马氏体+铁素体。管件内表面火焰淬火后的硬度分布如图3-9所示。

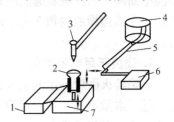

图3-7　挺杆火焰淬火装置
1—油槽　2—挺杆　3—乙炔加热
喷枪　4—振动料斗　5—排料槽
6—送料机构　7—旋转打料装置

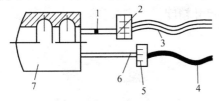

图3-8　管件内表面火焰淬火装置
1—火焰喷嘴　2—乙炔氧气流量计
3—乙炔氧气输送管　4—输水管
5—水流量计　6—冷却喷嘴　7—高压管件

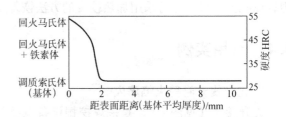

图3-9　管件内表面火焰
淬火后的硬度分布

第4章 其他表面淬火方法

感应淬火和火焰淬火应用较为广泛，是许多产品固定的热处理工艺规范。但在一些特殊条件下，或受生产条件限制，或是工件本身存在特殊要求，还可以选择另外一些表面淬火方法。

4.1 浴炉加热表面淬火

将工件浸入高温盐浴或金属浴中短时加热，要求硬化的工件表面层达到淬火温度后急剧冷却，使表层发生马氏体相变，从而实现表面硬化的工艺，称为浴炉加热表面淬火。浴炉加热的加热介质主要有盐浴和铅浴两种。

4.1.1 盐浴加热表面淬火

与感应加热和火焰加热比较，盐浴加热的速度较慢，故其硬化层较厚，表面硬度较低，硬度梯度平缓。为获得较大的加热速度，盐浴加热温度应比采用一般方法加热的加热温度高 $100 \sim 300^\circ C$。

盐浴加热使用较多的是 $BaCl_2 + KCl$ 熔盐。直径为 $\phi48mm$ 的 45 钢试棒在该盐浴中加热，控制硬化层深度为 3mm 的盐浴温度和加热时间见表 4-1。45 钢工件直径与盐浴加热时间的关系见表 4-2。

表 4-1   45 钢试棒($\phi48mm$)盐浴加热淬火的盐浴温度和加热时间

盐浴温度/°C	950	1000	1050	1100	1150
加热时间/s	90	65	56	44	38

注：硬化层深度为 3mm。

表 4-2   45 钢工件直径与盐浴加热时间的关系

工件直径/mm	20	40	60	80
加热时间/s	20	40	65	98

注：盐浴温度为 1100°C。硬化层深度为 3mm。

为保证心部良好的综合力学性能，盐浴加热表面淬火前工件应进行调质处理。工件进入盐浴之前需烘干或进行预热。工件出炉后应根据硬化层硬度和梯度要求，立即或稍加缓冷后浸液淬火。此方法不适用于各部分截面相差较大的工件。

4.1.2 铅浴加热表面淬火

在液体介质中，铅的熔点较低，它的导热性和流动性都比盐浴好，因此，可用铅浴加热进行表面淬火。

铅浴一般控制在 $900 \sim 950°C$。由于铅浴在 $800°C$ 以上开始蒸发，因而铅浴的温度不能过高，而且，铅浴温度太高，铅液易附在工件表面，容易造成淬火软点。铅浴淬火时，铅液表面一般要覆盖一层 20mm 厚、粒度为 $5 \sim 10mm$ 的木炭块，或是用 45% （质量分数）NaCl $+ 55\%$ （质量分数）Na_2CO_3 作为覆盖剂，既可防止铅液蒸发，又可光洁工件表面。为了防止被加热工件把铅液带出来，工件的形状应简单，且要求表面光滑。

铅浴加热的速度比火焰加热和接触电阻加热的速度低，因此只能得到 $4 \sim 5mm$ 以上的淬硬层。如果希望获得更薄的淬硬层，则必须缩短保温时间，但控制不好，又可能会造成加热层深浅不匀，甚至出现得不到淬火组织的现象。由于铅蒸气与空气相遇将形成氧化铅，对人体健康有害，该工艺在一般情况下不常采用。

4.2 电解液淬火

电解液加热的实质，是处于电解槽中的工件通电后作为阴极，在一定条件下产生"阴极效应"，从而实现工件加热。

电解液加热常用的加热介质为 Na_2CO_3 水溶液，其原理如图 4-1 所示。将工件放入含有 $5\% \sim 18\%$（质量分数）Na_2CO_3 水溶液的电解槽中，在槽与工件之间接通电压为 $160 \sim 180V$ 的直流电流，工件为阴极，槽壁为阳极（若电解槽壁为绝缘体，可在槽中放置一块铅板、不锈钢板或铁板作为阳极）。电解发生时，阳极放出氧气，阴极（工件）上放出氢气。由于浸入

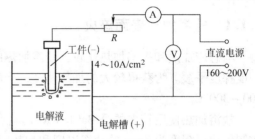

图 4-1 电解液加热原理

面积不大，氢气包覆在工件表面，使电解液与工件表面局部分离；同时，与工件连接的气体层电阻增大，电解液骤然升温至沸点而产生大量蒸汽。分解出的氢气和蒸汽形成的压力，把工件周围的液体排挤开，形成一个稳定的气体膜。这种膜的电阻很大，当大电流通过时，将产生电阻热而使工件表面迅速升温。由于电解液本身具有很好的冷却能力，当阴极与阳极之间断电时，气膜立即被破坏，包围着工件的电解液使工件迅速冷却而达到淬火的目的。电解液淬火的整个过程都是在电解液液面之下进行的，淬火表面始终未与空气接触，不会出现任何氧化现象。

实现电解液淬火的关键是能否在通电后的很短时间内出现稳定的加热状态，其实质是通电后能否在待淬火工件表面的周围很快形成一层均匀而稳定的"氢气罩"。对于成分和温度一定的电解液，加热表面的电流密度成为建立稳定加热状态的主要条件，此时，输入的电流密度存在一临界值。低于该值时，工件表面将无法建立起稳定的加热状态。在临界电流密度的条件下，工件的加热温度与通电时间呈线性关系。

在电解液淬火过程中，必须控制电解液的温度。这是因为工件（阴极）与阳极的耦合面积确定后，电源的电流输出一旦设定，随着电解液温度的升高，工件表面的电流密度将会自动增大。另外，过高的电解液温度，也会降低其淬火的冷却性能。电解液温度一般控制在 $60°C$ 以下，它可以通过调节流入电解槽的电解液的流量而实现。

除了电解液温度之外，电解液淬火时，还要注意合理选择电解液成分、电流密度、加热

时间等参数。常用电压为 160 ~ 200V，最高不超过 300V；电流密度为 4 ~ 5A/cm²；加热时间为十几秒至数分钟不等。各种参数应根据实际工况及产品性能要求，通过试验确定。这种表面强化方法已比较广泛地应用在内燃机气阀阀杆顶端淬火等产品的生产线上。电解液加热规范与淬硬层深度的关系见表 4-3。由表中数据可见，在电压为 200 ~ 220V、电流密度为 4 ~ 5A/cm² 时的加热效果最好。

表 4-3　电解液加热规范与淬硬层深度的关系

$w(\mathrm{Na_2CO_3})(\%)$	零件浸入深度/mm	电压/V	电流/A	加热时间/s	马氏体区深度/mm
5	2	220	6	8	2.3
10	2	220	8	4	2.3
10	2	180	6	8	2.6
5	5	220	12	5	6.4
10	5	220	14	4	5.8
10	5	180	12	7	5.2

由于 $\mathrm{Na_2CO_3}$ 水溶液的淬冷烈度较大，已超过水的冷却能力，因而限制了电解液淬火工艺的适用材料和工件形状，所以对电解液成分的选择十分重要。$\mathrm{CaCl_2}$ 作为淬火冷却介质具有良好的冷却特性，高温时，由于盐的溶解，其冷却速度较高，与水相当；在低温时，则由于未溶盐较多，溶液的流动性差而使得冷却速度减小，接近油。这样，在钢的过冷奥氏体最不稳定的区域有较快的冷却速度，获得最大的淬硬层深度，而在马氏体转变区有较小的冷却速度，可以使组织应力降至最小，从而减少工件的变形开裂倾向。

4.3　接触电阻加热淬火

接触电阻加热的原理是利用焦耳-楞次定律（$Q = I^2Rt$）实现的。一个与工件接触的电极将电流传递给工件，此电流为通过变压器降压的低压交变电流，电流密度很大。电极一般采用导电性很好的铜材（或碳棒）制作，通电时它本身的温升并不大，但工件则因具有较大的电阻而被迅速加热。考虑到电极与工件的接触部位的温度应是相等的，接触电阻加热工件时工件和电极中的温度分布如图 4-2 所示。电极—工件界面的温度一般不超过 500℃，但工件次表层的温度急剧升高，并在一定距离内超过临界点，温度经过极大点后开始连续下降，直至心部温度。当电极离开后，工件表层进行自激冷却淬火。因此，在温度高于 Ac_3 的区域 I 为完全淬火层，

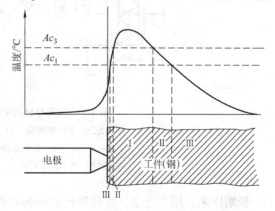

图 4-2　接触电阻加热工件时工件和
电极中的温度分布

I—完全淬火层　II—不完全淬火层　III—未淬火层

处于 Ac_1 ~ Ac_3 之间的 II 区为不完全淬火层，温度低于 Ac_1 的 III 区为未淬火层。由此也可以看出，在接触电阻加热淬火过程中，工件表面会出现一层非常薄的未淬火层和不完全淬火层，

这也是该处理方法与其他表面淬火方法的最大区别。

　　接触电阻加热淬火能显著提高工件的耐磨性和抗擦伤能力，但淬硬层较薄（约为 0.15 ~ 0.30mm），金相组织及硬度的均匀性较差，目前多用于铸铁机床导轨的表面淬火，也可用于缸套、曲轴、工模具等工件的表面硬化。图 4-3 所示为机床导轨接触电阻加热淬火装置。用于表面淬火的铜滚轮（见图 4-3b）刻有 S 形、锯齿形或鱼鳞形花纹，它将决定被淬火表面的硬化带形状分布，使用时一般用压缩空气进行冷却。该系统中铜滚轮直径为 ϕ50 ~ ϕ60mm，轮周花纹宽度为 0.8 ~ 1.0mm，移动速度为 2 ~ 3m/min，变压器二次侧开路电压小于 5V（负载电压为 0.5 ~ 0.6V），电流为 400 ~ 600A，滚轮上的压力为 40 ~ 60N。导轨淬火后，表层下可获得深度为 0.2 ~ 0.25mm 的隐晶马氏体和少量莱氏体及残留奥氏体。

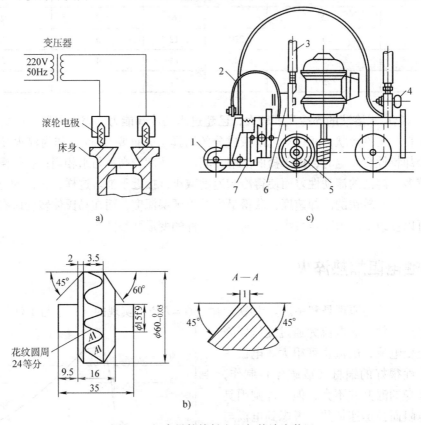

图 4-3　机床导轨接触电阻加热淬火装置

a）加热原理　b）铜滚轮　c）行星差动示导轨加热淬火机

1—铜滚轮　2—柔性导线　3—接变压器的导线

4—风门　5—行星减速器　6—绝缘垫　7—电木座

　　长期以来，用于冶金、建材等行业的钢质冷、热切锯片普遍存在使用寿命较低的问题，而采用特殊的镀、渗、气相沉积及镶嵌硬质合金等方法，虽然效果不错，但工艺复杂，推广难度大。采用接触电阻加热这一简单的方法，可有效地提高锯片的使用寿命。如 65Mn 热轧钢制成的直径为 ϕ200mm、厚度为 3mm 的圆锯片，首先采用常规的整体热处理工艺处理，基体硬度达到 47 ~ 49HRC；接着在变压器工作端电压为 30V、电流为 250A 的条件下接触电阻加热 1 ~ 2s，然后自激冷却淬火，获得晶粒细小的混合型马氏体硬化层组织。经接触电阻加热淬火的齿尖具有很高的硬度（可达64HRC），其硬度分布如图4-4所示（在硬化层与基体交界处有一软带）；采用同样工艺处理的65Mn试样与GCr15淬火试样在MM-200磨损试验机上进行磨损试验，经接触电阻加热淬火的65Mn试样的耐磨性大幅度提高（见图4-5）。通过实际使用考核，接触电阻加热淬火的锯片的寿命比普通锯片提高30倍。

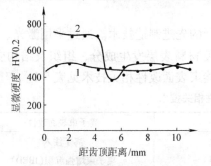

图4-4　接触电阻加热淬火锯片
齿顶硬度分布
1—接触电阻加热淬火　2—常规淬火

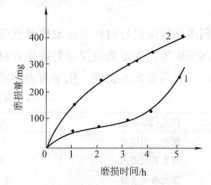

图4-5　磨损试验磨损量对比曲线
1—接触电阻加热淬火　2—常规淬火

　　近年来，接触电阻加热淬火技术开始在一些简单的模具上应用，特别是服役一段时间后的模具，其性能出现劣化，而再进行整体热处理以改善其性能将会非常困难。此时，采用接触电阻加热后自冷却淬火，可恢复模具表面的性能，如采用滚轮接触带宽度为5mm、相对运动速度为0.55m/min、回路中电流控制为1000A的工艺参数，对5CrNiMo钢进行氮气保护下的接触电阻加热淬火，材料的表面硬度可达517HV。

　　在接触电阻加热淬火之前，需淬火面应进行精加工，表面粗糙度Ra在1.6μm以下。淬火后工件表面会产生一层极薄的熔融突起和氧化皮，可用油石磨光。

第5章 激光与电子束表面热处理

利用高能束进行材料表面改性是近年来迅速发展的先进制造技术。通过采用激光、电子束和离子束等高密度能量源照射或注入材料表面，使材料表层发生成分、组织及结构变化，从而改变材料表面的物理、化学与力学等性能。高能束表面改性相关技术见表5-1。

表5-1 高能束表面改性相关技术

激光表面改性	电子束表面改性	离子束表面改性
激光表面淬火	电子束表面淬火	离子注入
激光表面退火	电子束表面熔凝	离子束增强沉积（IBED）
激光表面熔凝	电子束表面合金化	多离子束注入（IBM）
激光表面非晶化	电子束表面熔覆	离子束蒸发沉积注入
激光表面合金化	电子束蒸镀	轰击扩散镀层注入
激光熔覆		
激光冲击硬化		
激光化学气相沉积（LCVD）		
激光物理化学气相沉积（LPCVD）		

高能束表面改性技术共同的特点是：能源的能量密度特别高，采用非接触式加热，热影响区小，对工件基体材料的性能及尺寸影响小，工艺可控性强，便于实现计算机控制。近年来，随着材料表面性能要求的进一步提高，人们对环保和可持续发展意识的加强，高能束表面改性技术及其他表面改性技术的应用领域越来越广阔。

本章重点介绍与表面热处理过程相联系的激光与电子束表面淬火、表面熔凝及表面合金化技术。

5.1 激光表面热处理

5.1.1 激光表面加热设备

激光是一种高亮度、高方向性、高单色性和高相干性的新型光源，自20世纪60年代初问世后很快得到实际应用。随着激光器的不断完善和发射功率的提高，激光加工技术应用面越来越广。激光加工具有一系列优点：可实现无接触式加工；能量密度高，可加工的材料范围广；热影响区小，工件变形少；指向性好，便于导向、聚焦；生产率高，易于实现自动化。因此，激光加工技术在材料表面改性方面受到高度重视，并已在不少产品上取代传统的表面技术，成为表面工程中发展最快的技术领域之一。

进行激光表面热处理，必须具备一定的条件，除工艺及工艺材料等因素外，激光表面加热设备是最重要的组成部分。激光加热设备主要包括以下几个部分：

1. 激光发生器

激光是波长大于 X 射线而小于无线电波的电磁波，是原子从高能级向低能级跃迁时辐射出来的能量束。相对于普通光源发射过程的自发辐射，激光工作物质中发射出的激光则是受激辐射，即处于高能级上的原子（激发态）在某一频率的光子激发下，从高能级迁移到低能级（最低的能级称为基态）发射出相同频率的光子，利用某种激励方式（光激励或电激励），使这种受激辐射占据主导地位，便实现了激光的发射。

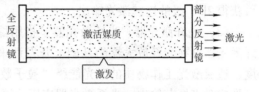

图 5-1　光学谐振腔

为了获得稳定的激光束，还需要利用光学谐振腔对激光进行振荡。最简单的光学谐振腔由放置在工作物质两侧的平面反射镜组成，如图 5-1 所示。左边为光谱反射因数为 100% 的全反射镜，右边为光谱反射因数为 50% ~ 90% 的部分反射镜（又称为耦合输出窗口），两个反射镜须严格平行，激光工作物质位于两个反射镜之间。当工作物质受到外界激发产生辐射时，其传播方向与腔体轴向相同的光子将引起其他激发态的工作物质产生连锁性的受激辐射，到达耦合输出窗口时，除部分光子放出谐振腔外，其他大部分光子仍反射回来，形成光振荡，而连续从谐振腔发射出的光子则形成激光束。耦合输出窗口质量的好坏直接影响到激光器的光电转换效率、激光输出功率、激光输出模式、光束发散角和激光加工工艺。

基于上述激光产生的原理，目前已制造出多种类型的激光器，用于激光加工的激光器主要有快速轴流 CO_2 激光器、横向流动 CO_2 激光器、掺钕钇铝石榴石（YAG）激光器、准分子激光器、高功率 CO 激光器等。在表面改性中使用较多的是横向流动 CO_2 激光器和 YAG 激光器。

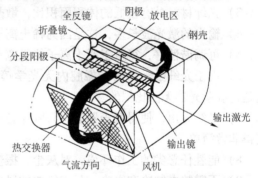

图 5-2　横向流动 CO_2 激光器

（1）横向流动 CO_2 激光器（见图 5-2）

横流 CO_2 激光器的工作气体沿着与光轴垂直的方向快速流过放电区，以维持腔内较低的气体温度，保证激光器高功率输出。该类激光器允许注入的电功率密度高，单位有效长度（1m）的谐振腔输出激光功率可达 10kW，目前商用器件的最大输出功率已达 25kW。但横流 CO_2 激光器的光束质量较差，大多数为多模输出。这类激光器是材料表面改性处理广泛采用的器件。

（2）掺钕钇铝石榴石（YAG）激光器（见图 5-3）　YAG 激光器是一种应用较多的固体激光器。与 CO_2 激光器相比，YAG 激光

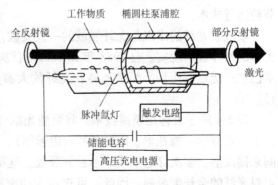

图 5-3　YAG 激光器

器输出的激光波长较短（1.06μm），与金属的耦合功率高；YAG 激光器能与光纤耦合，借助时间分割和功率分割多路系统可方便地将一束光传递给多个工位或远距离工位，便于实现

柔性加工；能以脉冲和连续两种方式工作，易于获得短脉冲及超短脉冲，加工范围更大；YAG 激光器结构紧凑，重量轻，操作简便，易于维护。但是，YAG 激光器光电转换效率较低（1%～3%），成本较高，输出平均功率较小，光束质量不太理想，使得这类激光器的应用领域受到一定限制。目前，先进的 YAG 激光器最大峰值功率已达几十千瓦，平均脉冲功率可达数千瓦，单棒连续输出功率为 600W，单模最大功率达 340W，若将数个 YAG 棒串联可获得 2kW 级的连续激光输出。

（3）光纤激光器　光纤激光器是指用掺稀土元素玻璃光纤作为增益介质的激光器，光纤激光器可在光纤放大器的基础上开发而来。在泵浦光的作用下光纤内极易形成高功率密度，造成激光工作物质的激光能级"粒子数反转"，适当加入正反馈回路（构成谐振腔）便可形成激光振荡输出。光纤激光器应用领域非常广泛，包括激光光纤通信、激光空间远距离通信、工业造船、汽车制造、激光雕刻、激光打标、激光切割、印刷制辊、钻孔/切割/焊接（铜焊、淬水、包层及深度焊接）、军事国防安全、医疗器械仪器设备、大型基础建设等。

光纤激光器作为第三代激光技术的代表，具有以下优势：

1）玻璃光纤低制造成本，技术成熟，以及其光纤的可挠性所带来的小型化、集约化优势。

2）玻璃光纤对入射泵浦光不需要像晶体那样要求严格的相位匹配，这是因为玻璃基质 Stark 分裂引起的非均匀展宽而造成吸收带较宽。

3）光纤材料具有极低的体积面积比，散热快、损耗低，激光阈值低。

4）输出的激光波长多，这是因为稀土离子能级非常丰富及其稀土离子种类多。

5）可调谐性好，得益于稀土离子能级宽和玻璃光纤的荧光谱较宽。

6）由于光纤激光器的谐振腔内无光学镜片，具有免调节、免维护、高稳定性的优点，这是传统激光器无法比拟的。

7）光纤导出，使得激光器能轻易胜任各种多维任意空间加工应用，使机械系统的设计变得非常简单。

8）能胜任恶劣的工作环境，对灰尘、振荡、冲击、湿度、温度具有很高的容忍度。

9）不需热电制冷和水冷，只需简单的风冷。

10）具有高的电光效率。其综合电光效率高达 20%以上，可大幅度节约工作时的耗电，节约运行成本。

双包层光纤的出现是光纤领域的一大突破，它使得高功率的光纤激光器和高功率的光放大器的制作成为现实。自 1988 年 E. Snitzer 首次描述包层泵浦光纤激光器以来，包层泵浦技术已被广泛地应用到光纤激光器和光纤放大器等领域，成为制作高功率光纤激光器首选途径。

图 5-4 所示为包层泵浦技术。将泵浦光耦合到内包层（内包层一般采用异形结构，有椭圆形、正方形、梅花形、D 形及其六边形等），光在内包层和个包层（一般设计为圆形）之间来回反射，多次穿过单模纤芯被其吸收。这种结构的光纤不要求泵浦光是单模激光，而且可对光纤的全长度泵浦。因此，可选用大功率的多模激光二极管阵列作泵源，将约 70%以上的泵浦能量间接地耦合到纤芯内，大大提高了泵浦效率。

包层泵浦技术特性决定了该类激光器有以下几方面的突出性能：

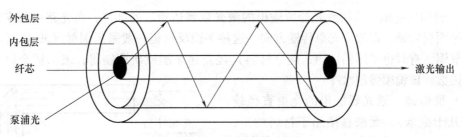

图 5-4 包层泵浦技术

（1）高功率 一个多模泵浦二极管模块组可辐射出 100W 的光功率，多相多模泵浦二极管并行设置，即可允许设计出很高功率输出的光纤激光器。目前商用化光纤激光器的功率是 6kW。

（2）无需热电冷却器 这种大功率的宽面多模二极管可在很高的温度下工作，只需简单的风冷，成本低。

（3）很宽的泵浦波长范围 高功率的光纤激光器内的活性包层光纤掺杂了铒/镱稀土元素，有一个宽且平坦的光波吸收区（930~970nm）。因此，泵浦二极管不需任何类型的波长稳定装置。

（4）利用率高 泵浦光多次横穿过单模光纤纤芯。因此，其利用率高。

几种激光器的主要性能指标见表 5-2。

表 5-2 加工用激光器的主要性能指标

性 能	CO_2 激光器	CO 激光器	YAG 激光器	光纤激光器	准分子激光器
波长/μm	10.6	5.4	1.06	1.46~1.61	0.249
光子能量/eV	0.12	0.23	1.16	~0.8	4.9
最高(平均)功率/W	25000	10000	1800	6000	250
输出方式	连续或脉冲	连续或脉冲	连续或脉冲	连续或脉冲	脉冲
调制方式	气体放电	气体放电	闪光灯、电光调 Q、声光调 Q	锁模技术、调 Q 技术和脉冲种子源放大	气体放电
脉冲功率/kW	<10		<10^3	<5×10^4	2×10^4
脉冲频率/kHz	<5		<1(闪光灯) <5(声光调 Q)		
模式	基模或多模		多模	基模或多模	多模
发散角全角/mrad	1~3		5~20		1~3
总效率(%)	12	8	3	20	2

2. 激光器导光系统

激光器导光系统由激光束从激光器窗口输出并被传输到工件之间所必须配套的一系列元器件组成，如图 5-5 所示。在这个过程中，激光束将根据工件的形状、尺寸及加工要求而被测量（并反馈控制）、传输、放大、整形、聚焦、瞄准，最终实现激光加工。导光系统包括光束质量监控设备、光闸系统、扩束望远镜系统（实现高质量的远距离传输）、分光系统、可见光同轴瞄准系统、光传输转向系统和聚焦或整形系统。其主要部件有：

（1）转向反射镜　为使激光器所输出的激光束到达指定的部位，在光路中须安装一个或多个平面反射镜，以改变光束传输方向。这种平面反射镜一般采用铜材（59 黄铜、62 黄铜和无氧铜，有时也采用铝、钼、硅等材料）经高速车削或研磨制得，表面镀金以提高光谱反射因数。该镜须强制水冷。

（2）聚焦镜　激光器输出的光束直径较大（达几十毫米），无法直接用于材料加工，须经聚焦镜聚焦为数毫米的光斑，使功率密度提高到 $10^4 \sim 10^9 \text{W/cm}^2$，才能达到理想的加工效果。激光束的聚焦有透射聚焦和反射聚焦两种方式。

透射聚焦镜的材料一般用 ZnSe 和 GaAs 晶体，形状为平凸透镜和弯月透镜，两面镀增透膜。GaAs 的透射波段为 $0.8 \sim 18\mu\text{m}$，只能透过 $5.4\mu\text{m}$ 和 $10.6\mu\text{m}$ 的激光；ZnSe 的透射波

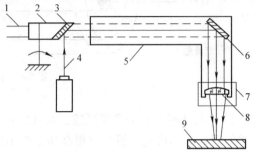

图 5-5　激光导光系统
1—激光束　2—光闸　3、6—折光镜　4—氦氖光
5—光束通道　7—光束处理装置
8—聚焦透镜　9—被加工工件

段为 $0.48 \sim 20\mu\text{m}$，除可透过上述激光外，还可透过常用作瞄准系统的 He-Ne 激光（红光），更便于材料加工，但 ZnSe 材料的价格较高。透射聚焦效果较好，不过晶体材料所承受的功率有限，高功率下大多数采用反射聚焦方式。

反射聚焦镜所用材料和加工方法与反射镜相同，一般加工成抛物面或球面，聚焦后的光斑尺寸比透射聚焦大，但用于材料表面改性处理还是可以的。

（3）光束整形　根据材质和服役条件的要求，常常希望在工件表面获得不同性能和规格的表面改性层。为此，近年来开发了多种调整光束形状和能量分布的系统，以配合不同工艺条件的需要，主要有振动光学系统、转镜光学系统、集成光学系统等。

（4）激光功率监控仪　激光功率是描述激光器特性和控制加工质量的最基本参数，一般使用功率计测量。其测量的原理是采用光电转换法，利用吸收体吸收激光能量后温度升高，间接测量激光功率。

3. 激光加工机及控制系统

激光加工机分为通用加工机和专用加工机。通用加工机又有龙门式、铣床式和机器人几种类型。机器人激光加工机柔性好，适于大型三维零件的加工，但这类加工机导光系统复杂，常用于光纤传输的 YAG 激光加工系统。根据加工工件的要求，加工机须有足够的承载能力、运动与定位精度，以及多方位运动的自由度。

激光加工机的控制系统主要包括工作台数控系统、功率检测系统、观察处理过程的电视接收系统、激光功率控制、气压测量及补偿控制、冷却系统控制、光闸控制安全机构及其他功能控制，其目的是保证激光加工过程能可靠、稳定地进行。

4. 辅助装置

辅助装置包括防止激光反射的遮光装置，保护操作人员的屏蔽装置，保护镜片或防止工件氧化的吹气、排气装置，送粉器及水冷系统等。

5.1.2　激光表面热处理原理

激光束照射到材料表面，通过与材料的相互作用，实现能量的传递。激光与材料的相互

作用过程可分为几个阶段：

1）激光束辐照至工作表面，材料吸收光子的能量而转化为热量，表层温度升高并向内部传热。材料表层对激光能量的吸收，除与激光功率密度、辐照时间有关外，还受激光束的模式、波长、材料的光谱反射因数和光谱吸收因数等因素的影响。

所谓激光束的模式，是指光波在激光器谐振腔内的反射镜之间多次衍射传播形成稳定的电磁场，这个电磁场具有一系列一定振荡频率和一定空间分布的分立的本征空间状态，这种可能存在的电磁场的本征态称为激光的模式。通常把光波场的空间分布分解为沿传播方向的分布（纵模）和垂直于传播方向的横截面内的分布（横模），纵模影响激光的频率，横模代表激光束横向能量分布，后者对激光表面处理影响极大。激光模式通常用 TEM_{pq} 表示，p、q 分别表示在 X 和 Y 方向上光强度为零的次数，称为模的阶次。激光模式分布如图 5-6 所示。图 5-6 中两位数字依次为 p、q 值，其中 TEM_{00} 为单模，TEM_{01}^{*} 为环形模（带 * 标记表示为两个相似正交模的叠加）。大多数轴流激光器具有低阶模，而横流激光器一般为多模。激光加工典型模式的能量分布如图 5-7 所示。高斯模适用于激光切割和焊接；表面改性处理大多数采用多模，最理想的是方模，这可以通过光束整形得到。

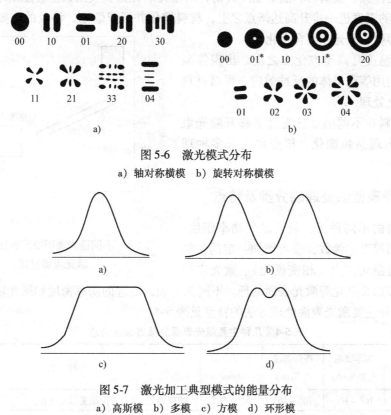

图 5-6　激光模式分布

a）轴对称横模　b）旋转对称横模

图 5-7　激光加工典型模式的能量分布

a）高斯模　b）多模　c）方模　d）环形模

金属材料对激光的光谱反射因数随着激光波长的增加而提高。CO_2 激光（$10.6\mu m$）和 YAG 激光（$1.06\mu m$）一般不能直接用于金属表面处理，必须增加吸收涂层，而准分子激光具有紫外波长，是理想的激光加工波段。同时，不同的材料对激光的吸收能力也各不相同（见表 5-3），这也直接影响到材料表面层对激光能量的吸收。

表 5-3　部分金属材料对激光(10.6μm)的光谱吸收因数

材　料	理论光谱吸收因数	实测光谱吸收因数
Al	0.019	—
Cu	0.015	—
Fe	0.029	0.023
Mo	0.027	0.5
Ta	0.044	0.1
Zr	0.15	—
Ti	0.08	0.23
06Cr19Ni10	0.1	0.1
Ti-6Al-4V	0.13	0.13

2）材料表层吸收激光能量，温度升高到相变点以上并发生固态相变，与此相对应的加工工艺为激光淬火。金属材料随着温度升高，对激光的光谱吸收因数也会逐渐增大。

3）材料的温度进一步升高达熔点之上，材料熔化并形成熔池，涉及的主要工艺为激光熔凝、激光熔覆、激光表面合金化等。

4）材料温度升高至汽化点之上，出现等离子体现象。利用等离子体的反冲效应，可对材料进行冲击硬化处理。

5）当材料在不同的加热温度下移开激光束而冷却，将出现晶粒细化、相变硬化等多种现象。

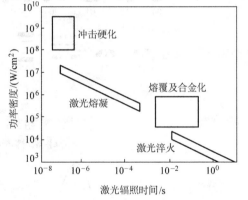

图 5-8　不同激光表面处理的功率密度和激光辐照时间

5.1.3　激光表面热处理的分类及特点

根据材料的不同种类，调节激光功率密度、激光辐照时间等工艺参数，或者增加一定的气氛条件，可进行激光淬火（相变硬化）、激光表面熔凝、激光表面合金化等激光表面处理。不同激光表面处理的功率密度和激光辐照时间如图5-8所示。几种主要激光表面处理方法的特点见表5-4。

表 5-4　几种主要激光表面处理方法的特点

工艺方法	功率密度/(W/cm²)	冷却速度/(℃/s)	处理深度/mm	特　点
激光淬火	$10^3 \sim 10^5$	$10^4 \sim 10^5$	0.2 ~ 0.5	相变硬化，提高表面硬度和耐磨性
激光表面熔凝	$10^5 \sim 10^7$	$10^5 \sim 10^7$	0.2 ~ 1.0	在高功率密度激光束作用下，材料表面快速熔化并激冷，获得极细晶粒组织，显著提高硬度和耐磨性
激光表面合金化	$10^4 \sim 10^6$	$10^4 \sim 10^6$	0.2 ~ 2	利用多种方法，将添加元素置于基材表面（或吹入合金化气体），在保护气氛下，激光将二者同时加热熔化，获得与基材冶金结合的特殊合金层

5.1.4　激光淬火

1. 激光淬火工艺基础

激光淬火是激光表面强化领域中最成熟的技术。高能激光束照射到工件表面，使表层温度迅速升高至相变点之上（低于熔点），由于金属良好的导热性，当激光束移开后，通过工件快速自激冷却，实现材料的相变硬化。激光淬火具有以下主要特点：①材料高速加热和高速冷却，加热速度可达 $10^4 \sim 10^9 ℃/s$，冷却速度大于 $10^4 ℃/s$；②激光淬火件的硬度高，通常比常规淬火高 5% ~ 10%，淬火组织细小，硬化层深度一般为 0.2 ~ 0.5mm；③由于加热和冷却速度快，热影响区小，对基材的性能及尺寸影响小；④易于实现局部、非接触式处理，特别适于复杂精密零件的硬化加工；⑤生产率高，易实现自动化操作，无需冷却介质，对环境无污染。

影响材料激光表面淬火质量的因素较多，除直接关系到淬火件质量的激光淬火工艺参数外，还与下列因素有关：

（1）材质　钢铁材料的碳含量及合金元素含量对激光淬火性能的影响与常规淬火相似，用于激光淬火的钢铁材料的碳含量一般大于 0.2%（质量分数）。表 5-5 列出了几种钢激光淬火的硬化层深度和宽度（未考虑表面熔化与否）。

表 5-5　几种钢激光淬火的硬化层深度和宽度

牌号	750W,600mm/min		750W,1180mm/min	
	深度/mm	宽度/mm	深度/mm	宽度/mm
20	0.613	4.43	0.177	2.54
20Cr	0.645	4.57	0.223	2.95
20CrMo	0.737	4.93	0.339	3.33
20CrMnTi	0.811	5.02	0.493	3.60
20Cr2Ni4	0.903	5.24	0.613	3.75

（2）光斑形状　在激光淬火时，可以采用不同形状的光斑，光斑的形状决定了被加热区的能量分布和散热条件，直接影响淬火件质量。线状光斑能量分布较均匀，搭接区域少，有利于激光淬火。图 5-9 和图 5-10 所示分别为激光功率、扫描速度对激光淬火的影响（离焦量均为 1.4）。另外，激光的光斑直径对硬化层的深度和宽度的影响，存在一个中间最佳值，如图 5-11、图 5-12 所示。

（3）体积效应与表面效应　由于激光淬火依靠自激冷却实现材料的硬化，因此，作为需快速吸收淬火加热热量的基体，必须有足够的体积，特别是大面积淬火件，若基体温升过高，温度梯度下降，势必影响淬火效果。在这种情况下，就得考虑对工件进行冷却，或是进行间隔淬火。

表面状态对激光表面淬火影响很大。表面越光洁，激光的光谱反射因数越高，工件吸收的激光能量越低，淬火效果越差。另外，随着温度升高，材料的吸光能力会不同程度地提高。对波长较长的 CO_2 激光、YAG 激光和光纤，光束与金属材料的耦合性能较差，表面的激光光谱反射因数很高，一般不能直接进行激光表面淬火，必须先进行表面预处理，以提高材料对激光能量的吸收能力。

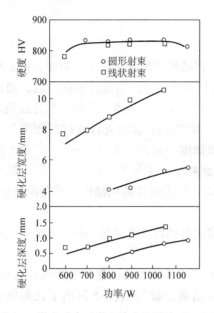

图 5-9　激光功率对激光淬火的影响（50 钢）
注：圆形射束的扫描速度为 600mm/min，
线状射束的扫描速度为 200mm/min。

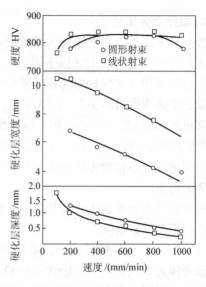

图 5-10　扫描速度对激光淬火的影响（50 钢）
注：圆形射束的激光功率为 1050W，
线状射束的激光功率为 1050W。

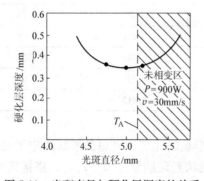

图 5-11　光斑直径与硬化层深度的关系

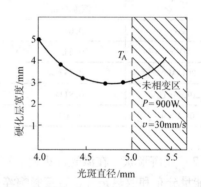

图 5-12　光斑直径与硬化层宽度的关系

2. 激光淬火工艺

（1）工件表面预处理　各种材料对不同激光的吸收差别很大，波长越短，材料表面的光谱吸收因数越高。表 5-6 列出了几种金属材料对 CO_2 激光和 YAG 激光的光谱吸收因数。对工件进行预处理（又称黑化处理），就是在需要激光淬火的部位涂覆一层对激光有较高吸收能力的涂料或覆层，这些涂覆层对激光的光谱吸收因数一般应达到 85% ~ 90% 以上，且涂覆方便，热传导率高，与金属的附着性好，无毒，不易分解，便于处理后清洗或不需清洗即可直接装机使用。表面预处理方法有磷化法、氧化法、喷（刷）涂料法、镀膜法多种，常用的是磷化法、喷（刷）涂料法。磷化处理是部分机械零件加工的最后一道工序，也可作为激光淬火前的表面预处理，它分为高温、中温和室温三种磷化方式，一般认为高温磷化和中温磷化的效果较好。磷化法适用于大批量零件的表面预处理。

表 5-6　几种金属材料对 CO_2 激光和 YAG 激光的光谱吸收因数

材料	Al	Cu	Au	Fe	Pb	Mo	Ni	Nb	Pt	Ag	Sn	W	Zn
CO_2 激光	0.19	0.015	0.017	0.035	0.045	0.027	0.03	0.036	0.036	0.014	0.034	0.026	0.027
YAG 激光	0.08	0.10	—	—	0.16	0.40	0.26	0.32	0.11	0.04	0.19	0.41	0.16

采用喷（刷）涂料进行激光淬火前的表面预处理简单方便，既便于大规模生产，也可用于单件的局部处理。涂料由骨料、黏结剂、稀释剂等组成。常用的骨料有石墨、炭黑、活性炭、磷酸盐、金属与非金属氧化物、硫化铁等，甚至可用碳素墨水、墨汁、无光漆作为预处理剂；黏结剂以各种树脂及水玻璃为主；稀释剂是一些易挥发的溶剂，如乙醇、香蕉水、乙酸乙酯等。下面是几种涂料的配方：

1）细石墨粉（粒度 <1μm），丙烯酸树脂，云母粉，丙酮。

2）碳素墨水，磷酸锰。

3）水玻璃 20g，氯化铵 0.2g，活性炭（粒度 <0.071mm）30g，炭墨 10g，水适量。

4）氧化硅（粒度为 0.050~0.071mm），醇基酚醛树脂，稀土氧化物 5%~10%（质量分数），乙醇。

5）Q04-2 磁漆 100mL，乙酸乙酯 100mL。

各种表面预处理涂覆层的吸光效果见表 5-7。

表 5-7　各种表面预处理涂覆层的吸光效果

涂覆层	光谱吸收因数（%）							备　注
	15MnVN	合金铸铁	42CrMo	20 钢	T10	20Cr	不锈钢	
非常粗糙加工面				20.3	45.3	16.7	68.4	
磨光面	11	15	9					
抛光面				4	19.4	6	23.5	
高温磷化(磷酸锰铁)	96	96	95					98~100℃
中温磷化(磷酸锰铁)	50	70	88					55~70℃
室温磷化(磷酸锌)	60	56						17℃
高温磷化(磷酸锌)	98	98	98					98~100℃
刚玉粉	91							
石墨	95	92	93					
乌光漆	91	89	94					
碳素墨水	91	91	92					
普通墨汁		82	82					
氧化锆				90.1	92.1	80.2	89.6	
氧化钛				89.3		89.3		
磷酸锰				88.9		88.3		
磷酸镁					80		80	
硫化铁							80	

（2）激光淬火工艺参数　激光淬火主要的工艺参数有：激光输出功率（P）、激光功率密度（Q）、光斑尺寸（面积 S）、扫描速度（v）与作用时间（t）等。其中，激光功率密度

与激光输出功率、光斑面积的关系应符合下式：

$$Q = \frac{P}{S} \tag{5-1}$$

激光硬化层深度（H）与主要工艺参数的关系应符合下式：

$$H \propto \frac{P}{Sv} \tag{5-2}$$

图 5-13、图 5-14 所示为激光功率密度对激光淬火效果的影响。

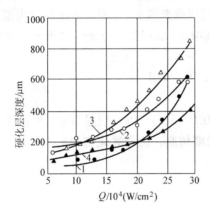

图 5-13　激光功率密度与硬
化层深度的关系
1—T8A　2—12CrNi3A
3—W6Mo5Cr4V2　4—GCr15

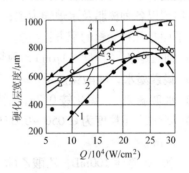

图 5-14　激光功率密度与硬
化层宽度的关系
1—T8A　2—12CrNi3A
3—W6Mo5Cr4V2　4—GCr15

激光扫描方式分为搭接、衔接和间隔三种（见图 5-15），扫描方式的不同，将会对淬火后的表面性能产生较大影响。激光扫描方式对硬度的影响如图 5-16 所示。因工件需淬火的面积较宽，激光束光斑尺寸有限，激光淬火时常采用搭接方式进行，其搭接率一般为 5%～20%。由于后续激光扫描时会对前面的硬化区造成回火软化带，故以宽光斑扫描淬火为佳。

原始组织不同将对硬化层的硬度、深度、宽度及组织均匀性造成影响。一般希望激光处理前的原始组织晶粒细小、均匀。根据材料的种类及性能要求，可选择退火、正火、调质或淬火＋回火作为预备热处理。对残留奥氏体量较大的高合金钢，还应考虑进行后续回火处理。

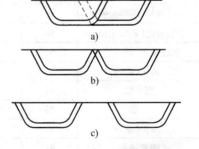

图 5-15　激光扫描方式
a）搭接　b）衔接　c）间隔

W6Mo5Cr4V2 钢不同原始组织及扫描速度对硬化层深度的影响如图 5-17 所示。W18Cr4V 钢原始组织与后续处理对硬化层硬度的影响如图 5-18 所示。45 钢不同原始状态下的激光淬火结果见表 5-8。

激光淬火的影响因素很多，在选择工艺参数时，须充分考虑材质、原始状态、预处理方法、性能要求、工作尺寸及形状等因素，参照一些激光淬火的经验数据，通过试验验证，最终确定激光功率、光斑尺寸、扫描速度等工艺参数。

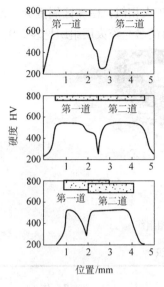

图 5-16　激光扫描方式对
硬度的影响

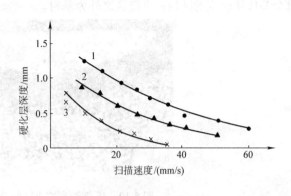

图 5-17　W6Mo5Cr4V2 钢不同原始组织及
扫描速度对硬化层深度的影响

1—淬火态　2—淬回火态　3—退火态

注：$P = 800W$，$d = 4mm$。

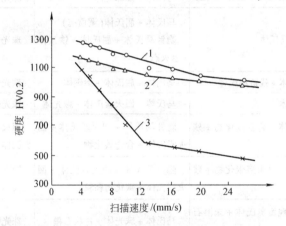

图 5-18　W18Cr4V 钢原始组织与后续处理对硬化层硬度的影响

1—常规淬火 + 回火 + 激光淬火 + 回火　2—常规淬火 + 回火 + 激光淬火 + 回火　3—退火 + 激光淬火

表 5-8　45 钢不同原始状态下的激光淬火结果

原始状态	功率密度 /（W/cm^2）	扫描速度 /（mm/s）	平均表面硬度 HV0.1	最大表面硬度 HV0.1	（层深/mm）× （带宽/mm）
退火	8.65×10^3	16.6	631	664	0.3×2.38
正火	8.65×10^3	16.6	722	742	0.42×2.38
调质	8.65×10^3	16.6	712	746	0.42×2.2
退火	8.65×10^3	20	626	666	0.27×2.2
正火	8.65×10^3	20	679	716	0.32×2.38
调质	8.65×10^3	20	781	814	0.4×2.5

3. 激光淬火层组织与性能

钢铁材料激光淬火后，表层分为硬化区、热影响区（过渡区）和基体三个区域，如图 5-

19 所示。图 5-19 中白亮色的月牙形为硬化区，其组织与常规淬火相似；白亮区周围为过渡区，是部分马氏体转变的区域；过渡区之外为基材。一些典型材料的激光淬火层组织见表 5-9。

0.4mm

图 5-19　45 钢激光淬火区的横截面金相组织

表 5-9　典型材料的激光淬火层组织

材料		硬化区	过渡区	基　体
碳钢	20	板条马氏体	马氏体 + 细珠光体	珠光体 + 铁素体
	45	细小板条马氏体	马氏体 + 屈氏体(调质态) 隐针马氏体 + 屈氏体 + 铁素体 (退火态)	珠光体 + 铁素体
	T10	针状马氏体 + 残留奥氏体	马氏体 + 屈氏体 + 渗碳体	珠光体 + 渗碳体
合金钢	42CrMo	隐针马氏体	马氏体 + 回火索氏体 + 珠光体	珠光体 + 铁素体
	GCr15	隐针马氏体 + 合金碳化物 + 残留奥氏体	隐针马氏体 + 回火屈氏体 + 回火索氏体 + 合金碳化物	回火马氏体 + 合金碳化物 + 残留奥氏体
	W18Cr4V	隐针马氏体 + 未溶碳化物 + 残留奥氏体	隐针马氏体 + 回火索氏体 + 回火屈氏体 + 碳化物颗粒	回火马氏体 + 合金碳化物 + 残留奥氏体
铸铁	HT200	马氏体 + 残留奥氏体 + 未溶石墨带	马氏体 + 珠光体 + 片状石墨	珠光体 + 片状石墨 + 少量磷共晶
	QT600-3	马氏体 + 残留奥氏体 + 球状石墨	马氏体 + 珠光体 + 球状石墨	珠光体 + 球状石墨

激光淬火加热速度和冷却速度快，对晶粒有明显的细化作用（见表 5-10），同时，激光表面淬火层具有一系列优异的力学性能。

表 5-10　材料激光淬火前后的晶粒度变化

材　料	预备热处理工艺	原晶粒度/级	激光淬火后的晶粒度/级
45 钢	淬火 + 回火	8 ~ 9	11 ~ 12
45 钢	调质	8 ~ 9.5	11 ~ 12
GG15	淬火 + 回火	9 ~ 10	11.5
W6Mo5Cr4V2	淬火 + 回火	10	15
Cr12	淬火 + 回火	12	15
25Cr2Ni4WA	淬火 + 回火	11.9	13.7

（1）硬度　激光淬火比常规淬火、高频感应淬火具有更高的硬度。图 5-20 ~ 图 5-22 所示分别为不同碳含量钢的激光淬火层硬度分布以及与其他工艺方法的对比。

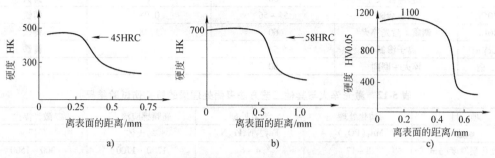

图 5-20　不同碳含量钢的激光淬火层硬度分布

a）20 钢　b）45 钢　c）T9 钢

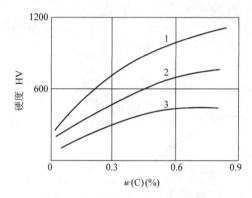

图 5-21　钢的硬度与碳含量的关系

1—激光淬火　2—常规淬火　3—非强化状态

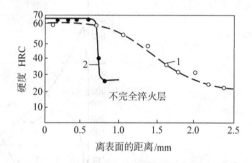

图 5-22　45 钢激光淬火与高频感应

淬火的硬度分布

1—高频感应淬火　2—激光淬火

高速钢经激光淬火后，在随后的加热过程中能保持比常规淬火更高的硬度，如图 5-23 所示。

（2）耐磨性　激光淬火后材料表面发生马氏体相变，晶粒细化，表面硬度提高，可较大幅度地提高材料表面的耐磨性。表 5-11、表 5-12 列出了激光淬火与其他热处理方式的耐磨性及抗擦伤性对比数据。

（3）残余应力和疲劳性能　材料表面的残余应力是由激光淬火处理过程中的组织应力和热应力共同决定的，激光淬火的工艺参数对残余应力影响很大。一般来说，激光功率密度增加或扫描速度降低，硬化层厚度增加，将会提高表面的残余压应力；相反则硬化层深度降低，表面残余压应力减小，甚至出现残余拉应力，两次重叠处理极易出现残余拉应力。45 钢激光

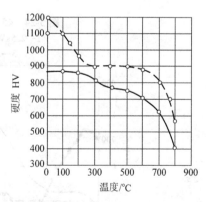

图 5-23　W18Cr4V 钢整体淬火（实线）

和激光淬火（虚线）后硬度

随回火温度的变化

淬火层残余应力分布曲线如图 5-24 所示。30CrMnSiNi2A 钢激光淬火层硬度与应力分布如图 5-25 所示。

表 5-11　几种材料的相对耐磨性

材　料	工艺方法	表面硬度　HRC	相对耐磨性	对应材料
GCr15	整体淬火	60	1	铸铁
40Cr	低温渗碳	54～56	0.98	铸铁
40Cr	调质＋激光淬火	60	1.78	铸铁
18CrMnTi	离子渗氮	58	1.5	铸铁
45 钢	淬火＋磨削	60	1.05	45 钢

表 5-12　激光淬火与其他工艺方法表面处理层的抗擦伤试验结果

项　目	磷化处理	渗氮处理	高频感应淬火	激光淬火
组成	$Mn_3(PO_4)_2$	$Fe_{2\sim3}N, Fe_4N$	马氏体	马氏体
硬化层厚度/μm	8～12	4～6	1200～1700	300～1500
表面硬度　HRC	10	～60	60～62	65～67
抗擦伤性	1（基准）	1.6	1.3	2.3

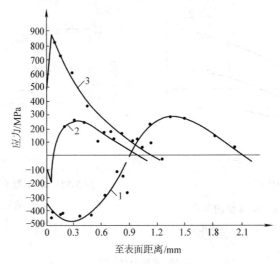

图 5-24　45 钢激光淬火层残余应力分布曲线
1—2.5kW，20mm/s　2—2.5kW，40mm/s
3—2.5kW＋1.5kW，20mm/s

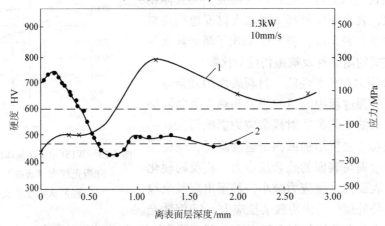

图 5-25　30CrMnSiNi2A 钢激光淬火层硬度与应力分布
1—残余应力　2—硬度

材料表面的应力状态直接影响材料的疲劳性能。采用合适的激光淬火工艺，可使金属材料的显微组织明显细化、表面硬度提高并具有残余压应力，从而有效地提高材料的疲劳强度。例如，30CrMnSiNi2 钢经激光淬火后，其圆角试样的疲劳性能可提高 98%。

4. 激光淬火件的质量检测

经激光淬火处理后的工件，一般须按 GB/T 18683—2002 进行如下质量检测：

（1）表面状态　因马氏体相变体积膨胀的缘故，用手触摸淬火表面的扫描带有微凸感觉，淬火后的表面不应有裂纹、蚀坑等缺陷。将激光淬火作为最后工序的工件，表面不得有熔化现象，表面粗糙度值升高一般不超过一个级别；对淬火后需磨削加工的工件，表面熔化后的深度不应超过后续加工余量。

（2）硬度检测　激光淬火层较薄，应采用 9.8 ~ 98N 试验力的维氏硬度计进行测量。当硬化层深度小于 0.2mm 时，试验力不得超过 49N。采用其他硬度法测量的值仅供参考。

（3）硬化层深度和宽度测量　硬化层深度分有效硬化层深度和总硬化层深度。有效硬化层深度是指工件表面到硬度等于硬度极限值处的最大垂直距离（硬度极限为表面要求最低硬度的 0.7 倍）；总硬化层深度则是指从工件表面到显微组织或显微硬度相对于基体材料无明显变化处的最大垂直距离。有效硬化层深度和总硬化层深度分别如图 5-26 中的 δ_1 和 δ 所示。与此对应，则存在有效硬化层宽度 H_1 和总硬化层深度 H。

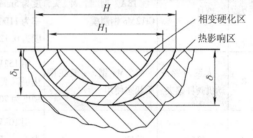

图 5-26　激光淬火硬化层

激光淬火层的硬化层深（宽）度的测量以硬度梯度法为准；金相组织法测至热影响区的一半处（半马氏体区），可作为辅助方法。

（4）金相组织　激光淬火层的金相组织与常规淬火相似，但组织更细小、弥散。

5. 激光淬火技术应用实例（见表 5-13）

表 5-13　激光淬火应用实例

序号	零件名称	材料及状态	激光淬火工艺	处理效果
1	汽车转向器壳体	可锻铸铁制造，内径 ϕ89mm，长 125mm，活塞做往复运动，表面易磨损	激光淬火硬化层宽度为 1.52 ~ 2.54mm，深度为 0.25 ~ 0.35mm，硬度为 64HRC，共淬四条	使用寿命提高 10 倍，淬火费用仅为高频感应淬火和渗氮处理的 1/5
2	发动机缸体和缸套	灰铸铁	激光功率为 900W，扫描速度为 40mm/s，硬化层宽度为 3.5mm，深度为 0.25 ~ 0.3mm，硬度为 63HRC，淬火面积大于 40%	使用寿命提高 3 倍
3	精密异形导轨面	45 钢	硬化层深度为 0.4mm，硬度为 58 ~ 62HRC	原用 20 钢镀铜—渗碳—淬火处理。现淬火后变形 ≤ 0.1mm，台架磨损滑动试验 2 万次，表面完好
4	内燃机车弹性联轴器主弹簧	50CrV 钢，簧片端部易磨损	激光功率为 1800W，扫描速度为 17mm/s，硬化层深度为 0.3 ~ 0.5mm，宽度为 10mm，硬度为 874HV	耐磨性提高 10 倍以上

（续）

序号	零件名称	材料及状态	激光淬火工艺	处理效果
5	配油轴密封带	35CrMo钢, 筒体长1100m, 直径220mm, 壁厚20mm, 外壁85mm长的一段需强化。整体调质处理	激光功率为2600W, 直径为φ5mm, 扫描速度为4500mm/min, 搭接率为25%, 硬化层深度为0.5mm, 硬度大于680HV	原设计为渗氮处理, 形变量大。激光表面淬火后径向尺寸变化0.02~0.04mm, 满足设计要求。100h强化台架试验, 表面无尺寸变化
6	精密锁紧机构锁紧轴	40Cr13, 整体调质处理	功率密度为3200~4700W/cm², 作用时间为0.2~0.7s, 硬化层深度为0.35~0.75mm, 硬度为540~760HV0.1	激光淬火后获得隐晶马氏体, 而盐浴淬火的马氏体粗大, 耐磨性提高3倍
7	模具	T8A钢制冲头, Cr12Mo钢制模	YAG激光淬火, 能量为30J, 偏焦度为5mm, 光斑直径为4mm, 脉冲频率为1Hz, 重叠系数为0.7, 硬化层深度为0.12mm, 硬度为1200HV	使用寿命从2万件提高到10万~14万件
8	大型内燃发动机阀杆锁夹	42CrMo钢, 一般在调质状态使用	用152W激光束纵向处理4条, 硬化层深度为0.2mm, 宽度为1.2mm, 硬度为700~780HV	耐用性提高, 未处理件运行12.5×10⁴km, 内部凸出的棱角均已磨平, 激光淬火后很少变化
9	凸轮轴	铸铁	用10kW激光器处理, 硬化层深度为1mm, 硬度为60HRC, 每小时处理70根, 不需后加工	变形量<0.13mm, 耐磨性有很大提高
10	汽车曲轴	球墨铸铁	圆弧处激光淬火, 硬度为60HRC	耐磨性有很大提高
11	活塞环(各种尺寸)	铸铁或低合金铸铁	环面用激光表面淬火, 处理后磨光	汽车活塞环耐磨性提高一倍, 不拉缸, 缸壁磨损量下降35%; 蒸汽车气室活塞耐磨性提高2~3倍, 气室套偏磨量减小1/3~1/2
12	精密仪器V形导轨	45钢	纵向形成数条激光淬火硬化带	比原渗碳工艺减少工序, 变形极小, 成品率提高
13	各种齿轮	各种钢	仅对齿面进行激光淬火	能耗小, 变形小, 可作为最终处理
14	石油井管内壁	钢制, 内壁与钻杆强烈磨损	内壁处理成网纹状激光淬火硬化带	一般处理难进行, 激光处理变形小, 耐磨性大大提高
15	矿石磨辊	表层为白口铸铁, 内部为灰铸铁	激光功率为300~500W, 扫描速度为10.5~19mm/s, 光斑直径为φ1.5~2mm, 硬化层深度为0.2~0.41mm, 表面硬度为735~952HV	因磨辊承受矿石的冲击、磨损, 原寿命仅15天, 采用激光淬火处理后, 寿命明显提高
16	大缸径柴油机缸套	合金铸铁制造, 内径390mm	激光表面淬火, 硬度从20HRC提高到50HRC	耐磨性提高3倍
17	挤塑机不停机换网器	45钢, 尺寸:540mm×360mm×100mm	用18mm的激光宽带扫描, 功率为3000W, 速度为4mm/min, 硬化层深度大于1mm, 硬度为611HV	使用寿命提高3倍

5.1.5　激光表面熔凝

1. 激光表面熔凝的特点

激光表面熔凝（又称激光上釉）是利用高能激光束在金属表面连续扫描，使表面薄层快速熔化，并在很高的温度梯度作用下，以 $10^5 \sim 10^7 ℃/s$ 的速度快速冷却、凝固，从而使材料表面产生特殊的微观组织结构。激光熔凝具有以下特点：①较之于激光淬火，激光表面熔凝所需激光能量更高，冷速更快；②熔凝层组织非常细小，提高了材料的综合力学性能；③熔凝层中马氏体转变产生的压应力更大，提高了工件的疲劳强度、耐磨性等性能；④表面原有的裂纹和缺陷可以通过熔化过程焊合，表层成分偏析减少，形成高度过饱和固溶体等亚稳相乃至非晶态组织；⑤熔凝层下为相变强化层，使强化层的总深度提高。

2. 激光表面熔凝工艺

激光表面熔凝的主要工艺参数仍然是激光功率、光斑大小、扫描速度等，它们不仅决定熔凝层的深度，而且还影响加热、冷却和凝固速度。激光功率和硬化层深度的关系如图 5-27 所示，熔化层深度、功率密度与冷却速度之间的关系如图 5-28 所示。由这些图可知，在一定功率密度下，作用时间对熔化层深度影响非常明显，且存在一个最大的熔化层深度，作用时间进一步增加，表面开始汽化。功率密度越高，熔化层深度越浅，冷却速度越大，温度梯度也越大。因此，要得到所需的熔化层深度，必须控制好激光功率密度。

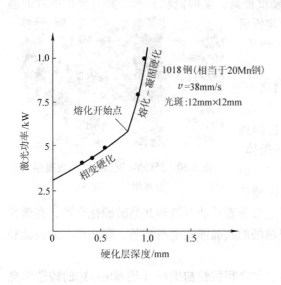

图 5-27　激光功率和硬化层深度关系

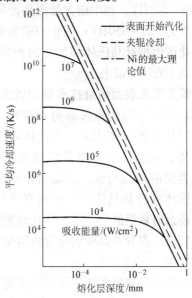

图 5-28　熔化层深度、功率密度
与冷却速度之间的关系

材料表面对激光的光谱反射因数随温度的升高而下降，特别是表层出现熔化时，激光光谱吸收因数将大幅度提高。因此，激光熔凝处理时，表面一般不需预涂覆吸光涂层。对于表面粗糙度值很小的工件，可先将需熔凝的部位打毛，当必须通过预涂覆吸光涂层增加激光光谱吸收因数时，一定要考虑吸光材料进入熔融金属对成分的影响。

如果激光束的功率密度更高，在材料表面作用的时间更短，可在材料表面形成一层性能优异的非晶态组织，这一过程称为激光非晶化。激光非晶化所需的激光束功率密度将达到 10^7W/cm^2，辐照时间为 $1\mu s$，对不同的材料有相应的临界冷却速度要求（见表 5-14）。

表 5-14 几种材料形成非晶的临界冷却速度

材 料	纯铝	钢	$Fe_{83}B_{17}$	$Fe_{40}Ni_{40}P_{14}B_6$	$Cu_{50}Zr_{50}$	$Ni_{60}Nb_{40}$
临界冷却速度/(K/s)	$>10^{10}$	10^8	10^6	$10^{5\sim6}$	10^4	10^2

3. 激光表面熔凝层的组织与性能

激光表面熔凝硬化层的构成如图 5-29 所示。最表层为熔化后的凝固区，下面分别是相变硬化区、热影响区和基体。后面几部分的组织变化规律与激光淬火完全相同，而不同材料熔凝区的组织和性能变化相差很大。

图 5-29 激光表面熔凝硬化层的构成

（1）激光表面熔凝层组织　柱状—树枝状结构是大多数熔凝层的组织特征（见图 5-30）。树枝状的主干垂直于分界面优先生长，在横截面上呈现出一些等轴晶的形貌，这些晶粒由单个的小块区域构成。熔化区的组织为细马氏体和残留奥氏体，马氏体形态由原始组织和碳含量决定。$w(C)$ 低于 0.3% 的低碳钢中，形成板条马氏体，硬度为 500~600HV；钢中碳含量提高，马氏体硬度提高，呈河流状分布，并有突出的片间晶界，硬度为 700~850HV；当钢中碳含量超过共析成分，熔化区由细针马氏体和较多的残留奥氏体组成，硬度可达 1000HV 以上。

铸铁是激光表面熔凝技术应用较多的材料之一。灰铸铁熔凝区组织仍呈枝晶铸态结构，由树枝状晶和枝间层片状奥氏体构成，莱氏体周围是白色的残留奥氏体，枝晶内有位错及孪晶亚结构的马氏体。对不同类型的球墨铸铁，熔凝层组织均为均匀、细小的莱氏体和针状马氏体及残留奥氏体。在加硼铸

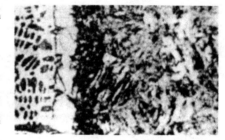

图 5-30 35CrMo 钢激光表面熔凝层金相组织　800×

铁中，铸态时效后的原始组织为在珠光体基体上分布着片状石墨和共晶碳硼化合物，在激光熔凝处理后，离异共晶碳硼化合物熔化，并以微细的共晶形式重新结晶，存在细小的枝晶和未溶的石墨。

激光表面熔凝技术还应用于许多铸造合金，如含粗颗粒初生硅（约 $60\mu m$）的铸造铝硅合金，基体为 Al-Si 共晶，在适当的激光表面熔凝处理后，得到均匀分布在基体上的细硅粒（$1\sim4\mu m$），材料硬度更高。

（2）激光表面熔凝层性能　图 5-31 ~ 图 5-33 所示为几种钢的激光表面熔凝处理硬度分布，硬化层硬度不仅与材料成分有关系，而且与熔化区深度有直接关系。图 5-34 ~ 图 5-36 所示为几种铸铁材料激光表面熔凝层硬度分布。

激光表面熔凝处理能使材料表面的碳化物熔解，组织细化，硬度提高，进而显著提高材料的耐磨性。表 5-15 为 HT300 试样在不同工艺条件下的磨损试验结果对比。图 5-37、图 5-38 所示为几种材料激光表面熔凝处理的耐磨性。

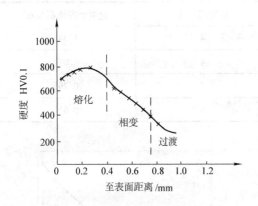

图 5-31　45 钢激光熔凝处理硬度分布

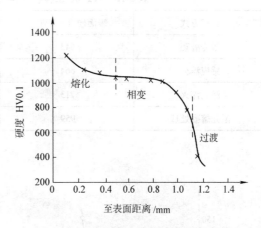

图 5-32　T10 钢激光熔凝处理硬度分布

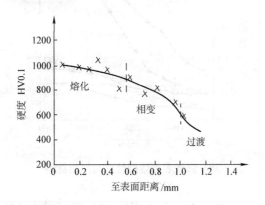

图 5-33　40Cr 钢激光熔凝处理硬度分布

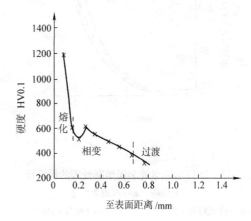

图 5-34　加硼铸铁激光熔凝处理硬度分布

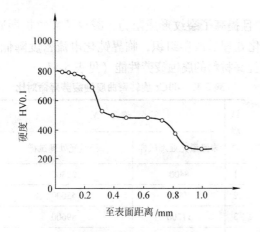

图 5-35　珠光体球墨铸铁激光
熔凝处理硬度分布

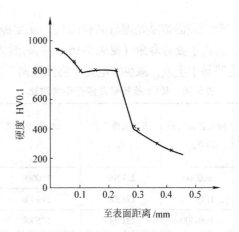

图 5-36　铁素体球墨铸铁激光表面
熔凝处理硬度分布

表 5-15　HT300 试样在不同工艺条件下的磨损试验结果对比

处理方式	表面硬度　HV0.1	试验时间/h	绝对磨损体积/mm³
激冷处理	543	4	1.346
感应淬火	664	4	1.012
激光淬火	713	4	0.795
激光熔凝处理	959	4	0.617

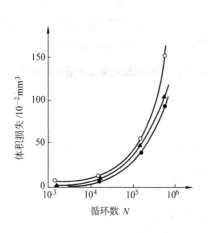

图 5-37　Al-Li 合金激光表面熔凝处理的耐磨性
○—激光熔凝　▲—原始热轧态
●—激光熔凝 + 时效（530℃水淬 + 190℃ ×16h）

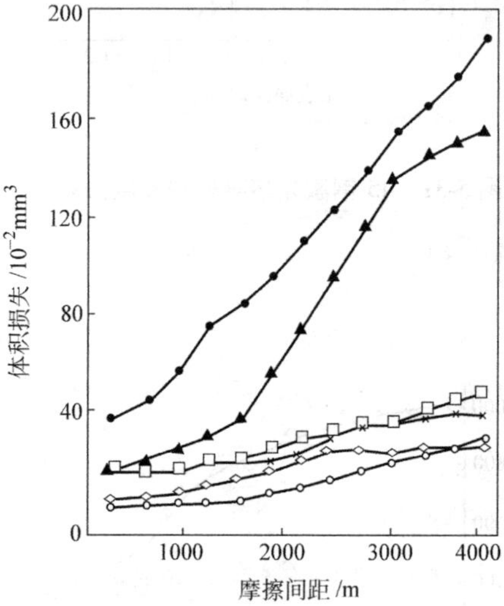

图 5-38　激光表面熔凝处理与原始材料
耐磨性对比
●—硅铸铁（SS）　▲—含镍白口铸铁（SS）　□—硅铸铁（LS）
×—含镍白口铸铁（LS）　○—V—Cr 合金化　◇—Ni—Cr 合金化
注：SS 表示原始材料，LS 表示激光熔凝。

激光表面熔凝处理后晶粒细化，硬度提高，且提高了裂纹形成阻力，减少了裂纹扩展通道，提高了疲劳寿命（见表 5-16）；同时激光硬化处理后改善组织，临界钝化电流密度降低，钝化膜易于生成，减少了电化学腐蚀倾向，又可提高材料的腐蚀疲劳性能（见表 5-17）。

表 5-16　40Cr 旋转弯曲疲劳寿命对比

试样号	激光表面熔凝 N_{ai}	激光表面淬火 N_{bi}	未经激光处理 N_{ci}
1	800300	257300	150000
2	1219800	178300	179400
3	5180300	281200	175000
4	538200	461300	101600
5	1017700	282900	118200

表 5-17　40Cr 旋转弯曲腐蚀疲劳寿命对比

试样号	寿命 N_i	
	未经激光处理试样	经激光处理试样
1	8400	22300
2	10900	43600
3	11200	89600
4	12800	51200
5	25900	103600

5.1.6 激光表面合金化

激光表面合金化又称激光化学热处理，它是利用高能激光束加热并熔化基体表层与添加元素，使其混合后迅速凝固，从而形成以原基材为基的新的表面合金层。激光表面合金化具有许多独特的优点：①能进行非接触式的局部处理，易于实现不规则的零件加工；②区域加热，能量利用率高；③合金体系范围宽，便于实现多种、多量的合金搭配；④能准确控制各工艺参数，实现合金化层深度可控；⑤热影响区小，工件变形小。

1. 激光表面合金化工艺

激光表面合金化性能除与不同的合金体系有关外，还与激光器的类型、输出功率、光斑尺寸、扫描速度等因素有关。激光表面合金化时，能量密度一般为 $10^4 \sim 10^8 W/cm^2$，作用时间为 $0.1 \sim 10s$，熔池深度可达 $0.5 \sim 2.0mm$，相应的凝固速度达 20m/s。

激光表面合金化的工艺方式可分为三种：

（1）预置法　先将合金化材料预涂覆于需强化部位，然后进行激光扫描熔化，实现合金化。预涂覆可采用热喷涂、气相沉积、粘接、电镀等工艺。实际应用较多的是粘接法，该方法简单，便于操作，且不受合金成分限制。

（2）硬质粒子喷射法　采用惰性气体将合金化细粉直接喷射至激光扫描所形成的熔池，凝固后硬质相镶嵌在基材中，形成合金化层。

（3）激光气相合金化　将能与基材金属反应形成强化相的气体（如氮气、渗碳气氛等）注入金属熔池中，并与基材元素反应，形成化合物合金层。例如，Ti 及 Ti 合金进行激光气体合金化，可形成 TiN、TiC 或 Ti（C，N）化合物。

图 5-39 所示为激光合金化工艺参数对中碳低合金钢激光铬合金化熔池的影响。表 5-18给出了工具材料激光表面合金化结果。

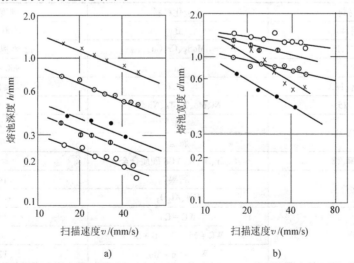

图 5-39　激光合金化工艺参数对中碳低合金钢激光铬合金化熔池的影响

a）对熔池深度的影响　b）对熔池宽度的影响

功率密度（W/cm^2）分别为：○—1.43×10^5

①—2.64×10^5　●—5.94×10^5

⊙—6.79×10^5　×—7.32×10^5

表5-18　工具材料激光表面合金化结果

材料	熔池深度 /μm	熔池宽度 /μm	最大硬度 HV	微观结构	凝固过程	
					传统方法	激光处理
普通工具钢	50~1400	300~1150	900	δ,γ,碳化物	$L{\to}\delta + L{\to}\gamma + M_2C + M_{23}C_6$ $\to\alpha + M_2C + M_{23}C_6$	$L{\to}\delta + L{\to}\delta + \gamma + M_2C + M_{23}C_6$
渗硼纯铁	50~1500	500~1900	2300	Fe_2B,共晶	$L{\to}Fe_2B + L{\to}\alpha + Fe_2B$	$L{\to}Fe_2B + L{\to}Fe_2B + $共晶
渗硼工具钢	40~2000	500~1000	2100	M_2B,γM_{23} $(C,B)_6$,共晶	$L{\to}\gamma + L{\to}\gamma + M_2B{\to}\gamma + M_2B$ $+ M_{23}(B,C)_6$	$L{\to}\gamma + L{\to}\gamma + M_2B{\to}M_2B + \gamma$ $+$共晶
BN喷注工具钢	200~850	4500	1950	M_2B,γ复杂金属氮化物	—	—

2. 激光表面合金化组织与性能

激光表面合金化层的组织特征与激光表面熔凝相似,但凝固区内各元素的含量、相结构及组织结构的类型和相对量,则是由基体材料和合金化材料共同决定的。合金化层中的成分和组织结构,直接影响激光表面合金化的性能。

激光表面合金化的性能是通过不同的添加元素与基体反应形成合金化层而实现的,因此,不同的合金体系将带来不同的性能,见表5-19。基体材料经过激光表面合金化处理,可大幅度提高材料的表面性能,这种性能主要体现在耐磨性和耐蚀性两个方面。

表5-19　激光表面合金化

基体材料	合金化材料	硬度 HV
Fe、45钢、40Cr	B	1500~2100
45钢、GCr15	MoS_2、Cr、Cu	耐磨性提高2~5倍
T10	Cr	900~1000
Fe、45钢、T8A	Cr_2O_3、TiO_2	≤1080
Fe、GCr15	Ni、Mo、Ti、Ta、Nb、V	≤1650
Cr12Ni12WMoV	B	1225
	胺盐	950
Fe、45钢、T8	C、Cr、Ni、W、YG8硬质合金	≤900
Fe	石墨	1400
	TiN、Al_2O_3	≤2000
45钢	WC+Co	1450
	WC+Ni+Cr+B+Si	700
	WC+Co+Mo	1200
铸铁	FeTi、FeCr、FeV、FeSi	300~700
06Cr19Ni10	TiC	58HRC
ZL101	Si+MoS_2	210
A1319铸造铝合金	NiCrNbBSiC	1400
ZL104	Fe	≤480

（续）

基体材料	合金化材料	硬度　HV
Al-Si 合金	Ni	300
Ti-6Al-4V	N	≥1200
	Si	800 ~ 900
TiAl 合金	C	620
	N	950
	$NiCr$、Cr_3C_2	1400

（1）耐磨性　低碳钢中加入 SiC 激光合金化，随着硅含量增加，硬度也随之提高，可达 1200HV。20 钢中加入镍基合金粉末激光表面合金化，硬度虽然不及 CrWMn 钢淬火，但耐磨性提高 2.4 倍；而在加入镍基粉末的同时加入 WC，耐磨性可提高 5 倍以上。对 Al-Si 合金，采用镍基粉末合金化，生成 Al_3Ni 硬化相，硬度达 300HV，而加入碳化物粒子，耐磨性可提高 1 倍。Ti-6Al-4V 合金加入硅粉进行激光表面合金化，生成 Ti_5Si_3/Ti 耐磨复合材料涂层，硬度达 800HV 以上，大幅度提高耐磨性；对离子渗氮的 Ti-6Al-4V 材料激光表面合金化，硬度从 1050HV 提高到 1200HV。

（2）耐蚀性　表 5-20 列出了激光表面合金化对材料耐蚀性的影响。

表 5-20　激光表面合金化对材料耐蚀性的影响

材料	激光合金化元素	效　　果
20 钢	激光 Cr、C 合金化	获得耐酸蚀的马氏体型不锈钢表面
45 钢	激光 Cr 合金化	在质量分数为 15% HNO_3 水溶液中浸泡 195min，表面仍保持金属光泽
60 钢	Cr、C 合金化	耐酸、碱腐蚀性提高
炮钢	镀 Cr 后激光处理	提高抗高温剥落性和耐酸腐蚀性
高磷铸铁	Ni 合金化	空化失重减少 3 倍
Ti 合金	沉积 Pb 后激光合金化	形成深度达几百纳米、$w(Pb)$ 为 4% 的合金层，在沸腾硝酸中腐蚀速度明显降低

5.2　电子束表面热处理

利用高能电子束轰击材料表面，使其温度升高并发生成分、组织结构变化，从而达到所需性能的工艺方法，统称为电子束表面热处理。

常用的电子束表面热处理工艺有电子束淬火、电子束表面熔凝、电子束表面合金化等。它们具有一些共同的特点：①凡是视线能观察到且电子束流不受阻挡的部位，无论是深孔或是斜面，均能实现电子束表面热处理；②设备功率大，能量利用率高，目前电子束设备的功率最大可达 100 ~ 200kW，能量利用率是激光束的 8 ~ 9 倍，能耗为高频感应加热的 1/2；③加热和冷却速度快，热影响区小，工件变形小，加工可在真空状态下进行，减少了氧化、脱碳，表面质量高，节省了后续机加工量；④电子束加工定位准确，参数易于调节，可严格控制表面改性位置、深度及性能。

5.2.1　电子束表面热处理装置及工作原理

电子束表面热处理装置如图 5-40 所示。该装置主要包括电子枪、高压油箱、聚焦系统、扫描系统、工作室、真空系统、监控系统七个部分。

电子枪是一个严格密封的真空器件，其灯丝为发射电子源，灯丝与阳极间施加数万伏的电压，对电子进行加速。在阴极与阳极之间，还有一个栅控极，栅极与阴极之间加负偏压，其最大值可达 1500V，用以控制电子束流的大小。灯丝发射出的电子束流通过电磁聚焦线圈（电磁透镜），将电子束聚焦成不同尺寸的束斑，进入工作室，轰击工件表面，使其加热。

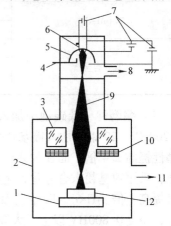

电子束表面热处理设备的工作室有高真空、低真空和常压三种类型。高真空工作室工作压力保持在 $1.33 \times 10^{-4} \sim 1.33 \times 10^{-1}$ Pa，可与电子枪共用一套真空系统，加速电压范围一般为 15～175kV，电子束在工作室的最大传输距离高达 1000mm，调节范围宽，电子散射小，功率密度高，可用大束斑对工件进行处理（可达 20mm × 20mm）。低真空工作室工作压力为 13.3～1.33Pa，灯丝发射的电子束聚焦后通过特殊设计的气阻喷管进入低真空室，其加速电压范围为 40～150kV，最大传输距离小于 700mm，电子束有一定散射，束斑尺寸相对减小，这是电子束表面改性设备用得较多的系统。常压工作室处于非真空状态，电子束通过一组存在压差的喷管引入大气中，其加速电压为 150～175kV，电子束散射严重，到工件的最大距离不超过 25mm，但这种工作室结构简单，操作方便。

图 5-40　电子束表面热处理装置
1—工作台　2—加工室　3—电磁透镜
4—阳极　5—栅极　6—灯丝
7—电源　8、11—真空泵　9—电子束
10—偏转线圈　12—工件

近年来，强流脉冲电子束技术开始用于材料表面改性，为电子束表面热处理技术真正走向工业应用开辟了良好的前景。这些强流脉冲电子束设备可以产生大面积（可达 30mm²）、强束流（可达 10kA）、脉冲方式可调（3～6μs）、低能（≤35kV）的电子束，同时具有操作简单、性能稳定、工艺使用范围广等优点。图 5-41 所示为俄罗斯生产的一款强流脉冲电子束装置。

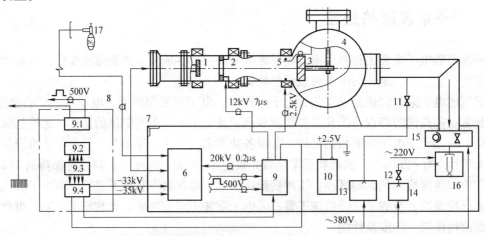

图 5-41　强流脉冲电子束装置
1—阴极　2—火花源　3—工作靶　4—真空室　5—罗戈夫斯基线圈　6—脉冲高压发生器
7—支架　8—电控柜　9—脉冲触发器　10—高压电容　11、12—手动真空阀
13、14—机械泵　15—电磁阀门　16—扩散泵　17—氮气

5.2.2　电子束淬火

电子束淬火与激光淬火一样,通过高功率能量束加热工件表面,工件表面升温并发生相变,然后自激冷却实现马氏体相变。电子束淬火的功率密度为 10^4 ~ $10^5 W/cm^2$,加热速度为 10^3 ~ $10^5 ℃/s$。电子束表面淬火加热和冷却速度很快,表面马氏体组织显著细化,硬度较高(见图 5-42),同时,表层输入能量对硬化层深度产生明显影响。42CrMo 钢电子束淬火工艺参数与结果见表 5-21。

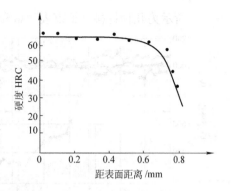

图 5-42　45 钢电子束表面淬火硬度分布

表 5-21　42CrMo 钢电子束淬火工艺参数与结果

序号	加速电压 /kV	束流 /mA	聚焦电流 /mA	电子束功率 /W	硬化带宽度 /mm	硬化层深度 /mm	表面硬化 HV
1	60	15	500	900	2.4	0.35	614.5
2	60	16	500	960	2.5	0.35	676.2
3	60	18	500	1080	2.9	0.45	643.9
4	60	20	500	1200	3.0	0.48	616.2
5	60	25	500	1500	3.6	0.80	629.2
6	60	30	500	1800	5.0	1.55	593.9

材料经电子束淬火后,组织细化,硬度升高,表面呈残余压应力,提高了材料的疲劳强度和耐磨性。图 5-43 所示为几种钢材在不同状态下的耐磨性对比。

5.2.3　电子束表面熔凝

借助于电子束高能量密度的特性使材料表面熔化,并在电子束移开后快速凝固,使表层组织得以细化,从而提高材料表面硬度和韧性,这就是电子束表面熔凝处理。电子束表面熔凝处理主要达到以下目的:

1) 通过重新熔化,使铸态合金中可能存在的氧化物、硫化物等夹杂物溶解,在随后的快冷过程中获得细化的枝晶和细小的夹杂,并能消除原铸态合金中存在的疏松组织,从而提高工件的疲劳强度、耐蚀性和耐磨性。

2) 金属材料快速熔凝处理后,表层可以得到明显的强化。图 5-44 所示为 W6Mo5Cr4V2 高速钢电子束表面熔凝处理后的硬度分布。从图 5-44 中可以看出,采用电子束表面熔凝处理,可以达到高速钢整体淬火的硬化效果。

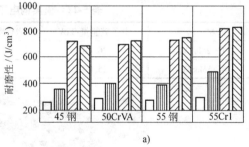

a)

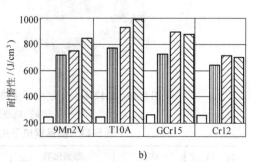

b)

图 5-43　几种钢材在不同状态下的耐磨性对比
a) 亚共析钢　b) 过共析钢
□■正火态
▥■淬火 + 回火态
▨■正火 + 电子束淬火
▧■淬火 + 回火 + 电子束淬火

图 5-45 所示为几种材料电子束表面熔凝处理前后的耐磨性对比。

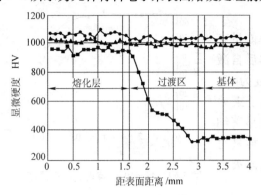

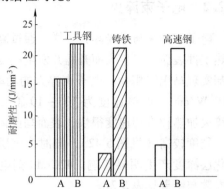

图 5-44 W6Mo5Cr4V2 高速钢电子束表面熔凝
处理后的硬度分布

■—铸态+电子束熔凝

▲—铸态+1210℃整体淬火+电子束熔凝

●—铸态+1250℃整体淬火+电子束熔凝

图 5-45 几种材料电子束熔凝处理前后
的耐磨性变化

A—处理之前 B—处理之后

采用低能强束流的脉冲电子束表面热处理装置对模具钢进行电子束表面熔凝处理（工艺参数见表 5-22），材料表面的碳化物大部分溶解，快速凝固后使原来呈较大颗粒分布的碳化物变得细小均匀（见图 5-46），而基体转变为细小的隐针马氏体。经该工艺处理后，表面几百微米范围内均出现硬度升高现象，其峰值硬度超过基体平均硬度值的 15% 左右，分别达到 1169HK 和 669HK；与此同时，材料的摩擦学性能得到明显提高（见表 5-23）。

表 5-22 模具钢电子束表面熔凝处理工艺参数

材　　料	电子束能量/keV	能量密度(J/cm^2)	靶源距离/mm	轰击次数/次
Cr12Mo1V1	26.78	4.6	160	10
4Cr5MoSiV1	25.09	4.4	140	5

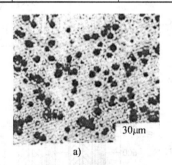

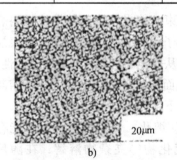

a)　　　　　　　　　　　　　b)

图 5-46 Cr12Mo1V1 钢电子束表面熔凝处理前后试样表面的显微组织

a) 处理前 b) 处理后

表 5-23 模具钢电子束表面熔凝处理的摩擦学性能

材　　料	状态	摩擦因数	磨损率/($10^{-14} m^3/m$)	相对耐磨性
Cr12Mo1V1	处理前	0.68	1.03	1
	处理后	0.4	0.183	5.63
4Cr5MoSiV1	处理前	0.53	14.7	1
	处理后	0.18	1.25	11.76

5.2.4　电子束表面合金化

采用电子束加热工件和预涂覆于工件表面的合金化材料，使二者熔化并混合，形成一种新的合金化表面层，这种工艺方法即为电子束表面合金化。

电子束表面合金化的预涂覆方法与激光表面合金化相似，但黏结剂应有较好的高温粘接性能，在加热熔化过程中不能出现剥落、飞溅。常用的黏结剂有硅酸钠、硅酸钾、聚乙烯醇等。

材料进行电子束表面合金化处理的目的是提高工件表面的耐磨性和耐蚀性，因此，在合金化材料选择上应有所侧重。一般以耐磨为主要目的时，应选择 W、Ti、B、Mo 等元素及其碳化物作为合金化材料；以耐蚀为主要目的时，应选择 Ni、Cr 等元素；Co、Ni、Si 等可作为改善合金化工艺性的元素；对于铝合金，则选择 Fe、Ni、Cr、B、Si 等元素进行电子束表面合金化处理。

对 45 钢基材进行不同合金化元素的电子束表面合金化试验，其试验处理结果见表 5-24。图 5-47、图 5-48 所示分别为 45 钢电子束表面合金化层的滑动磨损试验结果和冲击磨损试验结果。

表 5-24　45 钢电子束表面合金化试验结果

粉末类型		WC/Co	WC/Co + TiC	WC/Co + Ti/Ni	NiCr/Cr_3C_2	Cr_3C_2
合金元素含量 （质量分数,%）		W82.55 C5.45 Co12.00	W68.52 C7.92 Co9.96 Ti13.60	W68.52 C4.52 Co9.96 Ti7.65 Ni9.35	Ni20.00 Cr70.00 C10.00	Cr86.70 C13.30
预涂覆层厚度/mm		0.11 ~ 0.12	0.10 ~ 0.13	0.13 ~ 0.15	0.16 ~ 0.22	0.15 ~ 0.17
电子束功率/W		1820	2030	1890	1240	1240
束斑尺寸:(长/mm) ×(宽/mm)		7×9	7×9	7×9	6×6	6×6
扫描速度 /(mm/s)		5	5	5	5	5
合金化层深度/mm		0.50	0.55	0.50	0.45	0.36
表面硬度　HV		895 ~ 961	998	927	546	546 ~ 629
合金组织	基体相	α'-Fe	α'-Fe	α'-Fe	γ'-Fe	γ'-Fe
	强化相	$(Fe,W)_6C$ WC	$(Fe,W)_6C$ WC,TiC	$(Fe,W)_6C$ WC,TiC	$(Cr,Fe)_7C_3$ $(Cr,Fe)_{23}C_6$	$(Cr,Fe)_7C_3$ $(Cr,Fe)_{23}C_6$
	碳化物量 （体积分数,%）	14.4	14.5	20.9	10.6	19.3

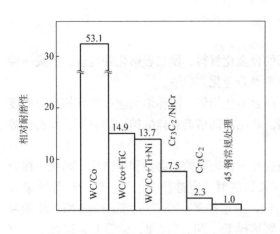

图 5-47　45 钢电子束表面合金化层的
滑动磨损试验结果

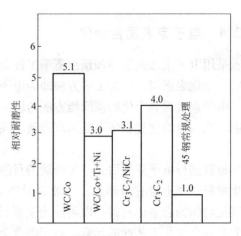

图 5-48　45 钢电子束表面合金化层的
冲击磨损试验结果

在 20 钢及 4Cr5MoSiV1 钢表面采用离子镀方式分别沉积 10μm 和 30μm 厚的铝层，然后经强流脉冲电子束轰击（工艺参数见表 5-25），使铝原子渗入基体表层。图 5-49 所示为两种材料在不同温度下 20h 循环氧化试验的试样失重情况。从图 5-49 中可以看出，随着电子束轰击作用的加强，基体中铝的渗入量越多，其抗氧化能力越强。

表 5-25　强流脉冲电子束轰击处理工艺参数

材　料	试样编号	加速电压/kV	能量密度/(J/cm²)	靶源距离/mm	轰击次数/次
20 钢	A1	25	1	140	2
	A2	27	2	160	2
4Cr5MoSiV1	B1	25	1	160	4
	B2	27	2	140	15

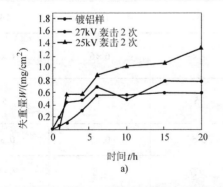

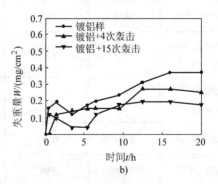

图 5-49　两种材料在不同温度下 20h 循环氧化试验的试样失重情况
a) 20 钢，600℃　b) 4Cr5MoSiV1，750℃

第6章 渗碳及碳氮共渗

6.1 渗碳及碳氮共渗简介

6.1.1 渗碳简介

渗碳是指为了增加低碳钢或低碳合金钢表层的碳含量、获得一定的碳含量梯度，将钢件在碳的活性介质中加热并保温，使碳原子渗入表层的一种表面化学热处理工艺。低碳钢或低碳合金钢通过渗碳处理后，使钢件表层有高的碳含量，而心部的碳含量较低，再通过淬火加低温回火处理，就可以获得具有高硬度、高耐磨的表面，而心部具有很好的韧性。渗碳可使同一材料制作的零件兼有高碳钢和低碳钢的优点，从而能够适应承受复杂应力的要求。

钢的渗碳是在一定成分的化学介质中进行的，这种使钢渗碳的含碳介质称为渗碳剂。根据渗碳剂形态不同，可分为固体渗碳、液体渗碳和气体渗碳三种类型。无论采用哪种渗碳剂，渗碳处理均包括渗碳剂的分解、碳原子的吸收和扩散三个基本过程，主要渗碳组分均为 CO 或 CH_4，它们在渗碳温度下发生分解，产生活性高、渗入能力很强的活性碳原子 [C]。产生活性碳原子 [C] 的反应分别为

$$2CO \longrightarrow [C] + CO_2 \tag{6-1}$$

$$2CO \longrightarrow 2[C] + O_2 \tag{6-2}$$

$$CO + H_2 \longrightarrow [C] + H_2O \tag{6-3}$$

$$CH_4 \longrightarrow [C] + 2H_2 \tag{6-4}$$

活性碳原子 [C] 在工件表面被吸附，当达到一定含量后，渗入工件表面的碳原子向内部扩散，形成一定碳浓度梯度的渗碳层。

碳渗入工件中，与铁形成固溶体或与其他元素形成各种化合物。渗碳扩散层中的碳含量是由表及里逐渐降低的，直到工件心部，达到钢材原有的碳含量，即在渗碳层中形成各种碳含量的奥氏体。当渗碳后缓慢冷却时，渗层中与碳含量相对应的各种组织依次为：表层组织是珠光体 + 少量碳化物（过共析区）；向内是珠光体，即共析区；再往里是珠光体 + 铁素体，且越接近心部，珠光体越少，称为亚共析区或过渡区。当表面碳含量不太高时，则没有过共析区。与渗层中碳含量的变化相对应，渗碳后淬火由表及里得到的组织依次为马氏体 + 少量碳化物、马氏体 + 残留奥氏体、马氏体直至心部的低碳马氏体。当工件尺寸较大时，心部组织可能为屈氏体或铁素体 + 珠光体组织。淬火后硬度的变化也与碳含量的降低相对应。

6.1.2 碳氮共渗简介

在奥氏体温度下，同时将碳、氮活性原子渗入工件表面，且以渗碳为主的表面化学热处理工艺称为碳氮共渗。碳氮共渗层比渗碳层具有更高的耐磨性、疲劳强度和耐蚀性。碳氮共渗处理按共渗温度可分为低温碳氮共渗（低于750℃）、中温碳氮共渗（750~880℃）和高

温碳氮共渗（高于880℃）；按渗层深度可分为薄层碳氮共渗（小于0.2mm）、普通碳氮共渗（0.2~0.8mm）和深层碳氮共渗（大于0.8mm）；按共渗使用介质不同可分为固体碳氮共渗、液体碳氮共渗和气体碳氮共渗。

碳氮共渗过程可分为三个阶段：①共渗介质分解产生生活性碳原子和氮原子；②分解出来的活性碳、氮原子被钢表层吸收，并逐渐达到饱和状态；③钢表面层饱和的碳氮原子向内层扩散。

碳氮共渗由于氮的渗入使渗层淬透性进一步增加。碳氮共渗具有较多的残留奥氏体，并随表面碳氮含量的增加而增多，在渗层的次表层某一深处具有最高度的残留奥氏体量。硬度在表层有低头现象，并在次表层具有最高的硬度。

6.2　渗碳

6.2.1　常用渗碳钢

1. 渗碳钢的分类

根据工作条件不同,常用渗碳钢分为下列三种类型：

（1）低强度钢　如15钢、20钢、20Mn2、20Cr等,主要用来制造受力较轻、不需要高强度的耐磨零件,如小齿轮、活塞销、小轴等。

（2）中强度钢　如20CrMnTi、20CrMnMo、20MnTiB等,用于制作中等负载的齿轮、活塞销等。

（3）高强度钢　如18CrNiWA、20CrNi4A等,用于制造大马力的发动机轴,以及负载大、磨损严重的齿轮等。

渗碳常用优质碳素结构钢和合金结构钢见表6-1。

2. 对渗碳钢的要求

对渗碳钢的选择,主要是基于满足力学性能、工艺性能和钢材质量三个方面的要求。

表6-1　渗碳常用优质碳素结构钢和合金结构钢

钢　种	牌　号	钢　种	牌　号
碳素钢	08、10、15、20、25	铬锰钛钢	20CrMnTi
普通含锰钢	15Mn、20Mn、25Mn	铬钼钢	12CrMo、15CrMo、20CrMo
锰钢	20Mn2	铬锰钼钢	20CrMnMo
硅锰钢	27SiMn	铬钼钒钢	12CrMoV、25Cr2MoVA
锰钒钢	20MnV	硼钢	20Mn2B、20MnTiB、20MnVB、20SiMnVB
铬钢	15Cr、20Cr	铬镍钢	20CrNi、12CrNi2、12CrNi3、20CrNi3、12Cr2Ni4、20Cr2Ni4
铬锰钢	15CrMn、20CrMn		
铬锰硅钢	20CrMnSi、25CrMnSi	铬镍钨钢	18Cr2Ni4WA、25Cr2Ni4WA
铬钒钢	20CrV		

（1）对力学性能的要求　渗碳层表层应具有高的硬度、强度和一定的塑性,而心部应有较高的屈服强度和韧性。为此,渗碳工件表面的碳含量不应过高[$w(C)$以不超过1.2%为宜],否则会出现大量碳化物和残留奥氏体,但应具有一定的心部碳含量和足够的淬透性。对钢材淬透性的要求是根据工件大小、冷却情况,并结合对心部组织及硬度的要求提出的。大多数合金元素,如Cr、Mo、W、V、Mn、B、Ni等均能提高钢的淬透性,并对提高渗层和心部

的力学性能有良好作用。

（2）对工艺性能的要求 工艺性能主要体现在锻造性能、切削加工性能和热处理性能三个方面。锻造性能要求钢材在高温下有良好的塑性，容易成形。钢中合金元素含量越高，越不容易成形，因而低碳钢、低合金钢的锻造性能好，高合金钢的锻造性能较差。一般情况下，当钢材硬度为 156～207HBW，金相组织为均匀分布的片状珠光体+铁素体时，具有较好的切削加工性能，可减少刀具损耗，并获得较低的表面粗糙度值。低碳钢及低碳合金钢的锻坯经过正火后，硬度和组织符合上述要求，因而切削加工性能好；而高合金钢的锻坯，由于正火后组织为马氏体，硬度高，其切削加工性能较差，必须加以高温回火。

对渗碳工艺来说，要求钢材具有较快的渗碳速度，而表面碳含量不致过高，Mn、Cr、Mo 等元素均可增加渗层厚度。对渗碳后的热处理，一般希望工件渗碳后可以直接淬火，不需要再次加热即可保证表层和心部的组织和硬度。因此，要求钢材在渗碳温度下长时间加热后能够保持细晶粒（一般要求晶粒度为 6～8 级），淬火后渗碳层中的残留奥氏体不能过多，含 Ti、V、Nb 等元素的合金钢可满足此要求。

（3）对钢材质量的要求

1）钢中不允许有较多和粗大的非金属夹杂物，它们会导致应力集中，易形成裂纹，按 GB/T 10561—2005《钢中非金属夹杂物含量的测定　标准评级图显微检验法》，一般控制在 3 级以下。

2）钢中不允许有严重的带状组织，它的存在使渗碳层及硬度不均匀，切削加工性能变坏，一般按带状组织评级图控制在 3 级以下。

3）钢在渗碳后，渗层中不得出现反常组织，使淬火时出现软点，降低耐磨性。氧含量较高和用铝脱氧的钢易形成反常组织。

表 6-2 和表 6-3 分别列出了常用渗碳钢的化学成分、热处理后的力学性能及用途。

表 6-2　常用渗碳钢的化学成分

牌　号	化学成分（质量分数，%）								
	C	Mn	Si	Cr	Ni	Mo	V	Ti	B
20	0.17～0.24	0.35～0.65	0.17～0.37	≤0.25	≤0.25				
20Mn2	0.17～0.24	1.40～1.80	0.17～0.37						
20MnV	0.17～0.24	1.30～1.60	0.17～0.37				0.07～0.12		
20Cr	0.18～0.24	0.50～0.80	0.17～0.37	0.70～1.00					
20CrMn	0.17～0.23	0.90～1.20	0.17～0.37	0.90～1.20					
20CrV	0.17～0.23	0.50～0.80	0.17～0.37	0.80～1.10			0.10～0.20		
20CrMnTi	0.17～0.23	0.80～1.10	0.17～0.37	1.00～1.30				0.04～0.10	
30CrMnTi	0.24～0.32	0.80～1.10	0.17～0.37	1.00～1.30				0.04～0.10	
15CrMnMo	0.12～0.18	0.80～1.10	0.17～0.37	1.00～1.30		0.20～0.30			
20Mn2B	0.17～0.24	1.40～1.80	0.17～0.37						0.0005～0.0035
20MnTiB	0.17～0.24	1.30～1.60	0.17～0.37					0.04～0.10	0.0005～0.0035
20MnVB	0.17～0.23	1.20～1.60	0.17～0.37				0.07～0.12		0.0005～0.0035
20SiMnVB	0.17～0.24	1.30～1.60	0.50～0.80				0.07～0.12		0.0005～0.0035
25MnTiBRE	0.22～0.28	1.30～1.60	0.20～0.45			RE:0.05		0.04～0.10	0.0005～0.0035
20Cr2Ni4	0.17～0.23	0.30～0.60	0.17～0.37	1.25～1.65	3.25～3.65				
18Cr2Ni4WA	0.13～0.19	0.30～0.60	0.17～0.37	1.35～1.65	4.0～4.5	W:0.80～1.20			

表6-3　常用渗碳钢热处理后的力学性能及用途

牌号	临界点/℃				热处理工艺			力学性能					毛坯尺寸/mm	用途
	Ac_1	Ac_3	Ar_3	Ar_1	预备热处理温度/℃	淬火温度/℃	回火温度/℃	R_m/MPa	R_{eL}/MPa	A(%)	Z(%)	a_K/(J/cm²)		
20	735	855	835	680	—	880(水)	200	500~600	280~350	≥18	≥45	—	<50	轴套、链条滚子、小齿轮等
20Mn2	725	840	740	610	—	850(油)	200	≥800	≥600	≥10	≥40	≥60	15	小齿轮、小轴、活塞销等
20MnV	715	825	750	630	—	880(油)	200	≥850	≥650	≥14	≥50	≥100	15	小齿轮、小轴、活塞销等
20Cr	766	838	799	702	880(水或油)	770~820(水或油)	180	≥800	≥600	≥10	≥40	≥60	15	小齿轮、小轴、活塞销等
20CrMn	765	838	798	700	—	880(油)	180	≥900	≥750	≥10	≥45	≥60	15	齿轮、轴、蜗杆
20CrV	768	840	782	704	880(水或油)	770~820(水或油)	180	≥850	≥700	≥13	≥50	≥80	15	齿轮、轴、蜗杆
20CrMnTi	740	825	730	650	880(水或油)	870(油)	200	≥1000	≥800	≥10	≥50	≥80	15	汽车、拖拉机的变速齿轮
30CrMnTi	765	790	740	660	880(水或油)	850(油)	200	≥1450	≥1300	≥9	≥45	≥60	15	汽车、拖拉机的变速齿轮
15CrMnMo	710	830	740	620	—	860(油)	190	≥950	≥700	≥11	≥50	≥90	试样	曲轴、齿轮、石油钻机的牙轮钻头
20Mn2B	730	853	736	613	860~880(油)	700~800(油)	200	≥1000	≥800	≥9	≥45	≥70	15	代替20Cr制作各种轴套、齿轮
20MnTiB	720	843	795	625	—	860(油)	200	≥1150	≥950	≥10	≥50	≥80	15	代替20CrMnTi制作汽车、拖拉机齿轮
20MnVB	720	840	770	635	860~880(油)	700~800(油)	200	≥1100	≥1000	≥9	≥45	≥70	15	代替20CrMnTi制作汽车、拖拉机齿轮
20SiMnVB	726	866	779	699	860~880(油)	700~800(油)	200	≥1200	≥1150	≥10	≥45	≥70	15	拖拉机齿轮
25MnTiBRE	700	805	690	595	—	850(油)	200	1500~1550	≥1100	11.5~15	≥50	≥90	试样	代替20CrMnTi、20CrMo制作拖拉机齿轮
20Cr2Ni4	720	780	660	575	860(油)	780~800(油)	180	≥1400	≥600	≥9	≥45	≥80	15	重负载大齿轮、传动轴
18Cr2Ni4WA	700	810	—	350	—	850(空气)	180	≥1200	≥600	≥12	≥55	≥110	15	重负载大齿轮、传动轴

3. 渗碳钢的预备热处理

部分渗碳钢的预备热处理及结果见表 6-4。

表 6-4　部分渗碳钢的预备热处理及结果

牌　号	预备热处理		显微组织	硬度　HBW
	工序	工艺规范		
10、20、20Cr	正火	900~960℃空冷	均匀分布的片状珠光体和铁素体	160~190
	调质	900~960℃淬火 + 600~650℃回火	回火索氏体	190~220
20CrMnTi、20CrMo	正火	950~970℃空冷	均匀分布的片状珠光体和铁素体	190~220
	正火 + 不完全淬火	(950±10)℃空冷 + 760~790℃水或油冷	低碳马氏体和铁素体	
12CrNi3A、12Cr2Ni4A	正火 + 回火	850~870℃空冷 + 650~680℃回火	均匀分布的粒状珠光体和铁素体	200~240
20CrMnMo、20CrNi3A、20Cr2Ni4A、18Cr2Ni4WA	正火 + 回火	880~940℃空冷 + 650~700℃回火	粒状或细片状珠光体及少量铁素体	220~280
20CrMnMo	正火 + 回火	880~940℃空冷 + 650~700℃回火	粒状珠光体及少量铁素体	180~230

6.2.2　渗碳件的表面清理及防渗处理

工件在进入渗碳炉前应进行脱脂、除锈及除垢处理，通常采用质量分数为 1.5%~3% 的碳酸钠水溶液，也可用专用脱脂剂。若铁锈较重，可采用喷砂处理。清洗后应将工件充分干燥，不允许将水分带入渗碳炉内。

工件非渗碳表面可采用增大加工余量法、镀铜法或涂料防渗法进行防渗处理。各种防渗处理方法的技术要求见表 6-5~表 6-7。

表 6-5　非渗碳面预留加工余量（于渗碳后切除）

渗碳层深度/mm	0.2~0.4	0.4~0.7	0.7~1.1	1.1~1.5	1.5~2.0
单面加工余量/mm	1.1	1.4	1.8	2.2	2.7

表 6-6　防渗碳镀铜层厚度

渗碳层深度/mm	0.8~1.2	>1.2
镀铜层厚度/mm	0.03~0.04	0.05~0.07

表 6-7　常用防渗碳涂料的组成及使用方法

编号	涂料的组成（质量分数）		使用方法
1	氯化亚铜　2 质量份	a	将 a、b 分别混合均匀后，用 b 将 a 调成稀糊状，用软毛刷向工件防渗部位涂刷，涂层厚度大于 1mm，并应致密无孔、无裂纹
	铅丹　　　1 质量份		
	松香　　　1 质量份	b	
	酒精　　　2 质量份		

（续）

编号	涂料的组成（质量分数）		使用方法
2	熟耐火砖粉	40%	混匀后用水玻璃调配成干稠状，填入轴孔处并捣实，然后经风干或低温烘干
	耐火黏土	60%	
3	玻璃粉（粒径≥0.071mm） 70%~80%		用水玻璃（适量）调匀，涂层厚度一般为0.5~2.0mm，涂后经130~150℃烘干
	滑石粉	20%~30%	
4	石英粉	85%~90%	用水玻璃调匀后使用
	硼砂	1.5%~2.0%	
	滑石粉	10%~15%	
5	铅丹	4%	调匀后使用，涂抹两层。此涂料适用于高温渗碳
	氧化铝	8%	
	滑石粉	16%	
	水玻璃	72%	
6	氧化硼（B_2O_3）	37%	先将甲苯与聚苯乙烯互溶，再把其他物质以粉末态（0.080mm左右）加入，配成糊状可采取浸涂、刷涂、喷涂等方法，涂层厚度为0.4~0.5mm，适用于930℃以下
	钛白粉（TiO_2）	5%	
	氧化铜粉	8%	
	聚苯乙烯	10%	
	甲苯	40%	
7	熟料黏土	52%	黏土的粒度越细越好，并要经920℃焙烧2h以上
	水玻璃	32%	
	水	16%	
8	氧化铝	29.6%	烘干使用，常用于高温渗碳
	氧化硅	22.2%	
	碳化硅	22.2%	
	硅酸钾	7.4%	
	水	18.6%	

6.2.3　影响渗碳的因素

渗碳后表层的碳含量、渗碳层深度及碳含量变化梯度是决定工件渗碳淬火后组织和性能的主要因素，它们的数值与渗碳的温度、时间、钢的化学成分及渗碳剂活性有关。

1. 渗碳温度

在其他参数相同的条件下，渗碳温度越高，渗层越厚，表面碳含量越高；温度越低，则效果相反。这是因为：第一，随着温度提高，使碳在钢中的扩散速度加快。温度是影响扩散系数最突出的因素，温度升高，可以显著地提高扩散系数，如在850℃时，碳在钢中的扩散系数$D=0.6×10^{-7}cm^2/s$，925℃时$D=1.5×10^{-7}cm^2/s$，1000℃时$D=3.7×10^{-7}cm^2/s$，而在1100℃时$D=10×10^{-7}cm^2/s$。同时，随着温度的升高，铁原子的自扩散加剧，致使钢材表面脱位原子和空位数量增加，有利于碳的吸收和扩散，特别是提高了碳的扩散速度，加快了整个渗碳过程的速度和使碳含量梯度趋向于平缓。第二，随着温度升高，碳在奥氏体中的溶解度增大，如在850℃时碳在奥氏体中的饱和溶解度为1.0%，930℃时为1.25%，1050℃时为1.7%。碳在奥氏体中溶解度的增大，使扩散初期钢的表层和内部之间产生较大的碳含量梯度，扩散系数增加，渗碳速度加快，在渗碳剂的活性足够大时，导致表面碳含量迅速增加，渗碳层加深。温度对渗碳层深度及碳含量梯度的影响如图 6-1 所示。

虽然渗碳温度越高，渗速越快，渗碳层越深，但渗碳温度并不是越高越好。过高的温度将会使钢的奥氏体晶粒过分长大，增加工件的变形，缩短渗碳设备的使用寿命。通常采用的渗碳温度为 900～950℃，要求渗碳层较浅的小型精密零件，应采用较低的渗碳温度（850～900℃），使渗碳层波动减小，并减少变形。

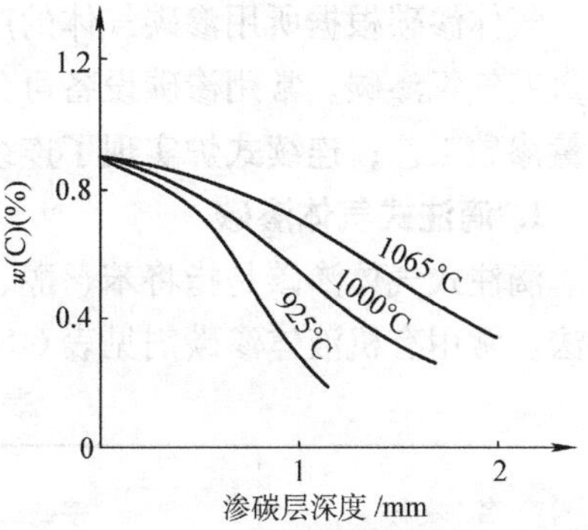

2. 保温时间

碳在钢中的扩散速度及扩散层深度是温度和时间的函数。图 6-2 所示为三种渗碳温度下渗碳层深度与渗碳保温时间的关系。由图 6-2 可知，同一渗碳温度、渗碳层深度随时间的延长而增加，但增加的程度逐渐减慢，低温时减慢的速率更快。这是由于渗层中碳的含量差随时间延长而逐渐减少的缘故。

渗碳层深度与渗碳保温时间的关系可用公式 $\delta = K\sqrt{t}$ 来粗略地进行估算，其中，δ 为渗碳层深度（mm），t 为保温时间（h），K 为常数。在实际生产中，通常采用在渗碳炉内适当的位置上放置控制试样，并在渗碳过程中，特别是渗碳完毕之前，取出检验，以便根据渗碳层深度要求对渗碳保温时间随时进行必要的调整。

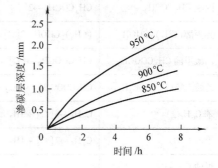

图 6-1　温度对渗碳层深度及
碳含量梯度的影响
注：图中曲线是经过 3h 渗碳处理后的结果。

图 6-2　渗碳层深度与渗碳
保温时间的关系

3. 渗碳层的技术要求

评价渗碳工件的质量，通常以下面几个技术要求为依据。

（1）表面碳含量　表面碳含量（质量分数）通常为 0.7%～1.05%，低碳钢取上限 0.9%～1.05%，镍铬合金钢取下限 0.7%～0.8%，其他合金钢为 0.8%～0.9%。要求耐磨的工件应取上限，强调强韧性配合而又要求有一定耐磨性的工件可取下限。

（2）渗碳层深度　有效渗碳层深度是指渗碳淬火的工件由表面测定到规定硬度（通常为 550HV）处的垂直距离。对于承受扭转、挤压载荷的工件，渗碳层深度约为工件半径或有效厚度的 10%～20%；对于齿轮、齿条类工件，可取模数的 15%～20%，或取节圆处齿厚的 10%～20%。

（3）渗层表面硬度　渗碳淬火后，表面硬度一般为 56～63HRC。

（4）碳含量梯度　碳含量梯度下降得越平缓，则渗层的硬度梯度也越平缓，这样渗层与心部的结合就越牢固，疲劳强度越高。

（5）渗层与心部组织　渗层应为细针状马氏体 + 少量残留奥氏体及均匀分布的粒状碳化物，不允许网状碳化物存在，残留奥氏体面积分数一般不超过 15%～20%；心部组织应为低碳马氏体或下贝氏体，不允许有块状或沿晶界析出的铁素体。

6.2.4 气体渗碳

气体渗碳根据所用渗碳气体的产生办法及种类,分为滴注式气体渗碳、吸热式气体渗碳和氮基气氛渗碳。常用渗碳设备可分为周期式炉和连续式炉两大类。周期式炉用于单件或小批量渗碳工艺;连续式炉实现了连续式装卸工件,生产率高。

1. 滴注式气体渗碳

滴注式气体渗碳是指将苯、醇、煤油等有机液体直接滴入渗碳炉中裂解进行气体渗碳的方法。常用有机液体渗碳剂见表6-8。

表6-8 常用有机液体渗碳剂

名　　称	渗碳反应式	碳当量 /g	碳氧比	产气量 /(m³/kg)	备　注
甲醇 CH_3OH	$CH_3OH \rightarrow CO + 2H_2$	—	1	—	稀释剂
乙醇 C_2H_5OH	$C_2H_5OH \rightarrow [C] + CO + 3H_2$	46	2	1.95	渗碳剂
丙酮 CH_3COCH_3	$CH_3COCH_3 \rightarrow 2[C] + CO + 3H_2$	29	3	1.54	强渗碳剂
异丙醇 $(CH_3)_2CHOH$	$(CH_3)_2CHOH \rightarrow 2[C] + CO + 4H_2$	30	3	1.87	强渗碳剂
乙酸甲酯 CH_3COOCH_3	$CH_3COOCH_3 \rightarrow [C] + 2CO + 3H_2$	74	1.5	1.56	渗碳剂
乙酸乙酯 $CH_3COOC_2H_5$	$CH_3COOC_2H_5 \rightarrow 2[C] + 2CO + 4H_2$	44	2	1.53	渗碳剂
苯 C_6H_6	$C_6H_6 \rightarrow 6[C] + 3H_2$	12	—	0.933	—
甲苯 C_7H_8	$C_7H_8 \rightarrow 7[C] + 4H_2$	13	—	0.974	—
煤油 $C_{11} \sim C_{17}$	—	14.2(平均)	—	—	—

(1)滴剂选用原则 向渗碳炉中滴入渗剂时,一般最好不单独使用某一种液体,而是在渗碳过程中同时向炉内滴入两种有机液体。一种液体高温分解后相当于稀释性气氛,另一种液体高温分解后则形成渗碳气氛。滴注剂的选择可考虑以下几个因素:

1)碳氧比。碳氧比为有机液体分子中碳与氧的摩尔比。当碳氧比大于1时,高温下除分解出大量 CO 和 H_2 外,还有一定量的活性碳原子析出,这种滴注剂可以选作渗碳剂。碳氧比越大,析出的活性碳原子越多,渗碳能力越强。当碳氧比等于1时,气氛中活性碳原子不多,可选用稀释剂。对于碳氧比大于1的有机液体,若和水按一定的比例混合,使其碳氧比≈1时,也可作为稀释剂使用。对于不含氧的有机物如煤油、甲苯等,高温时产生大量的活性碳原子,也可作为渗碳剂使用,但如控制不当,容易产生大量的焦油和炭黑,所以使用时经常以甲醇、酒精等有机物稀释。

2)碳当量。产生1mol碳所需该物质的质量称为碳当量。碳当量越小,则该物质的渗碳能力越强。在其他性能相似的情况下,应选择碳当量较小的有机物作为渗碳剂。此外,滴剂的选择还要考虑是否有利于炉气成分的稳定,是否会出现炭黑和结焦,是否安全卫生,价格高低等因素。

常用有机液体在不同温度下的分解产物见表6-9。

表 6-9　常用有机液体在不同温度下的分解产物

名　称	温度/℃	气体组成（体积分数,%）				
		CO_2	CO	H_2	CH_4	其他
乙酸甲酯	950	1.5	46.6	38.2	10.3	0.3
	850	2.5	41.3	35.2	13.3	0.4
	750	3.1	40.5	33.8	14.2	0.6
	650	3.7	39.3	32.3	15.5	0.8
乙醇	950	1.0	30.7	53.7	11.7	0.3
	850	1.5	29.3	49.3	13.6	0.7
	750	1.7	26.2	49.8	14.2	0.9
	650	1.9	24.2	47.8	15.3	1.3
异丙醇	950	0.8	28.2	47.8	18.5	3.2
	850	1.0	24.5	44.3	20.8	7.3
	750	1.5	21.6	40.5	22.6	8.8
	650	1.8	16.9	39.8	21.3	12.4
甲醇	950	0.2	32.4	66.2	0.60	0.60
	850	0.6	31.4	64.2	1.74	1.44
	750	1.8	29.5	61.4	3.37	3.93
	650	3.8	27.8	57.9	5.18	5.32
煤油					(C_nH_{2n+2})	(C_nH_{2n})
	925	0.4~2.2	2~4.6	37~46	40~56	1~2
	800	0.4~1.2	0.2~1.8	19~26	38~47	20~29

（2）碳势调节方法　滴注式渗碳中常采用下列方法调节碳势：

1）调整滴注剂的滴量，改变滴注剂中稀释剂和渗碳剂的比例。

2）使用几种渗碳能力不同的液体，通过改变滴液来调节碳势。

甲醇—煤油滴注式渗碳工艺曲线如图 6-3 所示，其中，$q(mL/min) = 0.13 \times [$渗碳炉功率值$(kW)]$，$Q(mL/min) = 1 \times [$装炉工件有效吸碳表面积$(m^2)]$。

整个渗碳过程分为排气、强渗、扩散及降温出炉（缓冷或直接淬火）四个阶段。排气阶段通常加大渗碳剂（稀释剂）滴量，使炉内氧化性气氛迅速减少。若排气不好，会造成渗碳速度慢、渗层碳含量低等缺陷。强渗阶段渗碳剂滴量较多，保证炉气有较高碳势，以提高渗碳速度。强渗阶段的时间长短主要取决于层深要求。进入扩散阶段，应减少渗碳剂滴量，保持预定的碳势，以使表层过剩的碳向内部扩散，最后得到要求的深度及合适的碳含量分布。最后是降温出炉，对于可直接淬火的工件，应随炉冷至适宜的淬火温度，并保温 15~30min 后出炉淬火；对

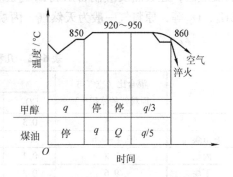

图 6-3　甲醇—煤油滴注式
渗碳工艺曲线

于需重新加热淬火的工件，可自渗碳温度出炉后在空气中冷却或入冷却井。强渗时间、扩散时间与渗碳层深度的关系见表 6-10。采用甲醇、煤油滴注式渗碳时的渗碳剂用量见表 6-11。

表 6-10 强渗时间、扩散时间与渗碳层深度的关系

要求的渗碳层深度/mm	不同温度下的强渗时间/min			强渗后的渗碳层深度/mm	扩散时间/min	扩散后的渗碳层深度/mm
	920℃	930℃	940℃			
0.4 ~ 0.7	40	30	20	0.2 ~ 0.25	约60	0.5 ~ 0.6
0.6 ~ 0.9	90	60	30	0.35 ~ 0.40	约90	0.7 ~ 0.8
0.8 ~ 1.2	120	90	60	0.45 ~ 0.55	约120	0.9 ~ 1.0
1.1 ~ 1.6	150	120	90	0.60 ~ 0.70	约180	1.2 ~ 1.3

表 6-11 采用甲醇、煤油滴注式渗碳时的渗碳剂用量　　　　　（单位：滴/min）

渗碳炉	排气保温		渗碳		扩散降温	
	甲醇	煤油	甲醇	煤油	甲醇	煤油
RQ3-75-9T	200	30 ~ 60	30 ~ 60	120 ~ 140	30 ~ 60	100 ~ 120
RQ3-90-9T	220	35 ~ 65	35 ~ 65	160 ~ 180	35 ~ 65	140 ~ 160
RQ3-105-9T	300	50 ~ 80	50 ~ 80	200 ~ 220	50 ~ 80	180 ~ 200

（3）滴注式渗碳的操作要点及注意事项

1）渗碳工件表面不得有锈蚀、油脂及污垢。

2）同一炉渗碳的工件，其材质、技术要求、渗后热处理方式应相同。

3）装料时应保证渗碳气氛的流通。

4）炉盖应盖紧，减少漏气，炉内保持正压，废气应点燃。

5）每炉都应用定碳片校正碳势，特别是在用 CO_2 红外仪控制和采用煤油作为渗碳剂时。

6）严禁在750℃以下向炉内滴注任何有机溶液。每次渗碳完毕后，应检查滴注器阀门是否关紧，防止低温下有机溶液滴入炉内造成爆炸。

2. 吸热式气氛气体渗碳

吸热式气氛渗碳工艺主要用于连续式炉和密封箱式炉。炉内渗碳气氛由吸热式气体加富化气组成。吸热式气氛是由一定比例的原料气和空气混合，通过内部装有催化剂、外部加热的反应罐，经吸热反应制备所得的气氛。其主要成分为 CO、H_2、N_2 及微量的 H_2O、CO_2、CH_4、O_2 等，原料气一般为天然气、丙烷、丁烷等碳氢化合物。几种典型吸热式气氛的组成见表6-12。

表 6-12 几种典型吸热式气氛的组成

原料气	混合比（空气与原料气的体积比）	气氛组成（体积分数，%）						
		CO_2	O_2	H_2O	CH_4	CO	H_2	N_2
天然气	2.5	0.3	0	0.6	0.4	20.9	40.7	余量
城市煤气	0.4 ~ 0.6	0.2	0	0.12	0 ~ 1.5	25 ~ 27	41 ~ 48	余量
丙烷	7.2	0.3	0	0.6	0.4	24.0	33.4	余量
丁烷	9.6	0.3	0	0.6	0.4	24.2	30.3	余量

吸热式气氛的化学反应通式为

$$C_m H_n + \frac{m}{2}(O_2 + 3.76N_2) \rightarrow mCO + \frac{n}{2}H_2 + 1.88mN_2 \tag{6-5}$$

以吸热式气氛为载气的渗碳过程中，必须加入富化气（甲烷、丙烷等），以提高渗碳能

力。添加丙烷的量一般在 $0.5\% \sim 4\%$（体积分数），调整吸热式气氛与富化气的比例即可控制气氛的碳势，由于 CO 和 H_2 的含量基本保持稳定，只测定单一的 CO_2 或 O_2 含量，即可确定碳势。吸热式气氛中碳势与 CO_2 含量及露点的关系见图 6-4、图 6-5。

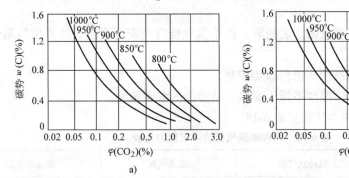

图 6-4 吸热式气氛中碳势与 CO_2 含量的关系

a）甲烷 b）丙烷

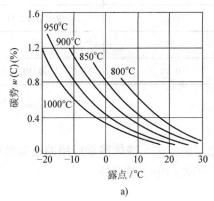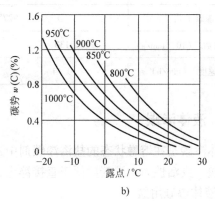

图 6-5 吸热式气氛中碳势与露点的关系

a）甲烷 b）丙烷

3. 氮基气氛渗碳

氮基气氛渗碳是一种以纯氮为载气，添加碳氢化合物进行气体渗碳的工艺方法。该方法具有能耗低、安全、无毒等优点。几种典型氮基渗碳气氛的组成见表 6-13。

表 6-13 几种典型氮基渗碳气氛的组成

原料气组成	气氛组成（体积分数,%）					碳势（%）	备　注
	CO_2	CO	CH_4	H_2	N_2		
甲醇 + N_2 + 富化气	0.4	$15 \sim 20$	0.3	$35 \sim 40$	余量	—	Endomix 法
$N_2 + \left(\dfrac{CH_4}{空气} = 0.7\right)$	—	$11 \sim 6$	6.9	32.1	49.9	0.83	CAP 法
$N_2 + \left(\dfrac{CH_4}{CO_2} = 6.0\right)$	—	4.3	2.0	18.3	75.4	1.0	NCC 法
$N_2 + C_3H_8$（或 CH_4）	0.024 / 0.01	0.4 / 0.1	15				渗碳 扩散

氮基气氛渗碳具有下列特点：

1）不需要气体发生装置。

2）成分与吸热式气氛基本相同，气氛的重现性、渗碳层深度的均匀性和重现性均不低于吸热式气氛渗碳。

3）具有与吸热式气氛相近的点燃极限，由于氮气能自动安全吹扫，故采用氮基气氛的工艺具有更大的安全性。

4）适宜用反应灵敏的氧探头进行碳势控制。

5）氮基气氛渗碳的渗碳速度不低于吸热式氛渗碳的渗碳速度。

几种渗碳气氛的渗碳能力比较见表6-14。

表6-14　几种渗碳气氛的渗碳能力比较

渗碳气氛	吸热式气氛	氮基气氛	滴注式气氛
成分（体积分数）	CO20%，H$_2$40%	N$_2$40%	CO33%，H$_2$67%
材料	20CrNiMo		低碳钢
渗碳工艺	927℃×4h		950℃×2.5h
碳传递系数/（10^{-7}mm/s）	130	35	280
渗碳速度/（mm/h）	0.44	0.56	0.30

6.2.5　液体渗碳

液体渗碳是在熔融状态的盐浴渗碳剂中进行渗碳的工艺。液体渗碳所用的设备简单，渗碳速度快，灵活性大，渗碳后便于直接淬火，适合于处理中小型零件。

1. 液体渗碳用盐

液体渗碳盐浴一般由中性盐和渗碳剂组成，中性盐一般不参与渗碳反应，主要起调整盐浴密度、熔点和流动性的作用。表6-15列出了几种液体渗碳用盐的成分和渗碳效果。

表6-15　几种液体渗碳的盐浴组成和渗碳效果

序号	盐浴组成（质量分数,%）			渗碳效果
	组成物	新盐成分	盐浴控制成分	
1	NaCN	4~6	0.9~1.5	与其他盐浴相比，该盐浴较容易控制工件表面碳含量，渗速快，工件表面碳含量稳定。例如：20CrMnTi、20Cr钢920℃渗碳3.5~4.5h，渗碳层深度大于1mm，表面最高碳含量$w(C)$为0.83%~0.87%
	BaCl$_2$	80	68~74	
	NaCl	14~16	—	

对于序号2的行，各列内容如下：

序号	组成物	新盐成分	盐浴控制成分	渗碳效果
2	603渗碳剂[①]	10	2~8（碳）	盐浴原料无毒，在920~940℃时，装炉量为盐浴总质量的50%~70%，20钢渗碳速度如下
	NaCl	35~40	35~40	
	KCl	40~45	40~45	
	Na$_2$CO$_3$	10	2~8	

保温时间/h	渗碳层深度/mm
1	>0.5
2	>0.7
3	>0.9

表面碳含量$w(C)\geq0.8\%$，渗碳时，每小时需补加603渗碳剂量为盐浴总质量的0.5%~0.7%

（续）

序号	盐浴组成（质量分数，%）			渗碳效果			
	组成物	新盐成分	盐浴控制成分				
3	渗碳剂[②] NaCl KCl Na$_2$CO$_3$	10 40 40 10	5~8（碳） 40~50 33~43 5~10	920~940℃时渗碳速度如下			

对于序号3的渗碳效果表：

920~940℃时渗碳速度如下

渗碳时间/h	渗碳层深度/mm		
	20	20Cr	20CrMnTi
1	0.3~0.4	0.55~0.65	0.55~0.65
2	0.7~0.75	0.9~1.0	1.0~1.10
3	1.0~1.10	1.4~1.5	1.42~1.52
4	1.28~1.34	1.56~1.62	1.56~1.64
5	1.40~1.50	1.80~1.90	1.80~1.90

表面碳含量 $w(C)$ 为 0.9%~1.0%

序号	盐浴组成（质量分数，%）			渗碳效果
4	Na$_2$CO$_3$ NaCl SiC[③]	78~85 10~15 6~8		880~900℃渗碳30min，总渗碳层深度为 0.15~0.20mm，共析层深度为 0.07~0.10mm，硬度为 72~78HRA
5	NaCl KCl 草酸混合盐 炭粉	42~48 42~48 0.5~5.0 1~8	每使用8h，添加1%~3%的炭粉，连续使用三天后，添加 0.5%~5.0%的草酸混合盐	930℃渗层深度如下

930℃渗层深度如下

牌号	渗碳时间/h				
	1	2	3	4	5
20	0.46	0.62	0.74	0.82	0.87
20CrMnTi	0.60	0.99	1.14	1.20	1.41

表面碳含量 $w(C)$（%）如下

牌号	渗碳工艺			
	920℃×2h	920℃×10h	930℃×3h	930℃×3h
20	0.88	1.12	0.93	0.93
20CrMnTi	0.92	1.18	0.98	0.98

① 603 渗碳剂组成（质量分数）为：NaCl5%，KCl10%，Na$_2$CO$_3$15%，（NH$_2$）$_2$CO20%，木炭粉（粒度 0.154mm）50%。

② 渗碳剂组成（质量分数）为：木炭粉（粒度 0.280~0.154mm）70%，NaCl30%。

③ SiC 颗粒尺寸为 0.70~0.355mm。

传统的渗碳盐浴以 NaCN 为供碳剂，使用过程中 CN⁻ 不断消耗，老化到一定程度后取出部分旧盐，添加新盐，增加盐浴 CN⁻ 活性。这种盐浴相对易于控制，渗碳件表面的碳含量也较稳定，但氰盐有剧毒。近年来发展的低氰渗碳盐浴使 NaCN 含量保持在 0.7%~2.3%（质量分数），并具有较快的渗碳速度及合适的表面碳含量，应用较为普遍。无 NaCN 型渗碳盐浴，常用木炭粉、SiC 或两者并用作为供碳剂，但在使用过程中易产生沉渣或漂浮物，造成盐浴成分不均匀，使用时可将木炭粉、SiC 等用黏结剂制成一定密度的中间块。

2. 液体渗碳工艺

液体渗碳温度及盐浴活性是决定渗碳速度和表面碳含量的主要因素。对于渗碳层薄及变形要求严格的工件，可采用较低的渗碳温度（850~900℃）；对于要求渗碳层厚者，则渗碳温度应高一些（910~950℃）。在温度一定的条件下，渗碳保温时间由渗碳层深度要求确定。液体渗碳时间对渗碳层深度的影响如图 6-6 所示，液体渗碳温度对渗碳层深度的影响如图 6-7 所示。

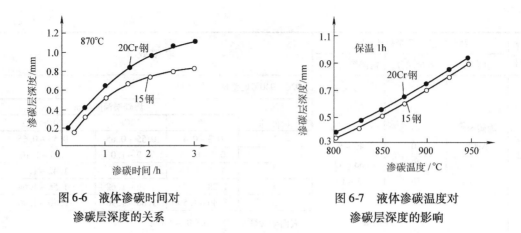

图 6-6　液体渗碳时间对　　　　　　　　图 6-7　液体渗碳温度对
　渗碳层深度的关系　　　　　　　　　　　渗碳层深度的影响

液体渗碳工件在渗层深度达到要求后可采取下列方式冷却：

1）随炉降温或将工件移至等温槽中预冷，然后直接淬火（预冷温度应高于心部铁素体析出的温度）。

2）等温槽预冷后，工件出炉空气冷却或压缩空气冷却（预冷目的是为了减少表面脱碳及氧化，此时等温槽温度可低至 650～750℃），然后重新加热淬火。

3. 液体渗碳操作要求

1）新配制的盐或使用中添加的盐应预先烘干，并搅拌均匀。

2）定期检测、调整盐浴的成分。一般应每天分析一次盐浴成分，按照 NaCN 的剩余量，计算并添加 NaCN 至 2.3%～2.5%（质量分数），$BaCl_2$ 的添加量为 NaCN 的 4～5 倍。

3）定期放入渗碳试样，随工件渗碳淬火及回火，并按要求对试样进行检测。

4）工件表面若有氧化皮、油污等，进炉之前应予去除，并应保持干燥。工件及夹具进入盐浴前在 300～400℃ 炉子中预热，防止带入水分引起熔盐飞溅，并可减少渗碳盐浴的温度波动。

5）渗碳或淬火完毕后应及时清洗去除工件表面的残盐，以免引起表面腐蚀。

6）含 NaCN 的渗碳盐浴有剧毒，在原料的保管、存放及工人操作等方面都要严格规范，残盐、废渣、废水的清理及排放都应按有关环保要求执行。

6.2.6　固体渗碳

固体渗碳是将工件放在填充粒状渗碳剂的密封箱中进行渗碳的工艺。固体渗碳不需要专门的渗碳设备，操作简便，成本低，但渗碳时间长，渗层不易控制，不能直接淬火，劳动条件也较差，主要在单件、小批量生产等特定条件下采用。

1. 固体渗碳剂

固体渗碳时虽然采用固态的渗碳介质，但与气体渗碳一样，固体渗碳也是依靠 CO 气体与工件表面作用而进行的。加热过程中，存在于渗碳箱内的氧气与固体碳作用生成 CO_2 和 CO。到渗碳温度时，箱中氧含量已极低。因此，整个渗碳过程主要由下列步骤组成：

1）在灼热的固体碳表面上，CO_2 与碳反应生成 CO：

$$C + CO_2 \rightarrow 2CO \tag{6-6}$$

2）在金属工件表面，CO 分解析出活性碳原子，见式（6-1）。

3）活性碳原子被工件表面吸收，并向内部扩散。

往固体碳中加入一定数量的碳酸盐（$BaCO_3$、Na_2CO_3 等）或其他化合物，可加快 CO 形成的速度，进而使渗碳过程加快，起到催渗作用。

固体渗碳剂主要由供碳剂、催化剂组成。供碳剂一般采用木炭、焦炭；催化剂一般采用碳酸盐，如 $BaCO_3$、Na_2CO_3 等。其质量要求为：

1）具有一定的渗碳活性，而且在多次反复使用时活性不至很快降低。

2）密度小，导热性好，以减轻质量及缩短升温和透烧的时间。

3）在渗碳温度下收缩小，强度高，而且不易烧损。

4）有害杂质（如硫、磷等）的含量尽可能少。

常用固体渗碳剂的使用情况见表6-16。

表 6-16 常用固体渗碳剂的使用情况

组分名称	含量 （质量分数,%）	使 用 情 况
$BaCO_3$	20 ~ 25	在 930 ~ 950℃渗碳 4 ~ 15h，渗层深度 0.5 ~ 1.5mm
$CaCO_3$	3.5 ~ 5.0	
木炭（白桦木）	余量	
$BaCO_3$	10 ~ 15	工作混合物由 25% ~ 30% 新渗碳剂和 75% 旧渗碳剂组成。工作物中含 5% ~ 7% 的 $BaCO_3$
$CaCO_3$	3.5	
煤的半焦炭	余量	
$BaCO_3$	3 ~ 5	20CrMnTi 于 930℃渗碳 7h，渗碳层深度为 1.33mm，表面碳含量 $w(C)$ 为 1.07%用于低合金钢时，新旧渗碳剂的体积比为 1:3；用于低碳钢时，$BaCO_3$ 应增至 15%
木炭	余量	
$BaCO_3$	15	新旧渗碳剂的体积比为 3:7，920℃渗碳，渗碳层深度为 1.0 ~ 1.5mm，平均渗碳速度为 0.11mm/h，表面碳含量 $w(C)$ 为 1.0%
Na_2CO_3	5	
木炭	余量	
$BaCO_3$	3 ~ 4	18Cr2Ni4WA 及 20Cr2Ni4A，渗碳层深度为 1.3 ~ 1.9mm 时，表面碳含量 $w(C)$ 为 1.2% ~ 1.5%；用于 12CrNi3 钢时，$BaCO_3$ 需增至 5% ~ 8%
Na_2CO_3	0.3 ~ 1.0	
木炭	余量	
$BaCO_3$	10	新旧渗剂的体积比为 1:1，20CrMnTi 钢汽轮机从动齿轮（ϕ561mm，$m = 5$mm）在 900℃渗碳 12 ~ 15h，磨齿后渗碳层深度为 0.8 ~ 1.0mm
Na_2CO_3	3	
$CaCO_3$	1	
木炭	余量	
黄血盐	10	低碳钢及低碳合金钢，920℃保温 3 ~ 4h，渗碳层深度为 1.2mm
Na_2CO_3	10	
木炭	余量	
醋酸钠	10	由于含醋酸钠（或醋酸钡），所以渗碳活性较高，速度较快，但容易使表面碳含量过高；由于含焦炭，所以渗剂热强度高及抗烧损性能好
焦炭	30 ~ 35	
木炭	55 ~ 60	
重油	2 ~ 3	

2. 固体渗碳工艺

固体渗碳温度及渗剂活性（所含催渗剂比例）是决定渗碳速度和表面碳含量的主要因素。在渗碳层较浅或表面碳含量要求较低时，应采用较低的渗碳温度及含催渗剂较少的渗剂，渗碳温度一般为 900～960℃。由于固体渗碳剂导热性差，加热过程中渗碳箱中部与靠近箱壁处温差较大，在炉温升至 800～850℃时应进行一定时间的保温（称为透烧），以使箱内各部分温度趋于一致，减少工件渗碳层深度的差别。渗碳保温时间则根据渗碳层深度要求，由试棒测量结果确定。渗碳箱出炉后，空冷至 500℃以下才可开箱取出工件。为消除网状碳化物，工件渗碳后可进行正火处理。固体渗碳透烧时间见表 6-17。渗碳箱尺寸、渗碳层深度和渗碳时间的关系见表 6-18。

表 6-17　固体渗碳透烧时间

渗碳箱尺寸：（直径/mm）×（高/mm）	透烧时间/h	渗碳箱尺寸：（直径/mm）×（高/mm）	透烧时间/h
250×450	2.5～3.0	350×600	4.0～4.5
350×450	3.5～4.0	460×450	4.5～5.0

表 6-18　渗碳箱尺寸、渗碳层深度和渗碳时间的关系

渗碳箱最大边的尺寸/mm	渗碳层深度/mm					
	0.25	0.50	0.70	0.90	1.10	1.30
	渗碳时间/h					
100	3.0	4.0	5.0	6.0	7.0	8.0
150	3.5	4.5	5.5	6.5	7.5	9.5
200	4.5	5.5	6.5	7.5	8.5	10.5
250	5.5	6.5	7.5	8.5	9.5	11.5
300	6.5	7.5	8.5	9.5	10.5	12.5

渗碳箱一般由低碳钢板焊成，其形状视工件尺寸、外形及加热炉而定。渗碳箱容积一般为工件体积的 3.5～7.0 倍，视工件形状的复杂性而定。渗碳剂应根据工件要求的表面碳含量选择。要求表面碳含量高、渗碳层深时，应选用活性高的渗碳剂；含有碳化物形成元素的渗碳钢，可选择活性较低的渗碳剂；多次使用渗剂时，要注意新旧渗剂的比例。工件装箱前应清理干净，不得有油污、氧化皮，应防护好非渗碳面。工件装箱时，工件与箱底间距为 30～40mm，工件之间或工件与箱壁之间间距为 15～25mm，工件与上盖间距为 30～50mm。间隙内均充填渗碳剂，并稍打实，箱盖用耐火泥密封。

6.2.7　其他渗碳方法

1. 真空渗碳

在真空炉中进行的真空渗碳是近年来发展的一种气体渗碳工艺。由于渗碳温度较高，真空对工件表面又有净化作用，渗碳时间显著缩短，为一般气体渗碳时间的 1/2 左右，渗碳后无脱碳现象，且具有变形小、节省能源等优点。真空渗碳温度和适用范围见表 6-19。

表 6-19　真空渗碳温度和适用范围

温度/℃	工件形状特点	渗碳层深度	工件类别
1040	较简单，变形要求不严格	深	凸轮、轴齿轮等
980	一般	一般	—
<980	形状复杂，变形要求严，渗层要求均匀	较浅	柴油机喷嘴等

　　真空渗碳工艺过程：将工件送入真空炉，抽真空至 66.7Pa 开始升温，均匀加热，使工件和炉壁充分去气。通入净化后的天然气或其他气体渗剂，炉内真空度逐渐降低。在气氛中保温数分钟，再次提高真空度，又保温一定时间，以使渗碳层扩散。这样经过反复渗碳、扩散几次循环后，渗碳过程即完成。接着通入氮气，将工件移至冷却室内，冷却至 550 ~ 650℃。再次加热至淬火温度，工件产生再结晶，同时通入氮气将工件进行油浴淬火，这样即可获得晶粒细小、表面质量好的渗碳件。

2. 膏剂渗碳

　　膏剂渗碳是在工件表面涂覆渗碳膏剂进行渗碳的工艺方法。渗碳膏剂用水玻璃、全损耗系统用油等调匀成膏状，涂于工件表面（3 ~ 4mm 厚），然后置于渗碳箱内，箱盖用耐火黏土封闭，加热至渗碳温度并保温后可得到一定深度的渗碳层。常用渗碳膏剂的成分见表 6-20。

表 6-20　常用渗碳膏剂的成分

膏剂组成（质量分数,%）	使用及效果
炭粉（100 目）　　64 碳酸钠　　　　　　6 醋酸钠　　　　　　6 黄血盐　　　　　　12 面　粉　　　　　　12	先将三种盐混合，加入少量水并加热溶解，然后加入炭粉，再用水将面粉调成糊状与其混合成渗碳膏，使用时涂覆于工件表面，低碳钢工件在 920℃渗碳 15min，渗碳层深度为 0.25 ~ 0.30mm
炭　粉　　　　　　30 碳酸钠　　　　　　3 醋酸钠　　　　　　2 废润滑油　　　　　25 柴　油　　　　　　40	将原料混合均匀呈膏状，在工件表面涂覆 2 ~ 3mm 厚的膏剂。低碳钢工件在 920 ~ 940℃时的渗速为 1.0 ~ 1.2mm/h
炭　粉　　　　　　55 碳酸钠　　　　　　30 草酸钠　　　　　　15	950℃渗碳，1.5h 渗碳层深度为 0.6mm；2h 渗碳层深度为 0.8mm；3h 渗碳层深度为 1.0mm。表面碳含量 $w(C)$ 为 1% ~ 2%，渗碳速度为 0.3 ~ 0.4mm/h，淬火后硬度为 60HRC

　　膏剂渗碳速度较快，但表面碳含量及渗碳层深度稳定性较差，适用于单件生产或修复渗碳、局部渗碳等。

3. 离子渗碳

　　将工件在含有碳氢化合物的低压气氛中加热，并在工件与阳极之间加以直流电压，产生等离子体，使碳电离并被加速后轰击工件表面而渗碳的工艺方法称为离子渗碳。因为离子放电产生的热量不足以使工件表面加热到所需的渗碳温度，所以离子渗碳设备均要配备辅助的热源。目前离子渗碳使用的气体有：用中性气体稀释的丙烷—丁烷渗碳气体，甲烷—氩气（稀释气）混合气体，乙醇—甲醇混合气体等。离子渗碳具有渗碳速度快、工件变形小、表面质量好等优点。

4. 流态床渗碳

　　流态床渗碳是利用流态床加热，并在流态床中形成渗碳气氛对工件进行渗碳的工艺方法。常用流态床渗碳按流态床的类型可分为内燃式、电极式和外热式三种。与气体渗碳相比，流态床渗碳具有以下特点：

　　1）加热速度和渗碳速度快，生产率高。

2）流动颗粒对工件表面的冲刷，使工件表面不会产生炭黑，可以进行高碳势渗碳。

3）炉温均匀，气氛均匀，渗层均匀。

4）操作方便，渗碳后可直接淬火。

5）换气速度快，可以进行多种工艺组合。

6.2.8 渗碳后的热处理

渗碳处理只改变工件表面的化学成分，必须通过随后的热处理，才能使表层的组织和性能发生根本的变化，使工件具有高硬度、高耐磨性的性能。渗碳后一般采用淬火及低温回火工艺进行处理。

1. 渗碳后热处理的目的

渗碳后的热处理主要达到以下目的：

1）提高工件表面的强度、硬度和耐磨性。

2）提高心部的强度和韧性。

3）细化晶粒。

4）消除网状碳化物和减少残留奥氏体。

5）消除内应力，稳定尺寸。

2. 渗碳后热处理的方法

针对工件渗碳后表面碳含量高、心部碳含量低，以及在长时间渗碳过程中引起晶粒粗大的特点，要求采用不同规范的热处理工艺来满足不同的材料及组织性能要求，最常用的渗碳后热处理方法包括以下几种：

（1）直接淬火低温回火法　工件渗碳后随炉降温或出炉预冷至高于 Ar_1 或 Ar_3 温度（760 ~850℃）直接淬火，然后在（140 ~200）℃ ±20℃ 回火 2 ~3h。降温或出炉预冷的目的是：减少淬火内应力，从而减少工件的变形；降低奥氏体中的碳含量，使淬火后的残留奥氏体减少，以提高表面硬度。直接淬火的优点是减少加热和冷却的次数，使操作简化、生产率提高，还可减少淬火变形及表面氧化脱碳。目前凡本质细晶粒钢（如 20CrMnTi、20MnVB、25MnTiBRE 等）制作的工件大都采用此法。本质粗晶粒钢工件由于较长时间保持在渗碳温度下，奥氏体晶粒会显著长大，直接淬火后渗层出现粗大马氏体，使工件韧性降低，故不宜直接淬火。但对那些只要求耐磨性的不甚重要的工件，也可直接淬火低温回火后使用。

（2）一次淬火低温回火法　工件渗碳后直接出炉或降温到 860 ~880℃ 出炉，在冷却坑内冷却或空冷至室温，然后再重新加热淬火。淬火温度的选择要兼顾表面和心部的要求。对于合金渗碳钢，可采用稍高于心部 Ac_3 温度（820 ~860℃），使心部铁素体全部溶解，淬火后心部获得较高强度。对于碳素渗碳钢，应选择在 Ac_1 和 Ac_3 之间温度（780 ~810℃）进行加热淬火。对于心部强度要求不高的工件，则根据表面硬度要求选择在稍高于 Ac_1 以上（一般为 760 ~780℃）温度加热淬火。

渗碳后一次淬火的方法应用较广泛，适用于固体渗碳后的工件和气体、液体渗碳的本质粗晶粒钢工件，或某些不宜直接淬火的工件，渗碳后需要机加工的工件也应采用这种方法。

（3）二次淬火低温回火法　将渗碳后的工件置于空气中冷却或坑内缓冷，然后再进行两次淬火和低温回火。第一次淬火温度选择 $Ac_3 + 40℃$，碳钢为 880 ~900℃，合金钢为 840 ~900℃，目的是细化心部组织，使淬火后心部组织为细晶粒低碳马氏体或索氏体，并消除渗层的网状碳化物。第二次淬火温度在 $Ac_1 + 50℃$ 温度范围内，淬火后使表层得到细针状马氏体和呈小颗粒状分布的二次渗碳体，并能有效地减少渗层的残留奥氏体数量。二次淬火法虽能获得较好的表面和心部组织，但也存在加热次数多，工艺较复杂，工件易氧化、脱碳和变形，加工费用高等缺点。一般只有当直接淬火、一次淬火无法满足要求时才考虑使用。

　　渗碳后常用热处理工艺及适用范围见表6-21。常用结构钢的渗碳及后续热处理规范见表6-22。

表 6-21　渗碳后常用热处理工艺及适用范围

热处理工艺	组织及性能特点	适用范围
直接淬火，低温回火	不能细化钢的晶粒，工件淬火变形较大，合金钢渗碳件表面残留奥氏体量较多，表面硬度较低	操作简单，成本低廉，用来处理变形和承受冲击载荷不大的工件，适用于气体渗碳和液体渗碳工艺
预冷直接淬火，低温回火，淬火温度 800 ~850℃	可以减少工件淬火变形，渗碳层中残留奥氏体量稍有降低，表面硬度略有提高，但奥氏体晶粒没有变化	操作简单，工件氧化、脱碳及淬火变形均较小，广泛用于细晶粒钢制造的各种工件
一次加热淬火，低温回火，淬火温度 820 ~850℃	对心部强度要求高者采用 820 ~ 850℃淬火，心部组织为低碳马氏体；表面要求硬度高者，采用 780 ~ 810℃加热淬火可以细化晶粒	适用于固体渗碳后的碳钢和低合金钢工件，气体、液体渗碳后的粗晶粒钢工件，某些渗碳后不宜直接淬火的工件及渗碳后需机加工的工件
渗碳、高温回火和一次加热淬火、低温回火，淬火温度 840 ~ 860℃	高温回火使马氏体和残留奥氏体分解，渗碳层中碳和合金元素以碳化物形式析出，便于切削加工及减少淬火后渗层残留奥氏体	主要用于 Cr-Ni 合金钢渗碳工件

（续）

热处理工艺	组织及性能特点	适用范围
二次淬火，低温回火 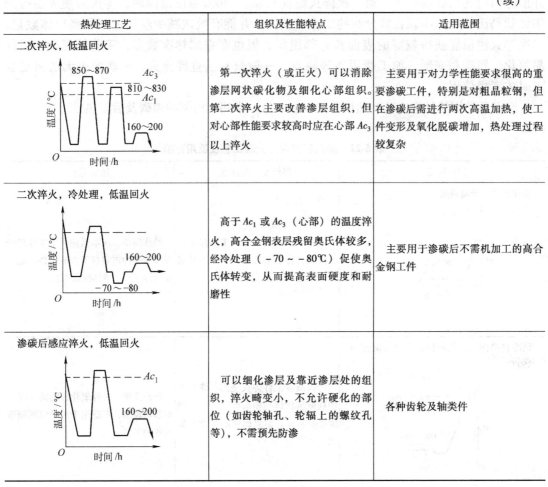	第一次淬火（或正火）可以消除渗层网状碳化物及细化心部组织。第二次淬火主要改善渗层组织，但对心部性能要求较高时应在心部 Ac_3 以上淬火	主要用于对力学性能要求很高的重要渗碳工件，特别是对粗晶粒钢，但在渗碳后需进行两次高温加热，使工件变形及氧化脱碳增加，热处理过程较复杂
二次淬火，冷处理，低温回火	高于 Ac_1 或 Ac_3（心部）的温度淬火，高合金钢表层残留奥氏体较多，经冷处理（ $-70 \sim -80$℃）促使奥氏体转变，从而提高表面硬度和耐磨性	主要用于渗碳后不需加工的高合金钢工件
渗碳后感应淬火，低温回火	可以细化渗层及靠近渗层处的组织，淬火畸变小，不允许硬化的部位（如齿轮轴孔、轮辐上的螺纹孔等），不需预先防渗	各种齿轮及轴类件

表 6-22　常用结构钢的渗碳及后续热处理规范

牌　号	渗碳温度/℃	淬　火		回　火		表面硬度 HRC
		温度/℃	冷却介质	温度/℃	冷却介质	
15	920～940	760～800	水	160～200	—	—
20	920～940	770～800	水	160～200	—	—
20Mn	910～930	770～800	水	160～200	—	58～64
20Mn2	910～930	810～890	油	150～180	空气	≥55
15MnV	900～940	降至820～890	油	180～220	空气	≥55
20MnV	900～940	800～840	油	160～200	空气	≥56
20Mn2B	910～930	800～830	油	150～200	空气	≥57
20MnTiB	930	降至830～860	油	180～200	空气	≥58
20Mn2TiB	930～950	降至830～860	油	180～200	空气	56～62
20SiMnVB	920～940	860～880	油	180～200	空气	56～61
20Cr	920～940	770～820	油或水	160～200	油或空气	58～64
20CrV	920～940	770～820	水或油	180～200		

（续）

牌　号	渗碳温度/℃	淬　火		回　火		表面硬度 HRC
		温度/℃	冷却介质	温度/℃	冷却介质	
20CrMo	920~940	810~830	油或水	160~200	—	58~64
25CrMo	920~940	770~810	—	160~200	—	58~64
15CrMnMo	900~920	780~800	油	180~200	空气	≥53
20CrMnMo	900~930	810~830	油	180~200	空气	58~63
20CrMnTi	920~940	830~870	油	180~200	空气	56~63
20CrNi	900~930	800~820	油	180~200	—	58~63
12CrNi2A	900~940	810~840	油	150~200	油或空气	≥56
12CrNi3A	900~920	810~830	油	150~200	空气	≥58
12Cr2Ni4A	900~930	770~800	油	160~200	空气	≥60
18Cr2Ni4WA	900~940	840~860	油	150~200	空气	≥56
20CrNiMo	920~940	780~820	油	180~200	空气	58~65
20CrNi4Mo	930	780~840	油	150~180	空气	≥56

6.2.9　渗碳件的组织和性能

1. 渗碳件的组织

20CrMnTi 钢渗碳缓冷后的金相组织如图 6-8 所示。

根据表面碳含量、钢中合金元素含量及淬火温度，渗碳层的淬火组织大致可分为两类：一类是表面无碳化物，自表面至心部、依次由高碳马氏体加残留奥氏体逐渐过渡到低碳马氏体；另一类在表层有细小颗粒状碳化物，自表面至心部渗层淬火组织依次为细小针状马氏体 + 少量残留奥氏体 + 细小颗粒状碳化物→高碳马氏体 + 残留奥氏体→逐步过渡到低碳马氏体。合金钢由于含有碳化物形成元素，在渗碳过程中能够形成合金碳化物，反映在

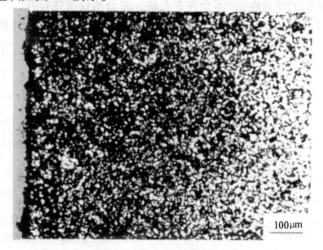

图 6-8　20CrMnTi 钢渗碳缓冷后的金相组织　100×

金相组织上，在渗碳后的合金钢表面存在或多或少的粒状或块状碳化物，其数量及分布深度与碳化物形成元素的含量、渗碳温度和炉气碳势有关。

2. 渗碳件的组织对性能的影响

渗碳件的性能取决于渗碳层组织，也和心部组织有关。为了使工件具有最佳的力学性能，必须根据所用钢种特点，正确进行渗碳和后续热处理操作，把影响工件性能的各种组织结构因素控制在合适的范围之内。

（1）碳化物 渗碳层中的碳化物可以显著提高工件的耐磨性和抗咬合性，但粗大块状或网状碳化物的存在，会破坏基体组织的连续性而引起脆性，使工件表面产生剥落。

（2）残留奥氏体 与马氏体相比，残留奥氏体强度、硬度较低，塑性、韧性较高，因而组织中有一定数量的残留奥氏体，能起到对外力缓冲和使应力分布均匀的作用，增加疲劳裂纹形成和扩展中遇到的阻力，提高钢的断裂韧度，但残留奥氏体量过多，会降低钢的硬度、强度和减少表层残余压应力，从而影响工件使用寿命。

（3）表层碳含量 渗碳层最佳碳含量与工件工作条件有关。一般认为，对于在反复交变载荷下工作的工件，碳含量 $w(C)$ 以 0.80% ~ 1.10% 最好，如果低于 0.80%，耐磨性和强度不足，如果高于 1.10%，则因淬火后表层碳化物及残留奥氏体量增加而损害钢的性能；对于经受剧烈摩擦力作用的模具，为提高其耐磨性，可进行强烈渗碳，使表层碳含量 $w(C)$ 达 2.5% ~ 3.0%。

（4）渗碳层深度 合适的渗碳层深度取决于工件的工作条件及心部材料的强度。重负载工件的渗碳层应该深一些，在工件所受负载相同的条件下，心部硬度（取决于碳含量）较高的工件，渗碳层可以相应地浅一些。在满足工件使用要求的前提下，渗碳层越浅越经济。过多地增加渗碳层深度，会使表面残余压应力降低，工件韧性下降，因而疲劳强度降低。

（5）心部硬度及组织 工件心部硬度主要取决于钢的碳含量。根据长期实践中积累的数据，汽车齿轮牙齿心部的硬度以 33 ~ 48HRC 为宜，与此对应，渗碳钢的碳含量 $w(C)$ 以 0.17% ~ 0.24% 为佳。合适的心部组织应为低碳马氏体、贝氏体或索氏体（取决于工件尺寸及钢的淬透性），不允许有大块、多量的铁素体存在。

低碳锰钢渗碳后渗碳层的碳含量和硬度分布曲线如图 6-9 所示。

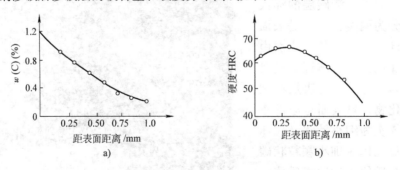

图 6-9 低碳锰钢渗碳后渗碳层的碳含量和硬度分布曲线

a）碳含量分布曲线 b）硬度分布曲线

注：1. 渗碳工艺为 900℃ × 2.3h；834℃油淬。

2. 心部化学成分（质量分数，%）为：C0.24，Mn1.32。

6.2.10 渗碳件质量检验及常见缺陷防止措施

1. 渗碳件的质量检验

大多数渗碳件的检验项目有以下几个方面：

（1）外观 不得有裂纹及碰伤，表面不得有锈蚀。

（2）畸变 检查工件的尺寸及几何形状的变化是否在技术要求范围内。

（3）硬度 包括工件渗碳层表面、防渗部位及心部硬度，一般用洛氏硬度计测量，渗碳层表面硬度应大于 58HRC。渗碳工件表面硬度偏差：对于单件，重要件小于 3HRC，一般件小于 4HRC；对于同批工件，重要件小于 5HRC，一般件小于 7HRC。

（4）渗碳层深度 碳素钢渗碳层的总深度是过共析层 + 共析层 + 1/2 过渡区之和，且过共析层 + 共析层厚度之和不得小于总深度的 75%；合金钢渗碳层则包括整个过渡区，即从表面测至出现心部原始组织处止，且规定合金钢渗碳层中过共析 + 共析区之和应占总深度的 50% 以上。单件和同批工件所允许的渗碳层深度偏差见表6-23。

表 6-23 单件和同批工件所允许的渗碳层深度偏差

硬化层深度/mm	单件渗碳层深度偏差/mm	同批渗碳层深度偏差/mm
<0.50	0.10	0.20
0.50 ~ 1.50	0.20	0.30
1.50 ~ 2.50	0.30	0.40
>2.50	0.50	0.60

常用的渗碳层深度测量有以下几种方法：

1）断口目测法。将渗碳试样从炉中取出淬火后用锤击断，肉眼观察试样断口表层较细的组织区域并估计其深度。也可将试片断口磨平，在硝酸酒精溶液中浸蚀，渗碳层显示为深灰色，用目测或带刻度尺的放大镜测量。

2）金相测量法。渗碳试样出炉后缓慢冷却，使其得到平衡组织。如果是已经淬火的渗碳工件，可退火后再做检验。试样磨制后用硝酸酒精溶液浸蚀，吹干，在显微镜下观察，可以清楚地看到渗碳层的组织，而且渗碳层深度的测量也较准确。

3）有效硬化层深度测定法。按 GB/T 9450—2005《钢件渗碳淬火硬化层深度的测定和校核》中的规定，工件渗碳淬火后硬化层深度为从工件表面到维氏硬度为 550HV 处的垂直距离。测定硬度所采用的试验力为 9.807N（1kgf）。

4）剥层化学分析法。这种方法是最精确的，并可了解表面碳含量及碳沿渗碳层深度的分布，但取样和分析时间较长。试样常做成 ϕ20mm × 120mm 的圆柱形，渗碳缓冷后在车床上由表及里逐层车削，每层厚度为 0.05mm 或 0.10mm，而后对每层铁屑分别定碳。将每层的碳含量绘制成曲线，即渗碳层碳含量分布曲线。这种方法较复杂，只有在试验新钢种或新的渗碳工艺时才采用。

（5）金相组织 渗碳层金相组织检查包括渗碳层碳化物的形态及分布、淬火马氏体级别、残留奥氏体数量、有无反常组织、心部组织是否粗大及心部铁素体是否超出技术要求等。20CrMnTi 钢渗碳后淬火回火金相组织如图 6-10 所示。

按有关检验标准规定，渗碳层的显微组织主要是细针状马氏体、

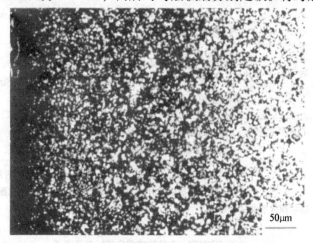

50μm

图 6-10 20CrMnTi 渗碳后淬火回火金相组织 100×

少量残留奥氏体和数量不多、分散的碳化物。其评定内容是：

1）碳化物级别共分 8 级，对无冲击载荷的工件 1～6 级合格，对承受冲击载荷的工件 1～5 级合格。碳化物的级别主要是根据碳化物的大小、形状、数量及分布而定，级别数字越大，碳化物越大，数量越多，分布越不均匀。

2）马氏体和残留奥氏体级别也分为 8 级，其级别主要根据马氏体针的大小和残留奥氏体量的多少而定。1 级马氏体针细小，残留奥氏体量极微，8 级马氏体针粗大，残留奥氏体量很多，1～5 级合格。

3）心部铁素体的级别分为 8 级，其标准是根据铁素体的大小、形状和数量而定。1 级无明显游离铁素体，8 级出现大量块状及条状铁素体。按标准图片评定汽车齿轮心部铁素体级别，对模数 ≤5mm 的齿轮，1～4 级合格；模数 >5mm 的齿轮，1～5 级合格。

金相组织试样应于淬火状况下进行检验，一般在光学显微镜下放大 400 倍观察、评级。评级部位应为试样的工作面。对于齿轮，马氏体和残留奥氏体应在节圆附近的齿面评定；碳化物应在齿顶角处评定；心部铁素体应在距齿顶 2/3 全齿高处评定。

2. 渗碳件常见缺陷防止措施

渗碳件常见缺陷防止措施见表 6-24。

表 6-24　渗碳件常见缺陷防止措施

缺陷形式	形成原因及防止措施	返修办法
表面粗大块状或网状碳化物	渗碳剂浓度（活性）太高或渗碳保温时间过长 降低渗碳剂浓度，当渗碳层要求较深时，保温后期适当降低渗剂浓度	1）提高淬火加热温度，延长保温时间重新淬火 2）高温加热扩散（920℃，2h）后再淬火
表面大量残留奥氏体	渗碳或淬火温度过高，奥氏体中合金元素及碳含量过高 降低渗碳剂浓度，降低渗碳及直接淬火温度或重新加热淬火的温度	1）冷处理 2）高温回火后重新加热淬火
表面脱碳	渗碳后期渗碳剂浓度减小过多，炉子漏气，液体渗碳的碳酸盐含量过高，固体渗碳后冷速过慢，在冷却坑中及淬火加热时保护不当等 防止炉子漏气，保证渗碳后期在冷却坑中、淬火加热时具有所要求的碳势	1）在浓度合格的介质中补渗 2）喷丸处理（脱碳层 ≤0.02mm 时）
表面非马氏体组织	渗碳介质中的氧向钢内扩散，在晶界形成 Cr、Mn、Si 等元素的氧化物，致使该处合金元素贫化，淬火后呈黑色组织 控制炉内介质成分，降低氧的含量	1）喷丸处理（非马氏体层 ≤0.02mm 时） 2）重新加热淬火，加快冷却速度
心部铁素体过多	淬火温度低或加热保温时间不足，渗碳冷却过慢 选择正确的淬火温度、合适的保温时间及冷却速度	按正常工艺重新加热淬火
渗层深度不够	炉温低于仪表指示温度，渗碳剂浓度低，渗碳时间不足，炉子漏气或盐浴成分不正常，装炉量过多，工件表面有氧化皮等 加强对测温仪表的检查，开炉前应测定渗剂滴量，检查炉子工作状况，工件渗碳前应进行表面清理	补渗

（续）

缺陷形式	形成原因及防止措施	返修办法
渗碳层深度不均匀	炉温不均匀，炉内气氛循环不良，炭黑在工件表面沉积过多，固体渗碳时渗碳箱内温差大，催渗剂分布不均匀，装炉不当 做到炉温、炉气均匀，尽可能减少炭黑沉积，催渗剂分布均匀，装炉合理	
表面硬度低	表面碳含量低，表面脱碳，残留奥氏体过多或表面形成屈氏体组织 选择合适的渗碳温度及碳势，选择合适的热处理方法及工艺	1）碳含量低的可补渗 2）残留奥氏体多者按前面方法返修 3）表面有屈氏体的可重新加热淬火
反常组织	钢中氧含量较高（沸腾钢），固体渗碳后冷却速度过慢，在渗碳层中出现先共析渗碳体网周围有铁素体层，淬火后出现软点 选择合适的热处理工艺	提高淬火温度或适当延长淬火加热保温时间，使奥氏体均匀化，并采用较快淬火冷却速度
表面腐蚀和氧化	渗碳剂中含有硫或硫酸盐，催渗剂盐在工件表面熔化或工件表面粘有残盐均引起腐蚀，工件高温出炉、等温或淬火加热时盐浴脱氧不良，引起工件表面氧化 仔细控制渗剂及盐浴成分，对工件表面及时清理和清洗	
渗碳件开裂	渗碳后空冷时渗层组织转变不均匀所致，此外，如果表层有薄的脱碳层也将导致开裂 减慢冷却，使渗层全部发生共析转变或加快冷却，使工件表面得到马氏体加残留奥氏体	
渗碳后变形	夹具选择及装炉方法不当，工件自重产生变形，工件厚薄不均，加热冷却过程中因热应力和组织应力导致变形 合理吊装工件，对易变形件采用压床淬火或采用热校	

6.2.11　应用实例

1. 微机控制井式炉滴注式气体渗碳

汽车及拖拉机齿轮，材料为 20CrMnTi。应用甲醇、煤油两种渗剂，以甲醇滴量恒定（140 滴/min），通过电磁阀按工艺不同阶段碳势设定值，对煤油滴量进行随机控制，可取得满意碳势控制效果。20CrMnTi 钢齿轮微机控制气体渗碳工艺曲线如图 6-11 所示。

温度控制精度为 ±2℃，碳势 w(C) 控制精度为 ±0.02%（氧含量差电势为 ±2mV），时间控制精度为 ±1s，渗碳周期为 6～6.5h，

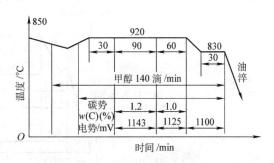

图 6-11　20CrMnTi 钢齿轮微机控制气体渗碳工艺曲线

渗碳层深度为 0.8 ~ 1.5mm（可随需要调节）。齿轮渗碳后表面碳含量 $w(C)$ 为 0.9% 左右，渗碳淬火后表面硬度为 60 ~ 62HRC。

2. 可控气氛渗碳工艺

汽车转向器齿轮，材料为 20CrNiMo。在可控气氛多用炉生产线上进行渗碳，其可控气氛渗碳炉气成分见表 6-25。汽车转向器齿轮可控气氛渗碳工艺曲线如图 6-12 所示。

表 6-25　汽车转向器齿轮可控气氛渗碳炉气成分

工艺阶段	碳势 $w(C)$(%)	$\varphi(CO)$(%)	$\varphi(CH_4)$(%)	$\varphi(CO_2)$(%)
①	—	—	1.5 ~ 2.0	—
②	1.00	20	1.2 ~ 1.5	0.08
③	1.05	20	0.8 ~ 1.2	0.07
④	0.85	20	0.4 ~ 0.6	0.10
⑤	0.85	21	0.4 ~ 0.6	0.10
⑥	0.85	21	0.4 ~ 0.6	0.10

注：工艺阶段① ~ ⑥如图 6-12 所示。

齿轮渗碳后渗碳层深度为 0.70 ~ 0.75mm，表面硬度为 58 ~ 63HRC，心部硬度为 35 ~ 42HRC，表面为回火马氏体 + 极少量残留奥氏体 + 极少量粒状碳化物，心部为低碳马氏体 + 铁素体。

3. 氮基气氛渗碳

20CrMnTi、20CrMo 钢阀体及阀座类工件进行氮基气氛可控渗

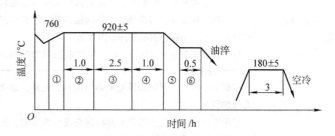

图 6-12　汽车转向器齿轮可控气氛渗碳工艺曲线
可控气氛渗碳工艺曲线

碳，用空分普氮［$\varphi(N_2)$ 为 99.5% ］作为氮源，以甲醇 + N_2 制备 $N_2:H_2:CO = 4:4:2$（体积比）的氮基气氛。富化气仍采用有机碳氮化合物。渗碳淬火后表面硬度可控制在 63 ~ 65HRC，碳势 $w(C)$ 控制精度达到 ±0.03%，渗碳层深度为 1.7 ~ 1.8mm。氮基可控气氛渗碳工艺如图 6-13 所示。

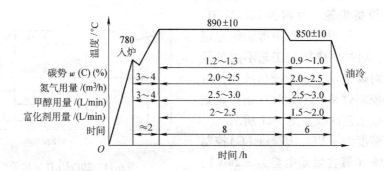

图 6-13　氮基可控气氛渗碳工艺曲线

4. 井式炉气体渗碳工艺实例（见表 6-26）

表 6-26　井式炉气体渗碳工艺实例

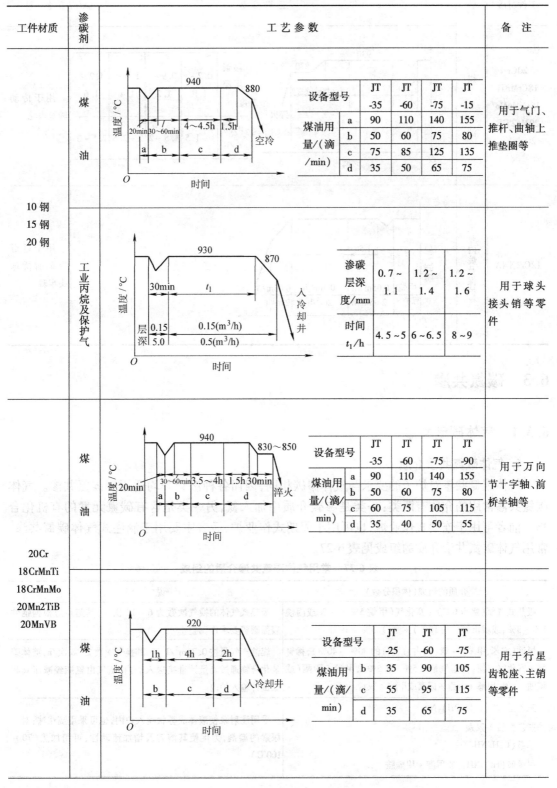

工件材质	渗碳剂	工艺参数	备注

10 钢
15 钢
20 钢

煤油

设备型号		JT -35	JT -60	JT -75	JT -15
煤油用量/(滴/min)	a	90	110	140	155
	b	50	60	75	80
	c	75	85	125	135
	d	35	50	65	75

用于气门、推杆、曲轴上推垫圈等

工业丙烷及保护气

渗碳层深度/mm	0.7 ~ 1.1	1.2 ~ 1.4	1.2 ~ 1.6
时间 t_1/h	4.5 ~ 5	6 ~ 6.5	8 ~ 9

用于球头接头销等零件

20Cr
18CrMnTi
18CrMnMo
20Mn2TiB
20MnVB

煤油

设备型号		JT -35	JT -60	JT -75	JT -90
煤油用量/(滴/min)	a	90	110	140	155
	b	50	60	75	80
	c	60	75	105	115
	d	35	40	50	55

用于万向节十字轴、前桥半轴等

煤油

设备型号		JT -25	JT -60	JT -75
煤油用量/(滴/min)	b	35	90	105
	c	55	95	115
	d	35	65	75

用于行星齿轮座、主销等零件

（续）

工件材质	渗碳剂	工艺参数	备注
20Cr 18CrMnTi 18CrMnMo 20Mn2TiB 20MnVB	煤油	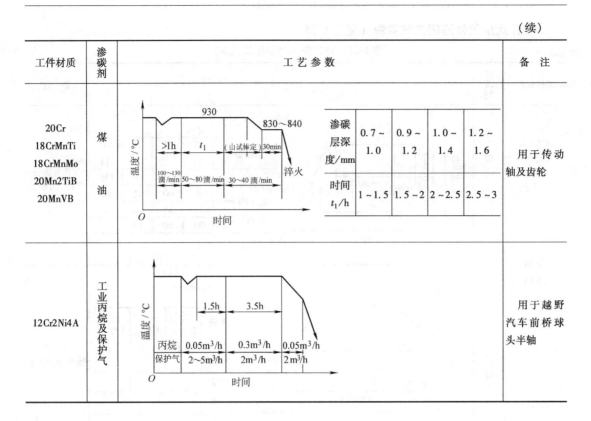	用于传动轴及齿轮
12Cr2Ni4A	工业丙烷及保护气		用于越野汽车前桥球头半轴

6.3　碳氮共渗

6.3.1　气体碳氮共渗

1. 气体碳氮共渗介质

气体碳氮共渗对炉子的要求与气体渗碳相同,因而各种渗碳炉均适用于碳氮共渗。气体碳氮共渗常用的介质有两类:一类是渗碳介质中加入氮,另一类是含有碳氮元素的有机化合物。前者可用于连续式作业炉,也可用于周期式作业炉,后者主要用于滴注式气体碳氮共渗。常用气体碳氮共渗介质的组成见表6-27。

表 6-27　常用气体碳氮共渗介质的组成

介质的组成(体积分数)	说　明
吸热式气氛(露点0℃) + 富化气(甲烷5% ~10%或丙烷1% ~3% ,或城市煤气约10%) + 氨(1.5% ~5%)	吸热式气体的换气次数为6 ~10 次/h,其露点应根据钢件表面碳势要求作调整
煤油(或苯、甲苯) + 氨(约占总气量的30% ~40%),稀释气 + 富化气 + 氨(占总气量2.5% ~3.5%),甲醇 + 丙酮(或煤油) + 氨,甲醇 + 丙酮 + 尿素或甲醇 + 尿素	煤油产气量按 0.75m³/L 计,其换气次数2 ~8 次/h,液体碳氢化合物通过滴量计直接送入炉内,氨气由氨瓶经减压阀和流量计输入炉内
三乙醇胺[$(C_2H_4OH)_3N$] 三乙醇胺 + 尿素 苯胺($C_6H_5NH_2$) 甲酰胺($HCONH_2$)或甲醇 + 甲酰胺	采用注射泵使液体成雾状喷入炉内,也可采用滴注法;对含尿素的渗剂,为促使其溶解及增加流动性,可稍加热(70 ~100℃)

2. 气体碳氮共渗反应原理

（1）渗碳剂与氨气的热分解反应　液体碳氢化合物分解的产物以及各种气态渗碳剂，都包含有一氧化碳和甲烷两种成分，当它们在高温下与钢件表面接触时，分解析出活性碳原子，见式（6-1）、式（6-4）。

氨气分解析出活性氮原子：

$$2NH_3 \rightarrow 2[N] + 3H_2 \tag{6-7}$$

在碳氮共渗炉子里，氨气还同渗碳气体相互作用产生氢氰酸：

$$NH_3 + CO \rightarrow HCN + H_2O \tag{6-8}$$

$$NH_3 + CH_4 \rightarrow HCN + 3H_2 \tag{6-9}$$

氢氰酸是一种化学性质活泼的物质，进一步分解析出碳、氮活性原子，促进共渗过程：

$$2HCN \rightarrow H_2 + 2[C] + 2[N] \tag{6-10}$$

（2）氨气含量对渗层化学成分的影响　共渗介质中氨气与渗碳剂的比例对渗层中碳、氮含量影响甚大。随着氨含量增加，渗层氮含量提高，碳含量降低，即炉气的碳势下降，露点升高。

因此，应根据工件钢种、对渗层组织和性能的要求以及共渗温度等确定氨气比例。

（3）含氮有机化合物的热分解反应及其特点　这类介质中目前用得较多的主要是三乙醇胺。它是一种黄褐色的有机液体，无毒，在500℃以上按下式分解：

$$(C_2H_4OH)_3N \rightarrow 2CH_4 + 3CO + HCN + 3H_2 \tag{6-11}$$

其中甲烷、一氧化碳及氢氰酸及工件表面接触时，分解析出活性碳、氮原子，并渗入工件表面。

用三乙醇胺进行碳氮共渗的操作与煤油渗碳一样，不过在270～500℃会因分解不完全而产生沥青状物质，导致滴油管堵塞。因此，必要时可在滴油管和炉盖接头处加一水冷套。表6-28列出三乙醇胺在不同温度下热解后的成分。

表 6-28　三乙醇胺在不同温度下热解后的成分

温度/℃	成分（体积分数,%)						
	CO	CH_4	C_nH_m	CO_2	H_2	N_2	O_2
700	28.8	13.1	2.5	1.3	42.2	11.0	1.1
800	29.6	12.6	2.0	1.0	42.3	11.5	1.0
900	32.8	10.6	1.8	0.4	44.1	9.2	0.8

工件在850～870℃经三乙醇胺共渗处理后，表面最高碳含量$w(C)$达0.9%～1.05%，氮含量$w(N)$为0.3%～0.4%。为了进一步提高渗层氮含量，可加入一定数量的尿素。尿素在常温下是白色结晶粉末，在进入炉子后也能分解析出活性碳、氮原子，反应如下：

$$(NH_2)_2CO \rightarrow 2[N] + CO + 2H_2 \tag{6-12}$$

通常是将尿素与三乙醇胺混合后加热熔化通入炉内。为了改善介质的流动性及提高产气量，还可加入一定比例的甲醇。

苯胺也是含碳、氮的有机液体，在高温下分解产生活性原子，渗入工件表面。其反应如下：

$$C_6H_5NH_2 \rightarrow NH_3 + 6[C] + 2H_2 \tag{6-13}$$

（4）碳氮共渗介质性能比较 在确定选用何种碳氮共渗介质时，往往要考虑它们对渗层组织及性能的影响，还应考虑渗速的快慢、操作是否方便以及供应是否充足等因素。

苯胺、煤油+氨气及三乙醇胺等几种不同介质对碳氮共渗工艺的影响见表6-29。该试验采用 JT-90 井式气体渗碳炉，试样材料为 20Cr。根据表6-29所列数据可知，煤油+氨气比较适合于大批量生产。如果生产批量不大，则可采用工业三乙醇胺，虽然价格较高，但可直接使用井式渗碳炉的滴注装置，不需要另外增加供氨设备。

表6-29 几种不同介质对碳氮共渗工艺的影响

介质名称	介质用量/(滴/min)	处理温度 /℃	平均渗速 /(mm/h)	表面碳、氮含量		炉内炭黑情况
				$w(C)(\%)$	$w(N)(\%)$	
苯胺	140~160	900	0.13~0.14	0.88	0.05	较多
三乙醇胺	120~150	900	0.09~0.10	1.01	0.13	无
煤油+氨气	200~220，氨气 0.2m³/h	920	0.10~0.13	0.80	0.08	少量

注：1. 渗层深度为 0.70~0.85mm（测至 1/2 过渡区）。

2. 渗速是按保温时间计算的。

3. 碳、氮含量为表面至 0.1mm 深度内的平均值。

3. 气体碳氮共渗温度和时间

碳氮共渗温度的选择应同时考虑工艺性和工件的使用性能，如共渗速度、工件变形、渗层组织及性能等。温度越高，为达到一定厚度的渗层所需时间越短，如图6-14a 所示，但工件变形增大，而且渗层中氮含量急剧下降。当温度高于 900℃时，渗层中氮含量已经很低，渗层成分和组织与渗碳相近，如图6-14b 所示。降低共渗温度有利于减小工件变形，但温度过低，不仅渗速减慢，而且在渗层表面易形成脆性的高氮化合物，心部组织淬火后硬度较低，使工件性能变差。生产中采用的共渗温度一般为 820~880℃，此时，工件晶粒不致长大，变形较小，渗速中等，并可直接淬火。保温时间主要取决于渗层深度要求，随着时间延长，渗层内碳、氮含量梯度变得较为平缓，如图6-15 所示。这有利于提高工件表面的承载能力。但时间过长，易使表面碳、氮含量过高，引起表面脆性或淬火后残留奥氏体过多。如出现这种情况，应降低共渗后期的渗剂供应量，或适当提高处理温度。

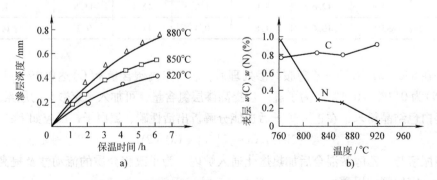

图6-14 碳氮共渗温度对渗层及表面碳、氮含量的影响
（共渗介质：煤油+氨气）
a) 20钢 b) 10钢（1.5h）

6.3.2　液体碳氮共渗

最早的液体碳氮共渗盐浴采用氰盐作为碳、氮供剂，故也称为氰化。

1. 液体碳氮共渗用盐

液体碳氮共渗盐浴主要由中性盐和碳氮供剂组成。中性盐一般采用氯化钡、氯化钾、氯化钠中的一种或几种。中性盐主要起调整盐浴熔点的作用。

液体碳氮共渗一般采用外热式（煤气或电阻丝加热）坩埚盐浴或内热式电极盐浴炉。设备必须装有抽风装置，及时排除氰盐蒸气。为了改善劳动条件，减少毒物危害，可采用全封闭式自动化设备。

目前使用的碳氮共渗剂主要有氰盐和尿素两种，其成分见表 6-30。

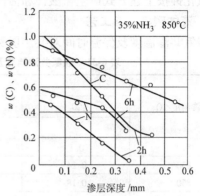

图 6-15　保温时间对 20 钢共渗层碳、氮含量的影响

表 6-30　部分液体碳氮共渗的盐浴成分及工作成分

配制的盐浴成分（质量分数）	盐浴的工作成分（质量分数）	配制的盐浴成分（质量分数）	盐浴的工作成分（质量分数）
NaCN　50% NaCl　50%	NaCN　20%~25% NaCl　25%~50% Na_2CO_3　25%~50%	NaCN　8% NaCl　10% $BaCl_2$　82%	NaCN　3%~8% $BaCl_2$　≤30% NaCl　≤30% $BaCO_3$　≤40%
NaCN　10% NaCl　40% $BaCl_2$　50%	NaCN　8%~12% NaCl　30%~55% Na_2CO_3　≤20% $BaCl_2$　≤25%	$(NH_2)_2CO$　40% KCl　25% Na_2CO_3　35%	

2. 液体碳氮共渗反应原理

氰化物盐在液体碳氮共渗盐浴中产生氰酸盐，并分解成活性碳、氮原子，其化学反应如下：

1）氰化钠被空气中的氧氧化产生氰酸钠：

$$2NaCN + O_2 \rightarrow 2NaCNO \tag{6-14}$$

2）氰酸钠在高温下分解，或被空气中的氧再次氧化产生活性碳、氮原子，并渗入钢件表面：

$$4NaCNO \rightarrow Na_2CO_3 + 2NaCN + CO + 2[N] \tag{6-15}$$

$$2NaCNO + O_2 \rightarrow Na_2CO_3 + CO + 2[N] \tag{6-16}$$

$$2CO \rightarrow CO_2 + [C] \tag{6-17}$$

在含有黄血盐的盐溶中，黄血盐在熔化时分解出氰化钾：

$$K_4Fe(CN)_6 \rightarrow 4KCN + Fe(CN)_2 \qquad (6-18)$$

氰化钾按上述方式产生氰酸钾和活性碳、氮原子。

3. 液体碳氮共渗工艺

碳氮共渗温度及保温时间对共渗层深度的影响见表6-31、表6-32。

表6-31 碳氮共渗温度及保温时间对15钢共渗层深度的影响

共渗温度/℃	保温时间/min			
	20	60	120	180
	共渗层深度/mm			
810	0.1	0.2	0.3	0.36
830	0.14	0.24	0.34	0.38
850	0.18	0.30	0.38	0.42
870	0.20	0.32	0.40	0.48

表6-32 保温时间对几种钢820~840℃碳氮共渗层深度的影响

牌 号	保温时间/h				
	1	2	3	4	5
	共渗层深度/mm				
20	0.35	0.44	0.54	0.63	0.64
45	0.33	0.36	0.41	0.53	0.56
20Cr	0.39	0.54	0.63	0.74	0.81
40Cr	0.29	0.36	0.49	0.59	0.66
12CrNi3	0.35	0.47	0.53	0.59	0.64

由于碳氮共渗盐浴在使用过程中逐渐老化，其共渗能力不断下降，为了恢复盐浴的活性，当盐浴老化到一定程度时，需往盐浴中加入再生剂。碳氮共渗盐浴中使用的氰盐有剧毒，在运输、贮存和使用过程中要严格控制。经共渗处理的工件会将残盐带入淬火液、清洗液中，因此，这类物质不能直接排放，废盐也必须按有关规定处理。

6.3.3 固体碳氮共渗

固体碳氮共渗是在固体介质中进行的碳氮共渗工艺，其工艺过程与固体渗碳工艺相似，是较原始的方法，所得渗层较薄且不易控制，主要用于单件及小批量生产。常用的几种固体碳氮共渗剂的成分见表6-33。

表6-33 常用的几种固体碳氮共渗剂的成分

成分(质量分数)	备 注
木炭60%~80%，亚铁氰化钾 $K_4Fe(CN_6)$ 20%~40%	
木炭40%~50%，亚铁氰化钾15%~20%，骨炭20%~30%，碳酸盐15%~20%	渗剂混合均匀与工件装入铁箱中，加盖用泥封严入炉温度:840~880℃
木炭40%~60%，亚铁氰化钾20%~25%，骨炭20%~40%	

6.3.4　碳氮共渗件的技术条件

1. 碳、氮的含量

一般认为碳氮共渗工件表层最佳的碳含量 w（C）、氮含量 w（N）分别为 0.7% ~ 0.95%、0.1% ~ 0.4%。对于少数在高接触应力条件下工作的工件，其表面要求有较多的粒状碳化物时，碳含量 w（C）可提高到 1.2% ~ 1.5%，甚至达 2% ~ 3%，氮含量 w（N）仍在 0.5% 以下。

2. 共渗层深度

碳氮共渗层的深度一般为 0.2 ~ 0.7mm。齿轮类工件碳氮共渗层深度要求见表 6-34。按照服役条件、承载能力选取共渗层深度的要求见表 6-35。

表 6-34　齿轮类工件碳氮共渗层深度要求

类　　别		共渗层深度/mm
一般齿轮	模数 >6mm	>0.7
	模数为 4 ~ 6mm	>0.6
汽车、拖拉机小模数齿轮	40Cr	0.25 ~ 0.40
	低合金渗碳钢	0.40 ~ 0.60

表 6-35　按照服役条件、承载能力选取共渗层深度的要求

服役条件、承载能力	共渗层深度/mm
轻负荷下主要承受磨损的工件	0.25 ~ 0.35
承受较高疲劳载荷及磨损的轴、齿轮	0.65 ~ 0.75
心部强度较高的中碳合金钢变速齿轮	0.25 ~ 0.40

6.3.5　碳氮共渗用钢及其后续热处理

1. 碳氮共渗用钢

对碳氮共渗用钢力学性能、工艺性能及钢材质量方面的要求与渗碳钢基本相同，因此，一般渗碳钢均可用于碳氮共渗。

由于碳氮共渗温度低、渗层较薄，其用钢的碳含量可高于渗碳钢。

对碳氮共渗层深度在 0.3mm 以下的工件，钢的碳含量 w(C) 可提高至 0.5%。要求高硬度、高耐磨性而渗层较薄的工件，常采用中碳结构钢进行碳氮共渗。

由于氮降低钢的相变点及淬火临界冷却速度，因此，同一钢种的表层在碳氮共渗后比渗碳具有更高的淬透性，使得一些原来用渗碳淬火不能得到均匀表面硬度的钢种，由于碳氮共渗的这一优点而得以使用。当工件心部性能不太重要时，可用低碳钢碳氮共渗代替合金钢渗碳，其价格较低，加工性能较好。此外，由于氮对淬透性的影响，使得 10 钢、20 钢等低碳钢工件也可采用油冷淬火，有利于减少工件变形。但应指出，碳氮共渗只提高工件渗层的淬透性，对材料心部淬透性没有影响。

2. 碳氮共渗后的热处理

碳氮共渗后可直接淬火，并且由于氮的渗入提高了渗层的淬透性，故可使用较缓和的淬火冷却介质，不仅变形较小，而且可以保护共渗层表面的良好组织状态。由于氮使回火稳定

性提高，故碳氮共渗后的工件可在较高温度回火。一般情况下，共渗后的齿轮在180～200℃回火，以减少脆性并保证表面最低硬度高于58HRC；紧固件在260～430℃回火，以提高抗冲击性能；表面需磨削加工的工件也应回火，以减少磨削时的开裂倾向。常用结构钢碳氮共渗与后续热处理工艺规范、表面硬度见表6-36。碳氮共渗后的热处理工艺及适用范围见表6-37。

表6-36 常用结构钢碳氮共渗与后续热处理规范、表面硬度

牌 号	碳氮共渗温度/℃	淬 火		回 火		表面硬度 HRC
		温度/℃	冷却介质	温度/℃	冷却介质	
20MnTiB	840～860	降至800～830	碱浴	180～200	空气	≥60
25SiMn2MoVA	840～860	降至820～840	油	160～180	空气	≥59
40Cr	830～850	直接	油	140～200	空气	≥48
15CrMo	830～860	780～830	油或碱浴	180～200	空气	≥55
20CrMnMo	830～860	780～830	油或碱浴	160～200	空气	≥60
12CrNi2A	830～860	直接	油	150～180	空气	≥58
12CrNi3A	840～860	直接	油	150～180	空气	≥58
20CrNi3A	820～860	直接	油	160～200	空气	≥58
30CrNi3A	810～830	直接	油	180～200	空气	≥58
12Cr2Ni4A	840～860	直接	油	150～180	空气	≥58
20Cr2Ni4A	820～850	直接	油	150～180	空气	≥58
20CrNiMo	820～840	直接	油	150～180	空气	≥58

表6-37 碳氮共渗后的热处理工艺及适用范围

热处理工艺	特点及适用范围	工艺简图
从共渗温度直接水淬，低温回火	工艺简单，是最普遍应用的热处理方式。适用于中、低碳钢或低碳合金钢，只适合于液体碳氮共渗或井式炉碳氮共渗	
从共渗温度直接油淬，低温回火	工艺简单，是最普遍应用的热处理方式。适用于合金钢淬火，适合于各种炉型进行碳氮共渗后的直接淬火	

（续）

热处理工艺	特点及适用范围	工艺简图
从共渗温度直接分级淬火，空冷、低温回火	淬火油可以在 40～105℃ 的温度范围内使用，对要求热处理畸变小的工件，可以采用闪点高的油在较高油温内淬火，对变形要求高的合金钢制工件，也可以采用盐浴淬火	
直接气淬	细小工件采用气淬，可减小变形降低成本，但应仔细装炉，以便气淬时气流冷却均匀	
一次加热淬火	适用于因各种原因不宜直接淬火，或共渗后尚需机械加工等情况。淬火前的加热应在脱氧良好的盐炉或带保护气氛的加热设备中进行	
从共渗温度直接淬火冷处理	适用于含 Cr、Ni 较多的合金钢，如 12CrNi3A、20Cr2Ni4A 及 18Cr2Ni4WA 等，−70～−80℃ 的冷处理可减少残留奥氏体，使表面硬度达到技术要求	
从共渗温度在空气中或冷却井中冷却，高温回火，重新加热淬火后低温回火	共渗后需机械加工者，也可用高温回火代替冷处理，以减少残留奥氏体，高温回火应在铸铁屑或保护气氛中进行	

6.3.6 碳氮共渗件的组织和性能

1. 碳氮共渗件的组织

工件碳氮共渗并淬火后的组织为含氮的高碳马氏体，并有一定数量的残留奥氏体和碳氮化合物。为了保证工件具有较高的力学性能，要求马氏体呈细针状或隐晶状，残留奥氏体不可过多，碳氮化合物呈颗粒状，不应出现大块或沿晶界网状分布的碳氮化合物。工件心部应为细晶粒组织（马氏体、贝氏体或屈氏体），不应有大块铁素体存在。碳氮共渗在组织上的特点是共渗过程中形成化合物的倾向较大，以及淬火后渗层中残留奥氏体较多。渗层中碳、氮的含量通过影响化合物的数量及分布、残留奥氏体的多少等组织因素，而对工件的力学性能发生重大影响。因此，应针对不同钢种及不同的使用性能要求，确定渗层中的最佳碳、氮含量，并通过调节共渗气氛的活性（碳、氮含量）及含碳和含氮介质的比例予以保证。几种钢件碳氮共渗层的最佳碳、氮含量见表6-38。

表6-38 几种钢件碳氮共渗层的最佳碳、氮含量

牌 号	碳氮共渗层深度 /mm	剥层深度/mm	最佳含量（质量分数,%）	
			碳	碳+氮
40Cr	0.25~0.35	0.025	0.65~0.9	1.0~1.25
		0.05	0.6~0.85	0.85~1.2
		0.10	0.55~0.8	0.8~1.0
25CrMnTi	0.5~0.7	0.025	0.65~0.9	1.0~1.25
		0.05	0.6~0.85	1.0~1.15
		0.10	0.55~0.8	0.9~1.05
25CrMnMo、25CrMnMoTi	0.5~0.8	0.025	0.75~1.2	1.3~1.6
		0.05	0.65~1.05	1.25~1.55
		0.10	0.6~0.9	1.15~1.5

2. 碳氮共渗件的力学性能

（1）硬度和耐磨性 工件碳氮共渗淬火后表层硬度一般比渗碳淬火后略高，而硬度梯度则较陡（与渗层中碳含量的变化相对应），共渗层表面硬度比次层略低是由于表面处有较多的残留奥氏体（见图6-16a）。在表面附近有碳氮化合物析出的情况下，在硬度曲线上距

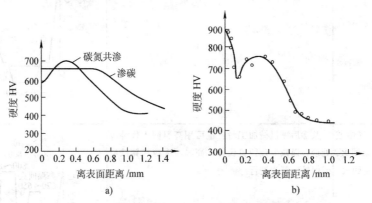

图6-16 工件碳氮共渗并淬火后硬度沿层深的分布

a) 20MnTiB（850℃碳氮共渗，连续式有炉罐）

b) 30CrMnTi（850℃碳氮共渗，介质为三乙醇胺）

表面 0.1mm 处出现硬度凹坑，这是因为该处残留奥氏体量最多（见图 6-16b）。几种钢渗碳及碳氮共渗后的耐磨性对比见表 6-39。

表 6-39　几种钢渗碳及碳氮共渗后的耐磨性

牌　号	碳氮共渗			渗　碳	
	渗层成分		10^4 转的质量损失/g	渗层碳含量	10^4 转的质量损失/g
	$w(C)(\%)$	$w(N)(\%)$		$w(C)(\%)$	
20CrMnTi	0.89	0.273	0.018	0.89	0.026
	1.15	0.355	0.017	1.15	0.025
	1.27	0.426	0.015	1.40	0.021
30CrMnTi	0.92	0.257	0.018	1.00	0.025
	1.24	0.323	0.016	1.16	0.024
	1.34	0.414	0.016	1.37	0.022
20	0.81	0.315	0.024	0.80	0.030
	0.88	0.431	0.011	1.00	0.029
	0.98	0.586	0.002	1.00	0.029

（2）抗拉强度、塑性和韧性　与伪渗碳及伪共渗（炉内气氛为空气）后的性能相比，渗碳及碳氮共渗使材料的抗拉强度大为提高，冲击韧性明显下降，断后伸长率及断面收缩率大幅度降低，而碳氮共渗与渗碳之间并无明显差别。一般在用碳氮共渗代替渗碳时，渗层深度要减薄很多，工件的冲击韧性会显著提高。

（3）疲劳强度　碳氮共渗不仅通过改变工件表面的组织成分和性能，直接提高表层的强度，而且还使表层产生残余压应力，使工件的弯曲疲劳强度及接触疲劳强度都显著提高。但氮含量过高将出现黑色组织，反而使接触疲劳强度降低。

6.3.7　碳氮共渗件质量检验及常见缺陷防止措施

碳氮共渗件质量检查项目与渗碳工件相同。当碳氮共渗层较薄时，表面硬度检查方法可参见表 6-40。

表 6-40　碳氮共渗件表面硬度的推荐检验方法

渗层深度/mm	<0.2	0.2~0.4	0.4~0.6	>0.6
硬度检查方法	锉刀或显微硬度	HR15N	HRA	HRC

碳氮共渗常见缺陷有表面脱碳、脱氮，出现非马氏体组织，心部铁素体量过多，渗层深度不够或不均匀，表面硬度低等。其表现形式、形成原因以及预防补救措施等基本上和渗碳件相同。除此之外，碳氮共渗件中还有一些与氮的渗入有关的缺陷。

（1）粗大碳氮化合物　表面碳氮含量过高，以及碳氮共渗温度较高时，工件表层会出现密集的粗大条块状碳氮化合物。共渗温度较低，炉气氮势过高时，工件表面会出现连续的碳氮化合物。这些缺陷常导致剥落或开裂，防止这种缺陷的办法是严格控制碳势和氮势，特别是共渗初期，必须严格控制氨的加入量。

（2）黑色组织　在未经腐蚀或轻微腐蚀的碳氮共渗金相试样中，有时可在离表面不同深度处看到一些分散的黑点、黑带、黑网，统称为黑色组织，如图 6-17~图 6-20 所示。

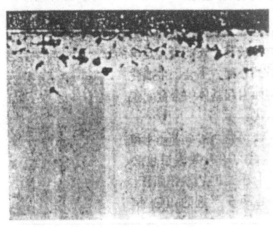

图 6-17　碳氮共渗层中的黑点

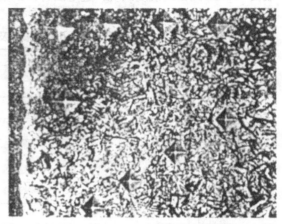

图 6-18　碳氮共渗层中的表面黑带

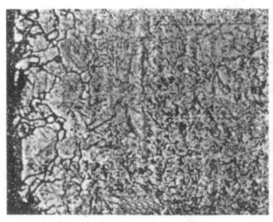

图 6-19　碳氮共渗层中的黑网

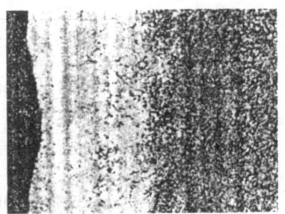

图 6-20　碳氮共渗层中的过渡区黑带

碳氮共渗层中出现黑色组织，将使弯曲疲劳强度、接触疲劳强度及耐磨性下降。出现黑色组织的原因及防止措施见表 6-41。

表 6-41　黑色组织产生的原因及防止措施

名称	产 生 原 因	防 止 措 施
点状黑色组织	主要发生在离表面 40μm 深度内，这种黑点可能是孔洞（见图 6-23）。产生原因可能是共渗初期炉气氮势过高，共渗时，原子氮变成分子氮而形成孔洞	为防止黑色组织，渗层中氮的含量不宜过高，一般渗层中氮含量 $w(N)$ 超过 0.5%，就容易出现点状黑色组织。层中氮含量也不宜过低，否则渗层淬透性降低，也容易出现托氏体网。一般认为，碳氮共渗中氮含量 $w(N)$ 以 0.3% ~ 0.5% 为宜
表面黑带	出现在距渗层表面 0 ~ 30μm 范围内（见图 6-24）。主要是由于合金元素形成了碳氮化物、氮化物和碳化物等小颗粒，使奥氏体中合金元素贫化，淬透性降低，而形成屈氏体	应注意提高炉子的密封性，防止发生漏气现象，氨的加入量要适中，氨量过高，炉气露点降低，会促使黑色组织出现

（续）

名称	产生原因	防止措施
黑色网	紧接着黑带内侧伸展到深度较大的范围（可达300μm）（见图6-25）。这是由于沿晶界形成 Mn、Ti 等合金元素的碳氮化合物，降低附近奥氏体中合金元素的含量，淬透性降低，形成屈氏体网	为抑制屈氏体网的出现，可以适当提高淬火加热温度和采用冷却能力较强的淬火冷却介质　产生黑色组织的深度小于 0.02mm 时，可以采用喷丸强化进行补救
过渡区黑带	出现于过渡区（见图6-26）。主要是由于过渡区的 Mn 生成碳氮化合物后在奥氏体中含量减少，淬透性降低，从而出现屈氏体	Mn、Cr 等元素的内氧化是形成黑色组织的重要原因，控制炉内气氛来减少内氧化，是控制黑色组织形成的重要方法，在排气期要加速排气，充分干燥氨气，适当减少供氨量

6.3.8　应用实例

1. 滴注式气体碳氮共渗应用实例

某轿车后桥从动弧齿锥齿轮材质为 20CrMnTi。该工件用三乙醇胺在 RJJ-60 井式炉中进行滴注式气体碳氮共渗，其工艺曲线如图 6-21 所示。齿轮渗层深度要求为 1.0～1.4mm，表面硬度为 58～64HRC，心部硬度为 33～48HRC。工件共渗后缓冷，再进行再次加热淬火及低温回火。往三乙醇胺中加约 20%（质量分数）尿素，可提高渗层中的氮含量。由于这种渗剂黏性较大，应将其加热到 70～100℃后立刻通入炉内。

2. 采用煤油加氨气的碳氮共渗应用实例

这种工艺大多数是在井式渗碳炉中进行的，利用原有的气体渗碳设备加一套氨气供应装置即可。例如，用 40Cr 钢制造的汽车变速器中的轴及齿轮，工件要求渗层深度为 0.25～0.40mm，表面组织为针状马氏体及少量残留奥氏体。按图 6-22 所示工艺进行碳氮共渗，在保温 2～3h 后直接淬火，渗层深度和组织符合技术要求，表面硬度为 60～63HRC，心部硬度为 50～53HRC，表层碳、氮含量 $w(C)$、$w(N)$ 分别为 0.8% 及 0.3%～0.4%。

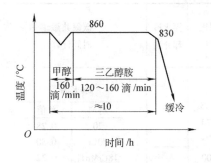

图 6-21　滴注式气体碳氮共渗工艺曲线

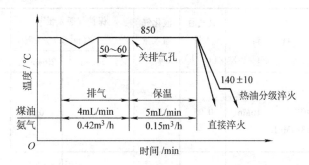

图 6-22　煤油加氨气进行碳氮共渗工艺曲线

又如加工 20Cr2Ni4A 钢重载传动齿轮，如采用气体渗碳，由于渗碳温度高（930℃），淬火后表层残留奥氏体过多，硬度达不到要求，故必须在渗碳冷却后进行高温回火，再重新加热淬火。改用气体碳氮共渗后，由于处理温度低(820℃)，渗后直接淬火虽然也有相当数量的残留奥氏体，但表面硬度可以达到58HRC以上。为了在工件表面获得较高的碳、氮含量，保温期中通入较多的煤油和氨气，所得渗层组织为密集的粒状化合物＋细马氏体＋残留奥氏体，表面碳含量$w(C)$达2%～3%。其工艺曲线如图6-23所示。

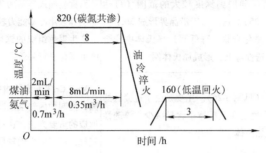

图6-23　重载传动齿轮碳氮共渗工艺曲线

3. 保护气＋富化气＋氨气碳氮共渗应用实例

（1）井式炉碳氮共渗应用实例　表6-42和表6-43分别列出了这种气氛条件下碳氮共渗工件的技术要求与工艺规程。

表6-42　碳氮共渗工件的技术要求

材　料	零件名称	渗层深度/mm	硬度　HRC
Y12	变扭器阀	0.4～0.6	58～63
20	滚轮	0.4～0.6	58～63
20Cr	传动套	0.25～0.4	58～63
18CrMnTi	太阳齿轮	0.3～0.5	58～63
40Cr	摇臂	0.4～0.6	58～63

表6-43　井式炉碳氮共渗工艺规程

材　　料	氨气通入量 /(m³/h)	液化气通入量 /(m³/h)	保护气通入量[1] /(m³/h) 装炉20min内	保护气通入量[1] /(m³/h) 20min后	温度 /℃	淬火冷却介质	碳氮共渗时间计算	
15Cr、 20Cr、 40Cr、 16Mn、 18CrMnTi	0.05	0.1	5.0	0.5	上区 870 下区 800	油	$x = K\sqrt{\tau}$[2] 材料　20　20Cr　18CrMnTi　40Cr	K值　0.28　0.30　0.32　0.37
Y12,08,20,35	0.05	0.15	5.0	0.5		碱水		

①　保护气成分(体积分数,%)

CO_2	O_2	C_nH_{2n}	CO	CH_4	H_2	N_2
≤1.0	0.6	0.6	26	4～8	16～18	余量

②　式中x为层深要求(mm),τ为共渗时间(h)。

（2）密封箱式炉碳氮共渗应用实例　汽车球座的材料为 20Cr，要求渗层深度 0.2 ~
0.3mm，表面硬度用锉刀检验，心部硬度低于 48HRC。其工艺曲线如图 6-24 所示。

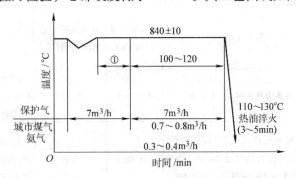

图 6-24　汽车球座碳氮共渗工艺曲线

注：保护气露点 –3 ~ –5℃。

①排气至炉气露点达到 –3 ~ –5℃时开始共渗。

4. 连续式炉碳氮共渗应用实例

大批量工件的碳氮共渗宜采用连续式炉，不仅生产率高，而且产品质量易控制。目前国内已经应用这类先进设备处理汽车变速器齿轮及自行车零件等。试验证明，连续式炉各区的温度分布及富化气和氨气的流量分配，对工件共渗后的组织性能影响很大。一般情况下，氨气的通入量以 3% 左右为宜，氨气过多将在工件表面形成白亮层，或增加残留奥氏体量，硬度降低，还可能出现黑色组织，使工件疲劳强度降低。20CrMnTi 及 20MnTiB 等材料连续式气体碳氮共渗工艺及结果见表 6-44。

表 6-44　20CrMnTi 及 20MnTiB 等材料连续式气体碳氮共渗工艺及结果

炉区各区温度/℃	各区保护气通入量/（m³/h）	工业丙烷		氨　　气		工件炉内停留总时间/min	渗层深度/mm	渗层碳、氮含量	
		各区通入量/（m³/h）	占总容积量（%）	各区通入量/（m³/h）	占总容积量（%）			$w(C)$（%）	$w(N)$（%）
780—860—860—860—840	6	0—0.1—0.3—0.2—0	2.1	0—0.3—0.3—0.2—0	2.8	700	1.05	0.91	0.30
780—860—880—860—840	5	0—0.1—0.2—0.1—0	1.4	0—0.3—0.3—0.2—0	2.8	600	1.04	0.90	0.28
780—880—900—880—840	4	0—0.1—0.2—0.1—0	1.4	0—0.3—0.3—0.2—0	2.8	550	1.04	0.90	0.25
780—880—880—840—820	6	0—0.1—0.2—0.1—0	1.4	0.1—0.3—0.3—0.4—0	2.8	600	0.92	1.0	0.50

注：1. 渗层金相组织为马氏体 + 残留奥氏体 + 少量碳化物，心部为低碳马氏体。

　　2. 表面硬度为 61 ~ 62HRC，心部硬度为 38 ~ 45HRC。

　　3. 渗层碳、氮含量是指距表面 0.05mm 之内碳、氮的平均含量。

　　4. 炉膛容积约 10m³，炉型结构与连续渗碳炉相同。

5. 几种 NH₃ + RX 吸热式气氛碳氮共渗应用实例（见表 6-45）

表 6-45　几种 NH₃ + RX 吸热式气氛碳氮共渗应用实例

炉　　型	渗　　剂	氨气通入量 /(m³/h)	氨气占炉气总量的比例(%)	使　用　情　况
密封振底炉（炉膛尺寸:400mm×600mm×240mm)	煤气制备吸热式气氛 15m²/h	2.25~3	15~20	Q235,820~840℃,总时间 40~45min,渗层深度 0.15~0.30mm,表面硬度 43~62HRC
密封箱式炉(炉膛尺寸:915mm×610mm×460mm)	煤气制备吸热式气氛(露点 0℃)15m³/h,液化石油气 0.2m³/h,炉气 $\varphi(CO_2)$ 为 0.1%,$\varphi(CH_4)$ 为 3.5%	0.40	2.6	35 钢,860℃×(65~70)min 共渗,渗层深度 0.15~0.25mm,表面硬度 50~60HRC
	丙烷制备吸热式气氛 12m³/h,丙烷 0.4~0.5m³/h,炉气露点 -8~-12℃	1.0~1.5	7.5~10.7	20Cr、20CrMnTi,850℃×160min 共渗,渗层深度 0.5~0.58mm,表面硬度 >58HRC
连续推杆式炉	丙烷制备吸热式气氛 28m³/h,丙烷 0.4m³/h	0.5	1.7	20CrMnTi、20MnTiB,880℃,总时间 10h,渗层深度 0.7~1.1mm,表面硬度 58~63HRC
连续式推杆式炉(炉膛尺寸:5400mm×1000mm×941mm)	煤气制备吸热式气氛 22m³/h(露点 0~7℃),丙烷 0.35~0.5m³/h	0.5~0.7	2.2~3.2	Q235,880~900℃,总时间 5h,渗层深度 0.3~0.4mm,表面硬度 ≥58HRC

第7章　渗氮及其多元共渗

7.1　渗氮及其多元共渗简介

工件在一定温度的含有活性氮的介质中保温，使其表面渗入氮原子的过程称之为渗氮或氮化；介质中除了氮之外，还有活性碳存在，实现氮、碳原子的同时渗入，且渗氮为主，称之为氮碳共渗或软氮化；当钢铁工件同时渗入硫氮碳、氮氧、硫氮钒等多种原子，称之为含氮多元共渗。

渗氮及其多元共渗处理通常在 480~600℃ 进行，渗氮的介质可采用气体、熔盐或固态颗粒。原始的渗氮工艺处理时间需 30h 以上，处理后氮可扩散到数百微米深，生产率低，能耗高。为了缩短处理时间、节能，人们开发了二段及三段气体渗氮法、辉光离子渗氮、真空脉冲渗氮、加压气体渗氮，以及把渗氮和渗碳结合在一起的氮碳共渗工艺。为了进一步提高渗层的抗咬合性，又发展了硫氮碳等多元共渗工艺。

随着科学技术的不断进步，渗氮及其多元共渗不论在基础理论方面，还是在工程实践和应用方面均得到了长足的发展，几乎 90% 牌号的钢铁材料均可采用该技术进行处理，而且应用面逐渐扩展到了有色金属材料。

渗氮及其多元共渗的目的是为了提高工件的表面硬度、耐磨性、疲劳强度、耐蚀性及抗咬合性。

对于 38CrMoAlA、4Cr5MoV1Si 等钢，渗氮后的表层硬度可以提高到 1000~1200HV，相当于 70HRC 左右。这显然是一般钢件淬火、渗碳及碳氮共渗达不到的。而且这种高硬度可在 500℃ 左右长期保持。渗氮工件表层硬度高，耐磨性很好，能抵抗各种类型的磨损，一般耐磨性比未处理件可提高十几倍。

渗氮后，工件表面形成的各种氮化物相的比体积比铁大，因此，渗氮后表面产生了较大的残余压应力。表层残余压应力的存在，能部分抵消在疲劳载荷下产生的拉应力，延缓疲劳破坏过程，使疲劳强度显著提高。同时渗氮还使工件的缺口敏感性降低。一般合金钢渗氮后，疲劳极限可提高 25%~35%；有缺口试样的疲劳极限可提高 2~3 倍。

一些承受高速相对滑动的工件很容易发生卡死或擦伤，而渗氮工件在短时间缺乏润滑或过热的条件下，仍能保持高硬度，硫氮碳共渗层还有减磨的 FeS 存在，具有较高的抗咬合性能。

渗氮后工件表面形成了一层致密的化学稳定性较高的氮化物阻挡层，显著地提高了耐蚀性，能抵抗大气、自来水、水蒸气、苯、油污、弱碱性溶液的腐蚀。

7.1.1　渗氮简介

钢铁的渗氮过程和其他化学热处理过程一样，包括渗剂中的反应、原子在渗剂中的扩散、相界面反应、被渗元素在铁中的扩散及扩散过程中氮化物的形成。

渗剂中的反应主要指渗剂分解出含有活性氮原子的物质，该物质通过渗剂中的扩散，输送至工件表面，参与界面反应，在界面反应中产生的活性氮被表面吸收，继而向内部扩散。使用最多的渗氮介质是氨气，在渗氮温度时，氨是亚稳定的，它发生如下分解反应：

$$2NH_3 \Longleftrightarrow 3H_2 + 2[N] \tag{7-1}$$

当活性氮原子遇到铁原子时则发生如下反应：

$$Fe + [N] \Longleftrightarrow Fe(N) \tag{7-2}$$

$$4Fe + [N] \Longleftrightarrow Fe_4N \tag{7-3}$$

$$(2\sim3)Fe + [N] \Longleftrightarrow Fe_{2\sim3}N \tag{7-4}$$

$$2Fe + [N] \Longleftrightarrow Fe_2N \tag{7-5}$$

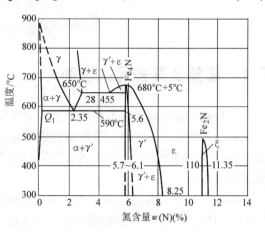

图 7-1　铁氮相图

纯铁渗氮时，渗氮层中所有可能出现的相可以根据铁氮相图（见图 7-1）进行分析。

纯铁渗氮层中各相的性质见表 7-1。除表 7-1 中所列各项外，Fe-N 系中可能出现含氮马氏体 α′ 和介稳相 α″。前者是渗氮后快冷的产物，呈体心正方点阵，硬度较高（可达 650HV 左右）；α″ 氮化物的分子式为 $Fe_{16}N_2$ 或 Fe_8N，呈体心正方点阵。

表 7-1　纯铁渗氮层中各相的性质

相	本质及化学式	晶体结构	晶格常数/0.1nm			氮含量（质量分数,%）	主要性能
			a	b	c		
α	含氮铁素体	体心立方	≈2.87			590℃时达最大值 0.11，室温下降至 0.004	具有铁磁性
γ	含氮奥氏体	面心立方	3.57~3.66			≤2.8	仅存在于共析温度之上，硬度约为 160HV
γ′	以 Fe_4N 为基的固溶体（Fe_4N）	面心立方	3.789~3.803			5.7~6.1	具有铁磁性，脆性小，硬度约为 550HV
ε	以 $Fe_{2\sim3}N$ 为基的固溶体（$Fe_{2\sim3}N$）	密排六方	2.70~2.77	—	4.377~4.422	4.55~11.0	脆性稍大，耐蚀性较好，硬度约为 265HV
ξ	以 Fe_2N 为基的固溶体（Fe_2N）	斜方	2.762	—	4.422	11.1~11.35	脆性大，硬度约为 260HV

渗氮过程不同于渗碳，它是一个典型的反应扩散过程。依照铁氮相图，可得出不同温度下渗层中各相的形成顺序及各层的相组成物，见表 7-2。

表 7-2　纯铁渗氮层中各相的形成顺序及平衡状态下各层的相组成物

渗氮温度/℃	相组成顺序	由表及里的渗层相组成物
<590	α→α_N→γ′→ε	ε→ε + γ′→γ′→α_N + γ′C（过剩）→α
590~680	α→α_N→γ→γ′→ε	ε→ε + γ′→γ′→（α_N + γ′）共析组织→α_N + γ′（过剩）→α
>680	α→α_N→γ→ε	ε→ε + γ′→（α_N + γ′）共析组织→α_N + γ′（过剩）→α

　　图 7-2 可说明渗氮层的形成过程。在渗氮初期的 τ 时刻，表层的 α 固溶体未被氮所饱和，渗氮层深度随时间增加而增加。随着气相中的氮不断渗入，使 α 达到饱和氮含量 C_{max}^{α}，即 τ_1 时刻。在 $\tau_1 \sim \tau_2$ 时间内，气相中的氮继续向工件内扩散而使 α 相过饱和，引发 $\alpha \rightarrow \gamma'$ 反应，产生 γ' 相。渗氮时间延长，表面形成一层连续分布的 γ' 相，达到 γ' 中的过饱和极限后，表面开始形成氮含量更高的 ε 相。

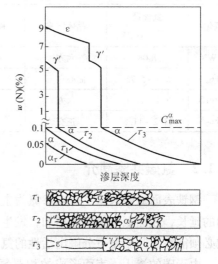

图 7-2　共析温度以下渗氮时氮含量与相组成的关系

　　渗氮钢中加入合金元素将形成合金氮化物，不仅使渗层硬度和耐磨性提高，对渗层的深度也有明显的影响。有的合金元素可以加速渗层的形成；有的合金元素则减缓了渗层的形成速度，这些合金元素在钢中形成的合金氮化物对氮元素的渗入有阻碍作用。因此，高合金钢的化合物层和总渗层深度都比碳钢低。表 7-3 列出了渗氮钢中合金氮化物的晶体结构与基本特性。

　　低碳钢化合物层的硬度为 300 ~ 600HV，中碳和高碳钢化合物层硬度为 500 ~ 700HV，合金钢化合物层的硬度可达 700 ~ 1100HV，高速钢化合物层的硬度高达 1100 ~ 1300HV。

表 7-3　渗氮钢中合金氮化物的晶体结构与基本特性

氮化物	氮含量（质量分数,%）	晶体结构	硬度　HV	密度 /（g/cm³）	分解温度 /℃	熔点 /℃
AlN	34.18	六方	1225 ~ 1230	3.05	1870	2400
Ti₃N	8.9	正方	—	4.77	—	—
TiN	21.1 ~ 22.6	面心立方	1994 ~ 2160	5.43	>1500	3205
Mn₄N	5.8 ~ 6.1	面心立方	—	—	>460	—
Mn₂N	9.2 ~ 11.8	六方	—	6.2 ~ 6.6	—	—
NbN	13.1 ~ 13.3	六方	1400	8.40	2300	—
Ta₂N	3.0 ~ 3.4	六方	1220	15.81	—	2050
TaN	5.8 ~ 6.5	六方	1060	14.36	—	3090
V₃N	8.4 ~ 11.9	六方	1900	5.98	—	—
VN	16.0 ~ 25.9	面心立方	1520	6.10	>1000	2360
Cr₂N	11.3 ~ 11.8	六方	1570	6.51	—	1650
CrN	21.7	面心立方	1093	5.8 ~ 6.10	1500（离解）	—
Mo₃N	5.4	正方	—	—	—	—
Mo₂N	6.4 ~ 6.7	面心立方	630	8.04	600（离解）	—
MoN	12.73	六方	—	8.06	600（离解）	—
W₂N	4.39	面心立方	—	12.20	800	—

（续）

氮化物	氮含量 （质量分数,%）	晶体结构	硬度　HV	密度 /（g/cm³）	分解温度 /℃	熔点 /℃
WN	7.08	六方	—	12.08	600	—
Fe₄N	5.3~5.75	面心立方	≥450	6.57	670（离解）	—
Fe₃N	8.1~11.1	六方	—	—	—	—
Fe₂N	11.2~11.8	正交	≈260	—	560（离解）	—

7.1.2　氮碳共渗简介

钢铁表面氮碳共渗主要以渗氮为主，碳渗入较少，其共渗机理与渗氮相似，随着处理时间的延长，表面氮含量不断增加，发生反应扩散，形成白亮层及扩散层。氮碳共渗使用的介质必须能在工艺温度下分解出活性的氮、碳原子。

由于碳的渗入，表面形成的相要复杂一些。例如，当氮含量 $w(N)$ 为 1.8%，碳含量 $w(N)$ 为 0.35% 时，在 560℃ 发生 $\gamma \rightleftharpoons \alpha + \gamma + z[Fe(CN)]$ 共析反应，形成 $\alpha + \gamma' + z$ 的机械混合物。需要指出的是，碳主要渗入化合物层，而几乎不渗入扩散层。

7.1.3　其他含氮多元共渗简介

1. 盐浴硫氮碳共渗简介

盐浴法与气体法的不同点是盐浴既是加热介质又是共渗介质，活性原子的扩散速度快，处理时间短，但渗层相对浅一些，相结构不易控制。盐浴硫氮碳共渗是利用盐浴中产生的活性氮、碳、硫原子渗入工件表面，与铁形成化合物及扩散层。盐浴在 565℃ 下发生如下反应：

1）氰酸盐的分解：

$$4CNO^- \rightleftharpoons CO_3^{2-} + 2[N] + 2CN^- + CO \qquad (7-6)$$

2）氰酸盐的氧化和活性氮、碳原子的产生：

$$2CNO^- + O_2 \rightleftharpoons CO_3^{2-} + 2[N] + CO \qquad (7-7)$$

$$2CO \rightleftharpoons CO_2 + [C] \qquad (7-8)$$

3）氧使氰离子氧化：

$$2CN^- + O_2 \rightleftharpoons 2CNO^- \qquad (7-9)$$

$$CO_2 + CN^- \rightleftharpoons CNO^- + CO \qquad (7-10)$$

$$3CN^- + A_1 \rightleftharpoons 3CNO^- + S^{2-}（A_1 为 K_2S, K_2S_2O_3, K_2S_2O_3 等硫化物）\qquad (7-11)$$

随着工作时间的延续，通过反应不断产生活性氮、碳原子，氧化反应可氧化一部分氰，但只能将其降低并稳定在 2.5%~3%（质量分数），硫化物的加入可氧化 CN^- 并提供二价活性硫，使氰根降低到 0.1%~0.8%（质量分数）。

与氮碳共渗不同是，工件硫氮碳共渗后，其化合层除了有 ε 相存在，还有 FeS 存在，它处于渗层最表面，起到降低摩擦因数、提高抗咬合性能的作用。扩散层与氮碳共渗层的结构相同。

2. 气体氧氮共渗简介

添加氧气、含氧气氛或预氧化可以明显提高渗氮速度，改善渗层性能。氧氮共渗的原理是通入炉中的氨气和热工件接触分解出活性氮原子，新生的活性氮原子吸附在工件表面，并向内扩散而进行渗氮。氨气分解产生的氢与氧反应生成水蒸气，可降低了气氛中氢的分压，促使氨的分解。由于氢分压的减少，氢分子对渗氮的阻碍作用降低，促进铁对氮原子的吸收。另外，由于氧的作用提高了表层固溶体中的氮含量，增加了固溶体的浓度梯度，从而增加了氮在钢中的扩散速度，同时加入的氧与铁表面发生作用生成 Fe_3O_4，Fe_3O_4 对氨的分解有催化作用，总体提高了气氛渗氮的能力。

关于氧的催渗机理，一般认为，钢表面的氧化薄膜在渗氮初期被还原生成洁净的新生表面，呈现出很高的化学活性，产生大量能够吸附渗剂的活性位置。同时，工件表面还有位错露头、台阶和各种表面缺陷的悬键，形成具有较低"势垒"的活性中心，使渗剂的被吸附概率和吸附量增加，促使其分子断键在渗氮过程中起到了触媒的作用，从而使活性氮原子渗入过程加快。

7.2　常用渗氮及其多元共渗材料

渗氮及其多元共渗工艺对材料的适用面非常广泛，一般的钢铁材料和部分有色金属材料（如钛、钛合金及铝合金等）均可进行渗氮及其多元共渗处理。渗氮及其多元共渗用钢是一致的。为了使工件心部具有足够的强度，钢的碳含量 $w(C)$ 通常为 $0.15\% \sim 0.50\%$（工模具钢碳含量高一些）。添加钨、钼、铬、铁、钛、钒、镍、铝等合金元素，可改善材料渗氮处理的工艺性及综合力学性能。表 7-4 列出了一些常用的渗氮及其多元共渗材料。

表 7-4　常用的渗氮及其多元共渗材料

类　别	牌　号	渗氮后的性能特点	主要用途及备注
低碳钢	08,08Al,10,15,20,Q195,Q235,20Mn,30,35	耐磨，抗大气与水腐蚀	螺栓、螺母、销钉、把手等
中碳钢	40,45,50,60	提高耐磨性、抗疲劳性能或抗大气及水的腐蚀性能	曲轴、齿轮轴、心轴、低档齿轮等
低碳合金钢	18Cr2Ni4WA，18CrNiWA，20Cr，12CrNi3A，12Cr2Ni4A，20CrMnTi，25Cr2Ni4WA,25Cr2MoVA	耐磨性、抗疲劳性能优良，心部韧性高，可承受冲击载荷	非重载齿轮、齿圈、蜗杆等中、高档精密零件
中碳合金钢	40Cr，50Cr，50CrV，38CrMoAl，38Cr2MoAlA，35CrMo，35CrNiMo，35CrNi3W，38CrNi3MoA，40CrNiMo，45CrNiMoV,42CrMo,30Cr3WA,30CrMnSi,30Cr2Ni2WV	耐磨性、抗疲劳性能优良，心部强韧性好，特别是含 Al 钢，渗氮后表面硬度很高，耐磨性很好	机床主轴、镗杆、螺杆、汽轮机轴、较大载荷的齿轮和曲轴等
模具钢	Cr12，Cr12Mo，Cr12MoV，3Cr2W8，3Cr2W8V，4Cr5MoSiV，4Cr5MoSiV1，4Cr5W2VSi,5Cr4NiMo,5CrMnMo	耐磨性、抗热疲劳性能、热硬性好，有一定的抗冲击疲劳性能	冲模、拉深模、落料模、有色金属压铸模、挤压模等
工具钢	W18Cr4V，W9Mo3Cr4V，CrWMn，W6Mo5Cr4V2,W18Cr4VCo5,65Nb	耐磨性及热硬性优良	电池模具、高速钢铣刀、钻头等多种刃具

（续）

类　别	牌　号	渗氮后的性能特点	主要用途及备注
不锈钢、耐热钢、超高强钢	12Cr13，20Cr13，30Cr13，40Cr13，06Cr19Ni10，14Cr11MoV，42Cr9Si2，13Cr11Ni2W2MoV，40Cr10Si2Mo，17Cr18Ni9，53Cr21Mn9Ni4N，45Cr14Ni14W2Mo	耐磨性、热硬性及高温强度优良，能在500~600℃服役，渗氮后耐蚀性有所下降，但在许多介质中仍有较高的耐蚀性	纺纱机走丝槽，在腐蚀介质中工作的泵轴、叶轮、中壳、内燃机汽阀，以及在500~600℃环境下工作且要求耐磨的零件
含钛渗氮专用钢	30CrTi2，30CrTi2Ni3Al	耐磨性优良，热硬性及抗疲劳性能好	承受剧烈的磨粒磨损且无冲击的零件
球墨铸铁及合金铸铁	QT600-3，QT800-2，QT450-10	耐磨性优良，抗疲劳性能好	曲轴及缸套，凸轮轴

　　38CrMoAl 钢是广泛应用的渗氮钢。该钢经渗氮处理后，可获得很高的硬度，耐磨性好，具有良好的淬透性。加入 Mo 后，抑制了材料的第二类回火脆性，心部具有一定的强韧性，因而广泛用于主轴、螺杆、非重载齿轮、气缸筒等需高硬度、高耐磨而又冲击不大的零件。由于 Al 的加入，在冶炼过程中易形成非金属夹杂物，有过热敏感性，渗氮层表面脆性倾向增大。近年来，无铝渗氮钢的应用越来越多，对表面硬度要求不很高而需较高心部强韧性的零件，可选用40Cr、40CrVA、35CrMo、42CrMo 等材料。对工作在循环弯曲或接触应力较大条件下的重载零件，可选用 18Cr2Ni4WA、20CrMnNi3MoV、25Cr2MoVA、38CrNi3MoA、30Cr3Mo、38CrNiMoVA 等材料。曲轴及缸套可选球墨铸铁或合金铸铁材料。

　　为了保证渗氮工件中心部位有较高的综合力学性能，处理前一般需进行调质处理（工模具采用淬火＋回火处理），以获得回火索氏体组织。常用渗氮钢的调质处理工艺及调质后的力学性能见表7-5。38CrMoAl 钢回火温度对渗氮层深度及硬度的影响见表7-6。

表7-5　常用渗氮钢的调质处理工艺及调质后的力学性能

牌　号	调 质 工 艺			力 学 性 能					备　注
	淬火温度/℃	冷却介质	回火温度/℃	R_m/MPa	R_{eL}/MPa	A(%)	Z(%)	a_K/(J/cm²)	
18CrNi4WA	850~870	油	525~575	1170	1020	12	55	117	
20CrMnTi	910~930	油	600~620	—					
20Cr3MoWV	1030~1080	油	660~700	880	730	12	40	—	
30Cr3WA	870~890	油	580~620	980	830	15	50	98	
30CrMnSi	880~900	油	500~540	1100	900	10	45	50	
30Cr2Ni2WVA	850~870	油	610~630	980	830	12	55	117	
35CrMo	840~860	油	520~560	1000	850	12	45	80	200~220HBW
35CrAlA	920~940	油或水	620~650	880	740	10	45	78	
38CrMoAlA	920~940	油	620~650	980	835	15	50	88	
38CrWVAlA	900~950	油	600~650	980	835	12	50	88	
40Cr	840~860	油	500~540	1000	800	9	45	60	
40CrNiMo	840~860	油	600~620	100	850	12	55	100	
40CrNiWA	840~860	油	610~630	1080	930	12	50	78	
50CrVA	850~870	油	480~520	1300	1150	10	40		

（续）

牌　号	调 质 工 艺			力 学 性 能					备　注
	淬火温度/℃	冷却介质	回火温度/℃	R_m/MPa	R_{eL}/MPa	A(%)	Z(%)	a_K/(J/cm²)	
3Cr2W8	1050~1080	油	600~620	1620	1430	11	38	34	48~52HRC
4Cr5MoSiV1	1020~1050	油	580~620	1830	1670	9	28	—	
5CrNiMo	840~860	油	540~560	1370	—	11	44	51	38~42HRC
Cr12MoV	980~1000	油	540~560						52~54HRC
W18Cr4V	1260~1310	油	550~570（三次）	—					≥63HRC
W6Mo5Cr4V2	1200~1240	油	550~570（三次）	—					≥63HRC
20Cr13	1000~1050	油或水	660~670	600	450	16	55	80	230HBS
42Cr9Si2	1020~1040	油	700~780	900	600	19	50		58~63HRC
14Cr11MoV	930~960	—	680~730	450	240	21	61	60	
45Cr14Ni14W2Mo	820~850	水	—	706	314	20	35		固溶处理 34HRC
53Cr21Mn9Ni4N	1175~1185	水	750~800	900	700	5	5		
QT600-3	920~940	空冷		725	464	3.6		20	正火 220~230HBW

表7-6　38CrMoAl 钢回火温度对渗氮层深度及硬度的影响

回火温度/℃	回火后硬度 HRC	渗氮层深度/mm	渗氮层硬度 HRA
720	21~22	0.51~0.58	80~81.5
700	22~23	0.50~0.51	80~82
680	24~26	0.46~0.49	80~82
650	29~31	0.40~0.43	81~83
620	32~33	0.38~0.40	81~83
590	34~35	0.37~0.38	82~83
570	36~37	0.37~0.38	82~83

注：940℃淬火，渗氮工艺为520~530℃，35h，氨分解率25%~45%。

　　对于较薄的五金件及心部性能要求不高的工件无须进行调质处理，精加工后直接处理就可使用。工件表层要求不能出现晶粒粗大组织，否则不但不能改善表面性能，反而会引起渗氮层脆性脱落。形状复杂、尺寸稳定性及畸变量要求较高的精密工件，在精加工前应进行1次或2次稳定化处理，以消除机加工引起的内应力，并保证组织稳定。稳定化处理的加热温度应介于渗氮温度与回火温度之间，一般高于渗氮温度约30℃。渗氮件表面粗糙度对处理效果也有明显影响，粗糙的表面使渗层的不均匀性和脆性倾向增大。渗氮可使较粗糙的表面改善，又可使光洁表面变得粗糙。一般处理后表面粗糙度值 Ra 为 0.8~1.4μm。渗氮件处理前表面粗糙度值 Ra 以 0.8~1.6μm 为宜。

7.3 渗氮

7.3.1 气体渗氮装置及渗氮介质

1. 气体渗氮装置

气体渗氮装置如图7-3所示，它一般由渗氮炉、供氨系统、氨分解测定系统和测温系统组成。渗氮炉有井式电阻炉、钟罩式炉及多用箱式炉等，均应具有良好的密封性。炉中的渗氮罐一般用12Cr18Ni9不锈钢制造，钢中的镍及镍的某些化合物对氨的分解具有很强的催化作用，而且随着渗氮的炉次增加，催化作用增强，使氨分解率不断增加，必须加大氨的通入量才能稳定渗氮质量。因此，在使用若干炉次后，应定期对渗氮罐进行退氮处理（退氮工艺为800～860℃，空载保温2～4h）。目前，已有低碳钢搪瓷渗氮罐应用于实际生产，可保证运行400h内氨的分解率基本不变。

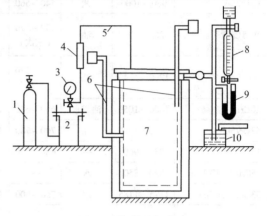

图7-3　气体渗氮装置
1—氨瓶　2—干燥箱　3—氨压力表　4—流量计
5—进气管　6—热电偶　7—渗氮罐　8—氨
分解率测定计　9—U形压力计　10—泡泡瓶

2. 气体渗氮介质

气体渗氮的介质是氨气，渗氮的结果主要由氨在炉内的行为来确定。在平衡状态下，当温度大于500℃时，理论上氨的分解率已达到99%，但在实际情况中，氨含量大于10%，远远大于平衡值，也就是说实际分解率远小于平衡分解时的理论分解率。当炉内存在混合气时，在炉气中氨含量相同的情况下，混合气含量越高，氨分解率越低。氨气的流量和压力可通过针形阀进行调节。罐内压力用U形油压计测量，一般控制在30～50mm油柱（1mm油柱≈8.5Pa）。泡泡瓶内盛水，以观察供氨系统的流通状况。在渗氮工艺控制技术中，渗氮气氛的"氮势"可定义为 $p_{NH_3}/p_{H_2}^{1.5}$，可见氨分解率越低（通氨越多），氮势越高。生产中通常是通过调节氨分解率控制渗氮过程。氨分解率测定仪（见图7-4）是利用氨溶于水而其分解产物不溶于水这一特性进行测量的。使用时，首先关闭进水阀并将炉罐中的废气引入标有刻度的玻璃容器中，然后依次关闭排气阀和进气阀，打开进水阀，向充满废气的玻璃容器注水。由于氨溶于水，水占有的体积即可代表未分解氨的容积，剩余容积为分解产物占据，从刻度上可直接读出氨分解率。近年来，随着技术的发展，以电信号来反映氨分解率的测量仪器已投入生产应用，使得渗氮过程计算机控制成为可能。这种氨分解率测定仪器可分为两大类：一类是利用氢气、氮气及氨气的导热性差异测定氨分解率；另一类是根据多原子气体对辐射的选择吸收作用，

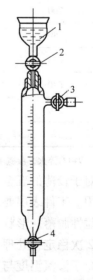

图7-4　氨分解率测定仪
1—盛水器　2—进水阀　3—进气阀　4—排水、排气阀

用红外线测量炉气成分，从而确定氨分解率。

渗氮用液氨应符合 GB 536—1988《液体无水氨》中一级品的规定，纯度大于 95%（质量分数）。导入渗氮罐前，应先经过干燥箱（装有硅胶、氯化钙、生石灰或活性氧化铝等）脱水，氨气中水的含量应小于 2%（质量分数）。

7.3.2　气体渗氮工艺参数及操作过程

1. 渗氮温度

以提高表面硬度和强度为目的的渗氮处理，其渗氮温度一般为 480 ~ 570℃。渗氮温度越高，扩散速度越快，渗层越深。但渗氮温度超过 550℃，合金氮化物将发生聚集长大而使硬度下降。

2. 渗氮时间

渗氮保温时间主要决定渗氮层深度，对表面硬度也有不同程度的影响。渗氮层深度随渗氮保温时间延长而增厚，且符合抛物线法则，即渗氮初期增长率较大，随后增幅趋缓。渗氮层表面硬度随着时间延长而下降，同样与合金氮化物聚集长大有关，而且渗氮温度越高，长大速度越快，对硬度的影响也越明显。

3. 氨分解率

渗氮过程中钢件是 NH_3 分解的触媒。与工件表面接触的 NH_3 才能有效地提供活性氮原子。因而介质氨分解率越低，向工件提供可渗入的氮原子的能力越强。但分解率不可过低，否则易使合金钢工件表面产生脆性白亮层。氨分解率过高则会使渗层硬度下降。常用氨分解率为 15% ~ 40%。

氨分解率用氨流量调节。氨流量一定时，温度越高，分解率越大。为了使氨分解率达到工艺规定的数值，必须增加氨气流量。

装炉前，需对工件表面的锈斑、油污、铁屑及其他杂物进行清理，以保证氮的有效吸附。常用的清洗剂有水溶性清洗剂、汽油、四氯化碳等。用水溶性清洗剂清洗的工件应用清水漂洗干净、烘干。

4. 气体渗氮工艺操作过程

气体渗氮包括排气、升温、保温、冷却四个过程。渗氮操作应先排气后升温，排气与升温也可同时进行。在 450℃ 以上，应降低升温速度，避免超过工艺温度。保温阶段应严格控制氨气流量、温度、氨分解率和炉压，保证渗氮质量。渗氮保温结束后停电降温，但应继续通入氨气保持正压，以防止空气进入使工件表面产生氧化色。温度降至 200℃ 以下，可停止供氨，工件出炉。对一些畸变要求不严格的工件，可在保温完后立即吊出炉外油冷。

5. 工艺控制和过程传感

渗氮时的工艺控制和过程传感与渗碳过程不同，迄今主要是控制氨分解率，气氛成分的连续测量和控制通常是计算渗氮系数和控制工艺过程的依据。

对于氨-氢-氮混合气渗氮，测量气氛中的氢含量或氮含量就可知道过程的流率，计算出气氛中的其他成分。知道了这些数据，就能计算出过程的参数，例如分解率和渗氮系数。在控制渗氮过程中，通过渗氮系数能更灵敏地控制渗氮过程。根据温度的变化，渗氮系数能够指出渗氮过程中的化合物层内所形成氮化物的类型。另外，高的渗氮系数又能导致高的化合物层形成速率。

为了控制气氛成分而计算特殊的过程系统，是描述热处理过程的常见方法。这种方法的缺点是显而易见的，它能发现对气氛中反应的影响，但不能发现由于在被加热的工件表面进行不充分渗氮反应所导致的不足。我们知道，尽管气氛中的改变未能被测量出来，但是用正确方法渗氮的工件经过一定时间后，就会与那些没有渗氮或者渗氮不完全的工件表面产生不同的结果。这种工艺过程中的影响是不能通过控制气氛察觉的。唯一的办法就是测量渗氮过程中渗氮层的状态。为了做到这点就必须采用新型传感器，以实时传感渗氮过程。用这种新型传感器可以在渗氮过程中实时测量化合物层深度、渗氮深度和化合物层成分。

7.3.3　结构钢与工具钢的渗氮

1. 一段渗氮

一段渗氮是在同一温度下（一般为 480～530℃）长时间保温的渗氮工艺。在 15～20h 内采用较低的氨分解率，使工件表面迅速吸收大量氮原子，并形成弥散分布的氮化物，提高工件表面硬度。在中间阶段，氨分解率可提高到 30%～40%，使表层氮原子向内扩散，增加渗层深度。保温结束前 2～4h，氨分解率应控制在 70% 以上，进行退氮处理，减薄或消除脆性白亮层。

2. 两段渗氮

第一段的渗氮温度和氨分解率与一段渗氮相同，目的是在工件表面形成高弥散度的氮化物。第二段采用较高的温度（一般为 550～600℃）和较高的氨分解率（40%～60%），以加速氮在钢中的扩散，增加渗氮层深度，并使渗层的硬度分布趋于平缓。由于第一阶段在较低温度下形成的高度弥散细小的氮化物稳定性高，因而其硬度下降不显著。两段渗氮可缩短渗氮周期，但表面硬度稍有下降，畸变量有所增加。

3. 三段渗氮

三段渗氮是对两段渗氮所存在的一些不足进行改进而形成的。其特点是在两段渗氮处理后再在 520℃ 左右继续渗氮，以提高表面硬度。

常用结构钢和工具钢的气体渗氮工艺规范见表 7-7。

表 7-7　常用结构钢和工具钢的气体渗氮工艺规范

牌　号	渗氮工艺参数				渗氮层深度 /mm	表面硬度	典型工件
	阶段	温度 /℃	时间 /h	氨分解率 (%)			
38CrMoAl		510±10	17～20	15～35	0.2～0.3	>550HV	卡块
		530±10	60	20～50	≥0.45	65～70HRC	套筒
		540±10	10～14	30～50	0.15～0.30	≥88HR15N	大齿圈
		510±10	35	20～40	0.30～0.35	1000～1100HV	镗杆
		510±10	80	30～50	0.50～0.60	≥1000HV	活塞杆
		535±10	35	30～50	0.45～0.55	950～1100HV	镗杆
		510±10	35～55	20～40	0.3～0.55	850～950HV	曲轴
		510±10	50	15～30	0.45～0.50	550～650HV	

（续）

牌　号	渗氮工艺参数				渗氮层深度/mm	表面硬度	典型工件
	阶段	温度/℃	时间/h	氨分解率（%）			
38CrMoAl	1	515 ± 10	25	18 ~ 25	0.40 ~ 0.60	850 ~ 1000HV	十字销、卡块
	2	550 ± 10	45	50 ~ 60			
	1	510 ± 10	10 ~ 12	15 ~ 30	0.50 ~ 0.80	≥80HR30N	大齿轮、螺杆
	2	550 ± 10	48 ~ 58	35 ~ 65			
	1	510 ± 10	10 ~ 12	15 ~ 35	0.5 ~ 0.8	≥80HR30N	
	2	550 ± 10	48 ~ 58	35 ~ 65			
	1	510 ± 10	20	15 ~ 35	0.5 ~ 0.75	>750HV	气缸筒
	2	560 ± 10	34	35 ~ 65			
	3	560 ± 10	3	100			
	1	525 ± 5	20	25 ~ 35	0.35 ~ 0.55	≥90HR15N	
	2	540 ± 5	10 ~ 15	35 ~ 50			
	1	520 ± 5	19	25 ~ 45	0.35 ~ 0.55	87 ~ 93HR15N	
	2	600	3	100			齿轮
	1	510 ± 10	8 ~ 10	15 ~ 35	0.3 ~ 0.4	>700HV	
	2	550 ± 10	12 ~ 14	35 ~ 65			
	3	550 ± 10	3	100			
40CrNiMoA		520 ± 10	25	25 ~ 35	0.35 ~ 0.55	≥68HR30N	
	1	520 ± 10	20	25 ~ 35	0.40 ~ 0.70	≥83HR15N	曲轴
	2	545 ± 10	10 ~ 15	35 ~ 50			
12Cr2Ni3A	1	500 ± 10	53	18 ~ 40	0.59 ~ 0.72	503 ~ 599HV	齿轮
	2	540 ± 10	10	100			
25CrNi4WA	1	520 ± 10	10	25 ~ 35	0.25 ~ 0.40	≥73HRA	受冲击或重载工件
	2	550 ± 10	10	45 ~ 65			
	3	520 ± 10	12	50 ~ 70			
30Cr2Ni2WA		500 ± 10	55	15 ~ 30	0.45 ~ 0.50	650 ~ 750HV	
30CrMnSiA		500 ± 10	25 ~ 30	20 ~ 30	0.20 ~ 0.30	≥58HRC	
30Cr3WA	1	500 ± 10	40	15 ~ 25	0.40 ~ 0.60	60 ~ 70HRC	
	2	520 ± 10	40	25 ~ 40			
35CrNi3WA	1	505 ± 10	40	15	≥0.7	>45HRC	曲轴等
	2	525 ± 10	50	40 ~ 60			
35CrMo	1	505 ± 10	25	18 ~ 30	0.5 ~ 0.6	650 ~ 700HV	
	2	520 ± 10	25	30 ~ 50			
50CrVA		460 ± 10	15 ~ 20	10 ~ 20	0.15 ~ 0.25	—	弹簧
		460 ± 10	7 ~ 9	15 ~ 35	0.15 ~ 0.25	—	

（续）

牌　号	渗氮工艺参数				渗氮层深度 /mm	表面硬度	典型工件
	阶段	温度 /℃	时间 /h	氨分解率 （%）			
40Cr		490 ± 10	24	15 ~ 35	0.20 ~ 0.30	≥550HV	齿轮
	1	520 ± 10	10 ~ 15	25 ~ 35	0.50 ~ 0.70	≥50HRC	
	2	540 ± 10	52	35 ~ 50			
18CrNiWA		490 ± 10	30	25 ~ 30	0.20 ~ 0.30	≥600HV	轴
18Cr2Ni4A		500 ± 10	35	15 ~ 30	0.25 ~ 0.30	650 ~ 750HV	
3Cr2W8V		535 ± 10	12 ~ 16	25 ~ 40	0.15 ~ 0.20	1000 ~ 1100HV	模具
Cr12，Cr12Mo Cr12MoV	1	480 ± 10	18	14 ~ 27	≥0.20	700 ~ 800HV	
	2	530 ± 10	22	30 ~ 60			
Cr18Si2Mo		570 ± 10	35	30 ~ 60	0.2 ~ 0.25	≥800HV	要求耐磨的 抗氧化件
W18Cr4V		515 ± 10	0.25 ~ 1	20 ~ 40	0.01 ~ 0.025	1100 ~ 1300HV	刀具

4. 抗蚀渗氮

抗蚀渗氮的目的是获得厚度为 15 ~ 60μm 的致密 ε 相层，以提高工件在大气及水中的耐蚀性。抗蚀渗氮处理时氨分解率不应超过 70%，渗氮温度可达 600 ~ 700℃，保温时间以获得要求的渗层深度为依据，时间过长将使 ε 相变脆。表 7-8 所列为纯铁、碳素钢的抗蚀渗氮工艺规范。

表 7-8　纯铁、碳素钢的抗蚀渗氮工艺规范

牌　号	渗氮工艺				ε 相层厚度 /μm
	温度/℃	时间/h	氨分解率（%）	冷却方法	
DT （电工纯铁）	550 ± 10	6	30 ~ 50	随炉冷却至200℃以下出炉 空冷，以提高磁导率	20 ~ 40
	600 ± 10	3 ~ 4	30 ~ 60		20 ~ 40
10	600 ± 10	6	45 ~ 70	根据要求的性能、零件的 精度，分别冷至200℃出炉空 冷，直接出炉空冷、油冷或 水冷	40 ~ 80
10	600 ± 10	4	40 ~ 70		15 ~ 40
20	610 ± 10	3	50 ~ 60		17 ~ 20
30	620 ~ 650	3	40 ~ 70		20 ~ 60
40、45、40Cr、50 以及所有牌号的低碳 钢	600 ± 10	2 ~ 3	35 ~ 55	要求基体具有强韧性的中 碳或中碳合金钢工件，应尽 可能水冷或油冷	15 ~ 50
	650 ± 10	0.75 ~ 1.5	45 ~ 65		
	700 ± 10	0.25 ~ 0.5	55 ~ 75		

为使渗氮层具有足够的耐蚀性，应保证 ε 相层具有 50% 以上的致密区。对抗蚀渗氮层进行质量检查，可将渗氮工件浸入质量分数为 10% 的硫酸铜溶液中静置 2 ~ 3min，以工件表面不沉淀析出铜为合格。

5. 可控渗氮

在渗氮生产中，对应一定的渗氮时间，形成化合物层所需的最低氮势称为氮势门槛值。

材质、渗氮工艺参数、工件表面状况、炉内气流特点等都会影响氮势门槛值。氮势门槛值曲线可通过实际测量绘制，它是制订可控渗氮工艺的重要依据。通过试验做出的 40CrMo 钢发动机曲轴的不出现白亮层氮势门槛值与渗氮时间的关系曲线，如图 7-5 所示。

所谓可控渗氮，就是根据氮势门槛值曲线，适时调整工艺参数，获得工件所需的渗氮层组织。

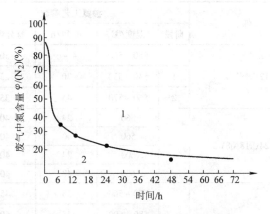

图 7-5　不出现白亮层氮势门槛值与渗氮
时间的关系曲线
1—出现白亮层　2—不出现白亮层
注：渗氮温度为 515℃。

7.3.4　不锈钢与耐热钢的渗氮

由于不锈钢和耐热钢的铬含量较高，与空气作用会在表面形成一层致密的氧化物薄膜（钝化膜），这种薄膜会阻碍氮原子的渗入。不锈钢、耐热钢与结构钢渗氮最大的区别就是前者在进入渗氮罐之前，必须进行去钝化膜处理。通用的方法有机械法和化学法两大类。

（1）喷砂　工件在渗氮前用细砂在 0.15～0.25MPa 的压力下进行喷砂处理，直至表面呈暗灰色，清除表面灰尘后立即入炉。

（2）磷化　渗氮前对工件进行磷化处理，可有效破坏金属表面的氧化膜，形成多孔疏松的磷化层，有利于氮原子的渗入。

（3）镀铜　把工件浸入质量分数为 10% 的热硫酸中，取出后用水冲洗，并放入铜氰化物槽中镀铜，得到 0.3μm 厚的镀层。

（4）氯化物浸泡　将喷砂或精加工后的工件用氯化物浸泡或涂覆，能有效地去除氧化膜。常用的氯化物有 $TiCl_2$ 和 $TiCl_3$ 等。

（5）渗剂中加入 NH_4Cl　NH_4Cl 的加入不仅能去除钝化膜，而且还能形成氮化物，加速渗氮的过程。

通常进行渗氮处理的有铁素体型、马氏体型及奥氏体型不锈钢和耐热钢。不锈钢和耐热钢的气体渗氮工艺规范见表 7-9。

表 7-9　不锈钢和耐热钢的气体渗氮工艺规范

牌　　号	渗氮工艺参数			渗氮层深度 /mm	表面硬度	脆性等级
	阶段	温度/℃	时间/h	氨分解率(%)			
12Cr13		500	48	18～25	0.15	1000HV	
		560	48	30～50	0.30	900HV	
20Cr13		500	48	20～25	0.12	1000HV	
		560	48	35～35	0.26	900HV	
12Cr13 20Cr13 15Cr11MoV	1	530	18～20	30～45	≥0.25	≥650HV	
	2	580	15～18	50～60			

（续）

牌　号	渗氮工艺参数				渗氮层深度 /mm	表面硬度	脆性等级
	阶段	温度/℃	时间/h	氨分解率(%)			
12Cr18Ni9		550~560	4~6	30~50	0.05~0.07	≥950HV	Ⅰ-Ⅱ
	1	540~550	30	25~40	0.20~0.25	≥900HV	Ⅰ-Ⅱ
	2	560~570	45	35~60			
24Cr18Ni8W2		560	24	40~50	0.12~0.14	950~1000HV	
		560	40	40~50	0.16~0.20	900~950HV	
		600	24	40~70	0.14~0.16	900~950HV	
		600	48	40~70	0.20~0.24	800~850HV	
45Cr14Ni14W2Mo		550~560	35	45~55	0.080~0.085	≥850HV	Ⅰ-Ⅱ
		580~590	35	50~60	0.10~0.11	≥820HV	
		630	40	50~80	0.08~0.14	≥80HR15N	
		650	35	60~90	0.11~0.13	83~84HR15N	

7.3.5　铸铁的渗氮

由于铸铁中碳、硅含量较高，氮扩散的阻力较大，要达到与钢同样的渗氮层深度，渗氮时间需乘以 1.5~2 的系数。铸铁中添加 Mn、Si、Mg、Cr、W、Ni 和 Ce 等元素，可提高渗氮层硬度，但会降低渗氮速度；Al 既可提高渗氮层硬度，又不会降低渗氮层深度。

我国最常用的是球墨铸铁渗氮，处理前一般进行正火或调质处理，获得珠光体加碎块状铁素体或球状石墨组织及回火索氏体加球状石墨组织，处理后铸件耐磨性、疲劳强度及耐蚀性显著提高。渗氮处理温度为 510~560℃，保温时间为 40h，氨分解率为 30%~45%，渗氮层深度大于 0.25mm，表面硬度达 900HV。球墨铸铁进行抗蚀渗氮处理，使铸件表面获得一定深度、致密的、化学稳定性较高的 ε 化合物层，能显著提高材料抗大气、过热蒸汽和淡水腐蚀能力。采用温度为 600~650℃、保温时间为 1~3h、氨分解率为 40%~70% 的工艺处理，可获得 0.015~0.06mm 的渗氮层，表面硬度约为 400HV。

7.3.6　非渗氮部位的保护

根据使用和后续加工的要求，工件的一些部位不允许渗氮。因此，在渗氮之前，必须对非渗氮部位进行保护处理。常用方法有以下几种：

（1）镀锡法　锡［或 $w(Sn)$ 为 20% 的锡铅合金］的熔点很低，在渗氮温度下，锡层熔化并吸附在工件表面，可阻止氮原子渗入。为提高非渗氮面对锡层的吸附力及锡层的均匀性，应控制工件的表面粗糙度。表面太光滑，则锡在工件表面容易流淌，难于吸附；表面过于粗糙，则会影响锡吸附层的均匀性，表面粗糙度值 Ra 一般在 3.2~6.3μm 范围内为宜。防渗效果与镀锡厚度有关，锡层过厚容易流淌，太薄则达不到防渗效果，镀锡层一般控制在 0.003~0.015mm。

（2）镀铜法　工件的非渗氮部位镀铜，同样可达到防渗的目的。常用的镀铜方式有两种：一是粗加工后镀铜，然后再精加工去除渗氮面的镀层；另一种是工件精加工后对渗氮部位进行局部保护（如采用夹具、涂料、包扎等），然后镀铜。近年来发展起来的刷镀工艺，可容易实现在所需的非渗氮部位局部镀铜。镀铜法多用于不锈钢及耐热钢的防渗氮保护。采用镀铜法时，非渗氮面的表面粗糙度值 Ra 不低于 $6.3\mu m$，镀铜层厚度不低于 $0.03mm$。

（3）涂料法　非渗氮面涂覆防渗氮涂料以隔绝渗氮介质与工件表面的接触，阻止氮的渗入，此法简单易行，应用面广。理想的防渗氮涂料应具有防渗效果好、对工件无腐蚀、渗氮后易于清除等特性。防渗氮涂料种类较多，并不断有新产品问世。目前工厂使用较多的涂料是水玻璃加石墨粉。具体配方为：中性水玻璃 $[w(Na_2O)$ 为 7.08%、$w(SiO_2)$ 为 $29.54\%]$ 中加入 $10\% \sim 20\%$（质量分数）的石墨粉。

采用涂料法进行防渗氮处理时，防渗氮面的表面粗糙度值 Ra 在 $3.2 \sim 12.5\mu m$ 范围内为宜。涂覆前应对表面进行喷砂等清洁处理，然后加热到 $60 \sim 80℃$。涂料随配随用，涂覆层应均匀，厚度为 $0.6 \sim 1.0mm$，涂覆后可自然干燥，或在 $90 \sim 130℃$ 烘干。

7.3.7　其他渗氮方法

除了上述的气体渗氮工艺之外，还可采用其他渗氮方法对工件进行处理，见表 7-10。

表 7-10　其他渗氮方法

渗氮方法	原　理	渗剂（质量分数）	工艺及效果
固体渗氮	把工件和粒状渗剂放入铁箱中加热保温	由活性剂和填充剂两部分组成。活性剂可用尿素、三聚氰酸$[(HCNO)_3]$、碳酸胍、$\{[(NH_2)_2CNH]_2 \cdot H_2O_3\}$、二聚氨基氰$[NHC(NH_2)NHCN]$等。填充剂可用多孔陶瓷粒、蛭石、氧化铝粒等	$520 \sim 570℃$，保持 $2 \sim 16h$
盐浴渗氮	在含氮熔盐中渗氮	1）在 50% $CaCl_2$ + 30% $BaCl_2$ + 20% $NaCl$ 盐浴中通氨 2）亚硝酸铵（NH_4NO_2） 3）亚硝酸铵 + 氯化铵	$450 \sim 580℃$
真空脉冲渗氮	先把炉罐抽到 $1.33Pa$ 的真空度，加热到渗氮温度，通氨至 $50 \sim 70kPa$，保持 $2 \sim 10min$，继续抽到 $5 \sim 10kPa$ 反复进行	氨	$530 \sim 560℃$
加压渗氮	通氨使氨工作压力提高到 $300 \sim 5000kPa$，此时氨分解率降低，气氛活度提高，渗速快	氨	$500 \sim 600℃$，渗速快，渗层质量好
流态床渗氮	在流态床中通渗氮气氛，也可采用脉冲流态床渗氮，即在保温期使供氨量降到加热时的 $10\% \sim 20\%$	氨	$500 \sim 600℃$，减少 $70\% \sim 80\%$ 氨消耗，节能 40%
催化渗氮	1）洁净渗氮法：往渗氮罐中加入 $0.15 \sim 0.6kg/m^3$ 与硅砂混合的 NH_4Cl 2）CCl_4 催化法：开始渗氮 $1 \sim 2h$ 往炉罐通 $50 \sim 100mL$ CCl_4 3）稀土催渗法：稀土化合物溶入有机溶剂通入炉罐	氨 + NH_4Cl	$500 \sim 600℃$

（续）

渗氮方法	原　理	渗剂（质量分数）	工艺及效果
电解气相催渗	干燥氨通过电解槽和冷凝器再入炉罐	1）含 Ti 的酸性电解液。海绵钛：5 ~ 10g/L，工业纯硫酸：30% ~ 50%，NaCl：150 ~ 200g/L，NaF：30 ~ 50g/L 2）NaCl、NH_4Cl 各 100g 饱和水溶液加入 110 ~ 220mL HCl 和 25 ~ 100mL 甘油，最后加水至 1000mL，pH = 1 3）NaCl 400g，25% H_2SO_4 200mL，加水至 1500mL，也可再加甘油 200mL	500 ~ 600℃
高频渗氮	工件置于耐热陶瓷或石英玻璃容器中，靠高频感应电流加热，容器中通氨或工件表面涂膏剂	氨或含氮化合物膏剂	520 ~ 560℃
短时渗氮	保持适当的氨分解率，适当提高渗氮温度，在各种合金钢、碳钢和铸铁件表面获得 6 ~ 15mm 化合物层	氨	560 ~ 580℃，2 ~ 4h，氨分解率 40% ~ 50%，表面层硬度高

7.3.8　渗氮件的组织和性能

1. 渗氮件的组织

典型的 38CrMoAl 钢气体渗氮后的金相组织如图 7-6 所示。其表面是化合物层，在金相显微镜下呈亮白色，也称之为白亮层，主要为 ε 相及 γ′ 相；次层是基体上弥散分布的 γ′ 相，呈现黑色；与中心索氏体组织有明显交界的是 γ′ + α 组织。

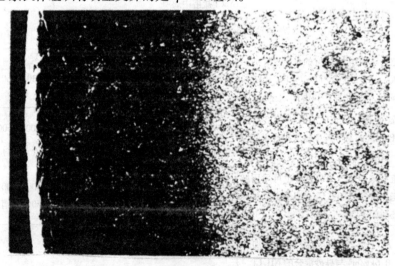

图 7-6　38CrMoAl 钢气体渗氮后的金相组织　100 ×

2. 渗氮件的性能

（1）硬度及耐磨性　钢铁件气体渗氮后表面硬度及耐磨性比其他热处理方法所获得的硬

度要高。渗氮层的高硬度是由于表面形成了 ε 相、过饱和氮对 α-Fe 的时效强化，以及渗氮扩散过程中合金元素与氮的交互作用和渗氮钢的合金氮化物沉淀硬化所致。在扩散层中，不同渗层深度处氮化物尺寸及结构没有差别，但是氮化物分布密度沿深度方向减小，硬度下降。

（2）疲劳性能　由于渗氮表面层具有较大的残余应力，它能部分抵消在疲劳载荷下产生的拉应力而使疲劳强度显著提高。几种材料渗氮后的弯曲疲劳性能及接触疲劳性能见表 7-11。

表 7-11　几种材料渗氮后的弯曲疲劳性能及接触疲劳性能

材　　料	弯曲疲劳强度/MPa		接触疲劳强度
	未　处　理	渗　氮　后	/MPa
38CrMoAl	475	608	2205
45 钢	431	500	1303
18Cr2Ni4W	529	680	
38CrNiMoV	501	680	
5CrMnMo	490	647	

（3）抗咬合性　渗氮处理可显著提高工件的抗咬合性。几种材料的抗咬合性（Falex 试验）见表 7-12。

表 7-12　几种材料的抗咬合性

材　　料	失效或极限负荷/N	
	渗　氮　处　理	未　处　理
38CrMoAl	11714	1112
45 钢	13350	3560
QT600-3	11269	6300

（4）热硬性　渗氮件表面在 500℃ 以下可长期保持其高硬度，短时间加热到 600℃ 其硬度无明显下降；而当加热温度超过 600～625℃ 时，渗氮层中部分弥散分布的氮化物的集聚和基体组织的转变将使硬度下降。

（5）耐蚀性　当渗层中存在一层致密的 ε 相时，具有良好的耐蚀性；而当表面以 γ' 相为主时，耐蚀性相对较差。渗层组织对耐蚀性的影响见表 7-13。

表 7-13　渗层组织对耐蚀性的影响

处理工艺与表层组织	材　　料	工业大气	自来水	盐雾箱
气体渗氮，ε 相	45 钢，38CrMoAl	良好，2 年以上不锈	良好，6 月以上不锈	良好，120h 不锈
气体渗氮，γ' 相	45 钢，38CrMoAl	差，1～3 月锈	—	—

7.3.9　渗氮件质量检验及常见缺陷防止措施

1. 渗氮件质量检验

（1）外观　正常的渗氮工件表面呈现银灰色或浅灰色，不应出现裂纹、剥落或严重的氧化色及其他非正常颜色。如果表面出现金属光泽，则说明工件的渗氮效果欠佳。

（2）渗氮层硬度　渗氮层表面硬度可用维氏硬度计或轻型洛氏硬度计测量。当渗氮层极薄时（如不锈钢渗层等），也可采用显微硬度计。若需测定化合物层硬度或从表面至心部的硬度梯度，则采用显微硬度法。值得注意的是，硬度检测试验力的大小必须根据渗氮层深度而定，试验力太小使测量的准确性降低，但过大则可能压穿渗氮层。根据不同渗氮层深度而推荐的硬度计试验力见表 7-14。

表 7-14　根据不同渗氮层深度而推荐的硬度计试验力

渗氮层深度/mm	<0.2	0.2 ~ 0.35	0.35 ~ 0.5	>0.5
维氏硬度计试验力/N	<49.3	≤98.07	≤98.07	≤294.21
洛氏硬度计试验力/N	—	147.11	147.11 或 249.21	588.42

（3）渗氮层深度　渗氮层深度的测量方法有断口法、金相法和硬度梯度法三种，以硬度梯度法作为仲裁方法。

1）断口法是将带缺口的试样打断，根据渗氮层组织较细呈现瓷状断口，而心部组织较粗呈现塑性破断的特征，用 25 倍放大镜进行测量。此法方便迅速，但精度较低。

2）金相法是利用渗氮层组织与心部组织耐蚀性不同的特点来测量渗氮层深度的。经过不同试剂腐蚀的渗氮试样在放大 100 倍或 200 倍的显微镜下，从试样表面垂直方向测至与基本组织有明显分界处的距离，即为渗氮层深度。对一些钢种的渗氮层显微组织与扩散层无明显分界线的试样，可加热至接近或略低于 Ac_1（700 ~ 800℃）的温度，然后水淬，利用渗氮层含氮而使 Ac_1 点降低的特点来测定渗氮层深度，此时渗层淬火成为耐蚀性能较好的马氏体组织，而心部为耐蚀性较差的高温回火组织。采用金相法测得的渗氮层深度，一般比硬度梯度法所测值稍浅。

3）硬度梯度法是将渗氮后的试样沿层深方向测得一系列硬度值并连成曲线，以从试样表面至比基体硬度值高 50HV 处的垂直距离为渗氮层深度。试验采用维氏硬度法，试验力规定为 2.94N，必要时可采用 1.96 ~ 19.6N 之间的其他试验力，但此时必须注明试验力数值。

对于渗氮层硬度变化平缓的工件（如碳钢或低碳低合金钢工件），其渗氮层深度可从试验表面沿垂直方向测至比基体维氏硬度值高 30HV 处。

（4）渗氮层脆性　渗氮层的脆性多用维氏硬度压痕的完整性来评定。采用维氏硬度计，试验力为 98.07N（特殊情况下可采用 49.03N 或 294.21N，但须进行换算）时对渗氮试样缓慢加载，卸去载荷后观察压痕状况，依其边缘的完整性将渗氮层脆性分为 5 级（见图 7-7）。压痕边角完整无缺为 1 级；压痕一边或一角碎裂为 2 级；压痕二边二角碎裂为 3 级；压痕三边三角碎裂为 4 级；压痕四边或四角碎裂为 5 级。其中，一般工件 1 ~ 3 级为合格，重要工件 1 ~ 2 级为合格。

采用压痕法评定渗氮层脆性，其主观因素较多，目前已有一些更为客观的方法开始应用。如采用声发射技术，测出渗氮试样在弯曲或扭转过程中出现第一根裂纹的挠度（或扭转角），用以定量描述脆性。

（5）渗氮层中氮化物　渗氮层中氮化物级别按扩散层中氮化物的形态、数量和分布情况分为 5 级。扩散层中有极少量呈脉状分布的氮化物为 1 级，如图 7-8 所示；扩散层中有少量呈脉状分布的氮化物为 2 级，如图 7-9 所示；扩散层中有较多呈脉状分布的氮化物为 3 级，如图 7-10 所示；扩散层中有较严重脉状和少量断续网状分布的氮化物为 4 级，如图 7-11 所示；扩散层中有连续网状分布的氮化物为 5 级，如图 7-12 所示。工件扩散层中氮化物在显微镜下放大 500 倍进行检验，取其组织最差的部分，参照渗氮层中氮化物级别图进行评定。一般工件 1 ~ 3 级为合格，重要工件 1 ~ 2 级为合格。

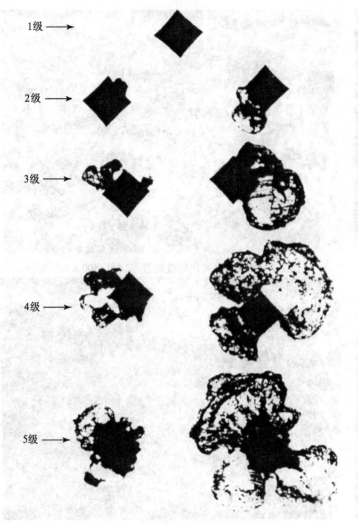

图 7-7　渗氮层脆性评定图　100×

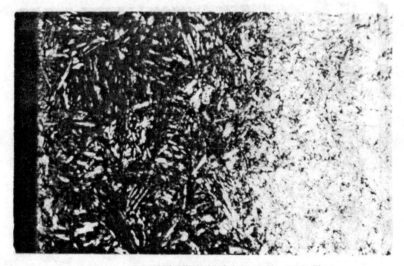

图 7-8　渗氮层中氮化物级别图　1 级　500×

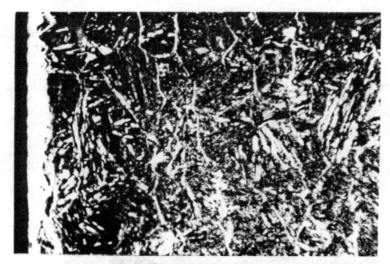

图 7-9　渗氮层中氮化物级别图　2 级　500×

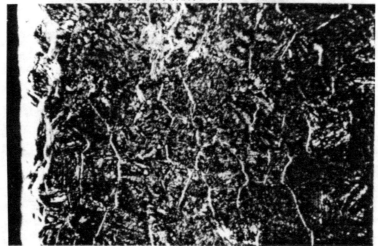

图 7-10　渗氮层中氮化物级别图　3 级　500×

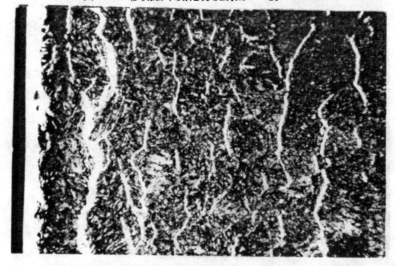

图 7-11　渗氮层中氮化物级别图　4 级　500×

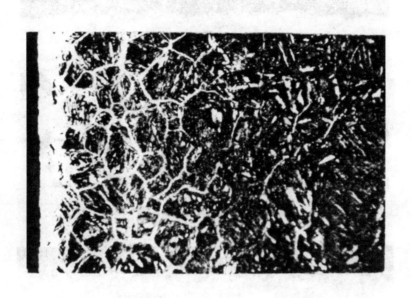

图 7-12　渗氮层中氮化物级别图　5 级　500×

（6）渗氮层疏松　将渗氮金相试样腐蚀后放在 500 倍显微镜下，取其疏松最严重的部位进行评级。按表面化合物层内微孔的形状、数量及密集程度分为 5 级。一般工件 1～3 级为合格，重要工件 1～2 级为合格。图 7-13～图 7-17 所示为渗氮层疏松级别图，表 7-15 为渗氮层疏松级别图说明。

图 7-13　渗氮层疏松级别图　1 级　500×

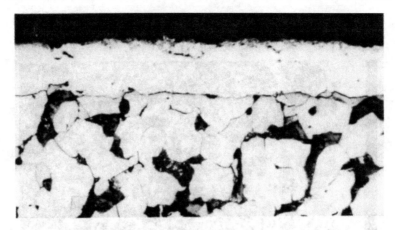

图 7-14　渗氮层疏松级别图　2 级　500×

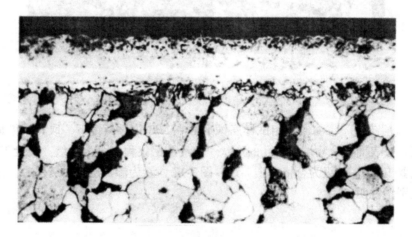

图 7-15　渗氮层疏松级别图　3 级　500×

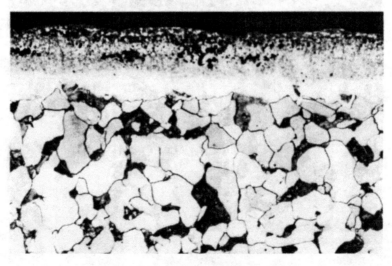

图 7-16　渗氮层疏松级别图　4 级　500×

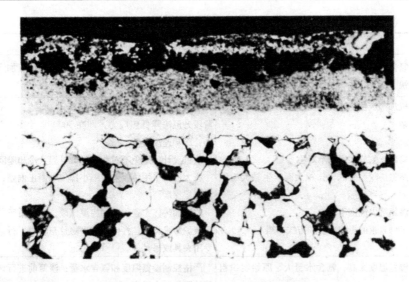

图 7-17 渗氮层疏松级别图 5 级 500×

表 7-15 渗氮层疏松级别图说明

级 别	说 明	图 号
1	化合物层致密，表面无微孔	图 7-13
2	化合物层较致密，表面有少量细点状微孔	图 7-14
3	化合物层微孔密集成点状孔隙，由表及里逐渐减少	图 7-15
4	微孔占化合物层 2/3 以上厚度，部分微孔聚集分布	图 7-16
5	微孔占化合物层 3/4 以上厚度，部分呈孔洞密集分布	图 7-17

（7）耐蚀性 对抗蚀渗氮件还必须进行耐蚀性检查，根据 ε 相层的厚度和致密度进行评定。致密区厚度通常在 $10\mu m$ 以上。耐蚀性的常用检查方法有以下两种：

1）硫酸铜水溶液浸渍或液滴法。将试样浸入 $w(CuSO_4)$ 为 6%～10% 的水溶液中保持 1～2min，试样表面无铜沉淀为合格。

2）赤血盐-氯化钠水溶液浸渍或液滴法。取 $10gK_3Fe(CN)_6$ 及 $20gNaCl$ 溶于 1L 蒸馏水，渗氮试样浸入该溶液中保持 1～2min，无蓝色印迹为合格。

（8）尺寸及畸变 工件经渗氮处理后尺寸略有膨胀，其长大量一般为渗氮层深度的 3%～4%。渗氮件的畸变量远比渗碳件、淬火件等小。适当的预备热处理、装炉方式及工艺流程可将畸变量降至最小。渗氮后需精磨的工件，其最大畸变处的磨削量不得超过 0.15mm。

2. 气体渗氮件常见缺陷防止措施

表 7-16 列出了气体渗氮件常见缺陷防止措施。

表 7-16 气体渗氮件常见缺陷防止措施

缺陷类型	产 生 原 因	防 止 措 施
表面氧化色	冷却时供氨不足，罐内出现负压，渗氮罐漏气，压力不正常	适当增加氨流量，保证罐内正压，经常检查炉压，保证罐内压力正常
	出炉温度过高	炉冷至 200℃ 以下出炉
	干燥剂失效	更换干燥剂
	氨中含水量过高，管道中存在积水	装炉前仔细检查，清除积水

（续）

缺陷类型	产 生 原 因	防 止 措 施
表面腐蚀	氯化铵（或四氯化碳）加入量过多，挥发太快	除不锈钢和耐热钢外，尽量不加氯化铵，加入的氯化铵应与硅砂混合，降低挥发速度
渗氮件变形超差	机加工产生的应力较大，工件细长或形状复杂	渗氮前采用稳定化回火（高于渗氮温度），采用缓慢、分阶段升温法降低热应力，即在300℃以上每升温100℃保温1h；冷却速度降低
	局部渗氮或渗氮面不对称	改进设计、避免不对称；降低升温及冷却速度
	渗氮层较厚时因比体积大而产生较大组织应力，导致变形	胀大部位采用负偏差，缩小部位采用正偏差；选用合理的渗氮层深度
	渗氮罐内温度不均匀	改进加热体布置，增加控温区段，强化循环
	工件自重的影响或装炉方式不当	装炉力求均匀；杆件吊挂平稳且与轴线平行，必要时设计专用夹具或吊具
渗氮层出现网状及脉状氮化物	渗氮温度太高，氨含水量大，原始组织粗大	严格控制渗氮温度和氨含水量；渗氮前进行调质处理，并酌情降低淬火温度
	渗氮件表面粗糙，存在尖角、棱边	提高工件质量，减少非平滑过渡
	气氛氮势过高	严格控制氨分解率
渗氮层出现鱼骨状氮化物	原始组织中的游离铁素体较高，工件表面脱碳严重	严格掌握调质处理工艺
		防止调质处理过程中脱碳；渗氮时严格控制氨含水量，防止渗氮罐漏气，保持正压
渗氮件表面有亮点，硬度不均匀	工件表面有油污	清洗太污
	材料组织不均匀	提高前处理质量
	装炉量太多，吊挂不当	合理装炉
	炉温、炉气不均匀	降低罐内温差，强化炉气循环
渗氮层硬度低	温度过高	调整温度，校验仪表
	分段渗氮时第一段温度太高	降低第一段温度，形成弥散细小的氮化物稳定各个阶段的氨分解率
	氨分解率过高或中断供氨	
	密封不良，炉盖等处漏气	更换石棉、石墨垫，保证渗氮罐密封性能
	新换渗氮罐，夹具或渗氮罐使用过久	新渗氮罐应经过预渗；长久使用的夹具和渗氮罐等应进行退氮处理，以保证氨分解率正常
	工件表面的油污未清除	渗氮前严格进行除油除锈处理
渗氮层太浅	温度（尤其是两段渗氮的第二段）偏低	适当提高温度，校正仪表及热电偶
	保温时间短	酌情延长时间
	氨分解率不稳定	按工艺规范调整氨分解率
	工件未经调质预处理	采用调质处理，获得均匀致密的回火索氏体组织
	新换渗氮罐，夹具或渗氮罐使用太久	进行预渗或退氮处理
	装炉不当，气流循环不畅	合理装炉，调整工件之间的间隙
渗氮层脆性大	表层氮浓度过高	提高氨分解率，减少工件尖角、锐边或粗糙表面
	渗氮时表面脱碳	提高渗氮罐密封性，降低氨中的含水量
	预先调质处理时淬火过热	提高预处理质量
化合物层不致密，耐蚀性差	氮浓度低，化合物层薄	氨分解率不宜过高
	冷却速度太慢，氮化物分解	调整冷却速度
	工件锈斑未除尽	严格消除锈斑

7.3.10　应用实例

气体渗氮主要用于要求具有高疲劳强度、高耐磨性的工件，例如重型机床主轴、镗杆、航空发动机曲轴等工件。气体渗氮还可用于套环、丝杠、蜗杆等工件的表面强化。

1. 镗杆（38CrMoAlA）

镗杆渗氮层深度为 0.45 ~ 0.65mm，硬度 >950HV5，脆性为 1 ~ 2 级，生产周期为 65 ~ 80h。其气体渗氮工艺曲线如图 7-18 所示。如采用等温渗氮则须在（535 ± 10）℃ 或（540 ± 5）℃ 保温 80 ~ 110h。

2. 军品曲轴（30Cr3WA）

军品曲轴渗氮层深度为 0.4 ~ 0.55mm，硬度 >1000HV5，脆性 <2 级，生产周期为 70 ~ 90h。其气体渗氮工艺曲线如图 7-19 所示。

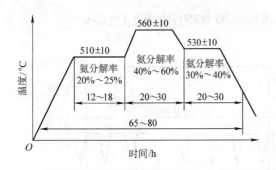

图 7-18　镗杆气体渗氮工艺曲线

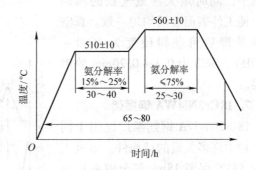

图 7-19　曲轴气体渗氮工艺曲线

3. 磨床主轴（38CrMoAlA）

磨床主轴渗氮层深度 >0.5mm，脆性为 1 ~ 2 级，硬度 >900HV5。其气体渗氮工艺曲线见图 7-20。

4. 活塞环（6Cr13Mo，非标准马氏体不锈钢牌号）

活塞环渗氮层深度 >0.12mm，脆性为 1 ~ 2 级，硬度 >900HV0.1。其处理温度为 560℃，处理时间为 20h，氨分解率控制在 30% ~ 50%。缓慢升温及缓慢降温是解决活塞环变形问题的关键点。这是目前汽车、摩托车活塞环表面强化工艺中广为采用的一种方法。

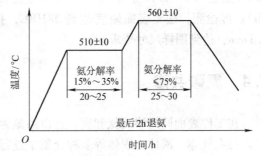

图 7-20　磨床主轴体渗氮工艺曲线

5. 35 钢阀杆的抗蚀渗氮

35 钢阀杆经调质（840 ~ 860℃ 保温 1.5h，油淬；580℃ 回火保温 1h）处理后，进行抗蚀渗氮表面处理，阀杆经渗氮后，表面形成深度为 0.015 ~ 0.060mm 的致密耐蚀渗氮层。35 钢阀杆抗蚀渗氮工艺曲线见图 7-21。

该工件经抗蚀渗氮处理后，连续喷盐雾 10h，连续喷水蒸气 12h，露天存放一年均无腐蚀情况发生。

6. 4Cr5MoSiV1 热挤压模

4Cr5MoSiV1 热挤压模真空脉冲渗氮工艺曲线如图 7-22 所示。采用先抽真空，后通氮气或氨气进行加热升温。到温后先抽真空，再通入氨气使炉压达到一定的数值（10~20kPa），按工艺要求控制氨流量为 0.10~0.20m³/h，并与真空泵协调工作，以保证炉压在一时间内相对稳定。在保温时间 4h 内，要求每小时至少进行 1~2 次抽真空和通 NH₃ 的循环交替，以提供充足的活性氮原子，同时增大渗氮气氛的流动性，使工件表面渗层均匀一致。真空渗氮处理后可获得硬度为 1000~1100HV、深度为 0.1~0.20mm 的渗氮层。

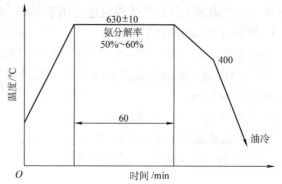

图 7-21　35 钢阀杆抗蚀渗氮工艺曲线

7. 18Cr2Ni4WA 钢摆架

18Cr2Ni4WA 钢摆架广泛用于伺服机构中许多关键的结构件。渗氮工艺为 530℃保温 18h，氨分解率控制在 20%~40%。渗氮层深度为 0.53mm，表面硬度为 47.5HRC。然后进行高频感应淬火（频率为 300kHz，功率为 15kW），在 850~

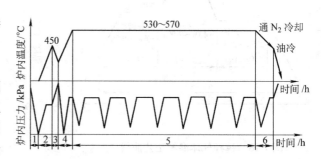

图 7-22　4Cr5MoV1Si 热挤压模真空脉冲渗氮工艺曲线
1—抽真空　2—加热　3—装炉　4—抽真空后通
氮气和氨气　5—保温渗氮　6—通氮气冷却

920℃加热 2.3~2.7s 后水淬。渗氮面进行高频感应淬火后，进行低温回火（150℃保温 3h）。经检测，摆架表面硬度达到 58HRC，摆架硬化层深度明显增加，磨去机加工留量 0.1mm，达到图样尺寸要求。

7.4　氮碳共渗

在工件表面同时渗入氮和碳，并以渗氮为主的化学热处理工艺过程，称为氮碳共渗。该工艺可在气体、液体、固体等多种介质中进行。

7.4.1　气体氮碳共渗

根据使用的介质种类，气体氮碳共渗分为三大类。

1. 混合气体氮碳共渗

氨气加入吸热式气氛（RX）可进行氮碳共渗。吸热式气氛由乙醇、丙酮等有机溶剂裂解，或由烃类气体制备而成。吸热式气氛的成分一般控制在 $\varphi(H_2)$ 为 32%~40%，$\varphi(CO)$ 为 20%~24%，$\varphi(CO_2) \leqslant 1\%$，$\varphi(N_2)$ 38%~43%，气氛的碳势用露点仪测定。$\varphi(NH_3)$：

φ（RX）≈1:1 时，气氛的露点控制到 ±0℃，可获得较理想的渗氮层和渗氮速度。

氨气中加入放热式气氛（NX）也可进行氮碳共渗，混合气中 φ（NH_3）:φ（NX）≈（5~6）:（4~5）。放热式气氛成分一般为 φ（CO_2）≤10%，φ（CO）<5%，φ（H_2）<1%，余量为 N_2。

由于放热式气氛中 CO 的含量较低，它与氨气混合进行氮碳共渗，比采用吸热式气氛排出的废气中有毒物质 HCN 的含量低得多，而且制备成本也较低，有利于推广应用。此外，氨气还可直接与烷类气体介质（如甲烷、丙烷等）混合，进行氮碳共渗。

多数钢种的最佳氮碳共渗温度为 560~580℃。为了不降低基体强度，共渗温度应低于调质处理的回火温度。保温时间和吸热式气氛（RX）露点对氮碳共渗层深度与表面硬度的影响分别见表 7-17 和表 7-18。

表 7-17　保温时间对氮碳共渗层深度与表面硬度的影响

材　料	(570±5)℃×2h			(570±5)℃×4h		
	硬度　HV	化合物层深度 /μm	扩散层深度 /mm	硬度　HV	化合物层深度 /μm	扩散层深度 /mm
20 钢	480	10	0.55	500	18	0.80
45 钢	550	13	0.40	600	20	0.45
15CrMo	600	8	0.30	650	12	0.45
40CrMo	750	8	0.35	860	12	0.45
T10	620	11	0.35	680	15	0.35

表 7-18　吸热式气氛（RX）露点对氮碳共渗层深度与表面硬度的影响

材　料	炉　气　露　点								
	8~10℃			-2~2℃			-10~-8℃		
	硬度 HV	化合物层 深度/μm	扩散层 深度/mm	硬度 HV	化合物层 深度/μm	扩散层 深度/mm	硬度 HV	化合物层 深度/μm	扩散层 深度/mm
45 钢	508	20	0.65	540	20	0.50	600	20	0.45
15CrMo	542	18	0.50	580	14	0.50	650	10	0.45
40CrMo	657	15	0.55	720	14	0.50	860	12	0.45

注：共渗条件为 φ(NH_3):φ(RX)=2:3，氨分解率20%~30%，共渗温度570℃，保温时间4h，油冷。

2. 尿素热解氮碳共渗

尿素在 500℃ 以上发生如下分解反应：

$$2(NH_2)_2CO \longrightarrow 2CO + 4[N] + 4H_2 \qquad (7-12)$$
$$\longrightarrow [C] + CO_2$$

其中，活性氮、碳原子作为氮碳共渗的渗剂。尿素可通过三种方式送入炉内：采用机械（如螺杆式）送料器将尿素颗粒送入炉内，在共渗温度下热分解；将尿素在裂解炉中分解后再送入炉内；用有机溶剂（如甲醇）按一定比例溶解后滴入炉内，然后发生热分解。

除了共渗温度、保温时间、冷却方式等因素外，尿素的加入量对氮碳共渗效果也会产生很大影响。根据渗氮罐大小及不同的装炉量，尿素的加入量可在 500~1000g/h 范围内变化。

3. 滴注式气体氮碳共渗

滴注剂采用甲酰胺、乙酰胺、三乙醇胺、尿素及甲醇、乙醇等，以不同比例配制。

采用70%甲酰胺+30%尿素（质量分数）作为渗剂进行气体氮碳共渗，保温时间为2~3h，各种材料的氮碳共渗结果见表7-19。也可以在通入氨气的同时，滴入甲酰胺、乙醇、煤油等液体渗剂进行滴注式气体氮碳共渗。

表7-19　70%甲酰胺+30%尿素氮碳共渗结果

材　　料	温度/℃	共渗层深度/mm		共渗层硬度 HV0.05	
		化合物层	扩散层	化合物层	扩散层
45 钢	570±10	0.010~0.025	0.244~0.379	450~650	412~580
40Cr	570±10	0.004~0.010	0.120	500~600	532~644
Cr12MoV	540±10	0.003~0.006	0.165	927	752~795
3Cr2W8V	580	0.003~0.011	0.066~0.120	846~1100	657~1114
3Cr2W8V	600	0.008~0.012	0.099~0.117	840	761~1200
3Cr2W8V	620	—	0.100~0.150	—	762~891
W18Cr4V	570±10		0.090		1200
T10	570±10	0.006~0.008	0.129	677~946	429~466
20CrMo	570±10	0.004~0.006	0.179	672~713	500~700

7.4.2　盐浴氮碳共渗

1. 盐浴氮碳共渗成分及主要特点

盐浴氮碳共渗是最早的氮碳共渗方法，关键成分是碱金属氰酸盐——MCNO（M 代表 K^+、Na^+、Li^+ 等），常用氰酸根（CNO^-）浓度来度量盐浴活性。按盐浴中 CN^- 含量可将氮碳共渗盐浴分为低氰、中氰及高氰型。由于环保的原因，中高氰型盐浴已经逐渐淘汰。几种典型的氮碳共渗盐浴成分及其特点见表7-20。

表7-20　几种典型的氮碳共渗盐浴成分及其特点

类型	盐浴成分（质量分数）或商品名称	获得 CNO^- 的方法	主　要　特　点
氰盐型	KCN47%+NaCN53%	$2NaCN+O_2 \longrightarrow 2NaCNO$ $2KCN+O_2 \longrightarrow 2KCNO$	盐浴稳定，流动性良好，配制后须经几十小时氧化生成足量的氰酸盐后才能使用。毒性极大，目前已较少采用
氰盐氰酸盐型	NS-1 盐 85%（NS-1 盐：KCNO40%+NaCN60%）+$Na_2CO_3$15% 为基盐，用 NS-2（NaCN75%+KCN25%）为再生盐	通过氧化，使 $2CN^-+O_2 \rightarrow 2CNO^-$，工作时的成分（质量分数）为（KCN+NaCN）约50%，CO_3^{2-}2%~8%	不断通入空气，CN^- 的质量分数最高达20%~25%，成分和处理效果较稳定。但必须有废盐、废渣、废水处理设备才可采用
尿素型	$(NH_2)_2CO$40%+$Na_2CO_3$30%+$K_2CO_3$20%+KOH10% $(NH_2)_2CO$37.5%+KCl37.5%+$Na_2CO_3$25%	通过尿素与碳酸盐反应生成氰酸盐：$2(NH_2)_2CO+Na_2CO_3 \rightarrow 2NaCNO+2NH_3+H_2O+CO_2$	原料无毒，但氰酸盐分解和氧化都生成氰化物。在使用过程中，CN^- 不断增多，成为 $CN^- \geqslant 10\%$ 的中氰盐。国内用户使用时，CNO^- 的质量分数为18%~45%，波动较大，效果不稳定，盐浴中 CN^- 无法降低，不符合环保要求

（续）

类型	盐浴成分（质量分数）或商品名称	获得 CNO⁻ 的方法	主　要　特　点
尿素-氰盐型	（NH₂）₂CO34% + K₂CO₃23% + NaCN43%	通过氰化钠氧化及尿素与碳酸钾反应生成氰酸盐	高氰盐浴，成分稳定，但必须配套完善的清毒设施
尿素-有机物型	Degussa 产品 TF-1 基盐（氮碳共渗用盐） REG-1 再生盐（调整成分，恢复活性）	用碳酸盐，尿素等合成 TF-1 其中 CNO⁻ 含量为 40% ~ 44%（质量分数）；REG-1 是有机合成物，可用（C₆N₉H₅）ₓ 表示其主要成分，它可将 CO₃²⁻ 转化为 CNO⁻	低氰盐，使用过程中 CN⁻ 的质量分数≤4%，工件氮碳共渗后在 AB1 氧化盐浴中冷却，可将微量 CN⁻ 氧化成 CO₃²⁻，实现无污染作业。强化效果稳定
	国产盐品 J-2 基盐（氮碳共渗用盐） Z-1 再生盐（调整盐浴成分，恢复活性）	J-2 中 CNO⁻ 含量为 37% ± 2%（质量分数），Z-1 的主要成分为有机缩合物，可将 CO₃²⁻ 转变成 CNO⁻	低氰盐，在使用过程中 CN⁻ 的质量分数＜3%。工件氮碳共渗后在 Y-1 氧化盐浴中冷却，可将微量 CN⁻ 转化为 CO₂²⁻，实现无污染作业。强化效果稳定

应用较广的尿素-有机物型盐浴氮碳共渗，CNO⁻ 含量由被处理工件的材质和技术要求而定，一般控制在 32% ~ 38%（质量分数）。CNO⁻ 含量低于预定值下限时，添加再生盐即可恢复盐浴活性。

2. 盐浴氮碳共渗工艺

为避免 CNO⁻ 含量下降过快，共渗温度通常不高于 590℃；温度低于 520℃时，处理效果会受到盐浴流动过低的影响。不同材料 580℃盐浴氮碳共渗后表面硬度与保温时间的关系如图 7-23 所示。共渗温度（保温 1.5h）对盐浴氮碳共渗层深度的影响见表 7-21。几种材料的盐浴氮碳共渗层深度与表面硬度见表 7-22。

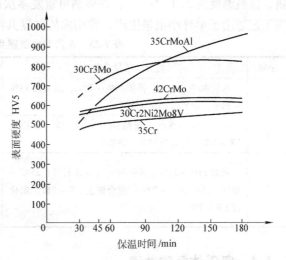

图 7-23　不同材料 580℃盐浴氮碳共渗后表面硬度与保温时间的关系

表 7-21　共渗温度（保温 1.5h）对盐浴氮碳共渗层深度的影响　　　（单位：μm）

材　　料	(540 ± 5)℃		(560 ± 5)℃		(580 ± 5)℃		(590 ± 5)℃	
	化合物层	总渗层	化合物层	总渗层	化合物层	总渗层	化合物层	总渗层
20 钢	9	350	12	450	14	580	16	670
40CrNi	6	220	8	300	10	390	11	420

表 7-22　几种材料的盐浴氮碳共渗层深度与表面硬度

材　　料	前处理工艺	化合物层深度/μm	扩散层深度/mm	表面显微硬度
20 钢	正火	12 ~ 18	0.30 ~ 0.45	450 ~ 500HV0.1
45 钢	调质	10 ~ 17	0.30 ~ 0.40	500 ~ 550HV0.1
20Cr	调质	10 ~ 15	0.15 ~ 0.25	600 ~ 650HV0.1
38CrMoAl	调质	8 ~ 14	0.15 ~ 0.25	950 ~ 110HV0.2
30Cr13	调质	8 ~ 12	0.08 ~ 0.15	900 ~ 1100HV0.2
45Cr14Ni14W2Mo	固溶	10	0.06	770HV1.0
20CrMnTi	调质	8 ~ 12	0.10 ~ 0.20	600 ~ 620HV0.05
3Cr2W8	调质	6 ~ 10	0.10 ~ 0.15	860 ~ 1000HV0.2
W18Cr4V	淬火 + 回火 2 次	0 ~ 2	0.025 ~ 0.040	1000 ~ 1150HV0.2
HT250	退火	10 ~ 15	0.18 ~ 0.25	600 ~ 650HV0.2

注：45Cr14N14W2Mo 于 (560 ±5)℃ 共渗 3h，W18Cr4V 于 (550 ±5)℃ 共渗 20 ~ 30min，其余材料处理工艺为 (560 ±5)℃ 共渗 1.5 ~ 2.0h。

7.4.3　固体氮碳共渗

固体氮碳共渗处理时，将工件埋入盛有固体氮碳共渗剂的共渗箱内，密封后放入炉中加热，保温温度为 550 ~ 600℃。共渗剂可重复多次使用，但每次应加入 10% ~ 15% 的新渗剂。该工艺适用于单件小批量生产。常用固体氮碳共渗剂配方及特点见表 7-23。

表 7-23　常用固体氮碳共渗剂配方及特点

序号	配方（质量分数）	主　要　特　点
1	木炭 40% ~ 50%，骨灰 20% ~ 30%，碳酸钡 15% ~ 20%，黄血盐 15% ~ 20%	木炭及骨灰供给碳；黄血盐及碳酸钡在加热时分解，供给碳氮原子，并有催渗作用
2	木炭 50% ~ 60%，碳酸钠 10% ~ 15%，氯化铵 3% ~ 7%，黄血盐 25% ~ 35%	活性较持久，适用于共渗层较深（ > 0.3mm）的工件
3	尿素 25% ~ 35%，多孔陶瓷（或蛭石片）25% ~ 30%，硅砂 20% ~ 30%，混合稀土 1% ~ 2%，氯化铵 3% ~ 7%	尿素的 50% ~ 60% 与硅砂拌匀，其余溶于水并用多孔陶瓷或蛭石吸附后，于 150℃ 以下烘干再用。此法适于共渗层深度 ≤0.2mm 的工件

7.4.4　奥氏体氮碳共渗

由于氮、碳元素能明显地降低铁的共析转变温度，因而在 600 ~ 700℃ 进行氮碳共渗时，含氮的表层已部分转变为奥氏体，而不含氮的部分基本则保持原组织不变，冷却后表面形成了化合物层及 0.01 ~ 0.10mm 的奥氏体转变层。为了区别于 590℃ 下的氮碳共渗工艺，该工艺命名为奥氏体氮碳共渗工艺。在气体渗氮炉中进行奥氏体氮碳共渗，氨气与甲醇的摩尔比可控制在 23∶2 左右。工件共渗淬火后，可根据要求在 180 ~ 350℃ 回火（时效）。以抗蚀为主要目的的工件，共渗淬火后不宜回火。表 7-24 列出了推荐的奥氏体氮碳共渗工艺规范。

表 7-24　推荐的奥氏体氮碳共渗工艺规范

共渗层总深度/mm	共渗温度/℃	共渗时间/h	氮分解率（%）
0.012~0.025	600~620	2~4	<65
0.020~0.050	650	2~4	<75
0.050~0.100	670~680	1.5~3	<82
0.100~0.200	700	2~4	<88

注：共渗层总深度指 ε 层深度和马氏体 + 奥氏体层深度之和。

7.4.5　氮碳共渗件的组织和性能

1. 氮碳共渗件的组织

钢铁材料于 600℃ 以下氮碳共渗处理后的组织与渗氮层组织大致相同。由于碳的作用，化合物层的成分有所变化，碳素钢及铸铁工件由表及里为：以 $Fe_{2~3}$（N，C）为主、含有 Fe_4N 的化合物层，有 γ' 针析出的扩散层（弥散相析出层）和以含氮铁素体 $\alpha(N)$ 为主的过渡层。在合金钢中，还含有 Cr、Al、Mo、V、Ti 等元素与氮结合的合金氮化物。HT250 氮碳共渗层组织如图 7-24 所示。

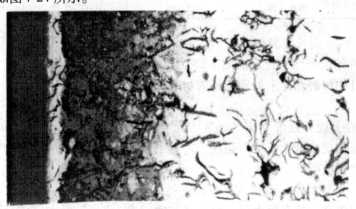

图 7-24　HT250 氮碳共渗层组织　200×

2. 氮碳共渗件的性能

（1）硬度及耐磨性　氮碳共渗层深度与表面硬度见表 7-25。

表 7-25　氮碳共渗层深度与表面硬度

材料	前处理工艺	化合物层深度/μm	主扩散层深度/mm	表面硬度
20 钢	正火	12~18	0.2~0.3	450~500HV0.1
45 钢	调质	10~17	0.2~0.3	550~650HV0.1
20Cr	调质	10~15	0.15~0.25	500~600HV0.1
38CrMoAl	调质	8~14	0.15~0.25	950~1100HV0.2
30Cr3W	调质	10~14	0.15~0.25	950~1100HV0.1
30Cr13	调质	8~12	0.08~0.15	900~1100HV0.2
45Cr14Ni14W2Mo	固溶处理	10	0.06	770HV1.0

（续）

材　料	前处理工艺	化合物层深度/μm	主扩散层深度/mm	表面硬度
20CrMnTi	调　质	8~12	0.10~0.20	600~620HV0.05
T8A	退　火	10~15	0.20~0.30	600~800HV0.1
CrWMn	退　火	8~10	0.10~0.20	650~850HV0.1
3Cr2W8	调　质	6~10	0.10~0.15	850~1000HV0.2
W18Cr4V	淬火+回火两次	0~3	0.025~0.040	1000~1150HV0.2
HT250	退　火	10~15	0.18~0.25	600~650HV0.2
QT600-3	正　火	8~15	0.2~0.25	600~800HV0.1
35CrMoV	调　质	8~15	0.2~0.25	700~800HV0.1
40Cr17	调　质	10~17	0.2~0.3	580~650HV0.1
42Cr9Si2	淬火+回火	9~11	0.05~0.07	980~1080HV0.1
25Cr2MoV	调　质	8~12	0.1~0.2	620~732HV0.1
53Cr21Mn9Ni4N	固溶处理	3~4	11~15	1000~1100HV0.1
4Cr5MoSiV1	淬火+回火	7~10	0.07~0.10	1000~1200HV0.1

图 7-25 所示为 45 钢气体氮碳共渗、盐浴氮碳共渗及未处理工件的耐磨性对比。由图 7-25 可见，氮碳共渗处理工件的耐磨性比未处理工件的耐磨性显著提高。

（2）抗咬合性及疲劳强度　表 7-26 列出了部分材料氮碳共渗层的抗咬合性及疲劳强度。一般工件氮碳共渗后其疲劳极限提高 20% 以上。

（3）耐蚀性　各种材料（不锈钢除外）氮碳共渗后的耐蚀性普遍提高，具有耐大气、雨水（与镀锌、发蓝相当）及抗海水腐蚀（与镀镉相当）的性

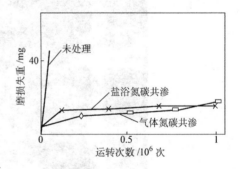

图 7-25　45 钢气体氮碳共渗、盐浴氮碳共渗及未处理工件的耐磨性对比

能。不同方法处理的 42CrMo 试样，在质量分数为 3% NaCl 及质量分数为 0.1% H_2O_2 的水溶液中浸泡 22h，其耐蚀性见表 7-27。

表 7-26　部分材料氮碳共渗层的抗咬合性及疲劳强度

材　　料	抗咬合性（Falex 试验）负荷/N	疲劳强度	
		弯曲疲劳强度/MPa	接触疲劳强度/MPa
45 钢	3000	540	1725
QT600-3	2533	—	1950
4Cr5MoSiV1	2116	696	3900
Cr12MoV	—	—	4087
25CrMoV	2800	—	2381
38CrMoAl	2633	588	—

表 7-27　不同表面处理后的耐蚀性

表面处理方法	腐蚀失重/（g/m²）	试 样 外 观
镀硬铬（层厚 20μm）	5.9	3h 后开始出现腐蚀点，17h 出现蚀斑，22h 后约有 50% 表面锈蚀
氮碳共渗→氧化	痕量	目测无锈斑
氮碳共渗→氧化→抛光	0.24	边缘上有少量锈斑
氮碳共渗→氧化→抛光→氧化	痕量	光学显微镜检测无锈斑

7.4.6　氮碳共渗件的常见缺陷防止措施

表 7-28 列出了氮碳共渗件的常见缺陷防止措施。

表 7-28　氮碳共渗件的常见缺陷防止措施

缺陷类型	产生原因	防止措施	补救办法
表面疏松	氮含量过高（主要原因） 氮碳共渗温度过高 氮碳共渗时间过长 原材料为铝脱氧者易产生表面疏松	气体氮碳共渗应严格控制通氮量 盐浴氮碳共渗应控制盐浴配比及浓度 合理控制氮碳共渗温度、时间 合理选择原材料	磨去疏松层 严重疏松不能返修
表面硬度低	氮碳共渗后冷却速度低 渗层氮含量太低 材料选择不当	氮碳共渗后进行水冷或油冷 提高介质浓度，增加氮含量 合理选择材料	重新按正常工艺返修
渗层深度浅	温度低，时间短 介质氮含量低 装炉不合理	选择正确的温度和时间 提高介质含量 合理装炉	按正确工艺重新处理
表面锈蚀	盐浴氮碳共渗后未及时清洗，或清洗不净	将盐及时清洗干净	将工件去锈后清洗干净 锈蚀严重者报废
表面花斑	工件预先未清洗干净 工件互相接触或与工装接触	入炉前应将工件清洗干净 合理装炉	

7.4.7　应用实例

1. 铝型材挤压模具（4Cr5MoSiV1）

4Cr5MoSiV1 铝型材挤压模具经盐浴氮碳共渗后，渗层深度为 0.08 ~ 0.1mm，表面硬度为 1100HV0.1，模具可挤压 1.9t 铝型材。盐浴氮碳共渗工艺为：基盐采用武汉材料保护研究所生产的 J-2，CNO⁻ 的质量分数控制在 32% ~ 36%，共渗温度为 570℃，保温时间为 2.5 ~ 3.5h，出炉空冷。

2. 冷作模具（Cr12MoV、W6Mo5Cr4V2 等）

拉深模（用于不锈钢薄板拉深）经 570℃×1.5h 气体氮碳共渗，寿命从淬火 + 回火状态的 1000 ~ 2000 件提高到 30000 件；废品率由 1% ~ 2% 降低至 0.2% 以下。螺母冲孔模（淬火 + 回火）原寿命为 4000 件，采用气体氮渗共渗，获得 90μm 的共渗层，可加工 90000件。

3. 汽车减速器内齿圈（45 钢）

汽车减速器的精密内齿圈要求氮碳共渗层总深度（包括过渡层）达 0.9mm，其中化合物层深度≥20μm。经（585±10）℃共渗 7h，共渗层深度、硬度及变形量均达到合格标准。经 25000km 装车试验，齿圈无拉毛、氧化和早期磨损等异常现象。

4. 加压气体氮碳共渗 Q195 筛片

Q195 筛片装入炉内抽真空后充氨气，控制炉压为 10～50kPa，氨分解率控制在 25%～30%，氨流量保持恒定，在 565℃加压气体氮碳共渗 4h，降温至 480℃出炉空冷。气体氮碳共渗处理后可获得表面硬度为 925HV0.05、化合物层深度为 20～24μm、扩散层深度为 0.50mm 的硬化层。渗层的硬度梯度十分平缓。

5. 53Cr4Mo3SiMnVAl 模具

53Cr4Mo3SiMnVAl 钢是一种高强度、高韧性的模具钢，既具有高速钢的强度，又有中碳钢的韧性，应用于负载大且工作条件恶劣的挤压、冷镦、冲压等易崩、易裂、易断的模具。其氮碳共渗工艺为：加热温度为 500℃，氨气与煤气的体积比为 1:2，保温时间为 4h。渗层深度为 0.028mm，表面硬度为 1300HV0.1。使用寿命比未处理模具提高了 1 倍。

6. 柴油机 45 钢齿轮

柴油机 45 钢齿轮采用"N_2 + NH_3 + C_2H_5OH + 催渗剂"作为共渗剂，进行气体氮碳共渗，其工艺曲线如图 7-26 所示。该处理工艺分为三个阶段：第 I 阶段称为排气阶段，氮气通量为 1500L/h，氨气通量为 600L/h，时间约为 40min；第 II 阶段为共渗阶段，氨气通量为 800L/h，C_2H_5OH 或 CCl_4 滴量为 90 滴/min，时间约为 150min；第 III 阶段称为扩散阶段，氨气通量为 600L/h，C_2H_5OH 或 CCl_4 滴量为 80 滴/min，炉压为 1.33～2.66kPa，时间约为 50min。45 钢齿轮经气体氮碳共渗后，渗层深度为 0.27mm，表面硬度为 500～650HV0.1，降低了整机噪声，使用寿命提高了 45%。

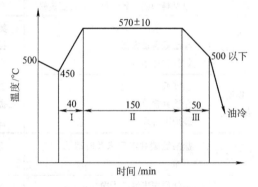

图 7-26　45 钢齿轮气体氮碳共渗工艺曲线

7. QT600-3 球墨铸铁活塞

活塞经 920℃×（1～2）h 正火处理后硬度为 240～299HBW。氮碳共渗工艺采用氨气加甲醇作为共渗剂，还在甲醇中加入一定比例的四氯化碳、氯化钛等催渗活化剂制成催渗混合液，氯化物的比例以不腐蚀工件、不堵塞管道为准。该活塞氮碳共渗工艺曲线如图 7-27 所示。处理工艺分为 4 个阶段：第 I 阶段称为排气阶段，渗剂混合液滴量为 80～100 滴/min，氨气通量为 100～150L/h，时间约为 30min；第 II 阶段为强渗阶段，渗剂混合液滴量为 60～65 滴/min，氨气通量为 400～450L/h，炉压维持在 30～40mm 油柱（1mm 油柱≈8.5Pa）；第 III 阶段称为提温扩散阶段，渗剂混合液滴量为 50～55 滴/min，氨气通量加大到 500～600L/h，炉压提高到 50～70mm 油柱；第 IV 阶段称为降温阶段，停滴渗剂混合液，关闭电源停止加热，氨气通量维护在 600L/h，炉压在 60mm 油柱，降温至 500℃以下即可把工件吊出油冷或空冷。氮碳共渗处理后，工件渗层深度为 0.11～0.12mm，表面硬度为 950～980HV0.1。

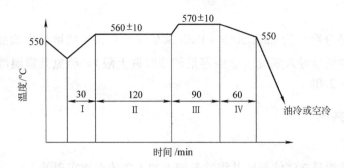

图 7-27　QT600-3 球墨铸铁活塞氮碳共渗工艺曲线

7.5　其他含氮多元共渗

7.5.1　氧氮共渗

在渗氮的同时通入含氧介质，即可实现钢铁件的氧氮共渗，处理后的工件兼有蒸汽处理和渗氮处理的共同优点。

1. 氧氮共渗介质

氧氮共渗时采用最多的渗剂是浓度不同的氨水。

氮原子向内扩散形成渗氮层，水分解形成的氧原子向内扩散形成氧化层，并在工件表面形成黑色氧化膜。

2. 氧氮共渗工艺

目前，氧氮共渗主要用于高速钢刀具的表面处理。氧氮共渗温度一般为 540 ~ 590℃；共渗时间通常为 60 ~ 120min；氨水的质量分数以 25% ~ 30% 为宜。排气升温期氨水的滴入量应加大，以便迅速排除炉内空气。共渗期氨水的滴量应适中，降温扩散期应减小氨水滴量，使渗层浓度梯度趋于平缓。炉罐应具有良好的密封性，炉内保持 300 ~ 1000Pa 的正压。图 7-28 所示为在 RJJ35-9T 井式气体渗碳炉中，以氨水为共渗剂的高速钢刀具氧氮共渗工艺曲线。

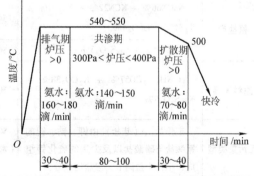

图 7-28　高速钢刀具氧氮共渗工艺曲线

7.5.2　硫氮共渗

1. 气体法

以氨气和硫化氢作为渗剂，$\varphi(NH_3):\varphi(H_2S) = (9 ~ 12):1$，氨分解率约为 15%。炉膛较大时，硫化氢的通入量应减少。

高速钢经 530 ~ 560℃ 硫氮共渗处理 1 ~ 1.5h，可获得 0.02 ~ 0.04mm 的共渗层，表面硬度为 950 ~ 1050HV。

2. 盐浴法

在成分 (质量分数) 为 $CaCl_2 50\% + BaCl_2 30\% + NaCl 20\%$ 的熔盐中添加 $FeS 8\% \sim 10\%$，并以 $1 \sim 3 L/min$ 的流量导入氨气 (盐浴容量较多时取上限)。硫氮共渗温度为 $520 \sim 600℃$，保温时间为 $0.25 \sim 2.0h$。

7.5.3 硫氮碳共渗

1. 气体法

气体硫氮碳共渗是在气体氮碳共渗的基础上加入含硫介质实现的。

1) 甲酰胺与无水乙醇以 3∶1 (体积比) 混合，加入 $8\% \sim 10 g/L$ 硫脲作为渗剂滴进炉内。$3Cr2W8V$ 经 $570℃ \times 3h$ 硫氮碳共渗处理，表面形成一薄层 FeS，化合物层深度为 $9.6 \mu m$，总渗层深度为 $0.13 mm$ (测至 550HV 处)。

2) 将三乙醇胺、无水乙醇及硫脲以 100∶100∶2 (体积比) 混合制成滴注剂，共渗时通入 $0.1 m^3/h$ 的氨及 100 滴/min 的滴注剂。$W18Cr4V$ 经 $550 \sim 560℃ \times 3h$ 硫氮碳共渗处理，表面硬度可达 1190HV，共渗层深度为 $0.052 mm$。

2. 盐浴法

盐浴法是进行硫氮碳共渗处理采用较多的方法。由于无氰盐浴出现，使得无污染作业成为可能。盐浴硫氮碳共渗类型及工艺参数见表 7-29。

表 7-29 盐浴硫氮碳共渗类型及工艺参数

类 型	渗剂成分 (质量分数) 或配方	工艺参数		备 注
		温度/℃	保温时间/h	
氰盐型	$NaCN 66\% + KCN 22\% + Na_2S 4\% + K_2S 4\% + NaSO_4 4\%$	$540 \sim 560$	$0.1 \sim 1$	剧毒，目前已极少采用
	$NaCN 95\% + Na_2S_2O_3 5\%$	$560 \sim 580$	—	
原料无毒	$(NH_2)_2CO 57\% + K_2CO_3 38\% + Na_2S_2O_3 5\%$	$500 \sim 590$	$0.5 \sim 3$	俄罗斯 JTNBT-6a 法，原料无毒，但使用时产生大量氰盐，有较大毒性
无污染类型	工作盐浴 (基盐) 由钾、钠、锂的氰酸盐与碳酸盐以及少量的硫化钾组成，用再生盐调节共渗盐浴成分	$500 \sim 590$ (常用 $550 \sim 580$)	$0.2 \sim 3$	法国的 Sursulf 法及我国的 LT 法，应用较广

无污染硫氮碳共渗工作盐浴的成分 (质量分数) 为 $CNO^- 31\% \sim 39\%$、碱金属离子 $42\% \sim 45\%$、$CO_3^{2-} 14\% \sim 17\%$、$S^{2-} (5 \sim 40) \times 10^{-4}\%$、$CN^- 0.1\% \sim 0.8\%$。盐浴中的反应与盐浴氮碳共渗相似，活性氮、碳原子来源于 CNO^- 的分解、氧化以及其分解产物的转变。硫促使氰化物向氰酸盐转化。盐浴中氰酸含量降低时，可加入有机化合物制成的再生盐，以恢复盐浴活性。表 7-30 列出了不同工件的无污染硫氮碳共渗工艺规范。

表 7-30 无污染硫氮碳共渗工艺规范

工 件	材 料	工艺参数		化合物层厚度 /μm	共渗层总深度 /mm	化合物层致密区最高硬度 HV0.025
		温度/℃	时间/h			
调节阀	45 钢	565 ± 10	$1.5 \sim 2$	$18 \sim 24$	$0.20 \sim 0.31$	650

（续）

工 件	材 料	工艺参数		化合物层厚度 /μm	共渗层总深度 /mm	化合物层致密区最高硬度 HV0.025
		温度/℃	时间/h			
齿 轮	35CrMoV	550±10	1.5	13~17	—	—
链 板	20钢	565±10	2~3	20~28	0.22~0.35	500
铝合金压铸模	3Cr2W8	565±10	2~3	—	—	1000
冲 模	Cr12MoV	520±10	3~4	—	—	1050
刀 具	W18Cr4V	560±10	0.2~0.6	—	0.02~0.05	1100
曲 轴	QT600-3	565±100	1.5~2	14~18	0.74~0.12	900
潜卤泵叶轮	ZGCr28	565±10	3	10~14	0.025~0.034	—
缸 套	HT200	565±10	1.5~2	12~150	0.72~0.12	800

氰酸根含量（质量分数）对共渗层深度、化合物层疏松区深度以及共渗层性能有较大影响，通常以 $36\% \pm (1\sim2)\%$ 为宜。以抗咬合减摩为主要目的时控制在 $38\% \pm (1\sim2)\%$；以提高耐磨性为主的工件选择 $34\% \pm (1\sim2)\%$ 为宜。

随着盐浴中 S^{2-} 增多，渗层中 FeS 增加，减摩效果增强，但化合物层疏松区变宽，一般控制 S^{2-} 的质量分数小于 $10\times10^{-4}\%$ 较佳。

3. 硫氮碳共渗件的常见缺陷防止措施

表 7-31 列出了硫氮碳共渗件的常见缺陷防止措施。

表 7-31　硫氮碳共渗件的常见缺陷防止措施

缺陷类型	产生原因	防止措施及补救方法
渗层薄	CNO^- 含量低，温度偏低，时间短	加 Z-1 或 REG-1，校准温度，酌情提高温度，适当延长时间
CNO^- 含量下降快	盐浴温度高或发生超温事故，未捞渣	增加超温报警装置，适当降温捞渣
CN^- 含量高	通气或通空气量太小，硫含量太低	增大通气量，添加硫化物
表面疏松、起皮	CNO^- 含量太高	空载陈化至 CNO^- 的质量分数≤38%
花斑	入炉前有大片油渍或锈斑，浴中渣子多，工件紧叠	去锈、除油、捞渣，工件间留有 0.5mm 以上的空隙
锈蚀	共渗件油冷，残盐未洗净，不通孔、狭缝处有盐渍	延长开水煮洗时间，采用 Y-1 或 AB1 氧化浴冷却
调整成分时有氨臭	有 NH_3、CO_2、H_2O 逸出	开动抽风装置

7.5.4　QPQ 处理

盐浴氮碳共渗或硫氮碳共渗后，再进行氧化、抛光、再氧化的复合处理称为 QPQ 处理。QPQ 处理应用十分广泛。处理工序为：预热（非精密件可免去）→520~580℃氮碳共渗或硫氮碳共渗→在 330~400℃的 AB（或 Y-1）浴中氧化 10~30min→机械抛光→在 AB（或 Y-1）浴中再次氧化。氧化目的是消除工件表面残留的微量 CN^- 及 CNO^-，使得废水可以直接排放。QPQ 处理使工件表面粗糙度值大大降低，显著地提高了耐蚀性，并保持了盐浴氮碳共渗或硫氮碳共渗层的耐磨性、疲劳强度及抗咬合性，可获得赏心悦目的白亮色、蓝黑色及黑亮色。图 7-29 所示为 QPQ 处理工艺曲线，表 7-32 列出了常用材料的 QPQ 处理工艺规范及渗层深度和硬度。

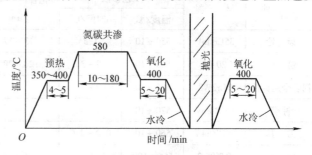

图 7-29　QPQ 处理工艺曲线

盐浴 QPQ 技术的研究与应用已有四十余年的历史，该工艺比较成熟，并得到了广泛应用。但其生产过程中产生的废气和废渣对人体健康和环境造成了一定危害，使其发展受到了很大限制。气体 QPQ（气体氧-氮碳复合处理）作为一种新型的表面改性技术，处理过程对环境的影响较小，近年来已逐步得到应用，具有很好的发展前景。

气体 QPQ 是气体氮碳共渗和气体后氧化的复合处理技术，但与传统意义上的水蒸气氧化处理有很大的区别，其关键是在水溶液中必须添加促使在渗氮层表面生成致密氧化膜的助氧化剂，水溶液偏碱性，否则，渗氮层表面的氧化效果将大受影响。部分材料的气体 QPQ 处理工艺规范及效果见表 7-33。

表 7-32　常用材料的 QPQ 处理工艺规范及渗层深度和硬度

材料种类	代表牌号	前处理	渗氮温度/℃	渗氮时间/h	表面硬度 HV0.1	化合物层/μm
低碳钢	Q235、20、20Cr	—	570	2~4	500~700	15~20
中碳钢	45、40Cr	不处理或调质	570	2~4	500~700	12~20
高碳钢	T8、T10、T12	不处理或调质	570	2~4	500~700	12~20
渗氮钢	38CrMoAl	调质	570	3~5	900~1000	9~15
铸模钢	3Cr2W8V	淬火	570	2~3	900~1000	6~10
热作模具钢	5CrMnMo	淬火	570	2~3	770~900	9~15
冷作模具钢	Cr12MoV	高温淬火	520	2~3	900~1000	6~15
高速钢	W6Mo5Cr4V2（刀具）	淬火	550	20~60min	1000~1200	—
	W6Mo5Cr4V2（耐磨件）	淬火	570	2~3	1200~1500	6~8
不锈钢	12Cr13、40Cr13	—	570	2~3	900~1000	6~10
	06Cr18Ni12Mo3Ti	—	570	2~3	950~1100	总深20~25
气门钢	53Cr21Mn9Ni4N	固溶	570	2~3	900~1100	3~8
灰铸铁	HT200	—	570	2~3	500~600	总深0.1mm
球墨铸铁	QT500-7	—	570	2~3	500~600	总深0.1mm

表7-33 部分材料的气体 QPQ 处理工艺规范及效果

材料	前处理	氮碳共渗工艺参数	氧化处理工艺参数	表面硬度HV25	化合物层深度/μm	渗层深度/μm
40Cr	正火	570℃×4h	400℃×1h	500～540	6～10	380
4Cr5MoSiV1				520～560	10～12	270

经气体 QPQ 处理后的试样，表面呈深黑色。电化学测试和浸泡腐蚀试验表明，气体 QPQ 处理后试样表面的耐蚀性达到了与盐浴 QPQ 相当的水平。目前，该技术已在汽车气门、模具等产品中工业应用。

7.5.5 盐浴硫氮碳钒共渗

盐浴硫氮碳钒共渗工艺是将盐浴硫氮碳共渗与低温渗金属的手段结合起来，利用强碳、氮化物形成元素（V、Ti、Cr、Nb 等），与碳、氮元素一起在低温盐浴中共渗，使之在渗层形成大量的高硬度合金碳化物，获得高耐磨性、疲劳强度及抗咬合性的一种工艺。采用外热式坩埚盐浴炉，加入硫氮碳共渗基盐（J-1）、1%（质量分数）V_2O_5、还原剂（如铝粉）就可实现这一工艺。处理工序为：300℃预热→570℃氮碳钒共渗→空冷。CNO^- 控制在 32%～36%（质量分数），盐浴的维护方法与盐浴氮碳共渗相同。工件氮碳钒共渗后，化合物层中有（Fe，V）$_{2～3}$（NC）相出现，表面硬度比盐浴氮碳共渗层高约 100HV。表 7-34 列出了一些材料的盐浴氮碳钒共渗处理工艺规范及处理结果。

表7-34 盐浴氮碳钒共渗处理工艺规范及处理结果

材　　料	工艺参数		化合物层深度/μm	共渗层总深度/mm	化合物层最高硬度
	温度/℃	时间/h			
45 钢	570±10	3～4	16～18	0.16～0.20	812HV0.05
40Cr	570±10	3～4	14～17	0.16～0.20	790HV0.05
4Cr5MoSiV1	570±10	3～4	6～8	0.10～0.11	1300HV0.1
W18Cr4V	570±10	2～3	6～7	0.08～0.09	1400HV0.05

7.5.6 其他含氮多元共渗件的组织和性能

1. 氧氮共渗

氧氮共渗层的组织分为三个区域：表面氧化膜、次表层氧化区和渗氮区。表面氧化膜与次表层氧化区厚度相近，一般为 2～4μm。前者为吸附性氧化膜，后者是渗入性氧化层（在光学显微镜下能发现碳化物在该区中的存在），二者的分界面就是工件的原始表面。共渗后从表到里的组织依次是 Fe_3O_4、$Fe_{2～3}N$、M_xN_y、Fe_4N。氧氮共渗后形成的多孔 Fe_3O_4 层具有良好的减摩性能、散热性能、抗黏着性能及耐蚀性，且表面呈蓝黑色，十分美观。

2. 硫氮共渗

（1）共渗层组织　钢铁件硫氮共渗后最表层是很薄的 FeS_2 层，内侧是连续的 $Fe_{1-x}S$ 层（介质中硫含量较低时，无 FeS_2 出现），在硫化物层之下是硫化物与氮化物共存层，接着是渗氮层。

（2）耐磨与减摩性能　W18Cr4V 钢试样在 Amsler 磨损试验机上的试验结果见表 7-35。45 钢硫氮共渗与其他处理工艺的摩擦磨损性能对比见表 7-36。

表 7-35　W18Cr4V 钢试样在 Amsler 磨损试验机上的试验结果

热处理工艺	硫氮共渗工艺参数			对磨 200 转后的试验结果		备　注
淬火、回火	温度/℃	时间/h	p_{NH_3}/p_{H_2S}	失重/mg	摩擦因数	
淬火、回火，无氰盐浴硫氮共渗	—			100.80	0.065	L-AN22 全损耗系统用油润滑。气体硫氮共渗在小井式炉中进行，因 $\varphi(H_2S)$ 高达 10%，表层 FeS 层比盐浴法厚，故失重较大，但摩擦因数更小
淬火、回火，气体硫氮共渗	560 ± 10	1	—	13.10	0.030	
淬火、回火，气体硫氮共渗	500 ± 10	1	10	45.00	0.025	

表 7-36　45 钢硫氮共渗与其他处理工艺的摩擦磨损性能对比

热处理工艺条件	润滑摩擦			非润滑摩擦		
	最大载荷/N	摩擦因数	摩擦表面状态	最大载荷/N	摩擦因数	摩擦表面状态
离子渗氮 560℃×16h	2500	0.032	部分表面发生剧烈划伤	400	0.16	有热黏着
气体氮碳共渗 570℃×5h	1200	0.038	发生热黏着	200	0.40	试样一开始就发生热黏着
盐浴渗氮 570℃×1.5h	2000	0.035	部分表面发生热黏着	470	0.28	黏着使摩擦因数增大，有细磨屑出现
盐浴硫氮共渗 570℃×2h	2500	0.032	有少数划伤	780	0.13	有塑性变形和局部划痕
盐浴硫氮共渗 570℃×1.5h	2500	0.030	几乎没有划伤	1150	0.11	有塑性变形和浅划痕

（3）抗咬合性能　经不同工艺处理 45 钢和 3Cr2W8 钢试样的抗咬合性能对比见表 7-37。

表 7-37　经不同工艺处理 45 钢和 3Cr2W8 钢试样的抗咬合性能对比

材　料	调质试样的表面处理工艺	润滑剂	Falex 试验持续时间/s		停机时试样的情况		
			连续加载	恒载 3336N	载荷/N	试验力矩/N·m	试样表面状况
45 钢	—	L-AN22	—	2	3336	7.9	咬　合
	加氧氮碳共渗	L-AN22	—	9	3336	9.0	咬　合
	硫氮共渗	L-AN22	—	500	3336	4.5	尚未咬合
3Cr2W8	加氧氮碳共渗	L-AN22	140	—	11120	9.3	尚未咬合
	硫氮共渗	L-AN22	152	—	13345	8.5	尚未咬合
	加氧氮碳共渗	干摩擦	—	—	2669	6.8	咬　合
	硫氮共渗	干摩擦	—	—	2669	4.1	尚未咬合

3. 硫氮碳共渗

（1）共渗层组织　工件经硫氮碳共渗处理后，最表层由 2～3μm 左右的富集 FeS、$Fe_{2-3}(N, C)$、M_xN_y、Fe_4N 及 Fe_3O_4 组成，以下是氮的扩散层。

（2）共渗层性能　硫氮硫共渗层的抗咬合及减摩性能主要取决于化合物区的组织结构；而共渗层的接触疲劳强度，还需充分考虑共渗层的深度及硬度梯度。

$Fe_{2-3}N$ 及 Fe_3O_4 相在碱、盐、工业大气中具有一定的耐蚀性，因此，工件经硫氮碳共渗，尤其是共渗后再进行氧化处理，在非酸性介质中耐蚀性很好。

1）渗层的硬度及耐磨性。硫氮碳共渗层的深度与表面硬度见表7-30。图7-30 所示为 45 硫氮碳共渗层的耐磨性。由图7-30 可见，研磨前硫氮碳共渗层由于表面有软层 FeS 的存在，耐磨性不如氮碳共渗层，但研磨后，磨损量相差不大。

2）抗咬合性及疲劳强度　表7-38 列出了部分材料硫氮碳共渗层的抗咬合性及疲劳强度。

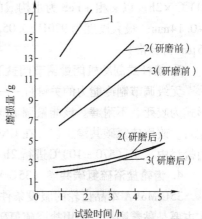

图 7-30　45 硫氮碳共渗层的耐磨性
1—淬火 + 回火　2—盐浴硫氮碳共渗
3—气体氮碳共渗

表 7-38　部分材料硫氮碳共渗层的抗咬合性及疲劳强度

材　　料	抗咬合性（Falex 试验）负载/N	疲劳强度	
		弯曲疲劳强度/MPa	接触疲劳强度/MPa
45	13350	550	1666
QT600-3	10157	188	1627
4Cr5MoSiV1	11790	—	4028
25CrMoV	12013	—	2430
38CrMoAl	12306	600	—

7.5.7　应用实例

1. 汽车发动机曲轴盐浴硫氮碳共渗（45 钢）

汽车发动机曲轴盐浴硫氮碳共渗工作盐浴的成分（质量分数）为 CNO^- 36% ±1.5%，$S^{2-} \leqslant 30 \times 10^{-6}$；其主要工艺参数为 (565 ± 5)℃ × 3h。硬度 ≥300HV10，最大硬度为 700HV0.05（max），包括过渡区 α(N) 在内的共渗层总深度为 0.85～0.95mm，其中化合物层（ε 相 + FeS + 少量 γ′ 相）深度为 20～25μm，扩散层（弥散相析出区）深度为 0.3～0.35mm。

国外的汽车（包括重型汽车）曲轴大多采用盐浴氮碳共渗、盐浴硫氮碳共渗或以两者为基础的 TF1 + AB1、Oxynit 工艺，即于共渗后再氧化的复合处理工艺。

盐浴氧碳共渗时，CNO^- 的质量分数为 36% ±1.5%，其主要工艺参数为 $(570 \pm 10$℃$)$ × 3h。如果需在共渗后氧化，则直接转入 (360 ± 10)℃的 Y-1 盐浴中等温 10～20min。渗层总深度为 (0.9 ± 0.05) mm，硬度 ≥300 HV10。

2. 农机 195 及 180 曲轴盐浴硫氮碳共渗（QT600-3）

盐浴硫氮碳共渗时，CNO⁻ 的质量分数为 36% ± 1.5%；其主要工艺参数为（565 ±10）℃ × 2h。以 ε 相 + FeS 为主构成的化合物层深度为 12 ~ 16μm；弥散相析出区深度为 0.10 ~ 0.14mm，最大硬度为 920HV0.05。经 2000h 强化台架试验，曲轴平均磨损量为 15μm（≤ 25μm 为合格）。

3. 螺杆式制冷机能量调节阀盐浴硫氮碳共渗（45 钢）

无级调节制冷能力的关键件——能量调节阀由开螺旋槽的导管和轴状喷油管组成。失效形式为咬死、不耐磨。该能量调节阀经调质、离子渗氮处理后只能分别用 2 ~ 8 周和 3 个月左右。改用硫氮碳共渗工艺，在 CNO⁻ 的质量分数为 36 ± 1.5%、S²⁻ 的质量分数 ≤ 30 × 10⁻⁶ 的盐浴中，于（570 ± 10）℃进行 2h 的处理，使用寿命可达 2 ~ 4 年。

4. 齿轮盐浴硫氮碳共渗（35CrMoVA）

35CrMoVA 军品齿轮的服役条件是中载与低噪声，并要求具有一定的疲劳强度。失效形式主要是黏着磨损。采用盐浴硫氮碳共渗工艺［CNO⁻ 的质量分数为 34% ± 1.5%，S²⁻ 的质量分数 ≤ 30 × 10⁻⁶，（550 ± 10）℃ × 2h］处理后，化合物层深度为 13 ~ 17μm，弥散相析出区深度为 0.23 ~ 0.25mm，500HV0.05 以上的有效硬化层比技术要求增深 30% ~ 40%，承载能力由 8 ~ 9 级提高到 10 ~ 11 级（扭矩为 372.4 ~ 449.8N·m，齿面法线力达到 11621 ~ 13334N，传递功率为 88.96 ~ 104.40kW），比 20CrMo 渗碳（渗层深度为 0.8 ~ 1.0mm）、淬火 + 回火齿轮的承载能力高 25%。为了提高工件仓储期间在工业大气中的耐蚀性，硫氮碳共渗后直接转入 360℃ ± 10℃ 的 Y-1 盐浴中氧化 10 ~ 20min。这样，除耐蚀性显著提高外，各项性能指标与硫氮碳共渗件相同。两种方法处理的齿轮质量都优于进口件。

5. 刀具盐浴硫氮碳共渗（W18Cr4V 及 W6Mo5Cr4V2）

铣刀、钻头、铰刀等各种高速钢刀具均可通过硫氮碳共渗或以其为基础的硫氮碳共渗加后氧化复合处理，分别提高寿命 0.5 ~ 3 倍以上。图 7-31a 所示工艺适用于自用刀具，图 7-31b 所示工艺适用商品刀具。

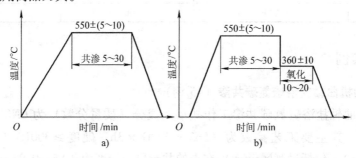

图 7-31　高速钢刀具硫氮碳共渗或以共渗为基础的复合处理工艺曲线
a）盐浴硫氮碳共渗　b）盐浴硫氮碳共渗加后氧化复合处理

此外，盐浴硫氮碳共渗是解决不锈钢工件咬死、不耐磨问题的最佳工艺。对于刀具与不锈钢件而言，获得相同深度渗层的处理周期比气体氮碳共渗或气体渗氮缩短 2/5 ~ 2/3，而且强化效果优良、稳定。

6. 气门 QPQ 盐浴复合处理

53Cr21Mn9Ni4N 排气门及 42Cr9Si2 进气门的 QPQ 处理工艺为：300℃预热 1h→565℃氮

碳共渗 60 ~ 90min，CNO⁻ 的质量分数控制在 34% ~ 36%→在 350 ~ 400℃ 的 AB（或 Y-1）浴中氧化 10 ~ 30min→机械抛光→在 AB（或 Y-1）浴中再次氧化。QPQ 盐浴复合处理后可获得表面硬度为 1000 ~ 1200HV0.05，深度为 20 ~ 60μm 的渗层，气门呈黑亮色。该工艺广泛用于各种不同类型的汽车和摩托车气门的生产。

7. 薄形工件 QPQ 盐浴复合处理

低压电器中的塑壳断路器使用了较多的 10 钢薄形工件，一般厚度为 1 ~ 3mm。这些工件看似又细又薄，但它却是塑壳断路中的关键件，它直接关系到断路器的使用寿命和可靠性。其 QPQ 盐浴复合处理工艺如图 7-32 所示。CNO⁻ 的质量分数控制在 34% ~ 36%。薄形工件经 QPQ 盐浴复合处理后，完全代替了原来的渗碳淬火，其表面硬度值可达到 550 ~ 600HV0.1，渗层深度可达到 0.35 ~ 0.50mm，其中化合物层深度为 0.015 ~ 0.020mm。该工艺显著的优点就是畸变量很小。

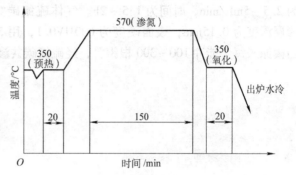

图 7-32　薄形工件 QPQ 盐浴复合处理工艺

8. 中速柴油机 QT800-2 曲轴氧氮共渗

中速柴油机 QT800-2 曲轴氧氮共渗工艺为：首先进行预氧化（300℃×1h），即曲轴表面的铁与炉内空气中的氧气进行化学反应，生成 Fe_3O_4 薄膜，此阶段禁止向炉内通入氨气和氮气。480℃ 开始通入大量的氨气和氮气，尽快地排出炉内的空气，为以后的渗氮做准备。第二阶段是吸收阶段，处理温度为 520℃，采用 30% ~ 40% 的氨分解率，处理时间为 2h。第三阶段是扩散阶段，处理温度为 570℃，采用 40% ~ 60% 的氨分解率，处理时间为 3h。氧氮共渗处理后，渗层深度为 0.20mm，表面硬度为 420HV10。

9. 49MnVS3 柴油机曲轴氧氮碳共渗

49MnVS3 柴油机曲轴先在 400℃ 预氧化炉中预氧化 2h，渗剂采用氨气加二氧化碳、氮气和保护气体，氮碳共渗在 570℃ 下进行（其工艺如图 7-33 所示）。氧氮碳共渗处理后，白亮层深度为 0.020mm，扩散层深度为 0.55mm，表面硬度为 769HV0.1，渗氮层脆性为 1 级，疏松为 2 级。

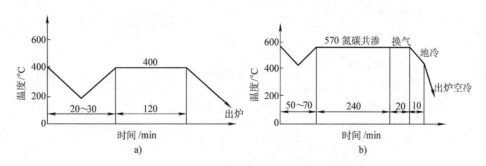

图 7-33　49MnVS3 柴油机曲轴氧氮碳共渗处理工艺

a）预氧化　b）氮碳共渗

10. 3Cr3Mo3W2V 钢管热冲孔凸模的气体硫氮碳共渗

3Cr3Mo3W2V 钢管热冲孔凸模气体硫氮碳共渗工艺分两段进行：先将炉温升至 600℃，通入甲醇 20min，再将凸模放入炉中，滴入甲醇 4~6mL/min，排气 15min。关闭甲醇，通入氮碳共渗剂，进行氮碳共渗。共渗剂为甲酰胺加 30%（质量分数）尿素，滴量为 3~4.5mL/min，时间为 1.5~2h。第二阶段关闭氮碳共渗剂滴入阀，通入 S、C、N 三元共渗剂。共渗剂为甲酰胺加无水乙醇，质量比为 2:1，再加入硫脲 20~30g/L，充分溶解，滴量为 2.5~5mL/min，时间为 1.5~2h。气体硫氮碳共渗处理后，最表层有疏松的 FeS 存在，渗层深度为 0.15mm，表面硬度为 600HV0.1，用 3 号砂纸打磨后表面硬度为 1100HV0.1。凸模原来每个能冲 100~300 根钢管，经硫氮碳共渗处理后的凸模可冲 600~1000 根钢管。

第8章 渗金属及非金属

8.1 渗金属及非金属简介

金属件表面在化学热处理中形成渗层的基本条件有三个：渗入元素必须能够与基体金属形成固溶体或金属间化合物；欲渗元素与基体金属之间必须有直接接触；被渗元素在基体金属中要有一定的渗入速度。对于靠化学反应提供活性原子的渗硼、渗硅和渗金属工艺而言，还必须满足第四个基本条件：该反应必须满足热力学条件。本章涉及的渗入元素为硼、硅、铬、钛、钒、铌、铝、锌等，都能与钢铁材料等基体金属形成固溶体或金属间化合物，但由于原子半径较大，在与工件直接接触时，多数以置换式扩散或空位式扩散进入基体金属。渗入元素的性质和渗入方式使得硼、硅、铬、钛、钒、铌、铝等元素在基体金属中达到一定的渗入速度，必须在较高的温度下进行，且渗层较浅。用化合物作为供渗剂时，一般需添加还原剂。

渗入元素的原子在基体金属中的扩散分为两类：形成连续固溶体的扩散，称为纯扩散；随着溶质浓度增加而伴随新相形成的扩散，称为反应扩散。由于硼、硅和金属铬、钛、钒、铝、锌的原子半径较大，在钢铁材料等基体金属中是以反应扩散形式渗入的。渗层的相组成和各相化学成分取决于组成该合金系的相图。二元合金的渗层一般不会出现两相共存区，反应扩散形成的渗层由浓度呈阶梯式跳跃分布、相互毗邻的单相区的组织所构成。形成的渗层与基体金属有明显的分界。

渗金属及非金属工艺方法根据渗剂的形态，可分为固体法、液体法、气体法、离子法等，其中固体法和液体法较常用。渗金属及非金属的工艺方法不同，所用设备也不同。渗金属及非金属的方法及特点见表8-1。

表8-1 渗金属及非金属的方法及特点

方　法		特　点	应用	常用设备
固体法	粉末法	装箱进行，冷后开箱直接使用或重新加热淬火	工艺简便，劳动条件差	应用较多	箱式、井式电阻炉，保护气氛炉，真空加热炉
		在流态粒子炉中进行，直接淬火或随炉冷却	工艺简便，劳动条件好，设备复杂	应用不多	流态床加热炉
	粒状法	装箱进行，冷后开箱或直接淬火	工艺简便，劳动条件比粉末法好	应用较多	箱式、井式电阻炉
	膏剂法	装箱加热或在保护气氛炉、真空炉中进行，可直接淬火或随炉冷却	用于局部、单件、小批量处理	应用不多	箱式、井式电阻炉，保护气氛炉，等离子加热炉
液体法	熔盐法	浸入熔盐进行，可直接淬火或出炉空冷	操作简便，渗层组织均匀，渗后残盐清洗较难	应用较多	坩埚盐炉、内热式盐炉
	电解法	浸入电解熔盐中进行，可直接淬火或出炉空冷	可在较低温度进行，适用于形状简单工件	应用不多	坩埚盐炉＋电解电源

（续）

方　　法			特　　点	应　用	常用设备
气体法	气体法	放入密封罐中进行，可直接淬火或随炉冷却	渗剂有毒或易爆，设备复杂	应用不多	密封加热炉
	流态床法	在流态粒子炉中进行，直接淬火或随炉冷却			流态床加热炉
离子法		在离子加热炉中进行，随炉冷却。渗剂有气体和膏剂两种	渗速快，劳动条件好。但复杂工件较难处理，操作复杂	应用较少	离子加热炉

8.1.1　固体法渗金属及非金属简介

固体法渗金属及非金属是把工件放入固体渗剂中加热到一定温度并保温一定时间，使工件表面渗入某种元素的工艺过程。在固体法渗金属及非金属中，影响渗层深度和质量的因素较多，除温度和时间外，主要是固体渗剂的成分。

固体渗剂根据组成主要分为两类：一类是由欲渗元素的纯粉末或欲渗元素高含量的铁合金粉末、催渗剂（或称活化剂，多为卤化物）和填充剂组成，如铬粉、氯化铵和氧化铝组成的渗铬剂；另一类是由欲渗元素高含量的化合物、还原剂、催渗剂和填充剂组成，如氧化铬、铝粉、氯化铵和氧化铝组成的渗铬剂。

固体渗剂中供渗剂的作用是产生欲渗金属或非金属的活性原子（或离子）。还原剂的作用是将欲渗金属或非金属从化合物中还原成活性原子。催渗剂的作用是促进活性原子渗入，而在由还原剂组成的渗剂中，还能促进还原反应进行或兼有促进活性原子渗入这两种作用。填充剂的作用主要是减少渗剂的板结，方便工件取出，并降低成本。

固体法渗金属及非金属根据渗剂形态特点可分为粉末法、粒状法、膏剂法三种。

1）粉末法渗金属及非金属是最早应用的化学热处理方法。这种方法是把工件埋入装有渗剂的容器内进行加热扩散，以获得所需渗层。这种方法虽然古老，但目前应用仍较多。

2）粒状法是将粉末渗剂与黏结剂按适当的比例调和后压成粒状，干燥后使用。由于渗剂成分与粉末法相似，使用方法与粉末法一样，所以粒状法实质是粉末法的一种。与粉末法相比，采用粒状法的工作场地的粉尘量大大降低，渗后无渗剂黏结，工件取出方便，工人的劳动强度大大降低。应用较多的粒状渗剂有粒状渗硼剂等。

3）膏剂法是将粉末渗剂与黏结剂按适当的比例调成膏体，然后涂在工件表面，干燥后加热到一定温度保持扩散（多数要求在非氧化性环境中进行）形成渗层。由于膏剂在工件表面一般涂 5mm 左右，膏剂中不但供渗剂含量比粉末法高，而且一般不加填充剂，只加少量使渗剂冷却后不黏结工件的抗黏结剂。

固体法渗金属及非金属的优点是设备简单，渗剂配制容易，可以实现多种元素的渗金属及非金属以及共渗；适用于形状复杂的工件、大型的工件、单件或小批量工件，并能实现局部渗入。固体法渗金属及非金属的缺点是能耗大，热效率和生产效率低，工作环境差，工人劳动强度大，渗层组织和厚度（或称深度）都难以控制或调整。应用固体法装箱在箱式或井式炉中加热，严禁渗箱密封不严，造成渗剂在高温氧化失效；严禁升温速度过快，造成渗箱密封开裂，以及加热不均匀。

8.1.2　液体法渗金属及非金属简介

将工件浸渍在熔融液体中，使表面渗入一种或几种元素的渗金属及非金属工艺方法称为液体法渗金属及非金属。液体法渗金属及非金属根据工艺特点可分为盐浴法、热浸法、熔烧法三种。

1）盐浴法是在熔融盐浴中使工件表面渗入某一种或几种元素的工艺方法。其操作方式有两种：一是由组成盐浴的物质作为渗剂，利用它们之间的反应产生活性原子，使工件表面渗入某一种或几种元素；二是用盐浴作为载体，另加入渗剂，使之悬浮盐浴中，利用盐浴的热运动运载着渗剂与工件表面接触，使工件表面渗入某种或几种元素。

2）热浸法是将工件直接浸入液态金属中，经较短时间保温即形成合金层，如钢铁制品的热浸锌、热浸铝等。热浸法的优点是渗速快，生产率高；缺点是渗层深度不易均匀，并且只适于浸渗熔点较低的金属。

3）熔烧法是先把渗剂制成料浆，然后将料浆均匀涂覆于工件表面上，干燥后在惰性气体或真空环境中，以稍高于料浆熔点的温度烧结，渗入元素通过液固界面扩散到基体表面而形成合金层。与热浸法相比，该法能获得成分和厚度都较均匀的渗层。

8.1.3　气体法渗金属及非金属简介

气体法渗金属或非金属是把工件置于含有渗剂原子的气体介质中加热，使工件表面获得该渗剂元素的工艺过程。其工艺特点是：产生活性原子气体的渗剂可以是气体、液体、固体，但在化学热处理炉内都以气体的形式包附于工件；在气体法渗金属及非金属过程中，渗剂可以不断补充更新，活性原子的供给、吸收和向内部扩散的过程持续维持；可以随时调整炉内气氛，能实现可控渗金属及非金属。气体法渗金属及非金属工件的渗层深度均匀、易控制；容易实现机械化、自动化生产；劳动条件好，环境污染小。缺点是设备一次性投资较大。由于渗剂、设备等原因，气体渗金属和气体渗硼应用不多。

气体法渗金属及非金属可分为常规气体法、低压气体法和离子扩渗法。

1）常规气体法是在常压下进行的渗金属及非金属工艺。所应用的设备为周期式气体加热炉，主要是井式气体炉。与气体渗碳等相比，由于气体法渗金属及非金属的渗剂都存在易燃、剧毒气体，加热炉的炉罐必须具有良好的密封。

2）低压气体法是把工件放入低压容器内加热，通入渗剂，使工件表面渗入某种元素的工艺过程，实际上是将真空技术用于气体法渗金属及非金属。由于工件在真空状态下加热，能有效地防止表面氧化，还能去除工件原有的氧化膜以及附着的油脂，使表面非常洁净而处于催渗状态，有利于快速吸收被渗物质。因此，采用低压气体法，工件表面的被渗元素浓度高，渗金属及非金属速度快。低压气体法的渗剂是脉冲式进入炉内，所以深孔、不通孔、狭缝处以及堆放的细小零件都能获得均匀的渗层。

3）离子扩渗法将在第 9 章中介绍。

8.2　渗硼、渗硅

硼或硅在高温下与金属接触一段时间，就会渗入金属表面，并形成渗层。将硼元素或硅元素渗入工件表面的化学热处理工艺分别称为渗硼或渗硅。为了获得尽可能高的渗入速度和深的渗层，渗硼、渗硅工艺所用的温度一般较高，钢铁工件为 800~980℃，重金属工件为 1000~1400℃。

金属和合金渗硼使表面形成硼化物渗层。硼化物具有很高的硬度和化学稳定性，金属和合金渗硼能提高表面硬度、耐磨性和耐蚀性，特别是金属和合金的耐磨粒磨损性能。渗硼从 1900 年发明以来，渗硼剂的成分及配比、工艺方法和适用范围都在不断发展，但目前应用较多的渗硼方法仍然是粉末法和熔盐法。渗硼的应用范围主要是探矿和石油机械、砖成形模板、热冲模等要求耐磨粒磨损、耐高温磨损和耐高温腐蚀的工件。

金属和合金渗硅使表面形成硅化物渗层。硅化物具有很好的抗高温氧化、耐蚀性，金属和合金渗硅主要是为了提高它们表面的耐蚀性、抗高温氧化性能、硬度和耐磨性。由于钢铁材料含硅的铁素体层耐蚀性较低，在钢铁材料表面上很难获得高硅含量 $[w(Si)>11\%]$ 的无孔隙渗层（具有极其优异的耐酸性），因而钢铁材料的渗硅在工业上只得到有限的应用。硅可提高电工钢的导磁性；提高奥氏体不锈钢的耐磨性，以及进一步提高耐酸性能（渗层无孔隙）；提高有色金属材料的耐磨性，如铜、铌。在工业上应用的渗硅方法多为粉末法和熔盐法。

8.2.1　渗硼、渗硅的渗剂组成和工艺方法

渗硼、渗硅渗剂组成和工艺方法的研究已有 100 多年历史，其渗剂的成本不断下降，渗层质量不断提高，应用范围不断扩大，已成为一种常见的表面热处理技术。表 8-2 是常用固体渗硼、渗硅的渗剂成分与工艺。

表 8-2　固体渗硼、渗硅的渗剂成分与工艺

名称	渗剂成分（质量分数）	基体材料	温度/℃	时间/h	渗层深度/mm	备注
粉末法	$B_4C5\%$，$KBF_45\%$，$SiC90\%$	45 钢	700~900	3	0.02~0.1	$FeB+Fe_2B$
	$KBF_410\%$，$SiC50\%~80\%$，余硼铁	45 钢	850	4	0.09~0.1	Fe_2B
	$B_4C15\%$，$Na_2SiF_410\%$，$KBF_42\%$，$SiC73\%$	45 钢	950	16	0.85	$FeB+Fe_2B$
	$B_4C80\%$，$Na_2CO_320\%$	45 钢	900~1100	3	0.09~0.32	$FeB+Fe_2B$
	$Na_2B_4O_713\%$，催渗剂 13%，还原剂 10%，$SiC54\%$，石墨 10%	45 钢	850	4	0.1	Fe_2B
	硼铁 40%，氟硼酸钾 8%，氯化铵 4%，氟化钠 3%，1% 硫脲，余碳化硅	45 钢	650	6	0.032	Fe_2B
	硅铁 80%，氧化铝 8%，氯化铵 12%	Q235A、45 钢及 T8 钢	950	1~4	0.3~0.4	空隙度达 44%~54%，减磨性良好

（续）

名称	渗剂成分（质量分数）	基体材料	温度/℃	时间/h	渗层深度/mm	备注
粉末法	硅铁粉 40%～60%，石墨粉 38%～57%，氯化铵 13%	钢	1050	4	0.95～1.1	黏结层易清理
	硅粉 97%，氯化铵 3%	Mo、Ti	900～1100	4	0.05～0.127	$MoSi_2$、Mo_5Si_3，或 $TiSi_2$、Ti_5Si_4
	硅粉 15% + 三氧化二铝 85%（真空压力为 $5 \times 10^{-3}Pa$）	Ti48Al	1250	4	0.014	$Ti_5Si_3 + Al_2O_3$
	硅粉 10%，氟化钠 3%，碳化硅 87%（真空压力为 5Pa）	Nb	1050	5	0.005	$NbSi_2$
	SiO_2 45.5%，Al_2O_3 18.2%，Al 27.3%，NaF 2.7%，NH_4Cl 4.5%，CeO_2 1.8%	Cu	850	12	0.2～0.6	Cu_4Si 和 $Cu_{6.69}Si$
	煤矸石 70%，氧化铝 20%，氯化铵 5%，氟化钠 3%，氧化铈 2%	Cu	850	12	0.2～0.6	Cu_4Si 和 $Cu_{6.69}Si$
粒状法	$Na_2B_4O_7$ 13%，催渗剂 13%，还原剂 10%，SiC 54%，石墨 10%，黏结剂	45 钢	900	5	0.1～0.2	$FeB + Fe_2B$
	硼铁，硼砂，氟硼酸钾，碳化硅，黏结剂	45 钢	900	4	0.1	Fe_2B
膏剂法	B_4C 50%，NaF 35%，Na_2SiF_4 15%，桃胶水溶液	45SiMnMoV	920～940	4	0.12	$FeB + Fe_2B$
	B_4C 5%，$Na_2B_4O_7$ 50%，KBF_4 8%，铝粉 10%，SiC 54%，石墨 5%，黏结剂	45 钢	900	5	0.130	$FeB + Fe_2B$
	$Na_2B_4O_7$ 80%，NaF 10%，Al 10%	45 钢	950	6	0.23	$FeB + Fe_2B$
	$Na_2B_4O_7$ 70%，NaF 10%，SiC 20%	45 钢	950	4	0.11	Fe_2B
	$Na_2B_4O_7$ 60%，NaCl 15%，Na_2CO_3 15%，Si-Fe 10%	45 钢	900～950	4	0.1	$FeB + Fe_2B$
熔盐法	氯化钡 50%，氯化钠 30%～35%，硅铁 15%～20%［w(Si) 70%～90%］	10 钢	1000	2	0.35	硅铁粒度为 0.3～0.6mm
	（2/3 硅酸钠[①] + 1/3 氯化钡）65%，碳化硅 35%	工业纯铁	950～1050	2～6	0.05～0.44	——
	（1/3 硅酸钠[①] + 2/3 氯化钠）80%～85%，硅钙合金 20%～15%	工业纯铁	950～1050	2～6	0.044～0.31	硅钙粒度为 0.1～1.4mm
	（2/3 硅酸钠[①] + 1/3 氯化钠）90%，硅铁合金 10%	工业纯铁	950～1050	2～6	0.04～0.2	硅铁粒度为 0.32～0.63mm
电解法	$Na_2B_4O_7$ 100%（电流密度为 0.2A/dm^2）	—	800～1000	2～6	0.06～0.45	$FeB + Fe_2B$

（续）

名称	渗剂成分(质量分数)	基体材料	温度/℃	时间/h	渗层深度/mm	备注
电解法	$Na_2B_4O_7$ 90%，NaOH 10%（电流密度为0.2A/dm²）	—	600~800	4~6	0.025~0.1	$FeB + Fe_2B$
	$Na_2B_4O_7$ 80%，NaCl 20%（电流密度为0.2A/dm²）	—	800~950	2~4	0.15~0.3	$FeB + Fe_2B$
	硅酸钠100%或硅酸钠95%+氟化钠5%（电流密度为0.2~0.35A/cm²）	—	1050~1070	1.5~2	—	可得到无孔隙渗硅层
气体法	B_2H_6:H_2=1:25(体积比)	纯铁	850	2~4	0.05~0.25	—
	BCl_3:H_2=(5~10):100(体积比)	—	750~900	3~6	0.1~0.3	—
	$SiCl_4$，少量Ar	—	—	—	—	—

① 工业硅酸盐是水合晶体，加入盐浴前需要脱水。

1. 固体法渗硼、渗硅

固体法渗硼、渗硅的优点是：能根据工件的材料和技术要求配制渗剂；适用于各种形状的工件，并能实现局部渗硼或渗硅；不需专用设备。因此，固体法是目前国内应用最多的渗硼、渗硅方法。固体渗硼或渗硅剂主要由供渗（供硼或供硅）剂、催渗剂、填充剂组成，粒状和膏状渗硼或渗硅剂还含一定比例的黏结剂。

影响固体渗硼或渗硅渗层深度和质量的主要因素，除温度和时间外，最主要的是渗剂的成分。渗硼剂、渗硅剂活性越强，渗层越深，反之渗层越浅。

渗硼剂活性越强，渗层中 FeB 相的比例越高，反之 FeB 相越少，甚至无 FeB 相出现。FeB 相含量越高，耐磨性提高，脆性增加，抗冲击性降低。要获得适应工况的渗层组织，应选择合适的渗硼剂活性与渗硼温度、保温时间。

粉末渗硅时，增加渗剂中的催渗剂和硅含量或者延长渗硅时间，都会使渗层中的多孔区加厚。因此，要获得一定厚度的无孔渗层，必须选择适当工艺参数。

（1）固体渗硼剂中常用成分和作用　供硼剂的成分选用和渗剂的相对含量不但影响渗层深度和性能，还决定渗剂的成本。常用的供硼剂有碳化硼、硼铁、三氧化二硼、硼砂等，它们的硼含量和价格均依上述顺序递减。碳化硼的硼含量高，渗层致密，但价格较贵；硼铁（硼的质量分数大于20%）、三氧化二硼、硼砂的价格较低，容易得到单相 Fe_2B 或以 Fe_2B 为主的渗硼层，渗层脆性低。国产渗剂多用硼铁或硼砂。渗剂中供硼剂含量越多，渗层越深，成本越高。供硼剂含量与成本呈直线关系，与渗层深度呈对数曲线关系，因此，在商品粉末、粒状渗剂中，碳化硼的质量分数一般为 5%~10%，硼铁、三氧化二硼、硼砂的质量分数一般为 15%~30%。

渗硼剂中催渗剂一般为卤化物、碳酸盐、稀土化合物或稀土合金。常用的催渗剂有氯化铵、氟硅酸钾、氟硼酸钠、碳酸钠、稀土氯化物等。渗硼剂中加入稀土化合物或稀土合金，不但提高了渗硼速度，而且有利于形成 Fe_2B 渗层，提高硬度和耐蚀性，改善渗层脆性，所以含稀土渗硼剂的研究和应用正逐渐增加。催渗剂的加入量与渗层深度等的关系有极大值存在。在一定的范围内，随着催渗剂的增加，渗层深度增加；到一定量后，催渗剂增加，渗层深度不再增加，渗剂板结，工件表面粗糙度增加。催渗剂在渗剂中的含量一般为 1% ~ 5%（质量分数）。

渗硼剂中的填充剂一般用碳化硅或氧化铝。填充剂的作用主要是减少渗剂的板结和渗剂与工件的粘连，方便工件取出，并可降低成本。国产渗硼剂多用碳化硅。渗剂中填充剂含量越高，渗剂活性越低，松散性越好，成本越低。在商品粉末、粒状渗剂中，填充剂含量在80%（质量分数）以上。

渗硼剂中黏结剂是一类具有不与工件和渗剂发生反应的黏性材料，常用的有桃胶水溶液、羧甲基纤维素水溶液等，不能用水玻璃类黏结剂，后者会与硼作用发生凝胶反应。

(2) 固体渗硅剂中常用成分和作用 在固体渗硅剂中，常用的供硅剂有硅铁粉、硅粉（主要用于膏剂渗硅或有色重金属渗硅）。渗硅剂中催渗剂一般为卤化物，其中，氯化铵催渗能力强，价格便宜，来源方便，应用最多。渗硅剂中填充剂一般用氧化铝或石墨。填充剂的作用主要是减少渗剂的板结和渗剂与工件的粘连，方便工件的取出。

固体渗硼、渗硅一般装箱在箱式、井式电阻炉内进行加热，也有用感应加热、真空加热和流态床加热的。

箱式、井式电阻炉加热渗硼或渗硅一般是将工件装箱，四周填充 50mm 以上厚度的渗剂，箱盖密封（可用水玻璃调和的耐火泥或硼酐、块状硅酸盐、碎玻璃组成的密封剂）后加热保温进行。

真空加热渗硼或渗硅是将工件和渗剂一起放置在真空罐中加热进行渗硼或渗硅。这种方法主要用于有色重金属的渗硼或渗硅，渗剂多用单质粉末，即单质硼、硅粉。

流态床加热渗硼或渗硅的方法有两种：一种是用渗剂作为流态粒子，将工件放置其中进行加热渗硼或渗硅；另一种是用石墨作为流态粒子并掺入渗剂，将工件放置其中进行加热渗硼或渗硅。

2. 液体渗硼、渗硅

将工件浸渍在熔融液体中，使表面渗硼或渗硅的工艺方法称为液体渗硼或液体渗硅。液体渗硼、渗硅具有设备简单、操作方便、渗层组织容易控制等优点。液体渗硼层致密和缺陷少，其中渗砂熔盐渗硼法应用较多。液体渗硼或渗硅根据是否配置电解电源分为熔盐法（非电解法）和电解法两种。

(1) 熔盐法（非电解法） 根据熔盐成分，可将熔盐渗硼分为硼砂熔盐渗硼和渗硼剂-中性盐盐浴渗硼；将熔盐渗硅分为硅酸盐熔盐渗硅和渗硅剂-中性盐盐浴渗硅。

硼砂熔盐渗硼的盐浴由供硼剂、还原剂、添加剂组成，利用它们之间的反应产生活性原子，使工件表面实现渗硼。由于硼砂不仅是供硼剂而且是熔盐的主要成分，所以这种渗硼方法称为硼砂熔盐渗硼。

硼砂熔盐渗硼的还原剂有铝粉、碳化硅、稀土合金等。铝粉的还原性强，其渗硼熔盐的钢铁渗硼组织一般为双相硼化物；而在碳化硅为还原剂的硼砂熔盐中，钢铁的渗硼组织一般为单相硼化物；稀土合金为还原剂的硼砂熔盐，因为研究和应用较少，渗硼的稳定性不如铝粉、碳化硅，但渗层性能比铝粉、碳化硅好。还原剂在盐浴中的含量为 5% ~ 10%（质量分数），如超过上限，就可能会出现共渗现象。

添加剂的作用主要是促进渗硼、改善盐浴流动性和渗后残盐清洗性能等，常见的添加剂有氟化钠、氟硅酸钠、氯化钠等，其在盐浴中含量为 5% ~ 10%（质量分数）。添加剂的含量超过上限，可能会造成工件表面粗糙度值增加。

自制硼砂渗硼熔盐的方法是将硼砂少量多次缓慢加入坩埚中，待前次的硼砂基本都熔化后，再逐步加入，直到全部硼砂熔化，随后少量多次缓慢加入还原剂。随着还原剂的不断加入，盐浴流动性不断下降。随后缓慢加入添加剂。随着添加剂的加入，盐浴流动性提高。

硼砂熔盐渗硼具有成本低，生产率高，处理加工稳定，渗硼层致密、缺陷少、质量好等特点，但残盐清洗较难，一般用于形状简单的工件渗硼。

渗硼剂-中性盐盐浴渗硼是用中性盐（如氯化钠、氯化钾、氯化钡等）盐浴作为载体，另加入渗硼剂，使之悬浮盐浴中，利用盐浴的热运动使渗剂与工件表面接触，实现渗硼。渗硼剂-中性盐盐浴的常用配方有单质硼或碳化硼＋中性盐、硼砂＋还原剂组成的渗硼剂和中性盐两种。自制渗硼剂-中性盐盐浴的方法就是先将中性盐熔化好，再缓慢地加入渗硼剂。中性盐的加入极大地改善了盐浴流动性和工件渗硼后的残盐清洗状况，能用于形状较复杂的工件渗硼，但渗硼持续性能比硼砂熔盐差。

硅酸盐熔盐渗硅多以碱金属硅酸盐为基，并加入含硅物质（如硅粉、硅铁粉、硅钙合金粉末、碳化硅）组成渗剂。工业硅酸盐是含水晶体，自制硅酸盐熔盐浴时，在加入熔盐前必须仔细脱水，加入时必须少量多次缓慢进行，以防爆炸发生。

渗硅剂-中性盐盐浴渗硅是用盐浴作为载体，另加入渗硅剂，使之悬浮盐浴中，利用盐浴的热运动使渗剂与工件表面接触，实现渗硅。常用的配方由含硅物质（如硅粉、硅铁粉）和中性盐（如氯化钠、氯化钾、氯化钡等）组成。自制渗硅剂-中性盐盐浴渗硅是先将中性盐熔化，再不断缓慢加入含硅物质，并不断搅拌。

在熔盐渗硅过程中有气体析出，因此盐浴炉上方应当加装抽风装置。

（2）电解法 电解法渗硼、渗硅时先将熔盐加热熔化，放入阴极保护电极，到温后放入工件，并接阴极，保温一段时间后切断电源，把工件从盐浴中取出淬火或空冷。

电解法渗硼熔盐多数以硼砂为基；电解法渗硅熔盐采用碱金属硅酸盐（常常加入碱金属和碱土金属或其他物质的氯化物和氟化物，以提高硅酸盐的流动性）。其配制熔盐方法分别与硼砂熔盐或硅酸盐熔盐的一样，工作的电流密度一般为 $0.1 \sim 0.3 A/cm^2$。电解法具有生产率高，处理加工稳定，渗层质量好，适合大规模生产的优点；主要缺点是坩埚和夹具的使用寿命低，夹具的装卸工作量大，形状复杂的工件难以获得均匀的渗硼层或渗硅层。目前在国内，电解法渗硼、渗硅的研究和应用都较少。

3. 气体渗硼、渗硅

（1）气体渗硼 气体渗硼是把工件置于含硼气体介质中加热，实现硼原子渗入工件表面的过程。含硼气体有乙硼烷、三氯化硼、烷基硼化物、三溴化硼等。气体渗硼的过程是含硼气体在渗硼罐中不断分解硼原子、硼原子与工件接触并渗入的过程。

气体渗硼时加入一定比例的不含硼气体（如氢气、氩气、氮气等）具有稀释作用，以防止单质硼层在反应罐的内壁和被渗工件上沉积。单质硼层在被渗工件上沉积将降低渗入速度。用氢气作为稀释剂，渗入速度最快，但用氩气、氮气爆炸的危险性最小。

由于含硼气体乙硼烷、三氯化硼、烷基硼化物、三溴化硼等都是剧毒或易爆气体，气体渗硼工艺过程和设备要求与气体渗氮类似，即渗硼工件必须放在密封良好的容器中，加热到渗硼温度后通入含硼气体，保温一段时间（废气必须烧掉或通入装有水的收集器），停止含硼气体供给，并通入惰性气体降温或 $5 \sim 10min$ 后取出淬火。气体渗硼的工件渗层深度均匀、易控制，容易实现机械化生产，但设备一次性投资较大。

（2）气体渗硅 气体渗硅是把工件置于含硅气体介质中加热，实现硅原子渗入工件表面的过程。气体渗硅应用于生产的时间较长，它可以在密封的电阻炉或在井式气体渗碳炉内进行，所采用的渗剂是四氯化硅，因此，人们也常常称之为四氯化硅气体渗硅。但为了解决渗硅层的孔隙问题，国外又发展了甲硅烷渗硅和高温短时渗硅。

甲硅烷渗硅是在渗硅时采用含硅活性气体甲硅烷（SiH_4）。甲硅烷是用专门装置、在金属钠的参与下通过三乙氧基硅烷的歧化反应得到的。单独用甲硅烷进行渗硅时，由于热分解产生较大的无定形硅，导致管道系统堵塞，且渗硅层质量较差，因此，在渗硅过程中需加入稀释气体，如 H_2、N_2 或 Ar。

8.2.2 钢铁件的渗硼工艺及性能

图 8-1 所示为铁硼相图。从图 8-1 中可看出，硼在铁中的溶解度极低。钢铁件的渗硼层为硼化物 Fe_2B 或 $FeB + Fe_2B$。渗硼过程是渗入的硼与铁不断生成化合物的相变扩散过程，渗硼层的长大不但取决于硼的扩散速度，而且与相变过程密切相关。

1. 渗硼的前处理和后处理

（1）渗硼的前处理 工件渗硼前应去除表面的氧化皮、油渍和其他污垢，使待渗部位清洁。不需渗硼的部分必须进行防渗处理。渗硼件局部防渗方法见表 8-3。

（2）渗硼的后处理 由于渗硼层脆性较大，渗后冷却速度不能太大，严禁淬火，否则会造成渗硼层剥落，碳钢一般将渗硼后缓冷作为最终热处理工艺，高合金工具钢多采用 980℃ 渗硼淬火或者淬火后再在 700℃ 左右进行渗硼。渗硼件二次加热淬火要防止氧化脱硼。

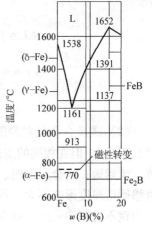

图 8-1 铁硼相图

表 8-3 渗硼件局部防渗方法

序号	防渗材料（质量分数）	涂覆方法	厚度/mm
1	铜	电 镀	0.08 ~ 0.15
2	铬	电 镀	0.02 ~ 0.04
3	60% ~10% 酚醛塑料有机溶液 +40% ~90% 三氧化二铝	刷涂、喷涂	0.5 ~ 1.0
4	石墨 + 耐火泥 + 石蜡 + 凡士林	刷涂、喷涂	0.5 ~ 1.0

2. 影响渗硼处理的因素

（1）温度和时间的影响 图 8-2 所示为温度和时间对渗硼层深度的影响。从图 8-2 中可看出，不同渗硼方法和渗剂、不同的钢种、不同的渗硼温度，其曲线的形状基本一致。这说明它们的渗入机理是一样的，温度和时间对渗层深度的影响是一样的。图上曲线显示随着温度升高，渗层深度增加，所以渗硼温度越高越有利渗硼。但硼铁在高温下会产生共晶，所以渗硼温度和渗后淬火温度都要在共晶温度以下进行。由于 Fe-B 的共晶温度较低（约 1161℃），渗硼温度一般为 850 ~ 1050℃。在高合金钢中，合金元素将会使共晶点进一步下降，所以渗硼温度一般在 1000℃ 以下。渗硼时间与渗硼层深度呈对数曲线关系，随着时间的不断延长，渗层深度的增加不断趋缓。经济的渗硼时间一般为 3~5h。

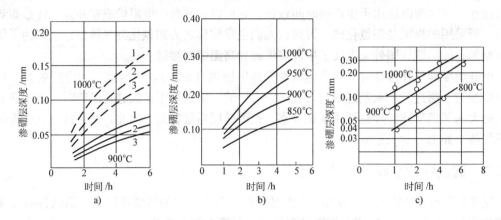

图 8-2　温度和时间对渗硼层深度的影响

a）粉末法［在 H_2 中，97%（质量分数）硼铁 +3%（质量分数）氯化铵］

1—纯铁　2—45 钢　3—T13 钢

b）熔盐法［60%（质量分数）$Na_2B_4O_7$ +40%（质量分数）B_4C］

c）气体法（H_2 + BCl，H_2：0.90mol/h，BCl：0.05mol/h）

（2）碳及合金元素的影响　目前渗硼已广泛应用于各种钢铁制造的工件。渗硼常用钢材见表 8-4，但在相同的工艺中各种钢的渗层深度是不一样的。钢中碳含量越高，渗硼层越薄，齿越短；合金元素钨、钼、铬、铝、硅含量越高，渗硼层越薄；锰、钴、镍的含量变化对渗硼层厚度影响不大。钢中硅质量分数大于 1% 时，渗硼层与基体交界处会形成软带，故该类钢不宜制渗硼件。高合金钢比低合金钢的渗硼层薄、齿圆、易剥落。不同钢材的渗硼层深度比较见表 8-5。从表 8-5 中可看出，中碳钢和中碳合金钢的硬度和渗层深度较高，所以目前国内渗硼工件多用这类钢制造。

表 8-4　渗硼常用钢材

钢材种类	牌　　号	钢材种类	牌　　号
碳素结构钢	Q235，35，45，65	碳素工具钢	T7，T8，T10，T12
合金结构钢	35Mn2，30CrMo，40Cr，42CrMo	合金工具钢	CrWMn，Cr12MoV，3Cr2W8
不锈钢	12Cr13，20Cr13，30Cr13	轴承钢	GCr9，GCr15

表 8-5　不同钢材膏剂渗硼的渗硼层深度比较（930℃ ×4h）

材料	20	45	T10	20CrMnTi	40Cr	60Si2Mn	3Cr2W8	Cr12MoV
渗硼层深度/mm	0.100	0.120	0.060	0.085	0.110	0.095	0.030	0.045

3. 钢铁件的渗硼层组织

钢铁渗硼层为硼化物，有单相型硼化物 Fe_2B 和双相型硼化物 Fe_2B + FeB 两种。图 8-3 所示为渗硼层的硼含量和硬度分布曲线。图 8-4 所示 20 钢渗硼层的金相组织中硼化物呈楔形（或呈齿状），外表面是 FeB，次表面是 Fe_2B（三钾试剂腐蚀的金相试样中 FeB 呈深褐色组织，Fe_2B 呈浅棕色组织）。如果将渗硼试样的基体腐蚀掉，在电镜下可以清晰地看到硼化物呈多边形锥体，渗层呈无序大小不一的不规则多边形锥体排列；随着钢中碳含量的增加，多边形锥体变得更粗短。

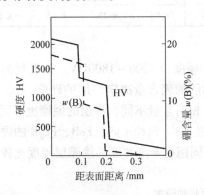

图 8-3　渗硼层的硼含量和硬度分布曲线

图 8-4　20 钢渗硼层的金相组织　150×

注：渗硼工艺为 950℃×2h。

渗硼层中 FeB 含量主要与渗硼剂有关，但不管用何种方法渗硼，随着渗硼时间和温度的增加，渗层中 FeB 的相对含量都会增加。碳强烈降低渗层中 FeB 的相对含量，使硼化物针变粗。硅、钨、钼、镍、锰增加渗层中 FeB 的相对含量，铝、铜减少渗层中 FeB 的相对含量。

X 射线衍射表明，渗硼层相结构是 $FeB + Fe_2B + Fe_3$（C、B），如图 8-5 所示。45 钢高温渗硼，钢中的碳被挤到硼化物过渡区，在硼化物齿前富集；在低温渗硼时，钢中的碳在硼化物周围富集。

4. 渗硼钢铁件的性能

渗硼层耐磨性、耐蚀性、抗氧化性好，而且摩擦因数小，但硼化物的脆性大，其中 FeB 的硬度、耐磨性比 Fe_2B 的高，脆性也更大。因此，渗硼层中 FeB 与 Fe_2B 的相对含量不一样，渗层致密性不一样，渗层性能就有差别。

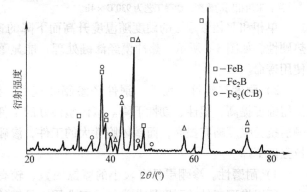

图 8-5　45 钢渗硼层的 X 射线衍射图

注：渗硼工艺为 650℃×6h。

（1）物理性能　表 8-6、表 8-7 分别是硼化铁的一般物理性能和不同温度下的线胀系数。Fe_2B 和 FeB 与钢铁的晶体结构和点阵常数相差较大，线胀系数与钢铁的差别也较大，当淬火冷却速度太快时，渗硼层会出现剥落现象。

表 8-6　硼化铁的一般物理性能

类型	晶体结构	点阵常数 /10⁻⁸	密度 /（g/cm³）	熔点 /℃	备注
Fe_2B	正方晶格	5.109～4.249	7.32	1389	脆性较小
FeB	斜方晶格	4.061～5.506	7.15	1540	脆性大

表 8-7　不同温度下的硼化铁线胀系数

温度/℃		20~200	20~300	20~400	20~500	20~600	20~700	20~800	20~900
$\alpha/10^{-6}K^{-1}$	FeB	9.33	9.36	9.97	10.27	10.58	10.9	11.2	11.53
	Fe_2B	7.30	7.47	7.67	7.87	8.03	8.23	8.43	8.60

（2）力学性能

1）硬度。FeB 的硬度为 1800~2200HV，Fe_2B 的硬度为 1200~1800HV。渗硼层的硬度是由渗硼层中硼化物类型及相对含量决定的，即渗硼层的硼含量决定渗层的硬度，如图 8-3 所示。钢种、渗剂、工艺参数等不同，则 FeB、Fe_2B 相对含量不同，渗层的硬度也不同。

不同钢种的 FeB 和 Fe_2B 的硬度是不一样的，见表 8-8。钢种不同，FeB、Fe_2B 的硬度不同，在相同渗硼工艺下，不同钢种的硬度也不同。不同钢材膏剂渗硼的渗硼层硬度比较见表 8-9。

表 8-8　不同钢材的渗层硼化物硬度

牌　号		Q235	45	GCr15	Cr12
硬度　HV	FeB	2062	2129	2283	2205
	Fe_2B	1792	1866	2062	1932

表 8-9　不同钢材膏剂渗硼的渗硼层硬度比较

牌　号	20	45	T10	20CrMnTi	40Cr	60Si2Mn	3Cr2W8	Cr12MoV
表面硬度 HV0.2	1350	1440	1500	1400	1480	1380	1530	1750

注：采用相同的渗剂，渗硼工艺为 930℃×4h。

单相和双相渗硼层的硬度随温度升高而下降的速度较缓慢，FeB 和 Fe_2B 都具有良好的热硬性，如图 8-6 所示。热冲模经渗硼处理，能显著提高使用寿命。

2）强度与塑性、韧性。钢件经渗硼处理后，抗压、抗扭强度提高，塑性、韧性下降。基体塑性好的工件，渗硼后抗拉强度略有提高，而基体脆性大的工件，渗硼后抗拉强度下降。

3）耐磨性。渗硼层具有较小的摩擦因数、较高的硬度，所以渗硼工件的耐磨性非常好。工业用工具钢的耐磨性和渗硼条件的关系如图 8-7 所示。无缝钢管冷拔模在工作时受到的压应力很大，磨损十分严重。用液体法渗硼处理，使模具表面有 0.11mm 渗硼层深度，表面硬度可达 1200~1400HV，使用寿命大幅提高（见表 8-10）。

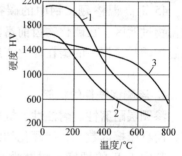

图 8-6　45 钢渗硼层硬度
与温度的关系
1—单相渗硼层　2—双相渗硼层
3—渗铬

表 8-10　45 钢渗硼冷拔模的寿命

模具类型	处理工艺	冷拔管规格:(直径/mm)×(壁厚/mm)	寿命/t
外模	碳氮共渗	$\phi 57 \times 3.5$	1.6
	渗硼	$\phi 57 \times 3.5$	6.6
内模	碳氮共渗	$\phi 25 \times 3$	9
	渗硼	$\phi 25 \times 3$	33

　　45 钢的磨料磨损量与单位载荷的关系如图 8-8 所示。从图 8-8 中看出,渗硼的抗磨料磨损性能优于淬火 + 低温回火的,与渗铬相当。渗硼层的深度远大于渗铬等碳化物层,所以经渗硼处理的瓷砖模、泥浆泵体等使用寿命比形成碳化物渗层的渗铬等处理方法高。硅碳棒模具在 180 ~ 230℃ 的温度下进行工作,受金刚砂磨粉磨损的作用,工作压力为 500MPa 左右,正常失效形式为磨料磨损。应用膏剂渗硼[(960 ~ 980)℃ × (8 ~ 10)h],使模具表面获约为 200 ~ 300μm 的渗层深度,使用寿命可比不渗硼的提高 5 倍左右（见表 8-11）。

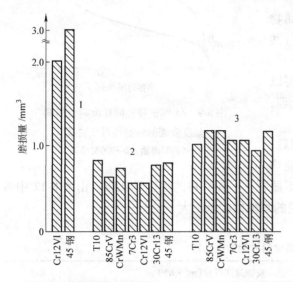

图 8-7　工业用工具钢的耐磨性和渗硼条件的关系
1—淬火和低温回火
2—在 $w(B_4C)$ 30% + $w(Na_2B_4O_7)$ 70% 混合物中经 1000℃ × 5h 渗硼
3—在 $w(SiC)$ 30% + $w(Na_2B_4O_7)$ 70% 混合物中经 1000℃ × 5h 渗硼

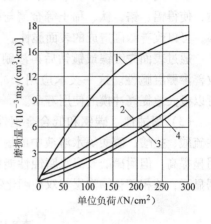

图 8-8　45 钢的磨料磨损量与
单位载荷的关系
1—淬火 + 低温回火　2—单相渗硼
3—双相渗硼　4—渗铬

　　渗硼的方法或工艺参数不同,耐磨性略有不同。图 8-9 所示为 45 钢试样经同样渗剂、不同温度渗硼的耐磨性对比曲线。低温渗硼耐磨性更好是因为其致密性更好。一般情况下,液体法、气体法比固体法的渗层组织致密,耐磨性更好;双相硼化物组织的硬度更高,耐磨性比单相的好。

表 8-11　膏剂渗硼 45 钢硅碳棒成形模的使用寿命

热处理工艺	表面金相组织	表面硬度　HV	平均使用寿命/件
正火	珠光体 + 铁素体	200	250
淬火	马氏体	600	400
960℃ × 8h 渗硼,空冷	Fe_2B（渗层深度为 320μm）	1600	800
960℃ × 8h 渗硼,淬火	Fe_2B（渗层深度为 320μm）	1600	780
960℃ × 10h 渗硼,空冷	$Fe_2B + FeB$（渗层深度为 400μm）	2200	1250

4）脆性。硼化物层具有较高的脆性（其脆性一般用剥落倾向来评价）。当渗硼层深度相同时，硼化物的显微脆性与渗硼的方式无关。显微脆性随着渗层深度的增加而增加。FeB比 Fe_2B 的脆性大，为了减少渗层脆性，一般渗硼件都希望 FeB 的量在渗层中尽可能少。

合金元素铝、铜、镍降低 FeB 的显微脆性，铬、锰、钼增大 FeB 的显微脆性。合金元素（铬除外）都减少 Fe_2B 的显微脆性，但影响较弱。

在渗剂中加入铝、铬、钛、稀土等金属物质，使得铝、铬、钛、稀土等金属与硼进行共渗，可以改善渗硼造成的表面脆性。

通过表面先镀镍或镀钴后再渗硼，也可以改善渗硼层脆性。这一技术应用于冲模处理，可以极大地提高冲模的使用寿命。

（3）耐蚀性　碳钢和低合金钢件渗硼后，在硫酸、盐酸、磷酸等水溶液中的耐蚀性能均明显提高，但耐硝酸及海水腐蚀性能提高不显著。不同材料的耐蚀性比较。由表 8-12 中数据显示，单相硼化物渗层与双相硼化物渗层的耐蚀性相差不大。

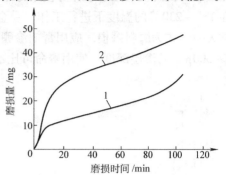

图 8-9　45 钢试样经同样渗剂、不同温度渗硼的耐磨性对比曲线

1—650℃渗硼　2—900℃渗硼

表 8-12　不同材料的耐蚀性比较

材料	状态	腐蚀速度/[g/(m² · h)]			
		10%（质量分数）H_2SO_4	30%（质量分数）HCl	10%（质量分数）HNO_3	40%（质量分数）H_3PO_4
纯铁	未渗硼	2.3	8.2	87.5	0.6
45 钢		11.1	15.0	82.1	15.9
T8 钢		17.2	16.6	81.7	15.5
纯铁	单相硼化物渗层	0.23	0.14	36.9	0.09
45 钢		0.20	0.14	22.4	0.27
T8 钢		0.33	0.24	21.9	0.40
纯铁	双相硼化物渗层	0.20	0.15	19.9	—
45 钢		0.26	0.15	25.5	0.20
T8 钢		0.30	0.20	23.4	—

（4）抗高温氧化性能　渗硼层具有一定抗高温氧化能力。在空气中加热到800℃持续40h，氧化增重甚微。45 钢渗硼层深度对高温氧化速度的影响见表 8-13。

表 8-13　45 钢渗硼层厚度对高温氧化速度的影响

渗硼层深度/μm	重量变化速度/[mg/(cm² · h)]		
	600℃	700℃	800℃
100	0.05	0.100	0.462

（续）

渗硼层深度/μm	重量变化速度/［mg/（cm² · h）］		
	600℃	700℃	800℃
150	0.025	0.135	0.261
200	0.013	0.110	0.200

（5）耐热蚀性能　渗硼提高工件的耐铝、锌、锡、铅等金属及合金的熔蚀能力。在熔融的锌、锌合金中，碳钢渗硼的失重率比渗铝、渗铬及 07Cr19Ni11Ti 等不锈钢都低。

5. 渗硼在钢铁工件上的应用

（1）渗硼在不锈钢工件上的应用　不锈钢，如 022Cr17Ni12Mo2、07Cr19Ni11Ti 等，具有良好的耐蚀性，但耐磨性较差，为此应用渗硼技术可以显著提高不锈钢工件的表面硬度和耐磨性。022Cr17Ni12Mo2、07Cr19Ni11Ti 等不锈钢不但表面有钝化膜，而且 Cr 含量高，阻碍 FeB 和 Fe_2B 的形成，用常规渗硼剂难以获得有效渗层。采用含有去除表面钝化膜成分的固体渗硼剂，ZG12Cr18Ni9 奥氏体不锈钢经过 950℃×7h 渗硼，可以获得约 0.04mm 深度的渗硼层，渗层组织致密，齿形平坦，主要相结构为 FeB，表面硬度达 2000HV，耐磨性提高 2 倍以上。不锈钢的合金元素较多，尤其铬含量较高，弱化了“渗硼楔形”的尖端，使硼化物楔形的前端变得平坦，即锯齿状的渗层形貌变成平坦、均匀的渗层形貌，使渗硼层的脆性减少。不锈钢渗硼层深度、相结构、渗硼硬度主要由渗硼剂成分和渗硼工艺决定。如果渗剂或工艺不当，不锈钢渗层会出现气孔或疏松。用含稀土渗剂进行不锈钢渗硼效果较好。

（2）渗硼在模具上的应用　渗硼主要应用于耐磨粒磨损的砖瓦模具和泥浆泵等，随着渗硼技术的发展和对冲压模具的使用寿命要求的提高，对 Cr12MoV 钢冷作模具和 4Cr5MoSiV1 热作模具的渗硼研究和应用都在进行。对于 Cr12MoV 钢冷作模具，渗硼的渗层相结构主要为 FeB、Fe_2B、$(Fe, Cr)_2B$，夹杂细小的 $(Fe, Cr)_3C$ 相和块状 $(Cr, Fe)_7C_3$。硼化物层的前沿较平齐，渗层深度达 0.03~0.09mm，表面硬度为 1200HV 左右。磨损试验表明，渗硼试样磨损量是未渗硼的 1/3，渗硼处理的砖瓦模具使用寿命可以提高 1 倍以上。需注意，Cr12MoV 钢冷作模具如果渗剂或工艺不当，渗硼层会出现微小空洞或疏松。渗剂中添加稀土渗剂能有效克服这种缺陷。磨损试验表明，渗剂添加稀土比未添加的渗硼试样更耐磨。对于 4Cr5MoSiV1 渗硼，由于硅、铬合金元素含量较高，导致其渗硼效率偏低。应用含稀土渗剂进行渗硼，不但渗硼层深度增加，抗高温磨损性能也更好，使 4Cr5MoSiV1 的高温性能显著提高。

8.2.3　其他材料的渗硼工艺及性能

1. 有色金属的渗硼工艺

金属镍、锰、钴、钨、铌、钛、钼及其合金表面都能经过渗硼处理，提高硬度、耐磨性等性能。其中镍、锰、钴的渗硼工艺与钢铁类似。钨、铌、钛和钼等难熔金属及其合金渗硼时，所用渗硼剂的活性和渗硼温度一般比钢铁件高，其中以含非结晶硼的渗硼剂在真空中加热获得的效果较好。各种难熔金属在含 99% 的非晶态硼、$1×10^{-1}~5×10^{-1}$ MPa 的真空条件下渗硼，渗硼工艺规范对难熔金属渗层深度的影响见表 8-14。其中钨、铬较容易渗硼，而钛、钒等较难渗硼。提高温度比延长时间更易获得较厚的渗层，因此难熔金属渗硼温度一般在 1300℃ 以上。

表 8-14　渗硼工艺规范对难熔金属渗层深度的影响

渗硼工艺规范		下列各金属的渗层深度/μm								
温度/℃	时间/h	Ti	Zr	Hf	V	Nb	Ta	Cr	Mo	W
1100	1	2	2	5	5	5	8	11	4	15
	3	4	4	10	12	10	20	18	9	38
	5	5	5	12	15	14	27	26	12	47
1200	1	4	3	10	12	14	18	22	12	60
	3	8	6	19	24	33	42	41	39	108
	5	10	8	22	30	46	58	48	62	130
1300	1	8	5	18	23	25	41	45	29	110
	3	12	8	28	40	58	75	70	76	200
	5	16	11	37	49	92	100	90	123	260
1400	3	19	11	45	64	140	126	104	140	500

2. 有色金属渗硼层的组织和结构

镍及其合金渗硼层组织结构较复杂。应用的工艺不同，获得的组织结构不一样，一般渗层表面是 Ni_2B[或 $Ni(M)_2B$]，次表面是 Ni_3B[或 $Ni(M)_3B$]。图 8-10 所示为纯镍经固体渗硼后表面的 X 射线衍射图，衍射图显示渗层表面是 Ni_2B。

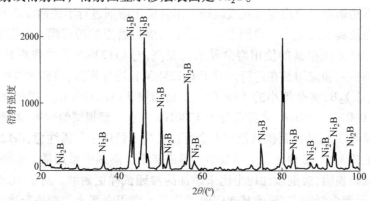

图 8-10　纯镍经固体渗硼后表面的 X 射线衍射图

硼在钴及其合金中的溶解度极低，渗硼层为硼化物。随着渗硼过程进行，先后形成 Co_3B、Co_2B、CoB，即在渗硼温度和时间足够时，渗剂中硼浓度足够高时，渗层由表及里的组织为 CoB[或 $Co(M)B$]、Co_2B[或 $Co(M)_2B$]、Co_3B[或 $(M)Co_3B$]。金相观察渗层呈舌状。图 8-11 所示为纯钴经 1040℃ ×4h 固体渗硼后表面的 X 射线衍射图。

钛、锆、铪渗硼层中的硼化物为单相渗层，分别为 TiB_2、ZrB_2、HfB_2。钒、铌、钽的渗层的硼化物由 $M_xB + MB_2$ 两相组成。钨、铬、钼渗硼层的硼化物至少由两相组成。

3. 有色金属渗硼层的性能

(1) 硬度　镍、钴、钛、钒、钼、钨、铬、铌的渗硼层都有很高的硬度。金属硼化物的硬度见表 8-15。

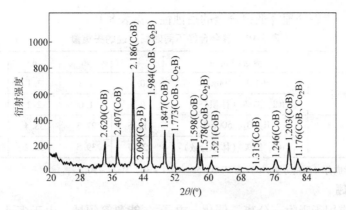

图 8-11　纯钴经 1040℃ ×4h 固体渗硼后表面的 X 射线衍射图

表 8-15　金属硼化物的硬度

金属硼化物	Ni$_2$B	Ni$_3$B$_2$	CrB	V$_2$B
硬度　HV100	1200 ~ 1300	1100 ~ 1300	1900	2780
金属硼化物	CoB	Co$_2$B	Co$_3$B	Ti$_2$B
硬度　HV100	1800 ~ 1850	15000 ~ 15500	1150	3490
金属硼化物	MoB	Mo$_2$B	W$_2$B	NbB$_2$
硬度　HV100	2210	11200 ~ 1250	2200	2610

(2) 耐磨性　渗硼提高镍、钴、钛、钒、钼、钨、铬、铌等金属及合金的耐磨性。钨、钼、铌渗硼后与 30CrNi 钢渗碳的耐磨性对比见表 8-16。镍合金经不同时间磨损的失重量见表 8-17。表 8-17 中数据显示，随着磨损时间的延长，磨损量从 1/8 降低到 1/13。不同规格的 YG8 硬质合金拔丝模经渗硼处理的比未渗硼的使用寿命提高 3 倍，见表 8-18。

表 8-16　钨、钼、铌渗硼后与 30CrNi 钢渗碳的耐磨性对比

材料及工艺	钨渗硼	钼渗硼	铌渗硼	30CrNi 钢渗碳
失重量/(g/m^2)	0.0175	0.0148	0.0120	0.046

注：采用阿姆斯列尔试验机，500N×2h。

表 8-17　镍合金经不同时间磨损的失重量　　　　　（单位：mg）

时间/h	50	100	150	200	250	300	350
铸态镍合金，未处理	120.2	250.6	382.4	516.4	691.5	908.1	1200.2
铸态镍合金，渗硼	15.4	26.5	38.4	50.2	66.3	80.4	91.5

注：镍合金的化学成分（质量分数,%）为 Ni40 ~ 55，Cr21 ~ 30，Mo20 ~ 30。

表 8-18　YG8 硬质合金渗硼与未渗硼的使用寿命比较

模具规格尺寸	拔丝量/t	
	未渗硼	渗硼
φ2.0mm	2	6
φ2.7mm	4	12

（3）耐蚀性　渗硼处理降低镍合金的耐蚀性，见表8-19。

表 8-19　镍合金经不同时间腐蚀的失重量　　　　　　　（单位：mg）

类型	腐蚀时间/h	48	96	144	192	240
铸态镍合金，未处理	H_2SO_4，500g/L	0.5	1.3	2.1	2.1	2.1
	HCl，37%（体积分数）	0.9	1.6	2.2	3.4	6.3
铸态镍合金，渗硼	H_2SO_4，500g/L	17.6	27.3	38.4	47.0	49.4
	HCl，37%（体积分数）	25.9	39.5	52.2	59.9	62.2

注：镍合金的化学成分（质量分数，%）为Ni40～55，Cr21～30，Mo20～30。

4. 多孔炭渗硼

多孔炭广泛应用于吸附、分离、催化、电子、能源等领域。由于多孔炭抗高温氧化能力有限，影响了其更广泛的应用。经过渗硼处理，可以显著提高多孔炭的抗氧化性能。多孔炭和渗硼剂充分混合后，在通有60mL/min的氮气保护气体的渗碳炉中进行850℃×5h渗硼。多孔炭渗硼处理后600℃氧化试验表明，多孔炭的失重率由未处理的70%左右降低到20%左右，抗氧化性能显著提高。多孔炭材料渗硼后总孔容积、微孔容积以及比表面积略有损失，但仍比传统沸石分子筛催化剂的平衡催化活性高。

8.2.4　渗硅工艺及性能

1. 钢铁渗硅工艺的影响因素

由铁硅相图（见图8-12）显示，铁硅合金具有较高的熔点和较大的溶解度。硅在γ-Fe中最大溶解度约为2%（1150℃），当渗层中硅含量大于这个数值就会形成稳定的含硅铁素体；硅含量进一步提高将形成无序固溶体 α_2 及有序固溶体 α_1（Fe_3Si）。硅渗入钢铁中是一个形成不同置换固溶体［硅原子半径为1.34nm，大于铁的原子半径（1.27nm）］的扩散过程。提高渗硅温度和渗剂中硅浓度是提高渗硅效果的有效途径。而钢铁的化学元素影响γ-Fe和α-Fe相区的扩大和缩小，也影响渗硅的效果。因此，渗硅层的组织、形成速度和性能取决于渗硅温度、保温时间、钢的化学成分、渗入介质的成分、渗入的方法等。

渗硅温度和时间对渗硅层厚度的影响如图8-13所示。随着渗硅温度的升高和时间的延长，渗硅层的深度增加。

在钢的化学成分中，碳含量的影响最大。不管渗硅的方法和参数如何，碳含量越高，对渗层形成的阻碍越大。图8-14所示为在不同温度下碳含量对渗硅层深度的影响。

无孔隙渗硅层具有良好的耐蚀性，但无孔隙渗硅层的形成，不但与钢中的碳含量有关，而且与渗硅温度、时间有关，如图8-15所示。钢中碳含量越高，无孔隙渗层形成温度范围越广。

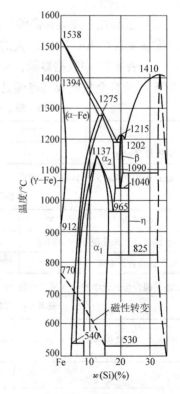

图 8-12　铁硅相图

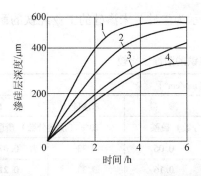

图 8-13 渗硅温度和时间对渗硅层深度的影响

1—1000℃ 2—930℃ 3—900℃ 4—850℃

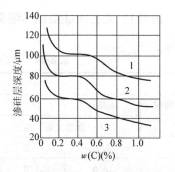

图 8-14 碳含量对渗硅层深度的影响

1—1050℃ ×1h 电解渗硅 2—950℃ ×6h 熔

盐渗硅 3—1000℃ ×4h 粉末渗硅

2. 钢铁渗硅层的组织和性能

（1）组织 钢铁渗硅层的组织取决于硅含量，通常是由有序固溶体 α_1（Fe_3Si）及无序固溶体 α_2 组成，也可由单相（α_2 相或 α_1 相）构成，渗层下有增碳区，与基体间有明显的重结晶线。

（2）硬度 钢铁的渗硅层硬度不高。图 8-16 所示为渗硅层的硬度分布和相组成。

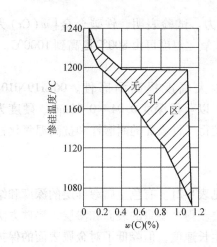

图 8-15 钢中的碳含量和渗硅温
度对形成无孔隙渗硅层的影响

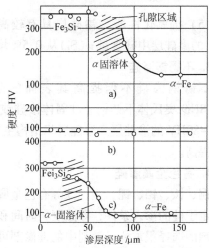

图 8-16 渗硅层的硬度分布和相组成

a）在 $SiCl_4 + H_2$ 中 b）在 $SiCl_4 + Ar$ 中

c）在 $SiCl_4 + Ar + Si$ 中

（3）耐磨性 钢的渗硅层硬度虽然不高，但耐磨性较好。例如 45 钢渗硅后，得到的多孔渗硅层，经 170 ~ 200℃ 油中浸煮后有着较好的自润滑作用，其耐磨性与未渗硅的相比提高了 1 ~ 7 倍。在磨损条件下工作的铸铁件进行气体渗硅后，耐磨性可提高 2.5 倍。

（4）耐蚀性 渗硅层在完整无孔的条件下，在海水、硝酸、硫酸以及大多数盐及稀碱液中都有良好的耐蚀性，特别对盐酸的耐蚀性最强。这是因为渗硅层与介质作用后，在工件表面形成了一层 SiO_2 的薄膜。这种氧化膜结构致密，具有高的电阻率和优良的化学稳定性，能阻止介质进一步腐蚀基体。由于渗硅层容易产生孔隙，在上述环境下多孔渗硅层易出现点蚀，甚至"脓疮腐蚀"。对于能溶解 SiO_2 膜的介质或者能穿透 SiO_2 膜的离子（如氯氟酸、氯化物、碱等），无孔渗硅层也不耐腐蚀。表 8-20 所示为渗硅与未渗硅的工业纯铁的耐蚀性比较。

表 8-20　渗硅与未渗硅的工业纯铁的耐蚀性比较

试验时间/d	失重量/（mg/cm²）					
	未渗硅	渗 硅	未渗硅	渗 硅	未渗硅	渗 硅
	10%（质量分数）盐酸		10%（质量分数）硫酸		10%（质量分数）磷酸	
1	4.7	0	12.2	0.06	0.73	0.07
3	13.6	0	34.8	0.16	3.33	0.21
6	26.8	0	67.3	0.32	4.08	0.35
10	61.4	0.08	103.1	0.36	7.02	0.41
试验时间/d	3%（质量分数）氯化钠		5%（质量分数）氯化钾		5%（质量分数）硫酸钠	
1	0.3	0.08	0.20	0.01		
3	0.5	0.25	0.457	0.03	0.71	0.04
6	0.8	0.43	0.93	0.05	1.27	0.12
10	1.4	0.48	1.72	0.06	2.15	0.12

（5）抗氧化性能　渗硅层具有较高的抗氧化能力。试验表明，铁碳合金 [$w(Cr)$ 为 15%] 的渗硅层中硅含量 $w(Si)$ 从 0.5% 增至 3% 时，抗氧化温度可由 800℃ 提高到 1000℃。

3. 不锈钢渗硅

不锈钢渗硅不但提高其表面的耐蚀性，更能大幅度提高耐磨性。06Cr19Ni10、12Cr18Ni9 奥氏体不锈钢经过固体渗硅或液体渗硅，可以获得深度 0.04 ~ 0.06mm、硬度为 400 ~ 480HV 的渗硅层。渗硅层相结构主要为 Fe_3Si，使得工件表面的耐磨性和抗高温氧化性显著提高。

4. 有色金属渗硅

铜、钛、钼、铌、钽、铼等有色金属的渗硅工艺见表 8-21。有色金属渗硅层的深度和结构决定于硅的渗入条件，即温度、时间和渗剂活性。要获得高质量的表面和渗层，渗硅方法及渗剂的选择很重要。渗剂中的催渗剂可增加渗层的生长速度，但降低了对金属表面的保护性能，增加了表面粗糙度值。催渗剂的一般用量为渗剂的 1% ~ 3%。

表 8-21　有色金属的渗硅工艺

材料	渗剂成分（质量分数）	工艺规范		渗层深度/mm	渗层结构
		温度/℃	时间/h		
铜	硅 40% + 氧化铝 59% + 氯化铵 1%	850	1 ~ 2	0.45 ~ 0.50	$\alpha + (\alpha + \gamma)$
钛	硅 50% + 氧化铝 50%（真空法）	950 ~ 1000	10	0.01 ~ 0.03	
	硅 97% + 氯化铵 3%	900 ~ 1100	4	0.046 ~ 0.070	$TiSi_2$，$TiSi$
钼	硅 60% + 耐火黏土 37% + 氯化铵 3%	1100	6	0.11 ~ 0.12	$MoSi_2$
	Na_2SiF_6 14% + Si 20% + $NaCl$ 33% + KCl 33%	1000	10	0.02 ~ 0.03	$MoSi_2$
铌	硅 20% + 氧化铝 78% + 氯化铵 2%	1100 ~ 1150	3	0.093 ~ 0.097	$NbSi_2$

（续）

材料	渗剂成分（质量分数）	工艺规范		渗层深度/mm	渗层结构
		温度/℃	时间/h		
钨	硅 85% + 氟化钠 10% + 氯化铵 5%	1010～1065	4～8	0.04	WSi$_2$
钨	Na$_2$SiF$_6$14% + Si20% + NaCl33% + KCl33%	1000	10	0.035	WSi$_2$
钽	硅 97% + 氯化铵 3%（在氢或氩气中）	1100～1200	4	0.12～0.27	TaSi$_2$
铼	硅 58.2% + 耐火黏土 38.8% + 氯化铵 3%	1000～1100	8	0.12～0.14	

真空渗硅对渗层有良好的保护作用。难熔金属渗硅一般在真空条件下进行。真空渗硅时，渗剂中硅粉中的杂质会降低渗层形成速度和渗层深度。难熔金属渗硅剂一般用高纯度硅粉。

有色金属渗硅层的组织多为化合物，但钴及钴基合金的渗硅层组织为固溶体，见表 8-22。

表 8-22 有色金属渗硅层的组织结构

金属	Mo	W	Ta	Nb	Ni	Co
渗层组织	MoSi$_2$、Mo$_5$Si$_3$	WSi$_2$、W$_5$Si$_3$	TaSi$_2$	NbSi$_2$	NiSi$_2$	α、α + γ

渗硅能提高金属的抗氧化能力。铜渗硅后，表面形成铜硅化合物，在高温下形成二氧化硅膜，可提高铜的抗氧化能力。表 8-23 是纯铜经气体渗硅处理后与未渗硅的抗氧化能力比较。镍基合金渗硅后，渗层的硅含量 $w(Si)$ 小于 3% 时，合金使用温度可由 800℃ 提高到1100℃。若硅含量 $w(Si)$ 大于 3%，则会使抗氧化能力减弱。此外，难熔金属及其合金渗硅，其抗氧化性能也有显著提高。例如，当温度高于 600℃ 时，钼在空气中很快就被氧化；但渗硅后的钼在大气中加热至 1400℃ 持续数百小时也不氧化。在钨上的硅化物层可使其在1700℃ 以下的温度下免于氧化，在钽上的硅化物层可使其在 1100～1400℃ 以下的温度下免于氧化，在钛和锆上的硅化物层可使其在 800～1100℃ 以下的温度下免于氧化。

表 8-23 气体渗硅与未渗硅的纯铜试样氧化增重数据 （单位：mg/cm^2）

氧化温度/K	473	573	773	873
未渗硅	3.32	4.07	20.5	264
气体渗硅	2.22	2.29	5.47	23

Ti6Al4V 钛合金采用 Si 粉、Al$_2$O$_3$ 粉、NH$_4$Cl 组成的渗剂，进行 800～1050℃ ×4～8h 的渗硅，表面形成以 TiSi$_2$ 为主的渗层。经 700℃ ×20h 氧化试验表明，渗硅试样的抗高温氧化性能显著优于未处理的试样。

渗硅提高铜的耐磨性。纯铜表面渗硅后，硬度由原来的低于 100HV 提高到大于 350HV，试验表明其耐磨性和抗自来水冲蚀能力提高 2 倍以上。

8.2.5 共渗和复合渗

渗硼的最大缺点是渗层的脆性较高，渗硅的最大优点是提高抗高温氧化性能。为了扩大渗硼、渗硅的应用范围，发展了许多共渗和复合渗。

1. 硼硅共渗

硼硅共渗主要用于提高材料的耐磨性，同时也提高耐热性和耐蚀性。在硼硅共渗的渗剂中，硼、硅的配比不同，渗层的组织也不同。通过调整渗剂中硼、硅的配比，可得到不同性能的渗层。

硼硅共渗层深度随着保温温度、时间的提高而增加，随着渗剂中渗硅剂的增加而减少。

硼硅共渗层中，硅含量的提高，耐磨性的提高存在峰值，即渗层中硅含量有最佳含量。表 8-24 是钢粉末硼硅共渗时共渗剂成分对渗层深度和耐磨性的影响。

表 8-24　钢粉末硼硅共渗时共渗剂成分对渗层深度和相对耐磨性的影响

配比（质量分数,%）		渗层深度/μm		相对耐磨性	
$B_4C84\% + Na_2B_4O_716\%$	$Si95\% + NH_4C15\%$	T8 钢	10 钢	T8 钢	10 钢
100	0	200	240	8.4	4.2
90	10	185	255	6.8	5.5
75	25	180	200	4.6	3.2
50	50	175	195	5.5	4.0

硼硅共渗层中，硅含量的提高，耐蚀性提高。表 8-25 列出了 20 钢电解渗硅时，共渗剂的成分和共渗温度对渗层深度、渗层硼化物相对含量以及耐蚀性的影响数据。

表 8-25　20 钢电解硼硅共渗工艺与渗层的耐蚀性

硼硅共渗剂的成分（质量分数）	工艺规范			渗层深度/mm	渗层内硼化物相对含量（体积分数,%）	不同溶液（体积分数）中腐蚀失重（腐蚀时间 96h）/（mg/cm²）		
	温度/℃	时间/h	电流密度/（A/cm²）			10% NaCl	10% HCl	10% H₂SO₄
$Na_2SiO_350\% + Na_2B_4O_750\%$	950	1	0.4	0.19	100	1.05	78	130.0
$Na_2SiO_350\% + Na_2B_4O_750\%$	1050	1	0.4	0.21	75	1.30	66.4	87.0
$Na_2SiO_385\% + Na_2B_4O_715\%$	950	1	0.4	0.14	25	0.78	38.4	11.9
$Na_2SiO_385\% + Na_2B_4O_715\%$	1050	1	0.4	0.28	20	0.80	31.4	22.5

2. 硼与金属共渗

大量的研究表明，硼能与许多金属实现共渗，以达到提高硬度、降低脆性等目的。表 8-26 是硼与一些金属的共渗配方，其复合渗层的深度和硬度分布分别见图 8-17 和图 8-18。目前研究和应用较多是硼铝、硼硅、硼铬共渗。

表 8-26　硼与一些金属的共渗配方

硼与金属共渗类型		B	B-Ti	B-Cr	B-Ni	B-Al	B-Ni-Al	B-Cr-Ti
渗剂成分（质量分数,%）	B_4C	98	96	96	96	96	94	94
	NH_4I	2	2	2	2	2	2	2
	金属粉末	—	2Ti 粉	2 混合粉[①]	2Ni 粉	2Al 粉	2Ni, 2Al	2Ti, 2 混合粉[①]

① 混合粉的化学成分（质量分数）：48.5% Cr + 48.5% Al_2O_3 + 3% NH_4Cl。

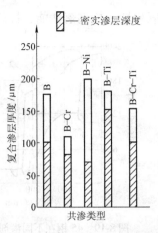

图 8-17 950℃ ×3.5h 复合渗层的深度

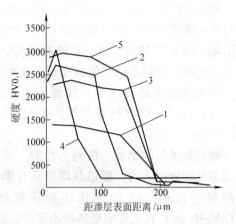

图 8-18 复合渗层的硬度

1—B 2—B-Cr 3—B-Ti 4—B-Cr-Ti 5—B-Ni

（1）硼铝共渗 钢铁材料和镍基、钴基合金硼铝共渗的主要目的是改善渗层脆性，提高材料表面的耐磨性和耐热性。表 8-27 中最上四行的渗剂相同，但配比不同，硼铝共渗的渗层组织不同。这说明活性硼原子和活性铝原子的比例不同，渗层的组织不同，调整渗剂中硼、铝的比例，可得到不同性能的渗层。

表 8-27 是常用的硼铝共渗剂与处理工艺。在硼铝共渗中，随着温度、时间的增加，钢中碳含量的减低，渗层深度增加。

表 8-27 常用的硼铝共渗剂与处理工艺

方法	渗剂成分（质量分数）	工艺		渗层深度/mm			渗层组织或硬度
		温度 /℃	时间 /h	纯铁	45 钢	T8A 钢	
粉末法	（ $B_4C84\%$ + $Na_2B_4O_716\%$ ）90%，（ Al-Fe97% + $NH_4C13\%$ ）10%	1050	6	0.386	0.356	0.327	FeB, Fe_2B, Fe_3Al
	（ $B_4C84\%$ + $Na_2B_4O_716\%$ ）70%，（ Al-Fe97% + $NH_4C13\%$ ）30%	1050	6	0.318	0.287	0.262	Fe_2B, FeAl
	（ $B_4C84\%$ + $Na_2B_4O_716\%$ ）50%，（ Al-Fe97% + $NH_4C13\%$ ）50%	1050	6	0.245	0.227	0.20	FeAl, Fe_2B
	（ $B_4C84\%$ + $Na_2B_4O_716\%$ ）25%，（ Al-Fe97% + $NH_4C13\%$ ）75%	1050	6	0.29	0.273	0.244	—
膏剂法	B_4C, KBF_4, SiC, NaF, Al_2O_3, 黏结剂	850	5~6	—	—	T10 钢 0.05~0.10	1500~2000HV
	$B_4C72\%$, Al8%, $Na_3AlF_620\%$ 黏结剂	850	6	0.185	0.050	0.065	Fe_2B, α 固溶体, 1500~1650HV
电解法	$Na_2B_4O_780\%$, $Al_2O_320\%$, 电流密度 $0.2A/cm^2$	900	4		0.140	—	FeB, Fe_2B, $FeAl_3$
	$Na_2B_4O_718\%$, $Al_2O_327.5\%$, Na_2O · $K_2O54.5\%$, 电流密度 $0.4A/cm^2$	1000	4	0.055	20 钢 0.060	—	20% ~5% Fe_2B 和 α 相

硼铝共渗层的性能，如硬度、耐磨性、耐蚀性、抗氧化性、抗剥落性能、抗热疲劳性，都与单一渗硼层不一样。硼铝共渗层的硬度由渗层组织决定。图 8-19 的曲线显示，随着渗剂中三氧化二铝的含量提高，渗层中铝含量将提高，表面硬度下降。

硼铝共渗层具有比单一渗硼层更好的抗剥落性能、抗氧化性、抗冷热疲劳性，表 8-28 是两者的比较。

硼铝共渗层的硬度、抗剥落性能、抗氧化性、抗热疲劳性的数据表明，硼铝共渗层具有渗硼层和渗铝层的综合性能。45 钢齿轮坯和压轮坯的热锻模（5CrMnMo 钢）在工作中受热冲击和冷热疲劳的影响，虽经渗硼处理，但使用寿命仍不高，其失效形式为工作面变形和磨损。硼铝共渗具有比渗硼更高的抗氧化性和抗冷热疲劳性。在硼砂、氧化铝、硅铁、氟盐组成的熔盐中，经 900℃ ×4h 进行硼铝共渗，热锻模使用寿命提高 1 倍左右（见表 8-29）。

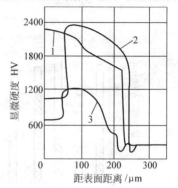

图 8-19　45 钢在不同渗剂中硼铝共渗后硬度的分布

1—$Na_2B_4O_7$　2—$Na_2B_4O_7 + Al_2O_3$（≤10%）

3—$Na_2B_4O_7 + Al_2O_3$（≤20%）

表 8-28　900℃ ×4h 硼铝共渗与渗硼的抗氧化性和抗冷热疲劳性比较

材料	工艺	氧化增重/[mg/(m² · h)]			冷热循环周次[1]	
		600℃	800℃	1000℃	裂纹	剥落
45 钢	渗硼	0.428	2.365	12.988	102	110
	硼铝共渗	0.321	1.923	8.877	151	159
T8	渗硼	0.413	2.267	12.013	94	97
	硼铝共渗	0.326	1.746	8.483	114	119
5CrMnMo	渗硼	0.429	1.952	12.681	103	108
	硼铝共渗	0.308	1.087	8.178	155	162
3Cr2W8V	渗硼	0.384	1.435	12.756	112	125
	硼铝共渗	0.303	0.987	7.741	203	203

① 处理方法为 750℃ ×10min + 水冷的循环处理。

表 8-29　渗硼、硼铝共渗的热锻模使用寿命对比　　　　　（单位：件）

模具名称	渗硼	硼铝共渗
齿轮坯模	518	1064
压轮坯模	382	727

（2）硼铬、硼钒共渗　硼铬、硼钒共渗的主要目的是改善渗层脆性，提高渗层的耐蚀性和抗高温氧化能力。由于硼、铬以及硼、钒原子的扩散能力相差较大，与硼铝共渗不同，虽然渗剂中硼、铬或硼、钒比例变化，渗层组织也会变化，但两者的可调节比例较小。硼铬、硼钒共渗剂与处理工艺见表 8-30。

表 8-30　硼铬、硼矾共渗剂与处理工艺

渗剂成分(质量分数)	温度/℃	时间/h	渗层深度/mm	表面硬度　HV
$(B_4C20\% + Al10\% + CaCl_24\% + NH_4Cl3\% + Al_2O_363\%)$ 82% + $Cr_2O_315\%$ + $ReO3\%$	950	4	0.200(45 钢) 0.170(T10)	— —
$B_2O_3(75\% \sim 80\%)$ + NaF(2% ~ 12%) + Cr_2O_3(3% ~ 8%),电流密度:0.1 ~ 0.2A/cm²	800 ~ 1000	1 ~ 6	0.080(45 钢)	1900
B5% + Cr63.5% + $Al_2O_3$30% + NH_4I1.5%	950	4	0.030(40Cr13)	1000

　　硼铬、硼钒共渗提高了表面硬度，改善了渗层的脆性，提高了渗层的耐磨性、脆性、耐蚀性、抗氧化性等性能，表 8-31 列出 45 钢、T10 硼铬共渗与单一渗硼的比较数据。模具的盐浴稀土钒硼共渗可得到组织形态与网相似的共渗层，渗层深度比渗钒深且致密，较之渗硼层有更高的硬度和更好耐磨性、较低的脆性。盐浴稀土钒硼共渗层由表至里主要组成相为 VC，(Fe，Cr)$_2$B，Fe$_2$B + 少量 FeB。模具经稀土钒硼共渗，使用寿命可提高 3 ~ 7 倍（见表 8-32）。

表 8-31　硼铬共渗与渗硼的磨损失重、腐蚀失重、氧化增重的比较

材料	工艺	磨损失重/[mg/(cm²·km)]	腐蚀失重/[mg/(cm²·h)]			氧化增重/[mg/(cm²·h)]
			10% HNO₃	10% H₂SO₄	10% HCl	
T10	渗硼	1.3	75.2	9.8	20.3	3.6
	硼铬共渗	0.7	30.5	4.2	8.5	0.7
45	渗硼	1.8	98.7	11.4	32.1	4.5
	硼铬共渗	1.1	48.5	5.3	16.2	0.8

表 8-32　模具使用寿命比较

模具名称	模具材料	RE—V—B 共渗处理	常规热处理
M16 冷镦凹模	Cr12MoV 钢	17.8 万件	2.5 万件
M12 六角切边模	Cr12MoV 钢	5.4 万件	1.0 万件
塑料挤切模具	GCr15 钢	35.2t	9.8t

3. 渗碳渗硼

　　单一渗硼的硬度很高（1500HV 以上），但渗硼层很薄（0.11mm），基体硬度低（220HV），容易产生蛋壳效应，且一旦渗硼层被磨掉，工件就迅速被磨损。用渗碳渗硼不但提高渗层深度，而且提高基体硬度，将大幅度提高抗磨料磨损能力，如石油勘探钻头等工件即可用渗碳与硼稀土共渗复合处理工艺。

　　粉碗是焊条生产线机头上一个重要的易损件。在焊条生产时，由于焊药粉含有 Fe、Mn、Mo 及大理石等高硬度混合粉末，并以很高的速度经过粉碗的弧形表面，致使该表面被磨粒磨损下凹。粉碗经渗碳与硼稀土共渗复合处理[930℃ ×7h固体渗碳 +950℃ ×(5 ~ 6) h 硼稀土共渗 +800℃ ×20min 淬火 +170℃ ×2h 回火]，寿命得到了提高（见表 8-33）。

表 8-33　粉碗经不同工艺处理的效果

工艺方法	渗碳层深度 /mm	渗碳层硬度 HV	渗硼层深度 /mm	渗硼层硬度 HV	生产焊条 /t
渗硼	—	—	0.13	1502	10
渗碳与硼稀土共渗 + 淬火复合处理	1.2	650	0.13	1502	80

4. 镀镍渗硼

镀镍渗硼的主要目的是改善渗层脆性，提高渗层的耐蚀性和抗高温氧化能力。镀镍渗硼是一种复合工艺，具有比共渗更稳定的工艺性能。镀镍渗硼就是先利用电镀、化学镀等工艺在工件上镀一层镍，然后再进行渗硼处理。由于镀镍、渗硼都是成熟的工艺，所以工艺稳定性好，复合渗层质量稳定。

45 钢镀镍渗硼的渗层组织由 $(Fe, Ni)B$、$(Fe, Ni)_2B$、$(Fe_3Ni_3)B$、Ni_2B、$\gamma\text{-}(Fe, Ni)$ 组成。镀镍渗硼渗层的硬度分布比单一渗硼好（见图 8-20），渗层脆性明显低于单一渗硼，耐磨性与单一渗硼相当。

镀镍渗硼的耐蚀性和抗高温氧化能力，明显高于单一渗硼，图 8-21 和表 8-34 是两者的比较。镀镍渗硼用于耐高温磨损的工况时明显好于单一渗硼，表 8-35 是未渗硼、单一渗硼、镀镍渗硼的马赛克轧辊使用寿命的比较。

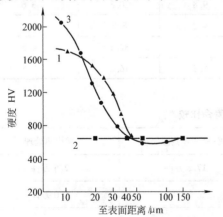

图 8-20　渗层的硬度分布
1—镀镍渗硼　2—常规淬火　3—单渗硼

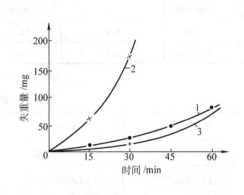

图 8-21　耐磨损试验
1—镀镍渗硼　2—常规淬火　3—单渗硼

表 8-34　试样高温氧化的增重值　　　　　　　　　　（单位：mg）

处理工艺	试验温度/℃			试样外观
	600	700	800	
单一渗硼	4.0	16.4	121.2	600℃后表面粉状脱落，700℃片状脱落
镀镍渗硼	0.6	14.8	44.0	700℃后表面少量粉状脱落
常规淬火	0.6	16.7	108.7	600℃后表面粉状脱落，700℃大片状脱落

表 8-35　轧辊的使用寿命比较

工艺方法	剥落至 5% 的天数/d	磨损至超差的天数/d	每根轧辊的成本/元
未渗硼	—	15	100
单一渗硼	7	46 ~ 62	500
镀镍渗硼	20	125 ~ 160	600

8.3　渗铬、钒、铌、钛

利用化学热处理方法将金属（如铬、钒、铌、钛）原子渗入工件表面的工艺称为渗金属，其渗层称为渗金属层，也称为金属碳化物覆层。表 8-36 是几种渗金属层与其他处理方法的性能对比，从表中可看出渗金属层有着优异的耐磨性、耐蚀性等性能。在渗金属工艺中，渗铬工艺常用于耐腐蚀、抗高温氧化、耐磨损和需提高疲劳强度的工件，适用于碳钢、合金钢、铸铁、铁基合金、镍基合金、钴基合金、难熔金属等材料的表面处理。渗钛可提高钢铁的耐蚀性、表面硬度和耐磨性；可提高铜基合金、铝基合金的表面硬度、耐磨性、热稳定等性能。渗钒、铌工艺主要用于要求超高硬度、高耐磨性的工件。

表 8-36　几种渗金属层与其他处理方法的性能对比

渗层种类	渗层深度/μm	表面硬度　HV	耐磨性	抗热黏着	耐蚀性	抗高温氧化性
VC	5 ~ 15	2500 ~ 2800	高	高	较高	差
NbC	5 ~ 15	2400	高	高	较高	差
TiC	5 ~ 15	3200	高	高	高	高
$(Cr, Fe)_{23}C_6$	10 ~ 20	1520 ~ 1800	较高	较高	较高	较高
渗硼	50 ~ 100	1200 ~ 2000	较高	中	中	中
淬火钢	—	600 ~ 700	一般	差	差	差

渗金属技术较多地用于钢铁件，主要是利用铬、钒、铌、钛与碳的亲和力比铁强，能从铁中获得碳原子的能力，形成金属碳化物渗层。金属碳化物渗层的形成原理可做如下解释：铬、钒、铌、钛的原子直径较大，渗入钢件中造成晶格的畸变，表面能升高，但由于与碳的亲和力比铁强，与碳形成碳化物，可使晶格畸变减少，表面能降低，使金属原子能不断"渗入"。高温下碳原子比金属（如铬、钒、铌、钛）原子扩散更容易，而且钢铁表面有碳化物形成后，也阻碍金属原子进一步渗入，所以在较低温度下渗金属，金属碳化物渗层的增长是金属原子不断吸附于钢的表面，碳原子不断由里向外扩散的结果（这也是金属碳化物渗层又称为金属碳化物覆层的原因）；在较高温度下，钢铁中晶格空隙较大，渗入的金属原子动能较大，金属原子也较容易进入基体金属中，在渗入金属向内扩散和基体碳原子向外扩散的双向扩散作用下，渗层深度比较低温度下渗金属的渗层深度显著增加。

8.3.1　渗金属工艺方法

渗金属的方法有很多，用固体法、液体法、气体法、离子法等都能进行。气体法在俄罗斯等国家应用较多，而我国目前常用的是液体法和固体法。离子法由于开发时间较短，在生产上应用较少。表 8-37 是各种工艺方法常用的渗剂成分和工艺参数。用固体法、液体法渗金属获得的渗层表面粗糙度与处理前相差不大。由于渗层深度一般只有 $5 \sim 15\mu m$，所以需处理的工件在处理前必须加工到要求的表面粗糙度。与 PVD 和 CVD 方法相比，固体法、液体法渗金属具有设备简单、操作方便、成本低等特点。

表 8-37　各种工艺方法常用的渗剂成分和工艺参数

工艺方法	渗剂成分（质量分数）	温度 /℃	时间 /h	渗层深度 /mm	基体材料
固体法	Cr50% + Al$_2$O$_3$48% ~49% + NH$_4$Cl1% ~2%	980 ~1100	6 ~10	0.05 ~0.15 / 0.02 ~0.04	低碳钢 / 高碳钢
	Cr73.5% + Al$_2$O$_3$23% + NH$_4$C12 + NaF1% + KHF$_2$0.5%	1000 ~1100	4 ~8	0.05	低碳钢
	Cr-Fe（Cr65%，C0.1%）60% + 陶土 39.8% + NH$_4$I0.2%	850 ~1100	15	0.04 ~0.06	低碳钢
	铁钒合金粉（含钒 30% ）60% + Al$_2$O$_3$40%	1100	10	0.012 ~0.016	碳钢
	铁钒合金粉（含钒 30% ）98% + NH$_4$Cl2%	1050	3	0.012 ~0.016	碳钢
	金属钒粉 98% + NH$_4$Cl2%	900 ~1150	3 ~9	0.008 ~0.038	06Cr18Ni10Ti
	金属钒粉 50% + Al$_2$O$_3$48% + NH$_4$Cl2%	1150	3	0.01	06Cr18Ni10Ti
	铌铁粉（含铌 51% ）60% + Al$_2$O$_3$35% + NH$_4$Cl5%	960	4	0.025	碳钢
	Nb15% + Na$_3$AlF$_6$10% + Al1% + 硼砂余量，醇酸清漆	1000	4	0.020	GCr15 钢
	Ti-Fe 粉 50% + NH$_4$Cl5% + 过氯乙烯 5% + Al$_2$O$_3$40%	1100	8	0.007	碳钢
	TiO$_2$49% + Al$_2$O$_3$29% + Al20% + NH$_4$Cl2%	1000	6	0.01	碳钢
液体法	Cr 粉 10% + Na$_2$B$_4$O$_7$90%	1000	5.5	17.5	T12 钢
	Cr$_2$O$_3$12% + Al 粉 5% + Na$_2$B$_4$O$_7$83%	950 ~1050	4 ~6	0.015 ~0.02	T12 钢
	Cr$_2$O$_3$10% + Al4% + （ BaCl$_2$50% + Na$_2$B$_4$O$_7$20% + KCl30% ）86%	950	5	0.02	碳钢
	V 粉 10% + Na$_2$B$_4$O$_7$90%	1000	5.5	22 ~24.5	T12 钢
	V-Fe10% + Na$_2$B$_4$O$_7$90%	1000	5.5	22	T12 钢
	V$_2$O$_5$10% + Al 粉 5% + Na$_2$B$_4$O$_7$85%	1000	5.5	17	T12 钢
	V$_2$O$_5$10% + Al 粉 5% + Na$_2$B$_4$O$_7$55% + 中性盐 30%	820 ~880	5	5 ~16	T10 钢
	V$_2$O$_5$10% + NaF9% + Si-Ca-RE9% + NaCl7.2% + BaCl$_2$64.8%	950	6	12	T12 钢
	Nb 粉 10% + Na$_2$B$_4$O$_7$90%	1000	5.5	20	T12 钢
气体法	CrCl$_2$，N$_2$（或 H$_2$ + N$_2$）	1100	5	0.04	42CrMo
	（TiCl$_2$ + H$_2$）或 Ti 粉，CCl$_4$ 蒸气	1000	1 ~3	0.015 ~0.025	T12 钢
	Cr 块（经 NH$_4$F·HF 活化处理），NH$_4$Cl，H$_2$	1050	6 ~8	0.02 ~0.03	35CrMo

1. 固体法

固体渗金属可通过固体渗剂中欲渗金属原子与被渗金属相互作用而进行，或者通过渗剂中反应还原出的金属原子在工件表面吸附、扩散而渗入工件表面。前者渗剂主要由金属粉末或金属合金粉末、活化剂等组成，渗剂稳定性高，成本也高；后者由金属的化合物、还原剂、活化剂等组成，成本较低。固体渗金属由于可以不考虑坩埚、马弗罐等设备使用寿命，渗金属温度可以在 1000℃ 以上进行，这将极大提高渗金属的速度和渗层深度。固体法渗剂可用金属粉末作为供渗剂，使得渗剂中金属原子浓度提高，也提高渗金属的速度和向内扩散的力量，所以用固体法容易获得较深的渗层。固体法又分为粉末法、粒状法、膏剂法等。

最早的粉末渗金属专利方法是 D. A. L 法。D. A. L 法是将工件埋入装有纯金属粉末或金属合金粉末、卤化铵（如碘化铵）、三氧化二铝或二氧化硅的密封容器中，在高温下进行渗金属。在 D. A. L 法中，纯金属粉末或金属合金粉末是供渗剂，在高温下提供活性金属原子；卤化铵（如碘化铵）是催渗剂，其作用是活化工件表面和保持共渗剂活性；三氧化二铝或二氧化硅是填充剂，主要作用是保持渗剂的松散性。D. A. L 法的工作原理是纯金属粉末或金属合金粉末在高温下与卤化铵（如碘化铵）反应产生金属卤化物，金属卤化物与工件接触，在工件表面还原出活性金属原子，活性金属原子吸附在工件表面，在高温下不断渗入工件内部，形成渗金属层。D. A. L 法中应用较多的是粉末渗铬。

2. 液体法

液体渗金属的工艺特点是渗金属在熔融盐浴中进行。根据工艺方法中是否有外加电极，液体渗金属分为熔盐法（非电解法）和电解法两种。

（1）熔盐法 熔盐渗金属是通过悬浮在熔盐中的欲渗金属原子与被渗金属相互作用形成渗层（熔盐主要由金属或金属合金粉末、活化剂、熔盐等组成），或者渗剂中反应还原出的金属原子在工件表面吸附、扩散渗入工件表面（熔盐主要由金属的化合物、还原剂、活化剂、熔盐等组成）。由于加热保温时，热运动造成熔盐不断地对流，使得工件各处表面都能保持有一定量的活性金属原子，所以熔盐渗金属具有均匀性较好和渗金属速度较高的优点。熔盐渗金属一般在坩埚加热炉中进行，这就限制了加热温度的提高，一般加热保温不大于 980℃。熔盐法渗金属可根据基盐的组成，分为硼砂熔盐渗金属和中性盐渗金属等。

1）硼砂熔盐渗金属。硼砂熔盐渗金属是在高温下将钢铁材料放入硼砂熔盐浴中保温一定时间后，可在材料表面形成几微米到数十微米的金属碳化物层的工艺技术。因其由日本丰田中央研究所率先开发，俗称 T. D. 法。T. D. 法主要成分是硼砂和能产生欲渗金属元素的物质，即硼砂和金属或金属合金粉末（其中金属是与氧亲和力小于硼的物质，如铬、钒、铌等）。由于金属或金属合金粉末密度较大，易产生沉淀，造成熔盐上下成分不一，使工件上下部位的渗层深度不一致，影响使用性能，所以这种熔盐在处理工件前必须充分搅拌均匀。硼砂、金属化合物和还原剂（必须是与氧亲和力大于硼的物质，如铝粉等）组成的渗金属熔盐，由于渗剂各成分的密度相差都不大，在工作中熔盐的上下成分基本一样，这种熔盐处理的工件的渗层较均匀。T. D. 法的优点是熔融硼砂能溶解金属氧化物，可使工件表面清洁和活化，有利于金属原子的吸收和扩散；硼砂熔盐的密度和黏度大，金属渗剂容易悬浮，是盐浴渗金属的最好载体，该法能使工件获得比其他熔盐渗金属更均匀的覆层。最大缺点是黏附在工件表面的残盐较难清洗。

2）中性盐渗金属。中性盐渗金属是在中性盐浴中加入由金属、金属合金粉末或者金属化合物和还原剂组成的渗剂，从而进行渗金属的工艺技术。中性盐渗金属的盐浴流动性好，工件的粘盐少，工件上的残盐较易清洗，但渗剂容易沉淀，造成位于盐浴上下的工件的渗层不均匀。为了改善这种状况，在中性盐中加入一定量的硼砂，并用金属化合物和还原剂组成渗剂。硼砂的加入提高了盐浴的密度和黏度，从而提高了盐浴承载渗剂的能力；降低了盐浴的氧含量，延缓了渗剂老化时间。金属化合物和还原剂组成的渗剂，降低了渗剂密度，提高了渗剂在盐浴中的均匀性。由中性盐、硼砂、金属化合物和还原剂组成的渗金属盐浴，具有良好的工艺性能和渗金属效果。

（2）电解法　电解渗金属是将欲渗金属放在电解质熔盐中，通过电场作用产生欲渗金属离子，使之与工件接触并扩散进入基体。其方法之一是用硼砂熔盐作为电解质熔盐，用欲渗金属作为阳极并通电（电流密度为 $0.1 \sim 1.0 A/cm^2$），使金属溶入熔盐中，再渗入工件。这种方法在我国研究和生产应用都不多。

3. 气体法

气体渗金属是指利用金属的卤化物气体同氢气的还原反应，或与工件材料间的置换反应，在工件表面上析出活性金属原子而进行渗金属的方法。

金属卤化物气体的获得方法主要有两种：一种是将卤化物气体与加热到高温的金属块反应获得；另一种是将金属卤化物盐加热到高温产生卤化物气体。

气体渗金属周期短，速度快，劳动强度小，便于自动控制工艺参数，适合于大批量生产。由于气体渗金属使用氢气，并有易爆炸、有毒、有腐蚀的卤化氢等卤化物气体的产生，在使用时需要特殊设备，操作必须规范，注意安全。

8.3.2　渗铬工艺及性能

在渗金属工艺中，与渗钒、渗钛等相比，渗铬比较容易实现，而且渗铬层综合性能较好，应用最多最广泛。与渗硼、渗硅相比，渗铬层较薄，工件渗前表面必须进行仔细地去锈、去污处理。渗铬层韧性较好，渗铬后可直接进行淬火。为了保持渗铬层的良好性能，渗铬后重新加热淬火需在真空或保护气氛炉内进行。

1. 影响渗铬工艺的因素

渗铬工艺主要用于耐磨、耐腐蚀的工件处理，渗层越深越好。在渗金属中，影响渗层深度的主要因素有温度、时间、工件的化学成分等。

温度对渗铬层的深度影响是较大的。在渗铬中，随着温度升高，渗层深度增加（见图8-22）。在各种渗铬工艺中，由于设备的原因，固体渗铬温度可以比液体、气体渗铬高，合金钢的渗铬温度比碳钢高，难熔合金的渗铬温度比钢高。综合基体材料渗后性能、设备使用寿命等因素，渗铬温度一般为 $900 \sim 1100 ℃$。

图8-23所示为时间对渗铬层深度的影响。随着保温时间的增加，渗层深度开始阶段增加较快，随后增速逐渐缓慢，呈类似对数曲线关系。综合成本等因素，一般渗铬时间为 $3 \sim 6h$。

渗铬工艺在钢铁材料、有色金属材料、硬质合金等材料中均有应用，但应用最多的是钢铁材料。钢中合金元素对覆层厚度影响很大。

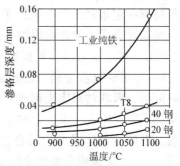

图8-22　温度对渗铬层深度的影响

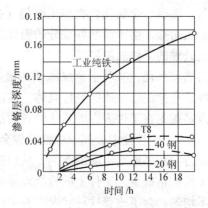

图8-23　时间对渗铬层深度的影响

对于低碳钢和低碳低合金钢渗铬，铬主要是固溶到基体中，如遇到碳，就会形成碳化物质点。碳含量越高，形成的碳化物质点越多，金属原子扩散越困难，覆层厚度越薄；反之覆层越厚。合金元素对渗铬层深度的影响如图 8-24 所示。

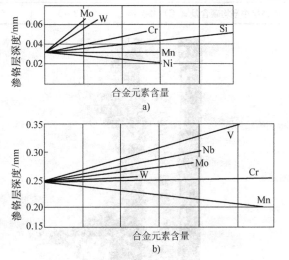

图 8-24　合金元素对渗铬层深度的影响

a) 950℃ ×8h　b) 1200℃ ×6h

对于中碳钢和高碳钢、中碳合金钢和高碳合金钢，渗层为金属碳化物覆层。金属碳化物覆层厚度主要决定于碳原子的扩散速度，而不是金属原子的扩散速度，这点与渗碳、渗硼等工艺不同。钢的碳含量越高，覆层厚度越厚，反之覆层越薄；预先渗碳、碳氮共渗或氮碳共渗，将增加渗铬的速度和渗层深度，表 8-38 是预处理对渗铬层深度的影响。钢中含有碳化物形成元素越多，含量越大，碳在钢中扩散能力越弱，覆层厚度越薄；反之，钢中元素硅含量越大，碳向钢外扩散能力越强，覆层厚度越厚。表 8-39 是不同钢种试样的渗铬层深度。

表 8-38　预处理对渗铬层深度的影响

材料	20CrMnTi		T10	
预处理	氮碳共渗	无	氮碳共渗	无
渗铬层深度/μm	21.7	6.9	31.4	21.5

注：渗铬工艺 980℃ ×5.5h。

表 8-39　不同钢种试样的渗铬层深度

钢种	T10	CrWMnV	GCr15	65Mn	Cr12MoV	3Cr2W8V	W18Cr4V
渗铬层深度/μm	22	15.0	18	12.2	12	8.2	7.8

2. 渗铬层的组织和结构

渗铬层的组织和渗入金属含量分布主要与基体材料成分有关，而渗金属工艺的影响较小。钢的渗层组织和渗入金属含量分布受钢中碳含量影响最大。对低碳钢和低碳合金钢渗铬，表面形成固溶体，并有游离分布的碳化物，渗入金属含量分布由表及里逐渐减少。中、高碳（合金）钢渗铬，表面形成碳化物型渗层，渗层中渗入金属含量极高，几乎不含基体金属，界面浓度曲线形成陡降。钢的碳含量对渗铬层的组织和平均铬、碳含量的影响见表 8-40。钢件渗铬形成的碳化物型渗层致密、与基体的界面呈直线状，如图 8-25 所示。

表 8-40　钢的碳含量对渗铬层的组织和平均铬、碳含量的影响

钢中碳含量 $w(C)$ (%)	0.05	0.15	0.41	0.61	1.04	1.18
渗铬层的组织结构	α	α $(Cr,Fe)_{23}C_6$	$(Cr,Fe)_{23}C_6$ $(Cr,Fe)_7C_3$ $(Fe,Cr)_7C_3$	$(Cr,Fe)_{23}C_6$ $(Cr,Fe)_7C_3$ $(Fe,Cr)_7C_3$	$(Cr,Fe)_{23}C_6$ $(Cr,Fe)_7C_3$ $(Fe,Cr)_7C_3$	$(Cr,Fe)_{23}C_6$ $(Cr,Fe)_7C_3$ $(Fe,Cr)_7C_3$

（续）

渗铬层中平均铬含量 $w(Cr)(\%)$	25	24.5	30	36.5	70.0	60
渗铬层中平均碳含量 $w(C)(\%)$		2~3	5~7	6~8	8	8

图 8-25　35CrMo 钢粉末渗铬层金相组织　500×

注：渗铬工艺为 1100℃ ×8h。

3. 渗铬层的性能

（1）硬度　渗铬层的硬度由渗层组织及相对含量决定。基体材料的化学成分是决定渗铬层组织的主要因素，也是影响渗铬层硬度的主要因素。钢的渗铬层硬度主要受钢的碳含量影响。图 8-26 所示为不同钢种的渗铬层硬度分布，曲线形状基本一样，即渗铬层与基体界面处的硬度形成陡降。这是由于渗层相结构是铬的碳化物，铬的碳化物具有很高的硬度，远远高于基体硬度。与渗硼相比，铬的碳化物韧性较好，渗层的应力也小，所以渗层脆性较小，不易造成工件的早期失效。钢的渗铬层具有很高的硬度，见表 8-41。

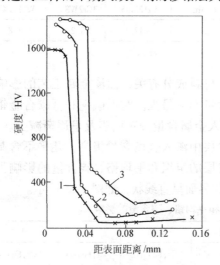

图 8-26　不同钢种的渗铬层硬度分布

1—20 钢　2—45 钢　3—T8 钢

表 8-41　钢的渗铬层硬度

牌号	45	T8	T12
硬度　HV0.1	1331~1404	1404~1482	1404~1482
牌号	GCr15	Cr12	
硬度　HV0.1	1404~1665	1765~1877	

注：渗铬工艺为 1000℃ ×6h。

（2）耐磨性　渗铬层具有较低的摩擦因数和较高的硬度，耐磨性很好。图 8-27 所示为不同钢种渗铬以及 45 钢渗碳淬火的耐磨性对比。各种钢渗铬后耐磨性相差不大，但都大大高于 45 钢渗碳淬火。这说明各种钢渗铬层组织相同，渗铬层耐磨性相近。T8、Cr12 拉深模经渗铬处理［渗剂成分（质量分数）：铬粉 50% + 氧化铝 48% + 氯化铵 2%］，渗层表面硬度 1560HV0.2，延长使用寿命 3 ~ 10 倍，见表 8-42。

（3）耐蚀性　渗铬层具有良好的耐蚀性。对于低碳钢和低碳低合金钢渗铬，表面的高铬含量极大地提高了耐蚀性；对于中碳钢和高碳钢、中碳合金钢和高碳合金钢，表面的碳化物覆层也具有很高的耐蚀性。将 CrWMn 钢渗铬与未处理的试样以及 12Cr13 不锈钢放入不同腐蚀介质浸蚀 24h，耐蚀性比较见表 8-43。由表 8-43 可以看出，CrWMn 钢经渗铬处理具有比 12Cr13 不锈钢更好的耐蚀性。

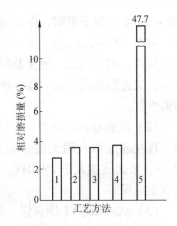

图 8-27　不同钢渗铬以及 45 钢
渗碳淬火的耐磨性对比
1—45 钢渗碳渗铬　2—T12 钢渗铬
3—Cr12MoV 渗铬　4—45 钢渗硼
5—45 钢渗碳淬火

表 8-42　模具渗铬的应用效果

模具名称	模具材料	被加工件材料	渗铬工艺	淬火与回火工艺	硬度　HRC	使用效果
罩壳拉深模	T8A	0.5mm 厚 08F 钢	1100℃ ×8h	—	65 ~ 67	可拉深 10000 件以上
				820℃淬入 160℃ 碱浴，低温回火	58 ~ 62	每拉深 100 ~ 200 件需修模一次，总寿命 1500 件
铁盒拉深模	Cr12	1.0mm 厚 08F 钢	1100℃ ×10h	1000℃ 淬油，低温回火	66 ~ 67	可拉深 900 件以上
			—		60 ~ 62	<100 件

表 8-43　耐蚀性比较

腐蚀介质（质量分数）		10% HCl	10% H_2SO_4	10% HCl + 10% H_2SO_4 + 10% HNO_3
腐蚀失重 /g	原始状态 CrWMn 钢	1.863	1.142	0.889
	渗铬处理 CrWMn 钢	0.035	0.026	0.065
	12Cr13 钢	0.443	0.731	0.721

（4）抗氧化性能　渗铬层具有良好的抗高温氧化性能。将 CrWMn 钢渗铬与未处理试样在不同温度下加热 2h 进行氧化，其抗高温氧化对比曲线如图 8-28 所示。由图 8-28 可以看出，渗铬试样抗氧化性能明显优于未处理试样，在 700℃以下，渗铬试样几乎无氧化失重。

4. 渗铬工艺的应用

（1）碳钢渗铬　渗铬层具有良好的耐磨性和耐蚀性。T10 钢工模具渗铬和 Q235 渗碳或渗氮后渗铬替代高合金钢是研究和应用的热点。传统渗铬温度为

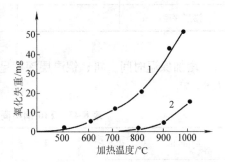

图 8-28　CrWMn 钢抗高温氧化对比曲线
1—未处理的　2—渗铬

900～980℃，对于碳钢，存在温度偏高造成组织粗大等问题。通过稀土催渗或改进渗剂成分，可在700～860℃获得6～10μm的渗层，使工件性能得到较大改善。研究表明，工件碳含量越高，渗层越深，硬度及耐磨性能越好。T10钢渗铬具有较好的效果。对于Q235等低碳钢，通过渗碳或氮碳共渗＋渗铬，不但可以获得较深的渗层，而且具有更好的表面硬度和耐磨性。

（2）高铬模具钢渗铬　Cr12、Cr12MoV等高铬模具钢，按常规渗铬方法处理，渗铬层很薄。现在通过加入稀土改进渗剂配方或添加渗氮预处理等方法，渗铬层深度可达17～20μm，表面硬度大于1500HV，使工件耐磨性成倍增加，从而使模具使用寿命和加工的工件精度明显提高。

（3）4Cr5MoSiV1钢渗铬　4Cr5MoSiV1钢用常规硼砂熔盐渗铬淬火后，表面硬度不高，渗层深度较浅，且次表层存在软带。通过预先渗碳后渗铬处理，可以获得5～7μm的渗层，渗层硬度2060HV。铝型材挤压模经过渗碳、渗铬后进行淬火＋二次回火处理，与淬火＋回火后渗氮的模具比较，使用寿命提高50%以上。近年广泛开展了低温渗铬研究，通过淬火＋回火＋8h离子渗氮后，进行560℃低温盐浴渗铬，可以获得6μm的渗铬层，硬度达到1450～1550HV。

8.3.3　渗钒、渗铌工艺及性能

工件渗钒、渗铌是为了获得高硬度的表面渗层，主要应用于钢铁件。由于钒、铌与碳的亲和力比铁、铬强，能从铁、铬中获得碳原子，形成钒、铌碳化物渗层。与渗铬层相比，钒、铌渗层更薄，但渗层硬度更高，耐磨性更好。目前国内渗钒、渗铌的方法主要是硼砂熔盐法和固体粉末法。

1. 渗钒、渗铌工艺的影响因素

渗钒、铌层薄，工件渗前表面必须进行去锈、去污处理；为了增加渗层深度和硬度，也可进行渗碳或渗氮处理。在渗钒、渗铌时，影响渗层深度的主要因素是温度、时间、工件的化学成分等。

温度升高，钒、铌渗层深度增加，见表8-44。由于设备等原因，硼砂熔盐法渗钒、铌温度为900～980℃，固体粉末法渗钒、渗铌温度为1000～1100℃。

表8-44　T10钢不同温度的渗层深度（保温时间5h）

温度/℃	820	840	860	880
渗层深度/μm	5～6	9～10	12～13	15～16

增加保温时间，钒、铌渗层深度呈对数曲线关系增加，见表8-45。一般渗钒、渗铌时间为5～7h。

表8-45　T10钢不同保温时间对渗层深度的影响（860℃）

时间/h	3	4	5	6	7	8	9
渗层深度/μm	5～6	6～7.5	10	12～12.5	12.5	3	13～13.5

与渗铬的情况一样，钢的碳含量越高，固体渗钒、渗铌及液体渗钒、渗铌的渗层深度越深，反之渗层越浅。图 8-29 所示为碳含量和温度对渗钒层深度的影响。预先渗碳或碳氮共渗、氮碳共渗，可增加渗层形成速度和渗层深度（见表 8-46）。在气体渗金属中，渗层深度随碳含量增加而增加，但碳含量 $w(C)$ 超过 0.5% 后，将不再增加，存在极大值。钢中含有碳化物形成元素越多，含量越大，碳在钢中扩散能力越弱，渗层深度越浅；反之，钢中碳化物形成元素越少，硅含量越大，碳向钢外扩散能力越强，渗层深度越深。表 8-47 是不同钢种试样经 860℃ ×6h 盐浴渗钒的深度。

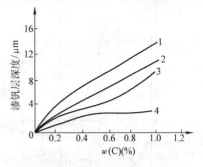

图 8-29　碳含量和温度对渗钒层
厚度的影响

1—1000℃　2—950℃　3—900℃　4—850℃

表 8-46　预处理的工艺对渗钒层厚度及硬度的影响

材料	35CrMnTi		T8	
预处理	氮碳共渗	无	氮碳共渗	无
渗层厚度/μm	22.5	12.5	25.0	17.5
渗层硬度　HV0.2	2421	356	2875	2780

注：渗钒工艺 960℃ ×4h。

表 8-47　不同钢种试样经 860℃ ×6h 盐浴渗钒的渗层深度　　　　（单位：μm）

牌号	20	45	T10	9SiCr	65Mn
渗层深度	3	7.5	13.7 ~ 16	13.7 ~ 15	11.3
牌号	CrWMnV	GCr15	Cr12	3Cr2W8V	W18Cr4V
渗层深度	15	11.3 ~ 13.7	7 ~ 7.5	6	5

2. 渗钒、渗铌层的组织

渗钒、渗铌层的组织和渗入金属的含量分布主要与基体材料成分有关。钢的渗钒、渗铌层组织和渗钒、渗铌层渗入金属含量分布受钢中碳含量影响最大。中、高碳（合金）钢渗钒、渗铌，表面形成碳化物型渗层，渗层中渗入金属含量极高，渗层中几乎不含基体金属，界面含量曲线形成陡降。图 8-30、图 8-31 所示分别是渗层的钒、铌含量分布。表 8-48 是钢的钒、铌渗层的组织。

表 8-48　钢的钒、铌渗层的组织

渗层种类	渗　钒	渗　铌
渗层组织	VC 或 VC + V$_2$C	NbC

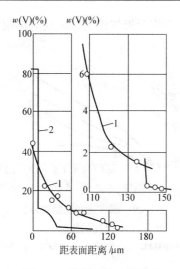

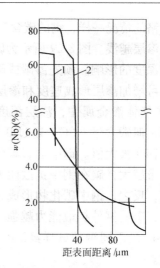

图 8-30　渗层的钒含量分布
1—w(C) = 0.03% 阿姆科铁(碳含量很低的
铁基软磁合金)　2—w(C) = 1.18% 钢
注：气体渗钒工艺为 1100℃ × 6h。

图 8-31　渗层的铌含量分布
1—w(C) = 0.03% 阿姆科铁(碳含量很低的
铁基软磁合金)　2—w(C) = 1.18% 钢
注：气体渗铌工艺为 1200℃ × 6h。

　　钢件渗钒、渗铌形成的碳化物型渗层致密，与基体的界面呈直线状，如图 8-32、图 8-33 所示。

图 8-32　T12 钢熔盐渗钒层的金相组织　500 ×

3. 渗钒、渗铌层的性能

（1）硬度　钢的渗钒、渗铌层具有很高的硬度。基体材料的化学成分是决定渗金属层组织的主要因素。也是影响渗层硬度的主要因素。表 8-48 是典型钢材渗钒、渗铌层硬度值。钢的渗钒、渗铌层硬度主要受钢的碳含量影响。由表 8-49 可以看出，随着钢中碳含量的增加，渗金属层硬度增加，合金含量增加对硬度的影响不大。

图 8-33　GCr15 钢熔盐渗铌层的金相组织　500 ×

表 8-49　典型钢材渗钒、渗铌层的硬度

牌　号		45	T8	T12	GCr15	Cr12
硬度 HV0.1	渗钒层	1560 ~ 1870	2136 ~ 2288	2422 ~ 3380	2422 ~ 3259	2136 ~ 3380
	渗铌层	1812 ~ 2665	2400 ~ 2665	2897 ~ 3784	2897 ~ 3784	3259 ~ 3784

注：渗钒、渗铌工艺为 1000℃ ×6h。

　　渗层的硬度由表及里逐渐降低，在渗层交界处，形成硬度陡降。图 8-34 是 T12 渗钒层的硬度分布（用熔盐法渗钒）。

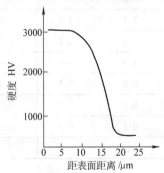

图 8-34　T12 渗钒层的硬度分布

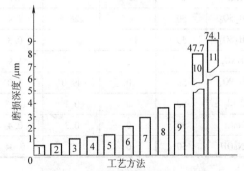

图 8-35　不同钢渗金属与其他工艺强化后的耐磨性比较

1—45 钢渗碳渗钒　2—T12 钢渗钒　3—Cr12 钢渗钒
4—Cr12 钢渗铌　5—T12A 钢渗钒　6—45 钢渗碳渗铌
7—45 钢渗碳渗铬　8—Cr12 钢渗铬　9—45 钢渗硼
10—45 钢渗碳淬火　11—45 钢液体碳氮共渗淬火

　　(2) 耐磨性　渗钒、渗铌等渗金属形成的碳化物覆层具有较低的摩擦因数，耐磨性很好。几种材料不同处理工艺的摩擦因数见表 8-50。图 8-35 所示为不同钢渗金属与经其他工艺强化后的耐磨性比较。图 8-35 中数据显示，渗钒、渗铌的耐磨性不但远远好与渗碳淬火，而且明显好于渗硼、渗铬，这是由于渗钒、渗铌处理的硬度更高，摩擦因数也更小，所以渗钒、渗铌较广泛应用于工模具等高耐磨工件。烟舌是卷烟机的关键零件，也是主要易损零件之一。在工作中，烟丝在烟舌上高速通过（5000 只/min），烟舌受到摩擦，最后磨损失效。用 40Cr 钢渗碳渗钒的烟舌，使用寿命比 40Cr 钢液体渗氮、离子渗氮高；而 Cr12MoV 钢在硼砂熔盐中渗钒、淬火比 40Cr 钢渗碳渗钒更好（见表 8-51）。这说明渗钒具有比液体渗氮、离子渗氮更好的耐磨性，高合金钢渗钒具有比低合金钢更好的耐磨性。

表 8-50　几种材料不同处理工艺的摩擦因数（以低合金钢为摩擦偶件）

试　样	Cr12MoV 模具钢淬火 + 回火	钢渗铬	钢渗钒	钢渗铌
摩擦因数	0.36 ~ 0.37	0.27 ~ 0.33	0.28 ~ 0.32	0.30 ~ 0.31

表 8-51　烟舌经不同工艺方法处理的使用寿命

40Cr 钢液体渗氮	40Cr 钢离子渗氮	40Cr 钢渗碳渗钒	Cr12MoV 钢渗钒
15 ~ 20 天	2 月	3 月	4 月

（3）耐蚀性　渗钒、渗铌形成的金属碳化物层具有很好的耐蚀性，表 8-52 列出了渗钒、渗铌、渗铬的金属碳化物渗层和不同渗硼层的耐蚀性对比。表 8-52 中的数据说明，金属碳化物覆层具有比合金、渗硼层更好的耐蚀性。在碳化物覆层中，渗钒层、渗铌层略低于渗铬层。

表 8-52　耐蚀性对比

腐蚀介质 （体积分数）	腐蚀时间 /h	腐蚀失重/g						
		06Cr19Ni10	T10	VC 层	NbC 层	铬铁碳化物层	FeB	Fe$_2$B
10% HCl	25	1.1	53.2	0.5	0.7	0.2	0.8	1.3
20% HCl	25	36.1	144.7	4.1	0.7	2.8	2.3	10.0
浓 HCl	25	86.9	—	0.3	0.3	5.0	—	—
10% H$_2$SO$_4$	50	3.5	226.6	2.4	3.3	2.7	1.1	1.6
20% H$_2$SO$_4$	50	18.8		0.3	0.8	0.2	3.1	1.6
10% HNO$_3$	25	0	—	1.9	0.8	3.9		—
10% H$_3$PO$_4$	50	0	49.0	1.0	0.4	0.9	2.2	3.2
5% BaCl$_2$	50	0	0.1	0.15	0.3	0.2	0.3	0.5
5% NaCl	50	0	0.3	0.4	0.5	0.1	0.4	0.6
10% NaOH	50	0	0	0.04	0.3	0.03	0.1	0.7

（4）抗氧化性能　金属渗层的抗高温氧化性能因碳化物种类不同而异。碳化钒渗层和碳化铌渗层在 600℃ 内都有良好的抗氧化性能。

8.3.4　渗钛工艺及性能

由于钛元素极其活泼，表面极容易氧化，在常规渗金属设备中渗剂很容易老化失效，因而渗钛一般在真空、保护气氛等设备中进行。渗钛层较薄，工件渗前表面必须进行去锈、去污处理。

1. 渗钛工艺的影响因素

钛在碳含量低的钢中形成钛铁合金渗层，钛在碳含量高的钢中形成钛碳化物渗层。低碳钢渗钛具有良好的耐蚀性，特别是耐气蚀性。图 8-36、图 8-37 所示分别为温度和时间对 08F 钢真空渗钛层深度的影响。在碳含量高的钢上渗钛可形成钛的碳化物渗层（覆层），该渗层具有极高硬度，很好的耐磨性。温度、时间对碳含量高的钢的渗钛层深度影响如图 8-38、图 8-39 所示，随着温度升高，渗层深度显著增加；随着时间延长，渗层深度增加，但增加量逐渐缓慢。

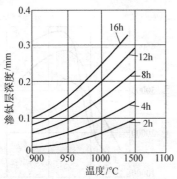

图 8-36　温度对 08F 钢真空渗钛层深度的影响

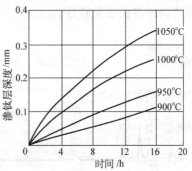

图 8-37　时间对 08F 钢真空渗钛层深度的影响

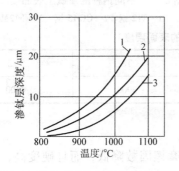

图 8-38　温度对碳含量高的钢的渗钛层深度的影响（气体法）

1—T12　2—GCr15　3—Cr12MoV

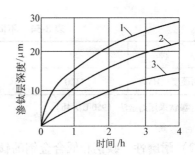

图 8-39　时间对碳含量高的钢的渗钛层深度的影响（气体法）

1—T12　2—GCr15　3—Cr12MoV

钛的碳化物渗层深度随着钢的碳含量增加而增加（见表 8-53），随着合金元素的增加而减少（见图 8-38、图 8-39）。由于形成钛的碳化物渗层所需碳含量远高于渗铬，为了获得较深的渗层，可先进行渗碳处理（提高表面碳含量），再进行渗钛。

表 8-53　不同钢种试样的渗钛层深度

牌　　　号	20	45	T8	T12
渗钛层深度/μm	3.25	12.45	20.75	33.45

注：渗钛采用熔盐法（950℃×4h）。

2. 渗钛层的组织

渗钛层的组织和浓度分布主要与基体材料成分有关。碳钢和低合金钢的渗层组织为 TiC 或 TiC + Fe_2Ti。图 8-40 所示为 GCr15 渗钛层的 X 射线衍射图谱。钛的碳化物渗层金相组织与铬、钒的碳化物渗层相同，即渗层为致密的、与基体的界面呈直线状的白亮层。

3. 渗钛层的性能

渗钛层具有极高的硬度、极好的耐磨性和耐蚀性，但热稳定性较差。

（1）硬度　钛的碳化物渗层具有比铬、钒、铌的碳化物渗层更高的硬度，达到 3000 ~ 4000HV（随着渗层碳含量而变化）。在渗层中，外表面层硬度略高于内层，图 8-41 所示为不同钢种的渗钛层表面硬度分布。随钢中碳含量增加，渗层的硬度增加（见表 8-54），用高碳含量的钢种渗钛效果较好。

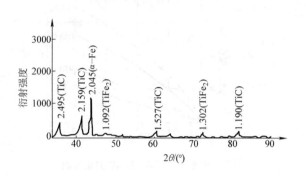

图 8-40　GCr15 渗钛层的 X 射线衍射图谱

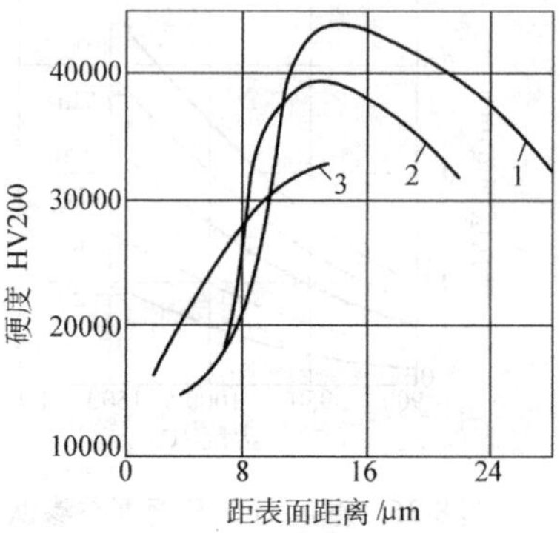

图 8-41　不同钢种的渗钛层表面硬度分布

1—T12 钢　2—GCr15 钢　3—Cr12Mo

表 8-54　不同钢种试样渗钛层的表面硬度

钢　　　种	20	45	T8	T12
表面硬度　HV	1100	2800	3900	4400

注：渗钛采用熔盐法（950℃×4h）。

（2）耐磨性　碳钢和低合金钢的钛碳化物渗层的摩擦因数降低，而且硬度高，耐磨性大幅度提高，并具有比其他渗层更好的耐磨性。图 8-42 所示为 T12 钢熔盐渗钛与 45 钢渗硼试样的耐磨试验对比。模具渗钛具有比其他化学热处理工艺处理更高的使用寿命。

（3）耐蚀性　钢渗钛后具有良好的耐蚀性，见表 8-55。

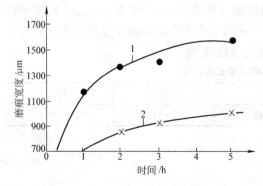

图 8-42　T12 钢熔盐渗钛与 45 钢渗硼
试样的耐磨试验对比
1—T12 钢熔盐渗钛　2—45 钢渗硼

表 8-55　钢渗钛与未渗钛的耐蚀性对比

（单位：mm/a）

腐蚀介质（质量分数）	35% NaCl	5% HNO₃	10% NaOH
原始状态	1.15	被溶解	0.008
渗钛处理	0.009	0.01	0.003
06Cr18Ni11Ti	0.5	0.1	0.05

8.3.5　渗金属件的质量检验及常见缺陷防止措施

1. 渗金属件的质量检验

渗金属件的质量检验项目包括表面状况、表面硬度、渗层组织和厚度等。

（1）表面状况　工件表面无剥落、裂纹等缺陷；颜色正常，各种渗金属表面颜色见表8-56。

表8-56　各种渗金属表面颜色

处理工艺	渗铬	渗钒	渗铌	渗钛
颜色	银白色	浅金黄	浅金黄	银白色

（2）表面硬度　由于渗金属层较薄，一般应用维氏硬度计测量。

（3）渗层组织和渗层深度　检测渗层是否完整，渗层下面是否有贫碳区；测量渗层深度和基体的晶粒度。

2. 渗金属件的常见缺陷防止措施

渗金属件的常见缺陷防止措施见表8-57。

表8-57　渗金属件的常见缺陷防止措施

缺陷类型	产 生 原 因	防 止 措 施
粘渗剂	粉末渗金属时，渗剂未烘干，有水分及低熔点杂质	将氧化铝进行焙烧，装罐前烘干渗剂
剥落	渗层为碳化物时易出现剥落，它随着渗层深度增加而增加，特别在渗铬或热处理后冷却过快的以及工件尖锐的部位易出现	适当控制渗层深度，选用合适的工艺，工件结构尽量避免出现尖角
点蚀	渗金属工件在大气中长期放置往往有点蚀出现。这是渗层微孔所致	仔细进行渗金属前清洁处理或适当增加渗层深度；渗金属后进行封闭处理
脱碳	1）粉末渗金属时，渗剂使用多次后易脱碳 2）气体渗铬时水汽、载气过量	1）加强密封或通保护气体防止金属粉氧化，补加新渗剂 2）严防水汽出现，调整运载气体
渗层下面贫碳严重	碳化物形成元素（如铬、钒、钛）渗入钢表面，将心部碳吸至表层形成碳化铬，造成渗层下面出现贫碳	正确制订工艺，渗层不要太深；改用碳含量高的材料或采用含Ti、Nb的专用钢；渗金属后，增加扩散处理或预先进行适量渗碳
裂纹	渗金属后冷却太快	采用合理的淬火冷却介质或改为正火、等温淬火等
腐蚀斑	催渗剂用量过多；渗剂中含有害腐蚀性杂质	控制渗剂用量，渗剂要烘干，减少有害杂质

8.3.6　共渗和复合渗

许多金属能进行共渗和复合渗，但应用较少。

1. 铬铝共渗

铬铝共渗主要用于提高碳钢、耐热钢、耐热合金与难熔金属及其合金的抗高温氧化性和耐热蚀性，也能提高铜及其合金的耐磨性、耐蚀性与热稳定性。表8-58为常用的铬铝共渗渗剂和工艺参数。表 8-59 为部分合金的铬铝共渗层的抗高温氧化试验结果。表 8-61 中数据显示，铬铝共渗的氧化失重比未处理的小近一个数量级。

表 8-58　常用的铬铝共渗渗剂和工艺参数

材料	共渗剂成分（质量分数）	处理工艺		渗层深度/mm	表面合金含量（质量分数,%）	
		温度/℃	时间/h		Cr	Al
10 钢	CrFe 粉 48.75%，AlFe 粉 50%，NH₄Cl1.25%	1025	10	0.37	10	22
	CrFe 粉 78.8%，AlFe 粉 19.7%，NH₄Cl1.5%	1025	10	0.23	42	
Cr18Ni10Ti	CrFe 粉 47.75%，AlFe 粉 47.75%，NH₄Cl4.5%	1025	10	0.22	15	25
	CrFe 粉 78.8%，AlFe 粉 19.7%，NH₄Cl1.5%	1025	10	0.18	33	15
镍基合金	经活化的 Cr-Al 渗剂	975	15	0.035	4	26
	经活化的 Cr-Al 渗剂	1080	8	0.070		
钴基合金	经活化的 Cr-Al 渗剂	1080	20	0.060	18	7
Cr16Ni36WTi3	Al-Fe49.5%，Cr49.5%，NH₄Cl1%	1050	8	0.12 ~ 0.16		
Cr16Ni25Mo6	Al-Fe49.5%，Cr49.5%，NH₄Cl1%	1050	8	0.27 ~ 0.35		
铜	Al-Fe49%，Cr49%，NH₄Cl2%	800	2 ~ 6		60	30

表 8-59　部分合金经铬铝共渗层的抗高温氧化试验结果

合金类型	试验条件		失重/（mg/cm²）	
	温度/℃	时间/h	铬铝共渗	未共渗
镍基合金	1093	100	1.4	40.0
	1093	100	1.5	10.0
钴基合金	1093	100	8.5	65.0
镍基合金	1205	100	8.0	30h 后已氧化成粉粒状
	1205	100	5.0	50h 后已氧化成粉粒状
钴基合金	1205	100	14.0（起皮）	20h 后已氧化成粉粒状

2. 铬钒复合渗

铬、钒两种元素可以同时渗入工件表面。铬钒共渗与渗铬、渗钒一样渗层很浅，不适合较大载荷下工作的工件。用铬钒复合渗，即先渗钒再渗铬的工艺，可以改进这个缺点。

铬钒复合渗是在 950℃ ×5h 进行固体渗钒，炉冷后取出工件再进行 950℃ ×5h 渗铬。钢经过铬钒复合渗，渗层深度增加，并有很高的表面硬度（见表 8-60）。铬钒复合渗的耐磨性比渗钒更高（见图 8-43），耐蚀性也更好（见表 8-61）。

表 8-60　不同钢种的铬钒复合渗
的渗层深度和硬度

牌号	渗层深度/μm	表面硬度　HV0.1
45	19.6	1358
T10	44	1754
GCr15	33	1782

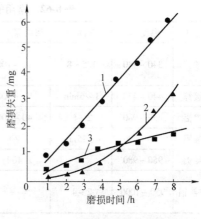

图 8-43　不同工艺的磨损曲线
1—常规淬火　2—渗钒　3—铬钒复合渗

表 8-61　铬钒复合渗在不同腐蚀介质的腐蚀速度

[单位：mg/（cm² · h）]

材料及状态处理	10%（质量分数）HCl	33%（质量分数）NaOH	20%（质量分数）NaCl
T10 未处理	1.159	0.0054	0.0062
T10	0.532	0.0012	0.0012
T10	0.037	0.0005	0.0007
07Cr19Ni11Ti	0.1186	0.0009	0.0012

8.4　渗锌和渗铝

在一定温度下，将锌或铝原子渗入工件表面的化学热处理工艺称为渗锌或渗铝。渗锌、渗铝层具有比钢铁材料更负的电极电位，对工件形成一种良好的阴极保护层。渗铝、渗锌工艺多用于要求提高耐蚀性的工件。渗锌是提高金属材料在大气、水、硫化氢及一些有机介质（如苯、油类）中的耐蚀性最经济、应用最广泛的一种保护方法，如水管、铁塔型材和螺栓等常进行渗锌处理，具有比电镀锌更高的表面硬度和耐磨性。渗锌还可提高铜、铝及其合金的表面性能。渗铝工件耐大气腐蚀性比渗锌工件更好，是一种既可以保持工件基体的韧性，又可以提高工件表面的抗氧化性和耐蚀性的化学热处理方法。渗铝还可改善铁基粉末合金、铜合金和钛合金的力学性能。

渗锌和渗铝的方法和工艺有很多种，表 8-62 列出了常用的渗锌、渗铝方法和工艺特点。目前常用的工艺是粉末渗锌、粉末渗铝和热浸镀锌、热浸镀铝两种。热浸镀锌、热浸镀铝方法具有生产成本低、生产率高、操作简单、生产工艺可靠、易于实现机械化和自动化生产等优点；粉末渗锌、粉末渗铝因为所需设备简单，操作方便，特别适用于机械零件，本节将重点讨论。

表8-62　常用的渗锌、渗铝方法和工艺特点

工艺方法	温度/℃	时间/h	渗层深度/μm	特　点
粉末渗锌	340~440	1.5~8	12~100	工艺设备简单，生产灵活；渗层均匀，表面光洁，成品率高；耐蚀性好，有一定耐磨性
热浸镀锌	440~470	1~5min	20~100	生产率高，成本低，操作简单，能自动化大规模生产
粉末渗铝	650~980	2~6	40~600	工艺设备简单，生产灵活；渗层均匀，表面光洁，成品率高
热浸镀铝	700~790	1~25min	70	生产率高，成本低；操作简单，能自动化大规模生产
气体渗铝	960~980	6	400	生产率高，设备复杂，应用不多
料浆法渗铝	950~1000	2~4	—	将粉末渗剂和黏结剂调成料浆，喷涂或浸渍在工件上，然后加热扩散

8.4.1　渗锌工艺及性能

1. 粉末渗锌工艺和影响因素

粉末渗锌是将经表面清洁处理的工件放入装有粉末渗锌剂的密封容器中，加热到340~440℃保持一段时间，然后冷却至室温出炉。目前使用较多的粉末渗锌方法有两种：一种是将工件埋入装有粉末渗锌剂的渗锌箱，密封渗锌箱，然后在电阻加热炉中进行加热；另一种是将工件放入装有粉末渗锌剂的密封旋转炉中进行加热。粉末渗锌最突出的特点是渗层均匀，没有氢脆，几乎没有变形。粉末渗锌适用于形状复杂的工件（如螺钉、紧固件、弹簧等）以及疏松多孔的铁基粉末冶金零件。粉末渗锌的缺点是工件装箱和取出操作时锌粉飞扬，工作环境差。常用粉末渗锌的渗剂成分及工艺规范见表8-63。

表8-63　常用粉末渗锌的渗剂成分及工艺规范

渗剂成分(质量分数)	温度/℃	时间/h	渗层深度/μm
(锌粉50%~75% + 氧化铝25%~50%)99.95%~99% + 氯化铵0.05~1%	340~440	1.5~8	12~100
锌粉20% + 氧化铝80%	340~400	2~4	30~80
锌粉50% + 氧化铝30% + 氧化锌20%	380~440	2~6	20~70

渗剂的主要成分是纯锌粉。加入惰性物质（如氧化铝）的目的是防止渗剂与工件或锌粉之间的黏结，改善工件受热状态和渗剂分布的均匀性，提高工件表面质量。

影响粉末渗锌层深度的因素，包括渗锌温度、时间、渗剂成分和渗锌方式等。

（1）温度和时间　渗锌温度越高，渗锌层越深，如图8-44所示。但温度过高，往往会造成工件表面粘锌，使渗锌工件表面粗糙度值增大。工业上粉末渗锌常常是在高于锌熔点（419.4℃）下进行的。惰性材料能够防止锌粉的熔化和烧结，并防止其黏附在工件的表面上。

延长渗锌时间可以增加渗锌层深度，随着保温温度的增加，渗层深度随时间延长而增加的速率也

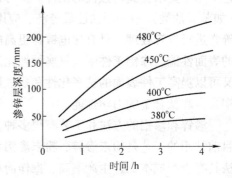

图8-44　不同温度下渗锌时间对
渗锌层深度的影响

增加。这说明随着温度升高，工件表面的锌含量达到饱和状态的时间增加，渗层能达到的最大深度增加。

（2）渗剂成分和渗锌方式　渗剂的成分对渗锌层深度也有很大的影响。试验表明，渗剂中的锌含量越高，渗锌层越深。这是因为增加锌含量，可以提高活性锌原子的浓度，使渗锌速度加快。

采用旋转炉渗锌比装箱加热渗锌要快得多。这是由于渗锌温度虽低，但在渗锌过程中，回转罐里的工件能保持不断地与活性高的渗剂进行良好接触，提高了渗锌的效率。

2. 渗锌层的组织

钢铁件的渗锌层组织随着渗层中锌含量的逐渐降低，由表及里为 ζ 相、δ 相、γ 相、α 固溶体。由于钢铁件的渗锌层中锌含量主要由温度决定，渗锌层中有几种相组织，各种相组织的多少，也主要由温度决定。表 8-64 列出了各种 Fe-Zn 合金相的特性参数。

表 8-64　各种 Fe-Zn 合金相的特性参数

合金相	化学式	铁含量(质量分数,%)	密度/(g/cm^2)	晶格
γ	Fe_4Zn_{21}	21 ~ 28	7.36	体心立方
δ	$FeZn_7$	7.8 ~ 11.0	7.25	六方
ζ	$FeZn_{13}$	5.75 ~ 6.25	7.18	单斜

3. 渗锌层的性能

渗锌层与电镀锌层、喷涂锌层相比具有更好的结合强度、更高的耐蚀性、更高的硬度。这也是许多零件必须使用渗锌处理的原因。

（1）硬度和耐磨性　粉末渗锌具有比电镀锌、热浸镀锌更高的硬度、更好的耐磨性，表 8-65 是三者的比较数据。渗锌层的硬度与渗层组织直接有关，图 8-45 所示为渗锌层的硬度与组织分布。

表 8-65　粉末渗锌层、热浸镀锌层和电镀锌层的硬度和耐磨性比较

渗锌方法	粉末渗锌	热浸锌	电镀锌
表面硬度 HV0.05	200 ~ 450	≈70	119
磨痕宽度/mm	0.628	0.923	1.07

（2）耐蚀性　渗锌是最经济的防腐蚀方法之一。在大气中锌表面形成的 $ZnCO_3 \cdot 3Zn(OH)_3$，$ZnCO_3 \cdot 3Zn(OH)_3$ 致密、坚固，是良好的耐腐蚀保护层。$ZnCO_3 \cdot 3Zn(OH)_3$ 既减少锌的腐蚀，又保护了渗锌层下的铁免受腐蚀。渗锌工件在使用过程中，$ZnCO_3 \cdot 3Zn(OH)_3$ 被破坏，在大气的作用，裸露的渗锌层还能再在表面形成 $ZnCO_3 \cdot 3Zn(OH)_3$ 保护层，即使渗锌层有少许破坏而不完整时，由于锌层的电极电位比被保护工件的电位更负，渗锌层对钢铁也会起到电化学保护作用。渗锌对在大气中使用的钢材的防腐蚀效果是十分显著的。表 8-66 是渗锌层抗大气腐蚀与盐雾试验数据。

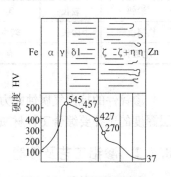

图 8-45　渗锌层的硬度与组织分布

表 8-66　渗锌层抗大气腐蚀与盐雾试验数据

材料	处理方法	腐蚀试验		
		试验条件	时间	试片腐蚀形貌
10 钢	退火	暴露于工业大气中	8d	表面严重锈蚀
			56d	表面布满锈点
	渗锌		56d	表面色泽稍变暗，无锈点
			600d	表面色泽变暗，无锈点
铁基粉末冶金件	未渗锌		9d	表面严重锈蚀
			60d	表面布满锈点
	渗锌		2a	表面色泽稍变暗，无锈点
			8.4a	表面色泽变暗，局部有锈迹
10 钢	退火	间断喷盐雾（15% NaCl 水溶液，相对湿度为 95%，温度为 32~35℃，压力为 0.15MPa）	2h	80% 以上表面生锈
	渗锌		165h	20% 以下表面生锈
铁基粉末冶金件	未渗锌		165h	100% 表面生锈
	渗锌		165h	1/3 表面生锈
黄铜锁芯、铁基粉末冶金锁芯	未渗锌		10d	10 件全有锈斑，无法开启
	渗锌		10d	10 件全无锈斑，开启灵活

　　舰船在江河湖海中服役，受到潮湿空气和（或）水的腐蚀。在海洋中行驶的舰船，由于空气或水中的 Cl^- 含量较高，这种腐蚀则更加严重。另外，舰船零件大量采用经调质处理的结构钢，如 45、40Cr、35CrMo 等，传统的电镀锌工艺除耐蚀性有限以外，对高强度零件还会产生氢脆；热镀锌工艺会降低调质零件的强度，也无法保证零件的精度要求。根据零部件的材料回火温度要求，渗锌可在 320~500℃ 下进行，所以渗锌不但耐蚀性好，对材料的性能也无不良影响，表 8-67 是渗锌、电镀锌、热浸镀锌的比较。经渗锌处理的零部件使用四年尚无生锈现象，大大高于电镀锌的。

表 8-67　渗锌、电镀锌、热浸镀锌的对比

工艺方法	耐蚀寿命	氢脆	对零件强度的影响	对零件配合的影响	渗层均匀性	锌耗 /（kg/t 产品）	环境污染
渗锌	较长	无	无	较小	好	20~30	粉尘
热浸镀锌	较长	较少	下降	较大	差	80~100	锌蒸气
电镀锌	较短	有	无	较小	较好	—	CN^-，Cr^{6+}

　　渗锌件的抗大气腐蚀能力与渗层深度以及所处的大气环境等因素密切相关。渗锌工件渗层深度的选择要综合工件材质、成本、所处的大气环境等因素来进行。

8.4.2　渗铝工艺及性能

1. 粉末渗铝工艺和影响因素

　　工件埋在粉末状的渗铝剂中，然后加热到 900~1050℃ 保温一段时间，可实现粉末渗铝。其渗入机制是高温下粉末渗剂发生反应，在工件的表面析出活性铝原子，活性铝原子随即扩散进入工件内，在工件表面形成渗层。表 8-68 是常用的粉末渗铝剂的成分、工艺规范及渗层深度。

表 8-68　常用的粉末渗铝剂的成分、工艺规范及渗层深度

序号	渗剂成分（质量分数）	温度/℃	时间/h	渗层深度/μm
1	（铝粉 14.2% + 氧化铝 84.8%）99% + 氯化铵 0.5% + KHF_2 0.5%	750	6	40
2	铝铁粉 34.5% + 氧化铝 64% + 氯化铵 1% + KHF_2 0.5%	960 ~ 980	6	400
3	（铝铁粉 + 铝粉）78% + 氧化铝 21% + 氯化铵 1%	900 ~ 1000	6 ~ 10	—
4	铝粉 40% ~ 60% + （陶土 + 氧化铝）37% ~ 58% + 氯化铵 1.5% ~ 2%	900 ~ 1000	6 ~ 10	—
5	铝铁粉 39% ~ 99% + 氯化铵 0.5% ~ 1% + 氧化铝余量	850 ~ 1050	2 ~ 6	250 ~ 600

粉末渗铝剂一般由供铝剂、催渗剂、填充剂三部分组成。

供铝剂为铝粉或铝铁合金粉。供铝剂提供渗铝所需的活性铝原子。供铝剂的粒度一般应为 $\phi 0.071 \sim \phi 0.280$mm（60 ~ 200 目）。如果工件表面要求比较光滑，则粉末粒度要更细些。

催渗剂一般用卤盐，其中用氯化铵的最多。催渗剂主要作用是活化被渗工件和供铝剂。由于卤盐会使渗剂吸潮，潮气在高温下会影响催渗的效果和使工件表面粗糙度值增加，所以催渗剂在使用前再加入效果较好。

填充剂为氧化铝（Al_2O_3）或高岭土粉末，即陶土类物质。填充剂具有防止金属粉末黏结和调节渗剂活性的作用，在使用前最好在 800 ~ 900℃ 煅烧。

在生产中渗剂再次使用时，一般要加入一定量的供铝剂和催渗剂，使渗剂保持原有的活性。以表 8-68 中序号 4 的配方为例，在生产中，再次使用时，需加入 10% ~ 30% 的铝粉和 0.5% ~ 1.5% 的氯化铵。

影响渗铝层深度的因素有材质、温度、时间、渗剂成分、加热方式等。

图 8-46 所示为不同碳含量的钢渗铝时，温度和时间对渗铝层深度的影响。图中曲线显示随着温度升高，渗铝层深度增加；时间增加，渗铝层深度呈对数关系增加；在低于 950℃ 的温度渗铝或钢的碳含量较低时，碳含量的变化对渗铝

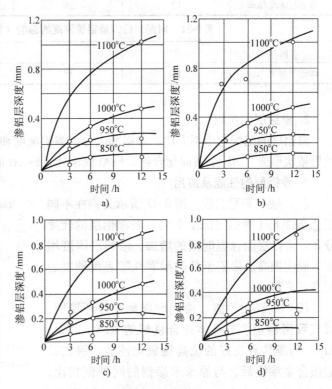

图 8-46　温度和时间对渗铝层深度的影响
a) $w(C) = 0.06\%$　b) $w(C) = 0.12\%$
c) $w(C) = 0.38\%$　d) $w(C) = 0.56\%$

层影响不大；对于中、高碳钢，随着碳含量的增加，渗铝层深度减少。因此，渗铝最好用低碳钢，渗铝温度尽可能提高，保温时间要适度。

粉末渗铝不仅适合钢和高温合金，还可用于铜合金、钛合金及难熔金属铂、铌等，其粉末渗铝工艺见表8-69。

表8-69 铜合金、铁合金及铂、铌的粉末渗铝的工艺

材料	渗剂成分（质量分数）	温度/℃	时间/h	渗层性能
钛合金	$Al50\% + Al_2O_350\%$（真空处理）	$850\sim1000$	10	抗氧化，耐磨损
铜	$Al2\% + Al_2O_396\% + NH_4Cl2\%$	900	4	耐磨损
铜合金	$Al50\% + Al_2O_349\% + NH_4Cl1\%$	$650\sim750$	$1\sim3$	抗氧化
铌	$Al68\% + Al_2O_329\% + NH_4Cl3\%$	1100	8	抗氧化
铂	$Al75\% + Si25\%$	$1000\sim1300$	$10\sim60s$	抗氧化

铜渗铝加后处理后可用作触点材料，不仅有良好的导电性，还有良好的抗电弧侵蚀和耐磨性。温度和时间对纯铜渗铝层深度的影响见表8-70、表8-71。随着温度升高、时间延长，渗铝层深度增加。铝渗入铜形成 Al-Cu 的 α 固溶体。

表8-70 温度对纯铜渗铝层深度的影响（保温时间4h）

温度/℃	840	860	880	900
渗铝层深度/μm	12	16	22	25

表8-71 时间对纯铜渗铝层深度的影响（保温温度900℃）

时间/h	2	3	4	6
渗铝层深度/μm	15	18	25	30

2. 渗铝层的组织

渗铝层的组织与渗铝方法、渗铝剂成分、渗铝温度和基体材料等有关。钢的渗铝层由表及里依次形成 $FeAl_2$ 金属间化合物、FeAl 固溶体、Fe_3Al 固溶体和含 Al 的 α-Fe 固溶体。

3. 渗铝层的性能及应用

（1）硬度和耐磨性 图8-47 所示为钢在不同工艺条件下（渗铝层深度不同）的渗铝层的硬度分布。渗铝层随保温时间的增加，渗铝层深度增加，硬度提高。渗铝钢件的耐磨性随表面硬度的提高而提高。

（2）抗氧化性能 渗铝层在氧化性环境中，形成致密稳定、与基体结合良好的 Al_2O_3 薄膜。Al_2O_3 薄膜具有良好的抗高温氧化性能。钢铁及耐热合金渗铝后，与原来未渗铝的同种钢相比，

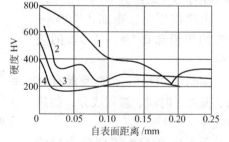

图8-47 渗铝层的硬度分布
1—900℃粉末渗铝，6h 2—900℃粉末渗铝，3h
3—900℃粉末渗铝，1h 4—940℃膏剂渗铝，4h

使用温度一般可提高200~300℃。几种材料渗铝与未渗铝的氧化速度见表8-72。由表8-72可以看出，20 钢渗铝比未渗铝处理的抗高温氧化性能提高了 100 倍以上；不锈钢、镍基或钴基合金渗铝后，其抗高温氧化性能可得到显著的提高。

表 8-72　几种材料渗铝与未渗铝的氧化速度

材料	主要成分（质量分数）	处理状态	处理工艺	氧化速度 /[g/(m² · h)]
20 钢	—	未渗铝	—	29
		渗铝	900℃ × 100h	0.19
304 不锈钢	C0.07% ~ 0.09%，Ni18% ~ 20%，Cr8% ~ 12%	未渗铝	—	-2.9
		渗铝	1040℃ × 69h	-0.56
Haymes Co 基合金	C0.4% ~ 0.5%，Cr20% ~ 22%，W10% ~ 12%，Nb1.5% ~ 2.0%，Fe1% ~ 2.5%，Co 余量	未渗铝	—	-24.85
		渗铝	1040℃ × 69h	+0.217
Inconel 713C Ni 基合金	C0.12%，Cr13%，Mo4.5%，Nb2%，Al6%，Fe1%，Ti0.6%，B0.01%，Ni 余量	未渗铝	—	+0.217
		渗铝	1040℃ × 69h	+0.058

（3）耐蚀性　由于铝的电化学特性，渗铝层在很多腐蚀介质中具有良好的耐蚀性，并在金属防腐蚀应用方面取得了明显效果。

1）耐大气腐蚀。在大气条件下渗铝钢比热镀锌钢具有更好的耐蚀性。例如，渗铝钢在工厂地区大气暴露 5 年，其腐蚀量是热镀锌钢的 1/10，在海洋地区暴露 2 年，其腐蚀量是热镀锌钢的 1/20。渗铝钢在各种大气环境下的使用寿命与渗铝层深度有一定的关系。

2）各种 pH 值溶液中的耐蚀性。将渗铝钢和热镀锌钢在 pH 值为 3 ~ 12 范围内的溶液中进行长时间的浸泡试验，结果表明，渗铝钢比热镀锌钢的耐蚀性好。渗铝是提高耐海水腐蚀的方法之一。渗铝与未渗铝 Q235 钢在海水中的腐蚀数据见表 8-73。

表 8-73　渗铝与未渗铝 Q235 钢在海水中的腐蚀数据

材料	温度/℃	时间/h	腐蚀失重/（g/m²）
Q235	100	1157	0.15
Q235 渗铝	100	1157	0.02

3）耐高温腐蚀。渗铝层除了具有较高的抗高温氧化性能外，它还能提高钢的抗钒蚀和抗硫蚀的性能。因此，在解决燃气轮机叶的高温腐蚀问题时多采用渗铝工艺。表 8-74 是 12Cr13 等材料在渗铝与未渗铝两种情况下，在 V_2O_5 及 Na_2SO_4 介质中的氧化试验结果。渗铝是目前提高钢材耐硫化物腐蚀最有效的手段之一，特别是在高温硫化物介质中。试验证明，渗铝的碳钢和不锈钢无论是在含硫的氧化性气氛中，还是在高温硫化氢介质中，都显示了很好的耐蚀性。表 8-75 是碳钢在 H_2S 介质中的腐蚀对比。

表 8-74　在 V_2O_5 及 Na_2SO_4 介质中的氧化试验结果　　　（单位：mg/m²）

材料	600℃ × 10h		700℃ × 10h		800℃ × 10h		800℃ × 100h	
	未渗铝	渗铝	未渗铝	渗铝	未渗铝	渗铝	未渗铝	渗铝
12Cr13	-5.62	+0.09	-8.85	+0.95	-6.27	+2.56	-32.35	+3.90
07Cr18Ni11Ti	-1.25	+0.68	-8.40	+1.37	-6.33	+2.80	-29.00	+3.66
07Cr18Ni11Nb	-0.65	+0.47	-8.24	+1.00	-4.56	+2.00	-25.80	+8.48

注：1. 表中数据为两个试样的平均值。在试样上涂抹等量的 V_2O_5 及 Na_2SO_4 粉末 10mg。

2. "+"表示氧化增重，"-"表示氧化减重。

表 8-75　碳钢在 H$_2$S 介质中的腐蚀对比

材料	试验条件	腐蚀速度/[mg/(m^2·h)]
20 钢	H$_2$S6%（体积分数），480℃×24h	0.043
20 钢渗铝	H$_2$S6%（体积分数），480℃×24h	0.0015
20 钢	H$_2$S10%（体积分数），650℃×24h	7.23
20 钢渗铝	H$_2$S10%（体积分数），650℃×24h	0.025

8.4.3　渗锌、渗铝件的质量检验及常见缺陷防止措施

1. 渗锌、渗铝件的质量检验

工件渗锌、渗铝后应检测外观是否为银白（灰）色，表面有无渗剂黏结、剥落等现象。必要时，应检查渗层组织、渗层深度及均匀性、耐蚀性等。

2. 渗锌、渗铝件的常见缺陷防止措施

渗锌、渗铝件的常见缺陷防止措施见表 8-76。

表 8-76　渗锌、渗铝的常见缺陷防止措施

缺陷类型	产生原因	防止措施
粘渗剂或表面粗糙	1）温度过高或渗剂中低熔点杂质较多 2）使用铝粉渗铝时易出现	1）选择合适渗锌（或渗铝）温度 2）用铝铁粉代替铝粉
漏渗	添加的新渗剂与旧渗剂未混合均匀	新渗剂与旧渗剂充分混合均匀
脆断	工件薄，渗铝层太深	控制渗铝层深度

8.5　应用实例

渗硼、渗金属工艺的应用面随着我国工业产品的水平提高而逐步增多，表 8-77～表 8-79 是一些工件渗硼、渗金属的应用效果。

表 8-77　工件渗硼的应用效果

工件名称	材料	淬火＋回火处理的寿命	渗硼处理的寿命	备注
油泵针阀偶件	GCr15	1200h	5000h 以上	固体渗硼，单相 Fe$_2$B，渗层深度为 65～70μm
喷砂喷嘴	45 钢	10h	35h	—
泥浆泵缸套	45 钢	渗碳淬火＋回火，60～120h	180～360h	—
轧管芯棒	Cr12MoV	200 根（镍铬合金管）	1000 根	Monel 合金管材成形
硫酸泵耐蚀叶轮	灰铸铁	铸态	提高寿命＞1 倍	—
输送液锌的铸管			提高寿命 4～6 倍	Q235 钢渗硼
热锻模	5CrNiMo	500 件	1300 件	渗硼层深度为 60～90μm，型腔不粘锻件，易脱模
连接环热锻模	5CrMnMo	400～1200 件	2500～4000 件	—

（续）

工件名称	材　料	淬火＋回火处理的寿命	渗硼处理的寿命	备　注
热锻冲头	55Ni2CrMnMo	100h	240h	—
连环热成形模	5CrMnMo	20000 件	60000 件	—
冲模	T8	3500 件	22500 件	—
热挤压模	30Cr3WSV	100h	261h	—
无缝钢管冷拔模外模	45 钢	1.6t/只	6.6t/只	—
无缝钢管冷拔模内模	45 钢	9t/只	33t/只	—
铝合金冷挤压模	Cr12		提高寿命 5～10 倍	—
落料拉深凹凸模	CrWMn		提高寿命 >10 倍	—
钛铜复合材料热挤压模	3Cr2W8V		提高寿命 6～10 倍	—
钢丝绳导向滑轮	50 钢		提高寿命 15 倍	—
挤压螺杆	42CrMo		提高寿命 25 倍以上	—
拉丝模	YG8		提高寿命 3～5 倍	940℃ × 4h 渗硼，硬度为 2700HV

表 8-78　工件渗硅的应用效果

工件名称	原用材料	处理工艺	应用情况	现用材料	处理工艺	应用情况
硫酸泵主轴	07Cr19Ni11Ti	固溶处理	可用 5 月	20 钢	渗硅	可用 1 年
阀　杆	07Cr19Ni11Ti	固溶处理	4～5 月	20 钢	渗硅	2 年以上
洗瓶机辊子	低碳钢	镀　铬	6～15 月	低碳钢	渗硅	2～4 年
洗碗机支架	12Cr13		3 年	低碳钢	渗硅	3 年以上

表 8-79　工件渗金属的应用效果

工件名称	材料	渗金属工艺	原工艺	寿命提高倍数
汽车钢板零件冲头	Cr12MoV	渗铌	淬火＋回火	10
冷挤压 201 轴承环凹模	GCr15	950℃ ×3h 渗钒＋常规淬火＋回火	常规淬火＋回火	8
冷锻 M18 螺母下冲模	Cr12	960℃ ×6h 渗钒油冷，低温回火	常规淬火＋回火	8
冷挤压 GHB2 不锈钢 M12 方螺母凹模	Cr12	960℃ ×6h 渗钒油冷，低温回火	常规淬火＋回火	20
精密锻造冲头	M2 硬质合金	渗钒	淬火＋回火	3.5
压铸模	D2 硬质合金	渗钒	淬火＋回火	1.3
M4 螺栓冷锻模	Cr12MoV	960℃ ×4h 渗钒后直接升温至 1020℃淬火，180～210℃回火	1000～1300℃淬火，低温回火	2

（续）

工件名称	材料	渗金属工艺	原工艺	寿命提高倍数
安全阀的提动阀	GCr15	渗钒	淬火 + 回火	3
薄片铣刀	T12	950℃ ×3h 渗钒，820℃ 淬火，180℃ 回火	煤气保护加热淬火 + 回火	2 ~ 3
无缝钢管冷拔模具	GCr15	950℃ 渗钒，180℃ 回火	840℃ 淬火，180℃ 回火	4
锥芯阀	GCr15	渗钒	常规淬火 + 回火	20 ~ 40
锁厂的执手球整形模	Cr12	渗钒	常规淬火 + 回火	4 ~ 6
拉深模	Cr12	渗钒	淬火 + 回火 + 镀硬铬处理	3
辐条冷锻模	T10A	950℃ ×5h 渗钒	常规淬火 + 回火	8
轴碗拉深模	GCr15	950℃ ×5h 渗钒	常规淬火 + 回火	23

第 9 章　离子化学热处理

工件置于低压容器内，在辉光电场的作用下带电离子轰击工作表面，使其温度升高，实现所需原子渗扩进入工件表层的化学热处理方法，称为离子化学热处理，又称等离子体化学热处理或离子轰击热处理技术。与常规化学热处理相比，离子化学热处理具有许多突出的特点：①渗层质量高，处理温度范围宽，工艺可控性强，工件变形小，易于实现局部防渗；②渗速快，生产周期短，可节约时间 15% ~ 50%；③热效率高，工作气体耗量少，一般可节能 30% 以上，节省工作气体 70% ~ 90%；④无烟雾、废气污染，处理后工件和夹具洁净，工作环境好；⑤柔性好，便于生产线组合。因此，自 20 世纪 60 年代离子化学热处理获得工业应用以来，该技术得到了飞速发展，已成为化学热处理中一个重要的分支。

9.1　离子化学热处理基础

9.1.1　等离子体基本概念

等离子体是由离子、电子和中性粒子组成的一种处于电离状态的电离气体，称为物质的第四态。

物质的原子、分子或分子团相互以不同的力或键力相结合，构成不同的聚集态，物质与外界进行能量交换可改变其聚集状态，使物质分别从固态变为液态、气态，直至等离子状态。图 9-1 所示为物质形态与温度（或能量）之间的关系。当温度达到 4000K 以上时，固态已不存在，温度达到 10000K，物质的存

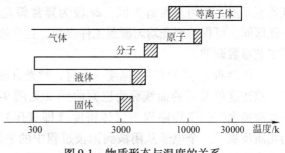

图 9-1　物质形态与温度的关系

在形态只能是等离子态，太阳和所有的恒星都是高温等离子体的巨大团块，地球上空的电离层也处于等离子体状态。

等离子体的获取方法很多，例如：利用粒子的热运动，由燃烧或冲击波使气体达到很高的温度，分子和原子剧烈的热运动发生碰撞，气体离解为离子和电子；在低压气体中施加高压电场，使气体中存在的自然电子获得足够的能量，加速后与中性粒子产生碰撞发生电离，电离所产生的电子又会进一步使其他中性粒子发生电离，造成连锁反应，形成等离子体。这些高压电场包括直流电场、交流电场、射频电场、微波电场等；利用光、X 射线、γ 射线等电磁波能量产生等离子体；利用核聚变等高能粒子的方法产生等离子体等。当等离子体中重粒子（离子和中型粒子）温度和电子温度相等时，这种等离子体称为热等离子体（又叫平衡等离子体）；当重粒子温度接近常温，而电子温度达 $10^3 \sim 10^4$K，即重粒子温度和电子温度不相等时，称为低温等离子体（又叫非平衡等离子体）。

离子化学热处理主要是利用直流电场（也有少数采用其他电场）产生的等离子体中进行的各种物理反应，提高被渗元素的活性，实现化学热处理的快速化。此时的等离子体为低温等离子体，气体处于部分电离状态。

9.1.2 辉光放电

1. 稀薄气体放电过程

离子化学热处理是利用辉光放电现象进行表面合金化的一项工艺技术。所谓辉光放电，是一种伴有柔和辉光的气体放电现象，它是在数百帕的低压气体中通过激发电场内气体的原子和分子而产生的持续放电。真空容器中的气体放电不符合欧姆定律，其电流与电压之间的关系，可用稀薄气体放电伏安特性曲线描述（见图9-2）。对含有稀薄气体的真空容器两极间施加电压，在施加电压的初期，电流并不明显，当电压达到 c 点时，阴阳极间电流突然增大，阴极部分表面开始产生辉光，电压下降；随后电源电压提高，阴极表面覆盖的辉光面积增大，电流增加，但两极间的电压不变，至图中 d 点，

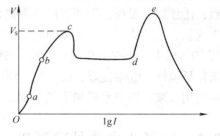

图9-2 稀薄气体放电伏安特性曲线

阴极表面完全被辉光覆盖；此后，电流增加，极间电压随之增加，超过 e 点，电流剧烈增大，极间电压陡降，辉光熄灭，阴极表面出现弧光放电。c 点对应的电压称为辉光点燃电压。在 Oc 段，气体放电靠外加电压维持，称为非自持放电；超过 c 点即不需要外加电离源，而是靠极间电压使得稀薄气体中的电子或离子碰撞电离而维持放电，称为自持放电。从辉光点燃至 d 点，称为正常辉光区，de 段为异常辉光区。离子化学热处理工作在异常辉光区，在此区间，可保持辉光均匀覆盖工件表面，且可通过改变极间电压及阴极表面电流密度，实现工艺参数调节。

气体性质、电极材料及温度一定时，辉光点燃电压与气体压强 p 和极间距离 d 的乘积有关，描述这种关系的曲线称为巴兴曲线（见图9-3）。电子在两次碰撞之间的平均路程与气体密度（即气压）成反比，pd 的实质反映了一个电子从阴极到阳极过程中的平均碰撞次数。碰撞次数过少，引起分子电离所产生的离子数少，辉光不易点燃；碰撞次数过多，则每次碰撞前电子加速的路程短，电子达不到使分子电离所需要的速度，产生的离子数同样很少。因此，气压过高或过低，辉光都不易点燃，而在某一最佳平均碰撞次数下，所需阴极与阳极间气体点燃电压最低。采用氨气进行离子渗氮，在室温下 $pd = 655 \text{Pa} \cdot \text{mm}$ 时，点燃电压有一最

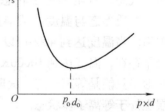

图9-3 辉光放电点燃电压与
气体压强及两极间距离
乘积的关系曲线

低值，约为 400V；当 $pd < 1.33 \times 10^2 \text{Pa} \cdot \text{mm}$ 或 $pd > 1.33 \times 10^4 \text{Pa} \cdot \text{mm}$ 时，点燃电压可达1000V以上。由此可知，实现辉光放电应有足够的电压，离子渗氮的点燃电压一般为 400 ~ 500V。

2. 辉光放电现象

辉光是原子由激发态回到基态，或由电离态变成复合态时释放的电磁波。气体放电进入自持放电阶段后，由于电离系数较大，产生较强的激发与电离，因此可以看到辉光，但阴极

与阳极间的辉光分布并不均匀,有发光部位和暗区,如图9-4所示。从阴极发射出的电子虽然被阴极位降加速,因刚离开阴极时速度很小,不能产生激发,形成无发光现象的阿斯顿暗区;在阴极层(阴极辉光区),电子达到相当于气体分子最大激发函数的能量,产生辉光;电子能量超过分子激发函数的最大值时,电离发生,激发减少,发光变弱,形成阴极暗区;在负辉区,电子密度增大,电场急剧减弱,电子能量减小而使分子有效地激发,此时辉光的强度最大;此后,电子能量大幅度下降,电子与离子复合而发光变弱,即为法拉第暗区;随后电场逐渐增强,形成正柱区,该区电子密度和离子密度相等,又称为等离子区,这一区间的电场强度极小,各种粒子在等离子区主要做无序运动,产生大量非弹性碰撞;在阳极附近,电子被阳极吸引、离子被排斥而形成暗区,而阳极前的气体被加速了的电子激发,形成阳极辉光且覆盖整个阳极。

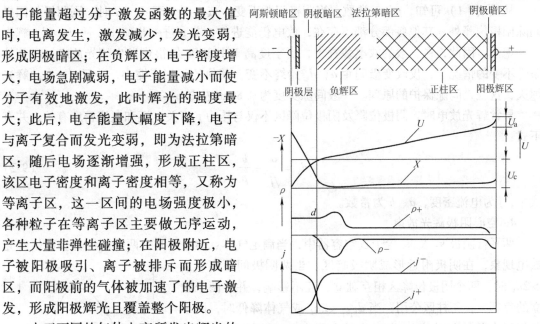

图9-4　直流辉光放电中的电位 U、电场 X、空间电荷密度 ρ 及电流密度 j

由于不同的气体电离所发出辉光的波长不同,辉光的颜色也有较大差异。表9-1列出了几种气体辉光在不同区域所呈现的颜色。辉光放电时,气体压强一般为 $400 \sim 13330 \mathrm{Pa}$,辉光电流密度可达 $10^{-2} \sim 10^{-1} \mathrm{mA/cm^2}$,电压为几百伏,放电过程主要靠阴极上发射二次电子来维持。

表 9-1　几种气体辉光在不同区域所呈现的颜色

气体	阴极层	负辉区	正柱区	气体	阴极层	负辉区	正柱区
He	红色	桃红色	红色—紫色	H_2	红茶色	淡蓝色	桃红色
Ne	黄色	橙色	红茶色	N_2	桃红色	蓝色	红色
Ar	桃红色	暗蓝色	暗红色	O_2	红色	黄白色	红黄色
Kr	—	绿色	蓝紫色	空气	桃红色	蓝色	红色
Xe	—	橙绿色	白绿色				

3. 阴极位降区

阿斯顿暗区、阴极层及阴极暗区有很大的电位降,总称为阴极位降,三区的宽度之和即为阴极位降区 d_k。阴极位降区是维持辉光放电不可或缺的区域。

正常辉光放电时的阴极位降取决于阴极材料和工作气体种类,而与电流、电压无关,其值为一常数,等于最低点燃电压。当气体种类和阴极材料一定时,阴极位降区宽度 d_k 与气体压力 p 有下列关系:

$$d_k = 0.82 \frac{\ln(1 + 1/\gamma)}{Ap} \qquad (9\text{-}1)$$

式中，A 为常数，γ 为二次电子发射系数。

从式（9-1）可知，$pd_k =$ 常数。当阴极间距不变，减小压力至 $d_k = d$ 时，则阴极与阳极间除阳极位降外，其他各部分都不存在，放电仍能进行，若 p 进一步减小，使 $d_k > d$，辉光立即熄灭，因此，在一般的放电装置中，真空度高于 1.33Pa 便很难发生辉光放电；在其他条件不变的情况下，仅改变极间距 d，d_k 始终不变，其他各区相应缩小，一旦 $d < d_k$，辉光熄灭，这就是间隙保护的原理。一般间隙宽度为 0.8mm 左右。

异常辉光放电时，阴极位降及阴极位降区不仅与压力 p 有关，还和电流密度有关，并有下式：

$$d_k = \frac{a}{\sqrt{j}} + \frac{b}{p} \qquad (9\text{-}2)$$

式中，j 为电流密度，a、b 为常数。

4. 空心阴极辉光放电

两平行阴极 k_1 及 k_2 置于真空容器中，当满足气体点燃电压时，两个阴极都会产生辉光放电现象，在阴极附近形成阴极暗区。当两阴极间距离 $d_{k_1 k_2}$ >$2d_k$ 时，两个阴极位降区相互独立，互不影响，并有两个独立的负辉区，正柱区公用；当 $d_{k_1 k_2} < 2d_k$ 或气体降低时，两个负辉区合并，此时从 k_1 发射出的电子在 k_1 的阴极位降区加速，而它进入 k_2 的阴极位降区时又被减速，因此，如果这些电子没有产生电离和激发，则电子在 k_1 和 k_2 之间来回振荡，增加了电子与气体分子的碰撞概率，可以引起更多的激发和电离过程。随着电离密度增大，负辉光强度增加，这种现象称为空心阴极效应。

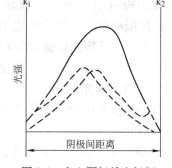

图 9-5　空心阴极放电极间光强分布

如果阴极为空心管，空心阴极效应更为明显，其光强度分布如图 9-5 所示。空心阴极效应的出现，会在局部区域形成高温，且温度越高，电离密度越大，在实际生产中应特别注意。

9.1.3　离子化学热处理原理

离子化学热处理是在低温等离子体中进行的一种元素渗扩过程，涉及许多高能离子、高能电子以及高能中性粒子，因而决定了离子化学热处理反应的复杂性。关于离子化学热处理的机理，国内外学者提出了不少模型，目前公认的观点有以下几种：

（1）溅射与沉积理论　这是 1965 年 J. Kölbel 在研究和完善 B. Berghous 的离子轰击模型的基础上提出来的。他认为，离子渗氮时，渗氮层是通过阴极溅射反应而形成的。

（2）分子离子理论　1973 年，M. Hudis 根据 4340 钢（美国牌号，相当于我国 40CrNiMo）在溅射很弱的情况下，仍然可以得到显著的硬化效果这一事实得出，在离子渗氮时，虽然溅射很明显，但这不是主要的控制因素，对渗氮起决定作用的是氮氢分子离子化的结果，并认为氮离子也能渗氮。

（3）中性氮原子模型　1974 年，G. Tibbetts 在用 N_2 与 H_2 混合气进行离子渗氮时，于试样外加一网状栅极，以滤掉轰向试样的正离子，只让不带电荷的中性粒子到达试样。试验表明，在有、无栅极的状况下，渗氮效果相同。因此，他认为，对离子渗氮起作用的实质上是中性氮原子，NH_j^+ 离子的作用是次要的。

（4）活性氮原子碰撞离析理论　这是我国学者在 20 世纪 80 年代提出的，他们认为，活性氮原子在离子渗氮过程中起决定作用。

事实上，上述几种理论都是在相对独立的条件下得到的，过于强调某一种粒子的作用，弱化了其他粒子的贡献。等离子场组成复杂，各种粒子交互作用，共同完成了离子渗氮过程。因此，在一般状况下（而不是某种特定的试验条件），哪种粒子的贡献更大，仍然是值得深入研究的。为了方便起见，我们借用离子渗氮的溅射与沉积理论对离子化学热处理过程进行简单介绍。

在离子轰击过程中，氮离子在阴极位降区被强烈地加速并轰击工件表面，产生一系列重要现象（见图 9-6）。

（1）阴极溅射　阴极溅射是指高能离子轰击阴极表面时，阴极表面的中性原子或分子被分离出来的过程。

一般对溅射机理有两种解释：一是认为高热量的离子碰到阴极表面时，该表面极小的局部区域被加热至高温，并使原子蒸发，这些区域的温度可达数千摄氏度，只是由于它的面积极小，对宏观表面不造成损伤，其平均温度就是渗氮处理时所需控制的温度；另一种理论认为，溅射现象是轰击离子与阴极原子动能传递的过程，即在溅射过程中，离子能量转变为使原子及电子逸出金属表面所需的逸出功、逸出粒子的动能和加热阴极的热能。

采用阴极溅射的方法让碳、氧、氮以及污染层从试样表面解吸，使碳化物和氧化物分离出来，通过这些元素向表面的二次扩散（通常沿晶界进行），溅射过程还会对试样内部的浓度分布产生显著影响。当氧被溅射时，试样表面被均匀活化，这样可以清除牢固吸附在高铬合金和不锈钢表面的氧化膜。

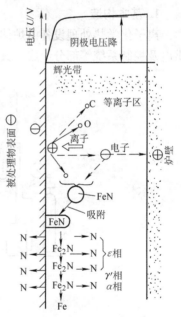

图 9-6　离子渗氮过程中
工作表面的反应模型

（2）凝附　从阴极表面溅射出来的铁原子与靠近该表面的等离子体中活性很强的氮原子结合，生成氮化铁（FeN），氮化铁又吸附在阴极（工件）表面上，因此，凝附过程是由溅射效应而产生的。从理论上讲，在等离子体中形成的 FeN 的氮含量 $w(N)$ 为 20.05%，它凝附在连续冷却的表面上，并通过适当的冷却，大部分被保留在原有位置。事实上，通过对凝附物的化学分析发现，离子渗氮过程中形成的 FeN 的实际氮含量 $w(N)$ 在 19.7% 以上，这种凝附物在高温下不稳定，由于温度和离子冲击的作用，将会分解为 Fe_2N、Fe_3N、Fe_4N 等低浓度的氮化物，我们可以假设这一过程为 $FeN \rightarrow Fe_2N \rightarrow Fe_3N \rightarrow Fe_4N$（见图 9-6），并析出活性 [N] 原子，这些氮原子一部分向试样内部扩散，另一部分则返回等离子体中。

溅射和凝附这两个过程很大程度上取决于工作气体种类、气体总压力、电场电压、温度等，改变这些参数，可以调节这两个过程的相互关系。例如，在渗氮初期，为了清洁工件表面，可采用较低的气体压力，使粒子密度下降，碰撞概率减小，平均自由程长度增大，被溅射出的原子可以较远地飞离试样表面，逆向扩散的可能性减小；在渗氮的保温阶段，则采用较高的炉压，以保证工件表面有足够的活性原子浓度，逆向扩散的可能性提高，实现材料的渗氮处理。

（3）加热　离子轰击阴极时，绝大部分能量（约75%）转化为热能，使工件被加热升温，在离子渗氮、离子渗金属等处理过程中，可以不另外增加热源而仅靠离子轰击加热，就可达到所需的处理温度。温度升高，为活性原子向基体扩散提供了足够的能量。

9.2 离子化学热处理设备

9.2.1 离子化学热处理设备简介

1. 基本构造

离子化学热处理设备由炉体（工作室）、真空系统、介质供给系统、测温及控制系统和供电及控制系统等部分组成，其基本构造如图9-7所示。

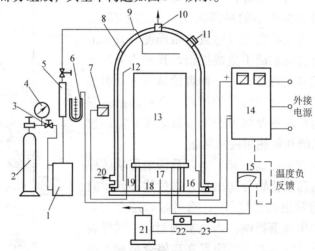

图9-7　离子化学热处理设备的基本构造

1—干燥箱　2—气瓶　3、22、23—阀　4—压力表　5—流量计　6—U形真空计
7—真空计　8—钟罩　9—进气管　10—出水管　11—观察孔　12—阳极
13、16—阴极　14—离子电源　15—温度表　17—热电偶　18—抽气管
19—真空规管　20—进水管　21—真空泵

2. 技术参数和技术条件

（1）技术参数　离子化学热处理设备包括下列主要技术参数：

1）电源电压（V）。

2）电源频率（Hz）。

3）整流输出额定功率（kW）。

4）整流输出电压调节范围（V）。

5）整流输出额定电流（A）。

6）最大处理表面积（cm^2）。

7）最大装炉量（kg）。

8）最高使用温度（℃）。

9）有效加热区尺寸（mm）。

10）工作气体流量范围（在标准条件下，L/min）。

11）极限真空度（Pa）。

12）工作真空度（Pa）。

13）压升率（Pa/min）。

14）外形尺寸（mm）。

15）设备重量（kg）。

（2）技术条件　按照有关标准规定，离子化学热处理设备应满足下列技术条件：

1）设备应配备完整的电气、温度、真空度和气体压力及流量的测量指示仪表。

2）在非真空状态下，阴阳极之间的绝缘电阻用 1000V 兆欧表测量应不低于 $4M\Omega$。

3）在非真空状态下，阴阳极之间应能承受工频电压 $2U_0 + 1000V$ 的耐压试验，1min 无闪烁或击穿现象（U_0 为整流输出最高电压）。

4）极限真空度应不低于 6.7Pa。

5）在空炉状态下，由大气抽到极限真空度的时间不大于 30min。

6）压升率不大于 0.13Pa/min。

7）在工作气体最大流量情况下，真空泵应能保证工作范围（66.7～1066Pa）真空度的动态平衡。

8）设备应有可靠的灭弧装置。

对离子渗碳炉，由于工件淬火的需要，极限真空度应达到 $6.7 \times 10^{-3}Pa$，压升率不大于 0.67Pa/h。

3. 离子化学热处理设备的分类

离子化学热处理设备的分类方法较多，主要分类方式有以下几种：

（1）按炉体结构分类　按炉体结构可分为工件吊挂的深井式炉、工件堆放的钟罩式炉、工件既可吊挂又可堆放的综合式炉和侧面进出料的卧式炉。

（2）按控制方式分类　按控制方式可分为采用手动控制工作气体流量、抽气速率、炉压、工作过程（保温阶段的温度可用 PID 方式调节）等参数和流程的普通型炉，采用 PLC 控制器和触摸屏人机操作界面（HMI）控制工艺流程和参数的自动型炉，采用厂级管理远程遥控的以太网型炉。

（3）按加热方式分类　按加热方式可分为单一辉光离子轰击加热和增加辅助热源加热两种炉型。

（4）按辉光放电电源种类分类　按辉光放电电源种类分为直流调压电源和直流脉冲电源两种炉型。

9.2.2　离子化学热处理设备的电气控制系统

1. 电气控制系统组组成

离子化学热处理设备电气控制系统主要由抽排气、炉内气压、温度检测、辉光电源供电系统等组成。图 9-8 所示为 LD 系列离子渗氮炉电器操作控制原理图,其中 M1 为真空泵,M2 为机柜冷却风机,M3 为可控元件冷却风机,ZKJ 为真空仪表,XMT 为温控仪表,SA1 为总电源开关,SA2 为报警器开关,SW 为控制电源开关,KM1 为主电路接触器,KM2 为限流电阻接触器,KM3 为真空泵接触器,FR1 为热过载继电器,FA 为过流继电器,YV1 为电磁阀等。

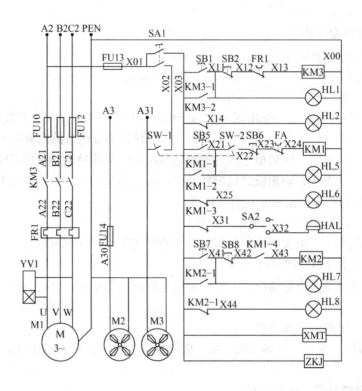

图 9-8　LD 系列离子渗氮炉电器操作控制原理图

2. 离子化学热处理电源分类

根据离子化学热处理原理、辉光放电特点及加工工件种类,可采用不同类型的离子化学热处理电源。

从电源的控制类型看,离子化学热处理电源可分为直流电源和直流脉冲电源,进一步划分,前者分为调电压控制型和调电流控制型,后者又分为斩波控制型和逆变控制型。

各种离子化学热处理电源有其不同的特点,其中调电压控制型直流电源是其早期产品,工作稳定性较差,维护复杂,而调电流控制型电源工作比较稳定,减少了限流电阻,降低了能耗。由于离子化学热处理是通过带电离子不断轰击工件表面实现的,炉内温度、气压的变化将影响轰击离子的溅射效率和工件表面的电流密度,因此,控制电流更接近于实际工况。辉光放电时存在空心阴极效应,给带有小孔、窄槽、深沟的工件处理造成许多困难,直流脉冲电源可较好地解决了空心阴极效应,其灭弧时间进一步减少,能耗进一步降低,由于脉冲电源不是连续供电,工作效率有所下降。离子化学热处理设备针对不同的处理工件,可增加辅助电阻加热单元,提高加热效率,同时还可减少弧光放电的概率。图 9-9 ~ 图 9-11 所示分别为直流调电压/调电流电源、斩波型直流脉冲电源和逆变型直流脉冲电源的电气系统原理图。

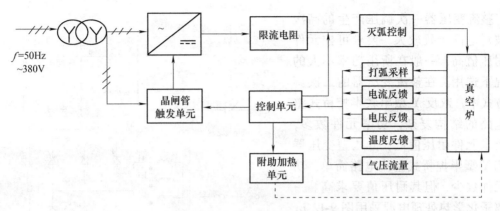

图 9-9　直流调电压/调电流电源电气系统原理图

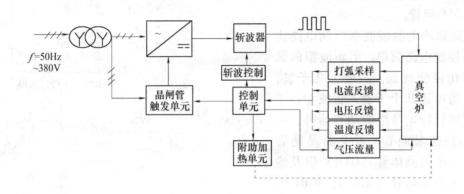

图 9-10　斩波型直流脉冲电源电气系统原理图

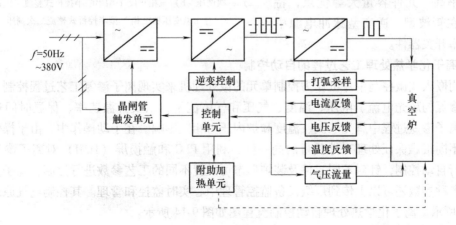

图 9-11　逆变型直流脉冲电源电气系统原理图

整流变压器有一次调压控制（图 9-12a）和二次调压控制两种方式，而二次调压控制又分为三相双反 Y 型串联半控桥式整流（图 9-12b）和升压型变压器三相 Y 型半控桥式整流（图 9-12c）。

　　整流变压器一次调压产生的高次谐波对电网干扰较大，要求可控元件的耐压值高，一般在所用功率不大的情况下选用。在整流变压器的二次调压方式中，双反 Y 型串联半控桥式整流电路的结构复杂，功率元件数多，但要求元件耐压值低；升压型变压器三相 Y 型半控桥式整流电路简单，功率元件数少，但其耐压值要求高。一般离子化学热处理电源采用图 9-12 b、c 所示的两种整流电路形式，可控功率器件选用晶闸管。

　　直流脉冲电源斩波型控制电路比逆变型控制电路简单，但斩波型的脉冲频率比逆变型低，一般为几千赫，而逆变型可达几十千赫。斩波型、逆变型直流脉冲电源中的功率器件，一般选用快速晶闸管、可关断晶闸管（GTO）、电力晶体管（GTR）以及绝缘栅双极型晶体管（IGBT）。IGBT 为复合功率器件，它是电压控制型，具有驱动功率小、输入阻抗大、控制电路简单、开关损耗小、通断速度快、工作频率高、元件容量大等优点，特别适合在斩波型、逆变型脉冲电源中作为功率开关器件。

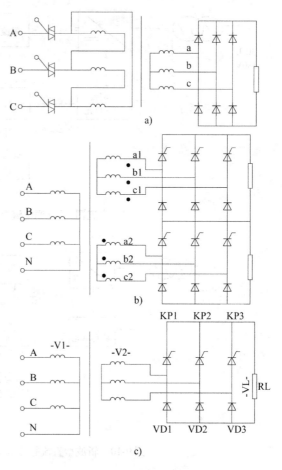

图 9-12　整流变压器的不同调压形式
a) 一次调压　b) 三相双反 Y 型串联半控桥式整流二次调压
c) 升压型变压器三相 Y 型半控桥式整流二次调压

3. 离子化学热处理工艺过程的自动控制

　　采用嵌入式微控制单片机作为控制单元的微处理机来实现离子渗氮工艺过程控制，主要对离子渗氮的辉光电流、电压、温度、气压和气体流量，以及升温速率、保温时间进行控制。在离子渗氮过程中辉光电流、温度和炉内压力相互影响。在手动操作中，由于操作工人的经验不同很难保证处理工件质量的同一性，利用 PLC 和触摸屏（HMI）对离子渗氮工艺过程进行自动控制，针对不同工件及装炉形态可设置不同的工艺参数进行控制，离子氮化炉工作的各种参数还可以上传到厂级设备监控管理中心实时监控和管理。其控制电气原理图如图 9-13 所示。离子化学热处理自动控制流程图如图 9-14 所示。

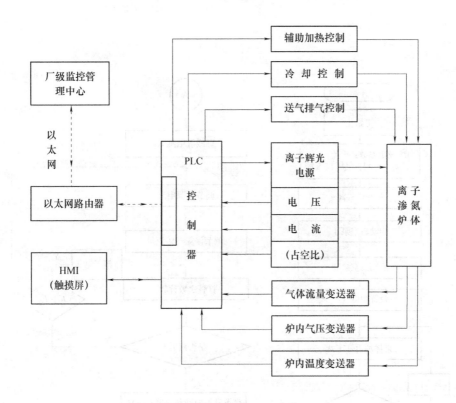

图 9-13　以太网自动控制电气原理图

9.2.3　离子化学热处理炉炉体及配套系统

1. 炉体

离子化学热处理炉的炉体有冷壁炉和热壁炉两种类型。

冷壁炉的炉壁采用夹层通冷却水的结构，内置 1 层或 2 层隔热屏，以不锈钢板与铝合金板组合的双层隔热屏隔热效果最佳，可使加热功率节约 55% 左右，而且有利于提高炉内工件温度的均匀性。冷壁炉的最高工作温度可达 650℃。

所谓热壁炉，是指除离子轰击加热外，在炉内另外配置电阻加热器件，二者同时加热工件，实现离子化学热处理。由于配置了加热元件，炉壁内必须加装石墨毡、硅酸铝纤维一类的保温层。增加低电压电阻加热装置后，可提高炉腔的温度均匀性，减少处理开始阶段对工件的溅射清理时间。而且，在保温阶段，可采用较小的辉光放电功率，减小弧光放电的可能性。由于热壁炉配有保温层，所以降低了工件的冷却速度，延长了生产周期，此外，工件处理完后冷却较慢，易造成 Fe_4N 相从固溶体中析出，降低渗氮层的耐蚀性。因此，热壁炉一般需配置冷却风扇。

2. 阴极输电装置及阴极料盘支承柱

阴极输电装置是将高压电流穿过阳极炉壁输送到阴极的一套系统，是离子化学热处理设备的关键部件之一。它除应具备输电、绝缘、密封、防止弧光放电等特性外，还应具备高温下较长时间承载重量和承受一定冲击的能力。

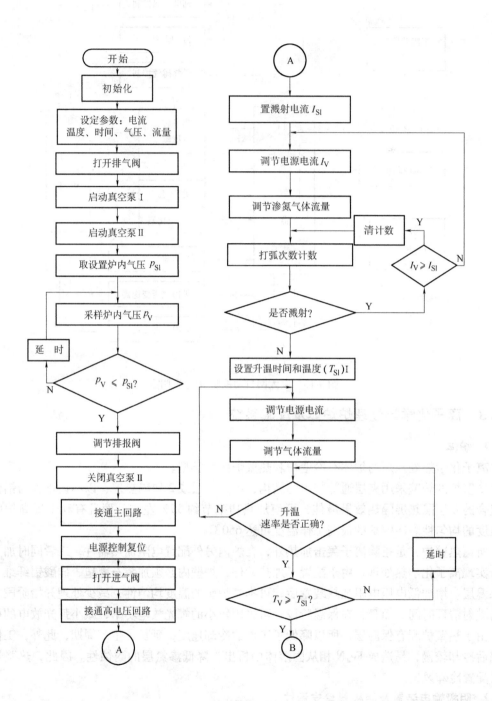

图 9-14　离子化学热处理自动控制流程图

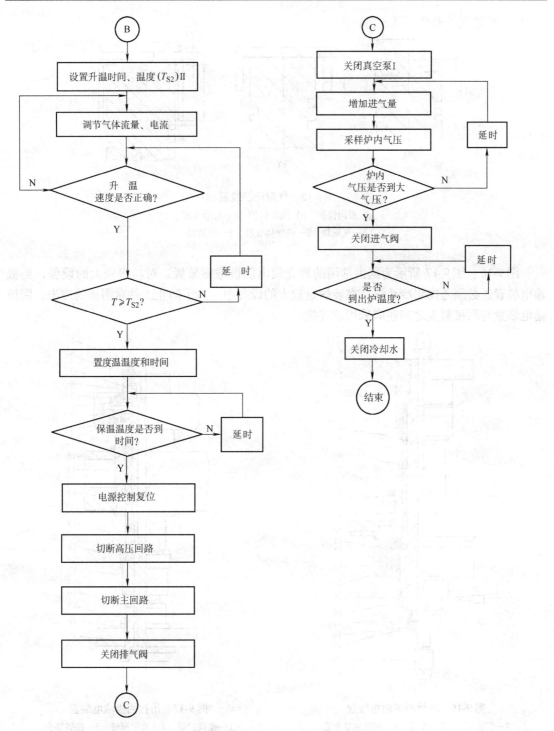

图 9-14　离子化学热处理自动控制流程图（续）

　　阴极输电装置和支承柱必须设置气隙保护以防止弧光放电。图 9-15 所示为气隙保护装置。其基本原理是在辉光放电时，阴极位降区宽度 d_k 小于一个额定距离，辉光将自行熄灭。一般缝隙 $a:b=10:1$，b 的宽度约 1mm，当辉光蔓延到此缝隙时，辉光会在缝隙处或缝隙内

1～2mm 处熄灭，避免了弧光的产生。

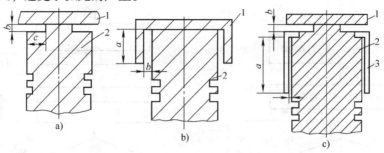

图 9-15 气隙保护装置
a）横向保护 b）纵向保护 c）综合保护
1—气隙块 2—绝缘体支柱 3—气隙套

图 9-16、图 9-17 所示为国内常用的辉光放电阴极输电装置。对功率较大的设备，阴极输电装置还必须考虑水冷系统。在装炉量较大的设备中，为了防止工件对阴极的撞击，阴极输电装置与阴极料盘之间还应采用软连接。

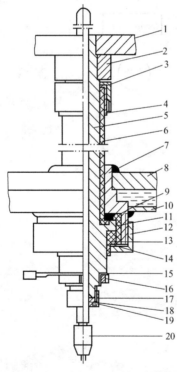

图 9-16 堆放阴极输电装置
1—阴极料盘 2—支柱 3—间隙调整外套
4—护隙调整内套 5—阴极柱 6—瓷管
7—托座 8—炉底板 9—密封圈 10—炉底外板
11—绝缘垫套 12—压紧螺母 13—绝缘筒套
14—滑环 15—输电极 16—固定螺母 17—O 形
密封圈 18—压环 19—压热偶螺母 20—热电偶

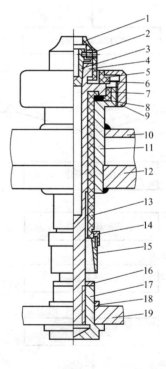

图 9-17 吊挂阴极输电装置
1—接线护罩 2—紧定螺母 3—接线锥头
4—阴极 5—滑环 6—压紧套 7—绝缘
卸荷垫 8—密封圈 9—压紧螺母 10—护
盖外板 11—托座 12—护盖板 13—瓷管
14—间隙螺母 15—间隙套 16—小护环
17—承重螺母 18—大护环 19—阴极吊板

对较大的阴极料盘，需采用三点以上的支承，如图 9-18 所示。这些支承没有输电功能，仅作为支承面，但因辉光存在，也应具有气隙保护装置。

3. 测温装置

离子化学热处理过程中，工件带有高电压，这给工件温度的测量带来许多困难。常用的测温方法有热电偶测温和红外光电温度计测温等。

（1）热电偶测温　采用热电偶测温的关键之处在于防止热电偶导电和弧光放电。目前，在离子化学热处理炉内，较准确的测温方法是将热电偶埋入带有护隙管套试样的封闭内孔中进行测温，如图 9-19 所示。图中 $d < 2mm$，护隙的间隙 $\leqslant 1mm$，热电偶插入的深度 $> 30mm$。由于实际生产时热电偶不可能插在工件中，须设计一种专用测温头，与工件或模拟件接触进行测温，此时，测温头的前帽将产生辉光。

事实上，在大规模的工业生产时，常常采用图 9-16 那样的模拟管测温装置。即将一个内置热电偶的不锈钢管（见图 9-20）插入阴极，使两者带有同样的阴极电位，管壁外表面起辉加热，以测得近似的工作温度。

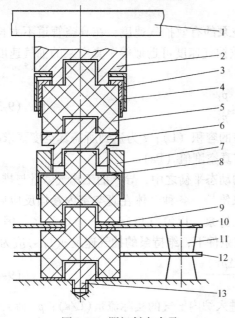

图 9-18　阴极料盘支承

1—阴极料盘　2—支铁　3—屏蔽帽　4—屏蔽螺栓
5—瓷件　6—调整螺栓　7—调整螺母　8—纯铜薄
垫圈　9—纯铜厚垫圈　10—内层隔热屏　11—隔
热屏支撑　12—外层隔热屏　13—定位柱

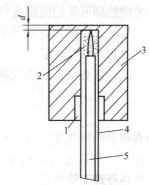

图 9-19　埋偶试样

1—护隙　2—耐热填充剂　3—试样
4—石英管　5—铠装热电偶

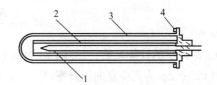

图 9-20　模拟管测温装置

1—热电偶　2—石英管
3—起辉外套管　4—密封圈

由于离子化学热处理炉测温的热电偶可能出现带电的风险，故二次仪表应与地隔离或采用隔离变压器，还应注意不得与人接触，以保证设备及人身安全。

（2）红外光电温度计测温　红外光电温度计是一种非接触式测温仪表。它是采用反射原理测量物体表面辐射能量来确定温度的，配套的仪表带有定值电接点装置，可进行温度的自动控制。但红外光电温度计的测量值受观察窗的清洁程度、空间介质、工件的表面状态等多种因数的影响，应经常进行调整补偿。为消除工件表面状态和空间介质对测量值的影响，可采用双波段比色温度计，以提高测量精度。

4. 炉压测量

目前，离子化学热处理设备中使用较多的炉压测量仪表是热偶真空计和电阻真空计。由于这两种真空计均属于热传导型，测量值受气体种类影响较大，很难准确测定离子化学热处理工作阶段的真空度，因此，它们主要用来测量极限真空度。U形管水银压力计是一种绝对真空计，测量值不受气体种类的影响，可用来测量工作时的炉压。近年来，膜片式真空计得到广泛应用，特别是在自动控制型设备中较好地解决了炉压测量不准的问题。

由于阴极位降区的宽度 d_k 与气体的压力有关，且便于观测，所以在实际操作中，常用目测 d_k 值的方法推算炉压。例如：氮气在辉光放电时，当 $P = 1333Pa$ 时，$d_k = 0.5mm$；当 $P = 133Pa$ 时，$d_k = 5mm$；当 $P = 13.3Pa$ 时，$d_k = 50mm$。

5. 真空获得系统

离子化学热处理所需的低压环境靠真空泵来实现。离子渗氮炉工作在低真空范围，采用机械真空泵即可达到6.7Pa的极限真空度，而对具有真空淬火功能的离子渗碳炉，则须配置罗茨真空泵才能达到所需的极限真空度。

真空室的容积、极限真空度等决定了所需真空泵的有效抽气速度，在真空管道不太长、管道弯头较大（即不会产生较大的气阻）时，有效抽气速度可近似等于真空泵的抽气速度。因此，可用下式计算真空泵的抽气速度：

$$v_n = 2.3 \frac{V}{t} \lg \frac{p_1}{p_2} \tag{9-3}$$

式中，v_n 为真空泵的抽气速度（L/s）；V 为工作室的容积（L）；t 为达到所需真空度要求的时间（s）；p_1 为大气压力（Pa）；p_2 为抽到的所需真空度值（Pa）。

离子化学热处理工作过程处在一个真空系统的动态平衡之中，导入的工作气体量与排出的气体量相等，这就需要一定抽气速度的真空泵来维持。各种气体在真空室内参加反应后，体积会发生变化，不能简单地以进气量来选择维持泵。以氨气进行离子渗氮为例，因有 $2NH_3 \rightarrow N_2 + 3H_2$，反应后体积增加一倍。在此特定条件下，维持泵的抽气速度 $v(L/s)$ 应为

$$v = \frac{K(2Qp_1 + \Delta pV)}{p} \tag{9-4}$$

式中，K 为泵的性能系数，133Pa时为1.15；Q 为进入炉内氨气的实际流量(L/s)；p_1 为大气压力(Pa)；Δp 为真空室的压升率(Pa/s)；V 为真空室的容积(L)；p 为渗氮工作时的压力(Pa)。

在实际使用中，维持泵的选择取一大概值即可。一般离子化学热处理炉配置1或2台真空泵，可将（较小的）一台作为维持泵用，通过调节蝶阀的开启程度来调整实际抽气速度。

此外，真空获得系统中还须配置电磁真空带充气阀、高真空蝶阀、电磁真空阀、真空挡板阀、真空三通阀等真空元器件。

6. 供气系统

离子化学热处理设备的供气系统由气源（气瓶）、减压阀、氨分解炉、稳压干燥罐、流量计和调节阀组成。

无论是采用氮、氢气，或是氨气、丙烷气，都须减压后使用。由于氨气会腐蚀铜件，应注意选用专用的氨气减压阀。氮气、氢气的纯度应大于99.9%；氨气的纯度要高，含水量及成分变化要小，且须干燥后使用，可用分子筛、粉笔、红砖头等作为氨气的干燥介质。

气体的流量用流量计测定。目前使用较多的是玻璃转子流量计。这种流量计的规格较多，使用方便，价格便宜，但误差大，气密性差，测量值受气体种类、进出口压差影响大，为了提高调节精度和稳定性，可在管路中配装微调真空阀，以提高使用效果。

质量流量计测量精度高，测量值不受气体种类及进出口压差的影响，易于实现自动控制，是一种先进的气体流量测控仪器，现已在部分离子化学热处理设备上使用。其缺点是价格较高。

9.2.4 离子渗氮炉及其基本操作

1. 离子渗氮炉基本结构

图 9-21 所示为深井式离子渗氮炉的结构图，图 9-22 所示为钟罩式离子渗氮炉的结构图。

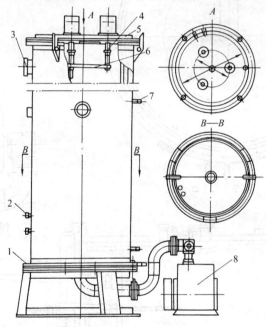

图 9-21 深井式离子渗氮炉的结构
1—炉底座 2—进气嘴 3—观察孔 4—吊挂阴极 5—炉盖 6—阴极吊盘 7—冷却水嘴 8—真空泵

2. 离子渗氮炉基本操作过程

对待渗工件，应按用途、材质、形状及比表面积分类进行处理。首先应剔除工件表面的毛刺、氧化皮、铁屑等杂物，然后用汽油、工业清洗剂洗去表面的油污并烘干水分。对非渗部位及不通孔、沟槽等处，应采用屏蔽措施；对需渗的长管件内壁以及处理温度偏低的部位，还应考虑增加辅助阳极或辅助阴极。工件一般不要混装，当不得不采用混装方式时，比表面积较小的工件应放在内层，而将比表面积较大的工件放外层，使炉温尽可能均匀。工件装炉完毕，首先抽真空至 10Pa 以下，然后接通直流电源，通入少量气体起辉溅射，用轻微打弧的方法除去工件表面的脏物。待辉光稳定后逐步增加气体流量，以提高炉压，增大电压和电流，使工件温度稳步升高。工件到温后，再调节电压，维持适当的电流密度。工件在保温阶段，炉压一般控制在 130～1060Pa。保温结束后关闭阀门，停止供气和排气，切断加热电源，工件在处理气氛中炉冷至 200℃ 以下，即可出炉。

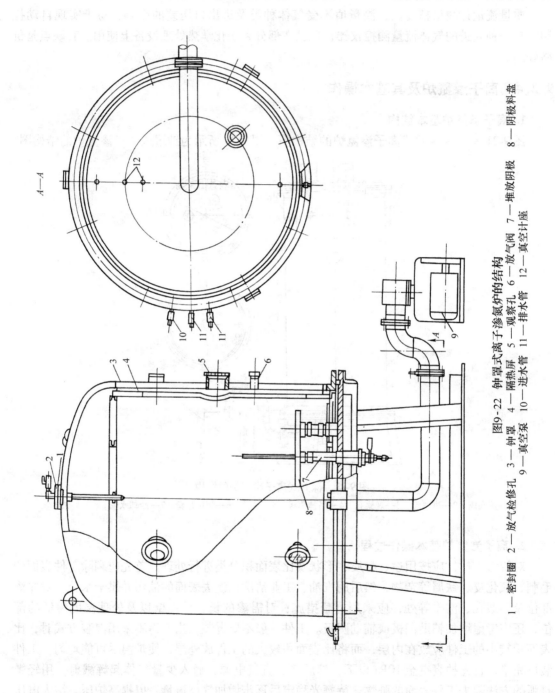

图9-22 钟罩式离子渗氮炉的结构

1—密封圈 2—放气检修孔 3—钟罩 4—隔热屏 5—观察孔 6—放气阀 7—堆放阴极 8—阴极料盘
9—真空泵 10—进水管 11—排水管 12—真空计座

对脉冲电源,溅射阶段可采用较高的频率清洁工件表面,以避免损伤工件,提高打弧速度,缩短溅射时间。对配有电阻加热的热壁型炉,可先用电阻加热将工件温度升至 300 ~ 400℃,烧掉工件表面残存的污物,然后再接通离子电源,可大大提高生产率。

由于离子化学热处理应用的是稀薄气体放电现象中的异常辉光放电过程,这一状态很容易转变为弧光放电,使阴极位降降低,电流剧增,以至烧坏工件,损坏电气系统,故应尽量避免弧光放电出现。一旦出现弧光放电,要尽快灭弧,操作时应特别注意。同时,离子化学热处理设备也必须具有可靠的灭弧系统。

9.2.5　离子渗碳炉及其基本操作

图 9-23 所示为 ZLSC 系列型离子渗碳炉的结构。

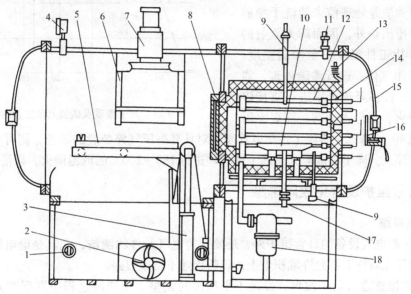

图 9-23　ZLSC 系列离子渗碳炉的结构

1—油加热器　2—油搅拌器　3—升降液压缸　4—压力计　5—送料小车　6—导流板
7—气冷风扇　8—中间密封门　9—热电偶　10—工件料架　11—真空规管　12—加热体
13—进气管　14—保温层　15—水冷炉壁　16—观察窗挡板　17—阴极　18—废气过滤器

离子渗碳处理温度较高,单纯采用辉光放电加热工件所需电流很大,处理过程中极易转变为弧光放电而无法正常工作,因而一般离子渗碳炉都具有辉光放电和电阻加热两套电源。两套电源各自独立,可在很大范围内调整工艺参数。工件升温和保温的热量主要由电阻加热提供,而辉光电源提供离子渗碳过程中形成等离子体的能量。该设备前部为淬火室,后部为渗碳室(也有上下结构的炉型),工件渗碳完成后可直接在真空条件下进行淬火,保证了工件的表面质量。

ZLSC 系列离子渗碳炉的最高温度为 1320℃,最大功率达 125kW(其中辉光放电功率为 25kW),极限真空度为 0.13Pa,压升率为 0.67Pa/h。近年来,离子渗碳设备的制造技术得到了较大发展,真空淬火中的许多新技术被移植过来,特别是高压气淬技术,为保证离子渗碳质量和降低工件表面粗糙度值创造了条件。目前,已有高压气淬离子渗碳炉问世,气冷压

强超过 6×10^5Pa。

离子渗碳原理、基本工艺和设备操作过程与离子渗氮相似，包括工件清洗、狭缝及非渗碳部位的屏蔽保护等，其基本的操作程序可由图9-24表示。除了设备检修之外，渗碳室一

般都处于真空状态，因此，经表面清洗并干燥后的工件放上淬火室的送料小车，淬火室应先抽真空至1000Pa以下，才能开启中间密封门，将工件送入渗碳室。工件在真空状态下通过电阻加热至400℃之上，便可通入少量气体、打开辉光电源进行溅射。由于前期通过电阻加热，已将油渍等处理前未清洗干净的污物蒸发并排出炉外，因而辉光溅射的过程很快。待工件温度升至渗碳温度，即可送入工作气体，进行渗碳处理。渗碳完成后，工件移至淬火室进行直接淬火或降温淬火，工件入油前，淬火室需

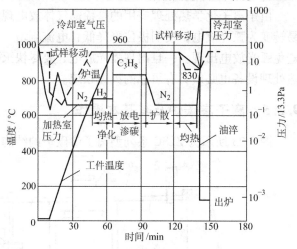

图9-24　离子渗碳及碳氮共渗工艺曲线

填充纯氮至 40~73kPa，否则工件难以淬硬。对具有高压气淬装置的设备，则可直接启动气淬系统进行淬火。离子渗碳淬火后的工件，须进行 180~200℃ 的低温回火，以消除应力。

9.2.6　日常维护及常见故障排除

1. 电气系统

1）除一般电气设备的日常维护外，还要保持电气元件的清洁，尤其是继电器触点、插件和晶闸管等元器件上不允许堆积尘土，以防接触不良或短路。

2）定期检查输出电压波形，发现不平衡及时调整。在使用过程中发现辉光严重闪动时，也应检查波形，及时调整三相平衡。

离子渗氮电气系统常见的故障及维修见表9-2。

表9-2　离子渗氮电气系统常见的故障及维修

故障现象	故障原因	采取措施
整流电路没有输出电压	没有同步电源信号	检查同步电源是否开路
	没有控制移相电压	检查反馈放大电路
	没有触发脉冲	1）查锯齿波发生电路 2）查移相控制电路 3）载频调制电路 4）查驱动脉冲变压器电路
	过载、过电流保护误动作	查保护控制电路
	三相电源缺相或相序不对，电路保护	1）查外部三相电源是否断线或熔断器是否开路 2）查相序相位

（续）

故障现象	故障原因	采取措施
输出电压严重波动	晶闸管器件品质变差	更换晶闸管
	触发晶闸管功率不够，晶闸管没导通	查功率驱动电路
	触发脉冲不同步	查触发脉冲电路和锯齿波发生器
晶闸管小负载时工作正常，大电流时失控	晶闸管的环境温度过高	查晶闸管的冷却装置
	晶闸管的高温特性变坏，大电流时失去阻断能力	更换质量好的晶闸管
晶闸管主回路加上电压后，不加触发脉冲就导通	环境温度超过规定要求	查冷却装置
	晶闸管触发电流和维持电流过小	更换晶闸管
晶闸管加上触发脉冲导通，去掉触发脉冲关断	负载断路时电阻太大，不能产生晶闸管导通时的维持电流	查并联在负载上的电阻是否断开或阻值变大
整流输出不能调到最大值	电流、电压负反馈太深	查反馈回路电阻值
	限位电压太小	调整限位电位器
	放大电路输出电压过小	查放大电路
快速熔断器烧断	过载或负载短路	查负载线路或阴极装置是否有击穿现象
晶闸管烧坏	RC 过电压保护电路断开	查 RC 保护电路
	RC 吸收电路断开	查 RC 吸收电路
	续流二极管断开或击穿	查续流二极管
长期不使用设备，在重新使用时，合闸后烧坏快速熔断器和晶闸管	晶闸管长期存放性能下降，且通电失去阻断能力而击穿，或者元器件受潮、沉积灰尘，造成电源短路	使用前对元器件主要参数进行检测，并清扫灰尘

2. 真空炉体

1）定期检查真空室的极限真空度和漏气率，出现泄漏及时排除。

2）定期检查冷却水的水路是否通畅。

3）经常检查阴极输电装置和阴极料板支承柱的护隙，发现存在溅射物、出现"搭桥"，应及时清理调整。

4）及时清理炉壁（或隔热屏）、阳极上的突出溅射物或毛刺，防止出现强烈的阳极辉光烧熔构件。

5）定期清除观察窗上的溅射物，对黏附较牢的溅射物可用稀盐酸擦洗。

6）每3～6个月更换一次真空泵油。

7）对带油淬系统的离子渗碳炉，应定期捞除淬火油中的杂质。

离子化学热处理设备常见故障及排除方法见表9-3。

表9-3 离子化学热处理设备常见故障及排除方法

现　　象	原因分析	排除方法
流量计浮子粘玻璃管壁	1）气源水分太高 2）管道太长	1）更换气源加干燥罐，或更换干燥剂 2）尽量缩短管道

（续）

现　　象	原　因　分　析	排　除　方　法
流量计浮子自动下降	1) 进气或出气管有一端堵塞 2) 调节阀变形 3) 供气不足或没有供气	1) 疏通管道 2) 先开大、再开小或更换针阀 3) 充分供气
真空泵抽气时真空度上不去，关闭阀门后压升率很大	1) 炉子或管道漏气 2) 密封圈老化漏气	1) 检查、补漏 2) 更换密封圈
真空泵抽气时真空度上不去，但压升率不高	1) 真空泵油太少或老化，油不清洁 2) 真空泵内腔或括板损坏 3) 轴的输出端漏油	1) 加油或换油 2) 修复或更换 3) 更换轴端油封
真空泵启动困难	1) 泵腔内充满油 2) 电动机电路短路或其他故障 3) 传动带太松 4) 泵腔内有脏物 5) 泵腔润滑不良	1) 停泵后应将泵内充大气 2) 排除电动机故障、检修电动机 3) 张紧传动带 4) 拆泵修理 5) 加强润滑
真空泵喷油	1) 进气口压力过高 2) 油太多超过油标	1) 减低进气口压力 2) 放出多余的油
真空泵油温过高	1) 杂物吸入泵体 2) 吸入气体温度过高 3) 冷却水量不够	1) 取出杂物 2) 进气管上装冷却装置 3) 增加冷却水流量
阴极输电装置定点打弧	1) 密封处漏气 2) 护隙损坏	1) 紧固，防止漏气 2) 调整护隙
外给电压加不上而电流剧增	阴极与阳极间的绝缘损坏，有短路处	检查、排除
绝缘电阻低于要求值	1) 局部短路 2) 绝缘件污染	1) 排除短路部位 2) 清洗或更换绝缘件
温度控制失灵	1) 热电偶丝断裂或污染 2) 温度控制仪表故障 3) 热电偶补偿导线接反或短路	1) 更换热电偶 2) 检修仪表 3) 重新或排除故障
多室离子化学热处理炉的传送机构不动作或中途中断	1) 机械压块未压住行程开关 2) 行程开关故障 3) 电动机故障 4) 液压传动机构的电磁阀故障	1) 调整压块或行程开关 2) 检修或更换行程开关 3) 检修电动机 4) 检修或更换电磁阀

9.3　离子渗氮及氮碳共渗

9.3.1　离子渗氮工艺

　　离子渗氮具有许多其他处理方式所不具备的特点：①处理温度范围宽，可在较低温度下

（如350℃）获得渗氮层；②渗氮速度快，节能效果显著；③工艺参数可调范围宽，化合物层结构易于控制；④渗剂利用率高，可大幅度节省工作气体；⑤采用机械屏蔽隔断辉光，容易实现非渗氮部位的防渗；⑥自动去除钝化膜，不锈钢、耐热钢等材料无须预先进行去膜处理；⑦离子渗氮处理在很低的压力下进行，排出的废气很少，气源为氮气、氢气和氨气，基本上无有害物质产生。

1. 离子渗氮材料的选择及预处理

（1）渗氮材料的选择　渗氮的目的主要是为了提高工件表面的硬度、强度和耐蚀性。在材料选择时，除须满足产品的使用性能外，还必须考虑材料的工艺性能，包括渗氮速度及处理温度等。

对耐磨渗氮，一般应选择合金钢，因为铁氮化合物的硬度并不高，碳钢的渗氮效果较差。合金钢渗氮时，γ'-Fe_4N 相和 ε-$Fe_{2-3}N$ 相中的部分铁原子被合金元素置换，形成合金氮化物或合金氮碳化合物。合金元素与氮的亲和能力按下列顺序由弱到强：$Ni \rightarrow Co \rightarrow Fe \rightarrow Mn \rightarrow Cr \rightarrow Mo \rightarrow W \rightarrow Nb \rightarrow V \rightarrow Ti \rightarrow Zr$。合金氮化物硬度高、熔点高，但脆性大。图9-25所示为几种合金元素对渗氮层硬度的影响。

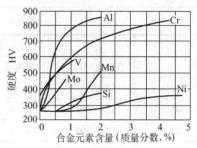

图 9-25　合金元素含量对渗氮层硬度的影响

在渗氮钢中，铝和铬是最重要的强化元素。对Al-Cr-Mo 系钢分别添加铝和铬至2%（质量分数）左右的材料进行气体渗氮，其硬度结果见表9-4。从表9-4可以看出，铝对渗氮层的强化效果更大，且随着铝含量增加，硬度急剧增加。

表9-4　渗氮钢铝、铬含量对渗层最高硬度的影响

$w(Al)$（%）	0	0	0	0	0	0.58	1.08	1.75	2.19
$w(Cr)$（%）	0	0.54	1.02	1.61	2.06	0	0	0	0
最高硬度 HV	274	455	499	673	716	464	743	973	1097

渗氮钢中含有一定量的碳，是满足钢的力学性能所必需的，但随着碳含量的增加，氮元素向基体扩散愈加困难，渗氮层的硬度和深度随之下降。钢中的合金元素对氮在钢中的扩散系数产生影响，从而影响渗氮速度。氮化物形成元素 Mo、W、Cr、V、Ti 等，均降低氮在 α 相和 γ 相中的扩散系数，使渗速减慢。

因此，渗氮材料的选择必须根据产品服役工况，结合渗氮工艺综合考虑。由于碳钢渗氮效果较差，较少用于离子渗氮，采用较多的是合金结构钢、工模具钢，除此之外，不锈钢、铸铁等材料进行离子渗氮也有很好的效果。表9-5列出了一些常用的渗氮结构钢，表9-6列出了部分材料离子渗氮工艺与结果。

离子渗氮法特别适用于不锈钢、耐热钢等表面易生成钝化膜材料的渗氮处理。由于钝化膜阻碍氮原子向基体扩散，采用常规渗氮处理时必须先去除钝化膜，随即马上进行渗氮，以防止钝化膜再生。离子渗氮时，只需在炉内进行溅射就可去除钝化膜，处理非常方便。

表 9-5 常用渗氮结构钢

服 役 条 件	性 能 要 求	选 用 钢 种
一般轻负载工件	表面耐磨	20Cr，20CrMnTi，40Cr
冲击负载下工作的工件	表面耐磨，心部韧性好	18CrNiWA，18Cr2Ni4WA，30CrNi3，35CrMo
在重负载及冲击负载下工作的工件	表面耐磨，心部强韧性高	30CrMnSi，35CrMoV，25Cr2MoV，42CrMo，40CrNiMo，50CrV
精密零件	表面硬度高，心部强度高	38CrMoAl，30CrMoAl
磨损和疲劳条件恶劣、冲击负载较小	疲劳强度高，耐磨性好	30CrTi2，30CrTi2Ni3Al

表 9-6 部分材料离子渗氮工艺与结果

材　　料	工 艺 参 数			表面硬度 HV0.1	化合物层深度 /μm	总渗层深度 /mm
	温度/℃	时间/h	炉压/Pa			
38CrMoAl	520～550	8～15	266～532	888～1164	3～8	0.35～0.45
40Cr	520～540	6～9	266～532	650～841	5～8	0.35～0.45
42CrMo	520～540	6～8	266～532	750～900	5～8	0.35～0.40
25CrMoV	520～560	6～10	266～532	710～840	5～10	0.30～0.40
35CrMo	510～540	6～8	266～532	700～888	5～10	0.30～0.45
20CrMnTi	520～550	4～9	266～532	672～900	6～10	0.20～0.50
30SiMnMoV	520～550	6～8	266～532	780～900	5～8	0.30～0.45
3Cr2W8V	540～550	6～8	133～400	900～1000	5～8	0.20～0.30
4Cr5MoSiV1	540～550	6～8	133～400	900～1000	5～8	0.20～0.30
Cr12MoV	530～550	6～8	133～400	841～1015	5～7	0.20～0.40
W18Cr4V	530～550	0.5～1.0	106～200	1000～1200	—	0.01～0.05
45Cr14Ni14W2Mo	570～600	5～8	133～266	800～1000	—	0.06～0.12
20Cr13	520～560	6～8	266～400	857～946		0.10～0.15
10Cr17	550～650	5	666～800	1000～1370		0.10～0.18
HT250	520～550	5	266～400	500		0.05～0.10
QT600-3	570	8	266～400	750～900		0.30
合金铸铁	560	2	266～400	321～417	—	0.10

　　(2) 离子渗氮前材料的预处理　为保证渗氮件心部具有较高的综合力学性能，离子渗氮前须对材料进行预处理。结构钢进行调质处理、工模具钢进行淬火+回火处理，正火处理一般只适用于对冲击韧性要求不高的渗氮件。结构钢调质后，获得均匀细小分布的回火索氏体组织，工件表层（>渗氮层深度）切忌出现块状铁素体，否则将引起渗氮层脆性脱落。对于奥氏体不锈钢，渗氮前采用固溶处理。38CrMoAl 钢不允许用退火作为预处理，否则渗层组织内易出现针状氮化物。常用渗氮用钢的预处理工艺及处理后的力学性能见表 7-5。

　　对形状复杂、尺寸稳定性及畸变量要求较高的零件，在机加工粗磨与精磨之间应进行 1 或 2 次去应力退火，以去除机加工的内应力。

2. 离子渗氮工艺参数

离子渗氮工艺参数包括炉气成分、炉压、渗氮温度、保温时间及功率密度等。

（1）炉气成分及炉压 目前用于离子渗氮的介质有 $N_2 + H_2$、氨气及氨分解气。氨分解气可视为 $\varphi(N_2)25\% + \varphi(H_2)75\%$ 的混合气。

将氨气经过干燥后直接送入炉内进行离子渗氮，使用方便，但渗氮层脆性较大，而且氨气在炉内各处的分解率受进气量、炉温、起辉面积等因素的影响，冷氨还会影响炉温均匀性，该法一般用于质量要求不太高的工件。采用热分解氨可较好地解决上述问题（氨气通过一个加热到 $800 \sim 900℃$ 的含镍容器，即可实现氨的热分解），有利于提高产品质量。用氨气进行离子渗氮时，炉气成分无法调节，获得的化合物层为 $\varepsilon + \gamma'$ 相结构。

采用 $N_2 + H_2$ 进行离子渗氮，可实现相结构可控渗氮，其中 H_2 为调节氮势的稀释剂。氮氢混合比对渗氮层深度、表面硬度及相组成的影响见图 9-26、图 9-27 和表 9-7。

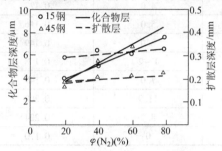

图 9-26 氮氢混合比对离子渗氮化合物和扩散层深度的影响

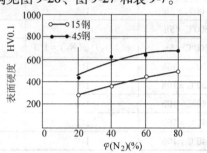

图 9-27 氮氢混合比对离子渗氮层表面硬度的影响

表 9-7 气体成分、渗氮温度、炉压对渗氮层相成的影响

气体成分 $\varphi(N_2):\varphi(H_2)$	材 料	530℃×3h				550℃×3h	
		267～330Pa		533～600Pa		533～600Pa	
		$\varphi(\gamma')(\%)$	$\varphi(\varepsilon)(\%)$	$\varphi(\gamma')(\%)$	$\varphi(\varepsilon)(\%)$	$\varphi(\gamma')(\%)$	$\varphi(\varepsilon)(\%)$
1:9	45	100	0	100	0	100	0
	40Cr	100	0	93	7	89	11
	35CrMo	100	0	91	9	84	16
2:8	45	100	0	100	0	88	12
	40Cr	93	7	85	15	70	30
	35CrMo	89	11	80	20	63	37
	38CrMoAl	—	—	—	—	52	48
2.4:7.6	45	—	—	93	7		
	40Cr	—	—	76	24		
	35CrMo	—	—	73	27		
氨	工业纯铁	—	—	61	39		
	45	—	—	44	56		
	40Cr	—	—	29	71		
	35CrMo	—	—	23	77		

离子渗氮炉气压力高时，辉光集中；炉压低时，辉光发散。实际操作中，炉压可在 133 ~1066Pa 的范围内调节。处理机械零件时，炉压采用 266 ~ 532Pa；处理高速钢刀具时，炉压采用 133Pa。高压下化合物层中 ε 相含量增高，低炉压易获得 γ′ 相。在低于 40Pa 或高于 2660Pa 的条件下离子渗氮，不易出现化合物层。

为了获得极薄乃至无化合物层的离子渗氮层，可在炉气中添加氩气以改变炉内氮气的相对量，当 $\varphi(N_2) < 10\%$ 时，ε 相被抑制，出现单一的 γ′ 相或无化合物层渗氮层。4Cr5MoSiV1 钢加氩离子渗氮层的深度见表 9-8。

表 9-8　4Cr5MoSiV1 钢加氩离子渗氮层的深度

渗氮工艺	渗氮气氛 $\varphi(HN_3):\varphi(Ar)$	炉内含氮量 $\varphi(N_2)(\%)$	化合物层深度 /μm	总渗层深度 /mm
500℃×5h	1:5	7.14	—	0.155
500℃×5h	1:1	16.7	4.0	0.122
500℃×5h	1:0	25	5.0	0.116
500℃×5h	$\varphi(HN_3):\varphi(N_2)=1:3$	70	8.0	0.149
520℃×10h	1:5	7.14	1~2	0.198
520℃×10h	1:0	25	7.0	0.149
540℃×10h	1:0	25	11.9	0.200
540℃×10h	1:1	16.7	8.3	0.224
540℃×10h	1:9	4.54	0	0.170

几种材料采用氨气在 650℃ 和 522℃ 进行离子渗氮 1h，炉压对离子渗氮层深度的影响如图 9-28 所示。

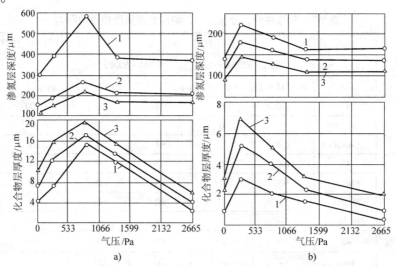

图 9-28　炉压对离子渗氮层深度的影响

a) 650℃　b) 522℃

1—纯铁　2—40Cr　3—38CrMoAl

（2）渗氮温度　离子渗氮温度对 38CrMoAl 钢渗层深度和硬度的影响如图 9-29 和图 9-30 所示。离子渗氮化合物层和扩散层深度随温度增加而显著增加，但对化合物层的组织结构没有太大影响，而且，即使在 400℃ 的低温下，也有明显的渗氮效果，这也是离子渗氮的一个突出特点。表面硬度在一定范围内存在一个最大值，温度太低，硬化层太浅，强化效果欠佳；温度太高，渗层中的氮化物粗化，致使硬度下降。

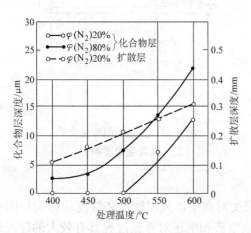

图 9-29　38CrMoAl 钢离子渗氮温度对渗层深度的影响

注：保温 4h，炉压为 665Pa。

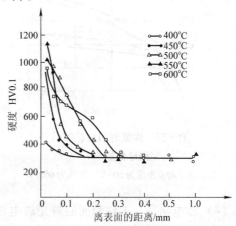

图 9-30　38CrMoAl 钢离子渗氮温度对渗层硬度的影响

注：保温 4h，炉压为 665Pa，$\varphi(N_2)$ 为 80%。

（3）渗氮时间　渗氮时间对 γ' 相和 ε 相化合物层深度的影响具有不同的规律，如图 9-31 所示。渗氮时间小于 4h 时，γ' 相化合物层深度随时间延长而增加，4h 后基本保持不变，而 ε 相化合物层深度随渗氮时间延长持续增加。在一般情况下，渗氮时间的延长总是使得化合物层深度增加，如图 9-32 所示。从该图还可看出，碳含量增加，将使化合物层深度下降。

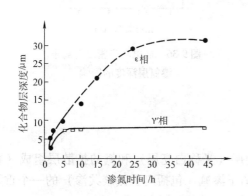

图 9-31　31Cr2MoV 钢离子渗氮时 ε 相和 γ' 相化合物层深度随渗氮时间的变化

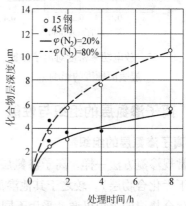

图 9-32　渗氮时间对化合物层深度的影响

注：离子渗氮温度为 500℃，炉压为 665Pa。

一般认为，扩散层深度与时间之间符合抛物线关系，其变化规律与气体渗氮相似，如图 9-33 所示。另外，通过 X 射线微区分析发现，在炉内渗氮气氛一定时，化合物层的氮含量不受渗氮时间的影响，如图 9-34 所示。

随着渗氮时间延长，扩散层加深，硬度梯度趋于平缓；但保温时间增加，引起氮化物组织粗化，导致表面硬度下降。

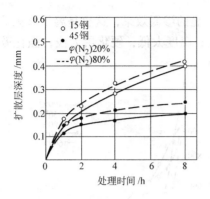

图 9-33 渗氮时间对扩散层
深度的影响

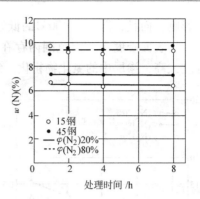

图 9-34 渗氮时间对化合物
氮含量的影响

注：离子渗氮温度为 500℃，炉压为 665Pa。

（4）放电功率 工件表面的辉光放电功率密度对离子渗氮层硬度和深度的影响如图 9-35 和图 9-36 所示。在离子渗氮过程中，辉光放电电流和电压对渗氮过程具有较大的促进作用，这可能是轰击能量提高，使工件表面缺陷增加所致。

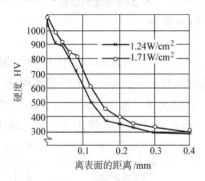

图 9-35 放电功率密度对离子渗氮
层表面硬度的影响

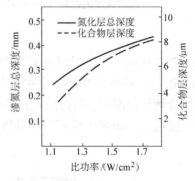

图 9-36 放电功率密度对离子
渗氮层深度的影响

9.3.2 离子渗氮层的组织与性能

1. 离子渗氮层的组织

与常规渗氮方法一样，离子渗氮层由化合物层（又称白亮层）和氮的扩散层组成（特殊情况下无化合物层）。较之于其他渗氮方法，离子渗氮（包括离子氮碳共渗）的一个重要特点是化合物层的组织可调。采用不同的工艺参数，表层可分别获得 γ'、ε、$\gamma' + \varepsilon$、$\varepsilon + \gamma'$ + Fe_3C、$\varepsilon + Fe_3C$ 的化合物层结构，还可获得无化合物层的纯扩散层组织。一般来说，渗氮层中无化合物层或以 γ' 相为主的化合物层结构适用于疲劳磨损和交变负载的工况；对黏着磨损负载，则以较厚的 ε 相化合物层为佳；化合物层中出现 Fe_3C 时，将使化合物层的深度和硬度下降，脆性增加，因此，离子氮碳共渗时，应特别注意气氛中的碳含量。

（1）化合物层的相组成 不同处理工艺和离子渗氮的炉气成分对化合物层的相组成影响很大。表 9-9 为渗氮后化合物层的 X 射线衍射结果。在离子渗氮时各种工艺条件下所获得的化合物层相组成见表 9-7。

表 9-9　渗氮后化合物层的 X 射线衍射结果

工　　艺	离子渗氮 $[\varphi(N_2)=25\%]$				离子渗氮 $[\varphi(N_2)=80\%]$				气体氮碳共渗	盐浴氮碳共渗	氨气渗氮
材　　料	15	45	35CrMo	38CrMoAl	15	45	35CrMo	38CrMoAl	15	15	38CrMoAl
α-Fe(110)	✓	✓	✓	✓	✓	✓	✓	✓	✓	✓	✓
γ'-Fe$_4$N(200)	✓	✓	✓	✓	✓	✓	✓	✓	✓		✓
γ'-Fe$_4$N(111)	✓	✓	✓	✓	✓	✓	✓	✓			
ε-Fe$_{2\sim3}$N(101)				✓	✓	✓	✓	✓	✓	✓	
ε-Fe$_{2\sim3}$N(002)				✓	✓	✓	✓	✓		✓	
ε-Fe$_{2\sim3}$N(100)				✓		✓	✓	✓	✓	✓	✓

从表 9-7、表 9-9 可以看出，采用离子渗氮处理较易调节化合物层的相组成，且随着炉气中氮含量的增加，ε 相所占的比例提高；合金元素的存在，有助于 ε 相生成；提高炉气中的碳含量，促进 ε 相生长。另外，在较低温度、较低炉压以及较长保温时间的条件下，有利于 γ' 相生成。

离子渗氮化合物层的形貌与其他渗氮方法所获得的形貌基本一致。

（2）扩散层的组织　对碳钢来讲，扩散层基本上由 $\alpha_N + \gamma' + Fe_3C$ 组成；对合金钢，除上述组织外，还存在高硬度、高弥散分布的合金氮化物。合金钢渗氮扩散层的硬度比碳钢高得多，硬度梯度平缓，对提高抗疲劳性能十分有利。图 9-37 ~ 图 9-39 所示分别为 38CrMoAl 钢调质后，分别进行气体渗氮和不同炉气状态下离子渗氮处理的渗层金相组织照片。由图可见，气体渗氮后白亮层之下的扩散层中存在大量的针状和脉状组织，而离子渗氮层的脉状组织明显减少，尤其是采用热分解氨进行离子渗氮，只是在距表面一定距离才出现脉状组织。

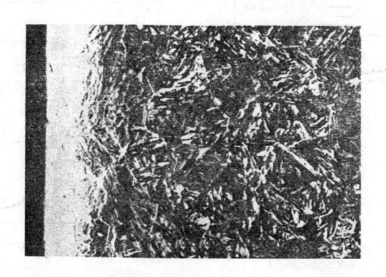

图 9-37　38CrMoAl 钢气体渗氮的渗层金相组织照片　400 ×

注：气体渗氮工艺为 550 ~ 560℃ ×24h，氨分解率为 18% ~ 25%。

图 9-38　38CrMoAl 钢离子渗氮的渗层
金相组织照片 I　260 ×
注：离子渗氮工艺为 530℃ ×5h，炉压为 400Pa，
热分解氨（实际分解率为 94%）。

图 9-39　38CrMoAl 钢离子渗氮的渗层
金相组织照片 II　260 ×
注：离子渗氮工艺为 530℃ ×5h，炉压为 660Pa，冷氨。

2. 渗氮层的氮含量

由于渗氮方法不同，渗氮层中 γ′ 相和 ε 相所占的比例不同，因而存在不同的氮含量。图 9-40 和图 9-41 是采用 X 射线显微分析仪测量的不同工艺处理的渗层中的氮含量分布。在 15 钢中，气体氮碳共渗和液体氮碳共渗的结果几乎是一致的，表面层的氮含量为 7.4% ~ 7.5%，而两种离子渗氮工艺的结果却有较大差异，氮含量分别为 6.1% 和 5.8%；对 38CrMoAl 钢，气体渗氮的氮含量比离子渗氮高。两种材料相比，38CrMoAl 钢渗层的氮含量梯度较平缓，生成良好的扩散层。表 9-10 列出了 38CrMoAl 钢经不同工艺处理后渗层表面的氮含量和相组成。

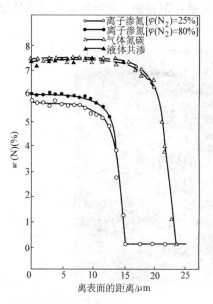

图 9-40　不同工艺处理的 15 钢
渗层中的氮含量分布

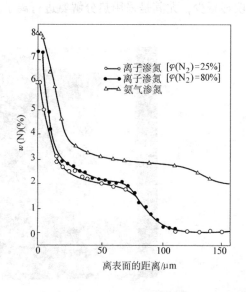

图 9-41　不同工艺处理的 38CrMoAl 钢
渗层中的氮含量分布

表 9-10　38CrMoAl 钢经不同工艺处理后渗层表面的氮含量和相组成

序号	气氛组成(体积分数)		渗氮工艺	$w(N)(\%)$	相组成
1	$N_2:H_2$	1:9	550℃×6h	3.2	$\gamma'($少量$)$
2		2:8	550℃×6h	5.6	$\gamma'+\varepsilon($少量$)$
3		5:5	550℃×6h	6.3	$\gamma'+\varepsilon$
4		9:1	550℃×6h	7.6	$\gamma'+\varepsilon$
5	冷 NH_3		550℃×6h	6.7	$\gamma'+\varepsilon$
6	NH_3 分解气		550℃×6h	4.8	$\gamma'+\varepsilon$
7	$7/3(N_2/H_2)+0.5\%C_3H_8$		570℃×2h	6.5	$\gamma'+\varepsilon$
8	$7/3(N_2/H_2)+0.5\%C_3H_8$		570℃×4h	5.2	ε
9	$7/3(N_2/H_2)+0.5\%C_3H_8$		570℃×8h	4.3	ε
10	$7/3(N_2/H_2)+2.0\%C_3H_8$		570℃×4h	1.2	$Fe_3C+\varepsilon$
11	$7/3(N_2/H_2)+1.0\%C_3H_8$		570℃×4h	3.3	$Fe_3C+\varepsilon$
12	气体渗氮		530℃×16h+560℃×45h	7.6	$\varepsilon+\gamma'$

3. 离子渗氮层的性能

（1）表面硬度及硬度梯度　表面硬度及硬度梯度是离子渗氮后比较容易测定的力学性能，因此，经常被用来评定渗氮件的优劣。离子渗氮层的硬度及硬度梯度取决于材料种类和不同的渗氮工艺，同时，材料的原始状态对渗氮结果也有较大影响（见图 9-42）。原始组织硬度较高的正火态组织比调质态组织所获得的渗氮层硬度更高。结构钢在退火组织状态下进行渗氮，硬化效果较差。

离子渗氮温度对渗氮层硬度的影响较大（见图 9-43），过低或过高的温度都会降低强化效果。不同的工艺方法对渗氮层深度和硬度将产生较大影响，见表 9-11。表 9-12 推荐了一些材料的离子渗氮与离子氮碳共渗的常用渗层深度和硬度。

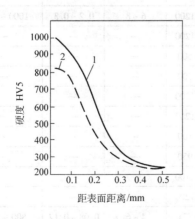

图 9-42　38CrMoAl 钢不同原始状态
离子渗氮后的硬度分布
1—正火态　2—调质态

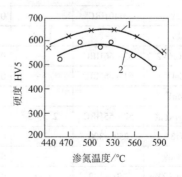

图 9-43　离子渗氮温度对
渗氮层硬度的影响
1—正火态　2—调质态

表 9-11　不同渗氮工艺处理后材料的渗氮层深度和硬度

工艺方法		50 钢			20CrMo		
		化合物层深度/μm	表面硬度 HV	扩散层深度/mm	化合物层深度/μm	表面硬度 HV	扩散层深度/mm
离子渗氮	$\varphi(N_2)=20\%$	3	319	0.2	5	752	0.3
	$\varphi(N_2)=80\%$	7	390	0.3	10	882	0.4
盐浴氮碳共渗		20	473	0.4	13	673	0.4
气体氮碳共渗		7.5	390	0.35	12	707	0.4

表 9-12　离子渗氮与离子氮碳共渗的常用渗层深度和硬度

材料	心部硬度 HBW	离子渗氮			离子氮碳共渗		
		化合物层深度/μm	总渗层深度/mm	表面硬度 HV	化合物层深度/μm	总渗层深度/mm	表面硬度 HV
15 钢	≈140	8~12	0.4	250~350	7.5~10.5	0.4	400~500
45 钢	≈150	8~12	0.4	300~450	10~15	0.4~0.5	600~700
60 钢	≈180	8~10	0.4	300~450	8~12	0.4	600~700
15CrMn	≈180	4~8	0.5	500~650	8~11	0.4	600~700
35CrMo	220~300	4~8	0.4	500~700	12~18	0.4~0.5	650~750
42CrMo	240~320	4~8	0.4	550~750	12~18	0.4~0.5	700~800
40Cr	240~300	4~8	0.4	500~700	10~13	0.4	600~700
30Cr2MoV	300~380	3~6	0.4	600~800	—	—	—
38CrAl	260~330	6~10	0.4	800~1100	—	—	—
38CrMoAl	260~330	6~10	0.4	800~1100	—	—	—
50CrVA	40HRC	4~8	0.4	450~600	—	—	—
5CrNiMo	30~40HRC	5~7.5	0.25~0.5	600~750	—	—	—
3Cr2W8V	40~50HRC	4~6	0.2	900~1100	6~8	0.2~0.3	1000~1200
4Cr5MoSiV1	40~51HRC	4~6	0.2	900~1200	6~8	0.2~0.3	1000~1200
Cr12MoV	≈58HRC		0.12~0.2	950~1100			
9Mn2V	≈40HRC	—	0.25~0.62	450~600			
GCr15	—	1~4	0.1	600~800			
W6Mo5Cr4V2	63~66HRC	—	0.025~0.1	900~1200			
W18Cr4V	64~66HRC	—	0.025~0.1	900~1200			
CrWMnV	—	1~4	0.1	450~500			
马氏体时效钢	52~55HRC	2.5~5	0.1	800~950			
12Cr13	250~300	—	0.12~0.25	900~1100			
12Cr18Ni9	≈170	—	0.08~0.12	950~1200			
4Cr14Ni14W2Mo	250~270	4~6	0.08~0.11	795~871	4~6	0.08~0.12	800~1200
QT600-3	240~350	—	—	—	5~10	0.1~0.2	550~800HV0.1
HT250	≈200				10~15	0.1~0.15	500~700HV0.1

（2）韧性 渗氮层的组织结构不同，其韧性也有较大差异。一般情况下，仅有扩散层的渗氮层韧性最好，γ' 相化合物层次之，而 $\gamma' + \varepsilon$ 双相层最差。

化合物层深度对渗氮层的韧性产生影响。随着化合物层深度增加，韧性下降。另外，碳钢离子渗氮层的韧性优于合金钢。

（3）耐磨性 不同的材料、渗氮层组织状态对耐磨性都会产生较大影响，而且，耐磨性的高低还直接受摩擦条件的制约。

1）滑动摩擦。通过滑动摩擦试验得出，各种渗氮工艺处理后试样的摩擦距离和磨损量的关系（摩擦速度恒定为 0.94m/s，在 100～600m 范围内改变摩擦距离）如图 9-44 所示。从该图可知，离子渗氮层的耐磨性优于气体渗氮，炉气中氮含量较高时（即化合物层中 ε 的相对量较高）耐磨性最好。

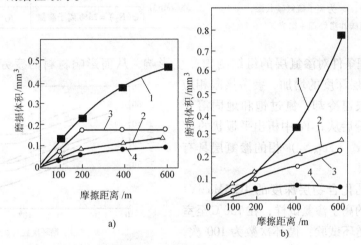

图 9-44 各种渗氮工艺处理后试样的摩擦距离和磨损量的关系

a) 15 钢 b) 38CrMoAl

1—未处理 2—气体渗氮 3—$\varphi(N_2) = 25\%$ 离子渗氮 4—$\varphi(N_2) = 80\%$ 离子渗氮

2）滚动摩擦。图 9-45 所示为 38CrMoAl 钢在不同渗氮条件下滚动摩擦试验的结果。从该图中看出，渗氮层中化合物层越薄，抗滚动摩擦性能越好。这是因为化合物层易出现早期破坏所造成的。

（4）抗咬合性能 图 9-46 所示为 35CrMo 钢抗咬合模拟试验结果。从该图中可知，存在硫化物的化合物层的抗咬合性能最佳，且发生咬合所需载荷随 ε 相的相对量增加而加大。

（5）疲劳性能 离子渗氮处理可提高材料的疲劳极限。离子渗氮对光滑试样疲劳极限的影响见表 9-13。

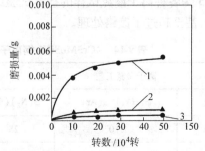

图 9-45 38CrMoAl 钢在不同渗氮条件下滚动摩擦试验的结果

1—520℃×80h 气体渗氮（硬度为 920HV，化合物层深度为 25μm）

2—二段气体渗氮（硬度为 920HV，化合物层深度为 12μm）

3—520℃×30h 离子渗氮（硬度为 915HV，化合物层深度为 5μm）

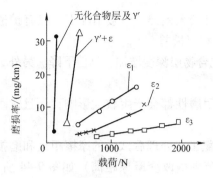

图 9-46　35CrMo 钢抗咬合模拟试验结果

注：除 ε_2、ε_3 外，其余均为不同气氛下的离
　子渗氮处理；ε_2 为离子硫氮碳共渗，ε_3
　为离子硫氮碳共渗处理＋抛光。

表 9-13　离子渗氮对光滑试样疲劳极限的影响

材料	处理方法	疲劳极限 /MPa	疲劳极限 上升率
15 钢	未处理	240	1.00
	$\varphi(N_2)=25\%$ 离子渗氮	390	1.63
45 钢	未处理	280	1.00
	$\varphi(N_2)=25\%$ 离子渗氮	430	1.54
35CrMo	未处理	420	1.00
	$\varphi(N_2)=25\%$ 离子渗氮	620	1.48
38CrMoAl	未处理	380	1.00
	$\varphi(N_2)=25\%$ 离子渗氮	610	1.60

不同的处理条件对渗氮层的组织结构产生影响，从而影响材料的疲劳性能（见图 9-47）。随着渗氮层深度的增加，疲劳极限相应提高；渗氮后快速冷却，氮过饱和地固溶于 α-Fe 中，比缓冷后从 α-Fe 中析出平板状的 γ' 相和微细粒状 α''（$Fe_{16}N_2$）相的渗氮层具有更高的疲劳极限。

将具有不同化合物层深度的 4Cr5MoSiV1 钢带 V 形缺口的离子渗氮试样，在 730℃ 至室温之间进行热循环试验，循环次数为 100 次，以缺口处的状态作为热疲劳性能的判据，试验结果见表 9-14。由表 9-14 可以看出，热疲劳抗力随着化合物层深度的增加而下降。

（6）耐蚀性　离子渗氮层具有良好的耐蚀性，一般以获得致密的 ε 相化合物层为佳，但 ε 相在酸中易分解，故渗氮层不耐酸性介质腐蚀。表 9-15 为各种离子渗氮试样的盐雾试验结果。从表 9-15 中可以看出，离子渗氮层的耐蚀性很好，甚至超过了镀铬处理。

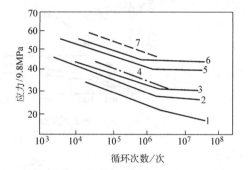

图 9-47　不同的处理条件对 15 钢
渗氮层疲劳性能的影响

1—未处理　2—550℃×0.5h 离子渗氮　3—550℃×2h
离子渗氮　4—550℃×6h 离子渗氮　5—570℃×1h
离子渗氮，水冷　6—570℃×2h 离子渗氮，水冷
7—570℃×2h 盐浴氮碳共渗，水冷

表 9-14　4Cr5MoSiV1 钢离子渗氮试样热疲劳试验结果

离子渗氮工艺			化合物层深度 /μm	疲劳裂纹情况
温度×时间	$\varphi(HN_3):\varphi(Ar)$	$\varphi(N_2)(\%)$		
540℃×16h	1:0	25	1.5	有肉眼可见的网络状龟裂
540℃×10h	1:0	25	11.9	龟裂严重
540℃×10h	1:1	16.7	8.3	龟裂较严重
540℃×10h	1:9	4.54	0	龟裂较轻微

表 9-15 各种离子渗氮试样的盐雾试验结果

编号	处理方法	喷雾时间/h			
		1	3	10	24
1	未处理	30%红锈	50%红锈	80%红锈	停止
2	镀铬	无异常	微量红锈(5%)	50%红锈	停止
3	离子渗氮	无异常	无异常	无异常	无异常
4	离子渗氮后抛光	无异常	无异常	无异常	无异常

不锈钢离子渗氮的目的主要是为了提高材料表面的硬度和耐磨性，但这类材料渗氮后，会使材料的耐蚀性下降，见表 9-16 和表 9-17。对于离子渗氮处理的不锈钢工件，获得无化合物层的渗氮层对耐蚀性较为有利；气氛中氮含量提高，氮原子渗入量增加，都会加快腐蚀速度。

表 9-16 12Cr18Ni9 奥氏体不锈钢离子渗氮后的耐蚀性

编号	离子渗氮条件			硬度 HV	渗层深度 /mm	腐蚀失重/[g/(m²·h)]			
	温度 /℃	时间 /h	炉气成分 $\varphi(N_2)(\%)$			H_2SO_4 水溶液		HCl 水溶液	
						pH 值为 2	pH 值为 3	pH 值为 2	pH 值为 3
1	550	6	17.3	1382	0.08	2.30	0.24	0.17	<0.10
2	550	6	30	1211	0.11	2.55	0.19	0.17	<0.10
3	550	6	60	1339	0.11	2.19	0.13	0.60	0.15
4	500	10	30	1568	0.10	2.41	0.28	0.24	<0.10
未 处 理				—	—	0.17	<0.10	<0.10	<0.10

表 9-17 20Cr13 马氏体不锈钢离子渗氮后的耐蚀性

编号	离子渗氮条件			硬度 HV	渗层深度 /mm	腐蚀失重/[g/(m²·h)]			
	温度 /℃	时间 /h	炉气成分 $\varphi(N_2)(\%)$			H_2SO_4 水溶液		HCl 水溶液	
						pH 值为 2	pH 值为 3	pH 值为 2	pH 值为 3
1	550	6	17.3	588	0.10	2.92	0.21	0.56	<0.10
2	550	6	30	1268	0.16	2.82	0.18	2.38	0.13
3	550	6	60	1346	0.13	2.64	0.16	2.61	0.17
4	500	10	30	1420	0.15	2.62	0.18	2.30	0.15
未 处 理				—	—	2.30	<0.10	<0.10	<0.10

9.3.3 离子氮碳共渗工艺

离子氮碳共渗（软氮化）是在离子渗氮的基础上加入含碳介质（如乙醇、丙酮、二氧化碳、甲烷、丙烷等）进行的。供碳剂的供给量和温度均会对化合物层的相组成产生影响。一般来说，微量的碳有利于化合物层生成；气氛碳含量进一步增大，将会生成 Fe_3C，化合物层减薄；温度升高，化合物层中 ε 相的体积分数降低（见表 9-18 和表 9-19）。

表 9-18　45 钢化合物层相组成相对量与共渗介质成分的关系

序号	$\varphi(N_2):\varphi(C_2H_5OH)$	体积分数（%）			备　注
		$Fe_{2\sim3}N$	Fe_4N	Fe_3C	
1	10:0.5	23	0	0	离子氮碳共渗工艺：(580 ± 10)℃ $\times3h$
2	10:1.0	27	72	1	
3	10:2.0	6	49	45	

表 9-19　42CrMo 钢离子氮碳共渗温度对化合物层相组成相对量的影响

序号	氮碳共渗温度/℃	体积分数（%）			备　注
		$Fe_{2\sim3}N$	Fe_4N	Fe_3C	
1	550 ± 10	44.3	54.0	1.7	氮碳共渗介质：$\varphi(NH_3)97\%$ + $\varphi(CO_2)3\%$，处理时间 3h
2	570 ± 10	41.0	53.2	5.8	
3	590 ± 10	25.7	67.5	6.8	

　　气氛中的碳含量直接影响离子氮碳共渗的硬化效果。离子氮碳共渗温度对渗层厚度和硬度的影响见表 9-20。

表 9-20　离子氮碳共渗温度对渗层深度和硬度的影响

温度/℃	20 钢				45 钢				40Cr			
	表面硬度 HV0.1	白亮层深度 /μm	共析层深度 /μm	扩散层深度 /mm	表面硬度 HV0.1	白亮层深度 /μm	共析层深度 /μm	扩散层深度 /mm	表面硬度 HV0.1	白亮层深度 /μm	共析层深度 /μm	扩散层深度 /mm
540	550~720	8.52	—	0.38~0.40	550~770	8.52	—	0.36~0.38	738~814	7.5	—	0.75
560	734~810	12	—	0.40~0.43	734~830	12	—	0.38~0.40	850~923	8~10	—	0.31
580	820~880	15	15~18	0.43~0.45	834~870	15	15~18	0.40~0.42	923~940	2~13	11~13	0.35
600	876~889	19~20	17~19	0.45~0.48	876~890	20	15~20	0.42~0.45	934~937	17~18	15	0.38~0.40
620	876~889	13~15	20	0.48~0.52	820~852	13~15	20	0.45~0.50	885~934	11~12	15~16	0.40
640	413	5~7	28.4	0.54~0.55	412	57	25.5	0.50~0.52	440	5~6	19.88	0.43
660	373	1.42	—	—	373	2.84	—	—	429	3.25	—	0.45

注：离子氮碳共渗保温 1.5h。

　　离子氮碳共渗处理可提高材料的耐磨性，但 Fe_3C 的出现，会使耐磨性下降，如图 9-48 所示。因此，离子氮碳共渗气氛中的碳含量应严格控制。通常情况下，$\varphi(C_3H_8)<1\%$，$\varphi(CH_4)<3\%$，$\varphi(CO_2)<5\%$，$\varphi(C_2H_5OH)$ $<10\%$（一些含碳介质是依靠炉内负压吸入的，因而实际通入量远远低于流量计的指示值，要特别注意）。

　　部分材料在一般服役条件下适用的离子氮碳共渗层深度和硬度范围见表 9-12。

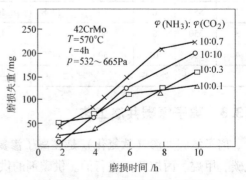

图 9-48　气氛中 CO_2 含量对离子氮碳共渗层耐磨性的影响

9.3.4　钛及钛合金离子渗氮工艺

钛及钛合金具有很高的比强度、耐热性、耐蚀性和低温性能，广泛地用于航空、航天、化工、造船及精密机件、人工关节等领域和产品，但钛及钛合金普遍存在硬度低、耐磨性差、不耐还原性介质腐蚀等缺点，因而限制了它们的应用。离子渗氮处理可提高钛及钛合金的硬度、耐磨性和耐蚀性。

钛及钛合金一般采用不含氢的气氛进行离子渗氮，以防氢脆。若用氮氢混合气或氨气渗氮，渗氮后冷至 600℃ 即应停止供氢。在纯氮条件下，最佳工作气体压力为 1197 ~ 1596Pa，温度为 800 ~ 950℃，低于 500℃ 无渗氮效果。

渗氮处理后，钛及钛合金表面呈金黄色，且色泽随渗氮温度提高而加深。在 800 ~ 850℃ 范围内渗氮，表面组织由 $\alpha + \delta(TiN) + \varepsilon(Ti_2N)$ 组成。离子渗氮温度对渗层深度和表面硬度的影响见图 9-49、图 9-50。

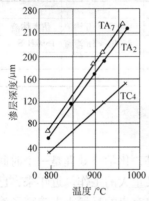

图 9-49　离子渗氮温度对
渗层深度的影响

注：采用纯 N_2，1.20 ~ 1.33kPa（9 ~ 10Torr），2h。

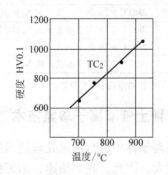

图 9-50　离子渗氮温度对 TC2
钛合金表面硬度的影响

注：采用 $\varphi(N_2):\varphi(H_2) = 1:1$ 气氛，
0.67kPa(5Torr)，3 ~ 5h。

TC4（Ti-6Al-4V）钛合金经 1000℃ ×3h 离子渗氮处理的渗层金相组织如图 9-51 所示。在渗层的横截面上，最表面是一层复杂的化合物层，深度约为 4μm，相结构为 δ-TiN 和 ε-Ti₂N；化合物层与心部之间是 20μm 左右的以 α 为基的扩散层。

钛合金的摩擦因数较高，耐磨性能较差，离子渗氮处理可有效地改善它的摩擦学性能。

表 9-21 为部分钛及钛合金离子渗氮工艺及表面硬度、耐蚀性。

除了钛及钛合金可采用离子渗氮方法进行表面强化外，对于其他部分有色金属，也有一些离子渗氮的尝试，如铝、钼、钽、铌等，预计在不远的将来，离子渗氮技术将会在更多的材料表面强化中得到应用。

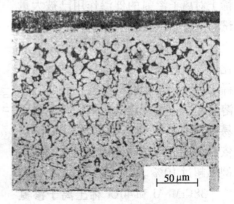

图 9-51　TC4 钛合金经 1000℃ ×3h
离子渗氮处理的渗层金相组织

表 9-21　部分钛及钛合金离子渗氮工艺及表面硬度和耐蚀性

材料	工艺参数	表面硬度 HV0.3	腐蚀状况		
			处理工艺	腐蚀介质（体积分数）	腐蚀率 /(mm/a)
TA2 纯钛	退火，未渗氮	160~190	940℃×2h 退火	仿人体液	0.0017
TC4 合金	退火，未渗氮	310~330	800℃×1h 退火	5% H_2SO_4	1.0203
TA7 合金	退火，未渗氮	330~350	—	—	—
TA2 纯钛	940℃×2h 离子渗氮，$\varphi(N_2):\varphi(H_2)=1:1$	1150~1620	850℃×4h 渗氮	仿人体液	0.0012
TA2 纯钛	850℃×2h 离子渗氮，$\varphi(N_2):\varphi(H_2)=1:1$	1000~1200	530℃×1h 退火	5% H_2SO_4	0.1217
TA2 纯钛①	900℃×2h 离子渗氮，$\varphi(N_2):\varphi(H_2)=1:1$	1150~1300	750℃×4h 渗氮	5% H_2SO_4	0.0069
TA2 纯钛	940℃×2h 离子渗氮，纯 N_2	1200~1450	850℃×4h 渗氮	5% H_2SO_4	0.0069
TA2 纯钛	940℃×2h 离子渗氮，$\varphi(N_2):\varphi(Ar)=1:1$	1385~1540	530℃×1h 退火	5% H_2SO_4	0.1349
TA2 纯钛	800℃×2h 离子渗氮，$\varphi(N_2):\varphi(Ar)=1:2$	900~1260	750℃×4h 渗氮	10% H_2SO_4	0.0021
TA2 纯钛	800℃×2h 离子渗氮，$\varphi(N_2):\varphi(Ar)=1:1$	850~900	850℃×4h 渗氮	10% H_2SO_4	0.0084
TA2 纯钛	800℃×6.5h 离子渗氮，$\varphi(N_2):\varphi(Ar)=1:4$	950~1100	—	—	—
TC4 合金	940℃×2h 离子渗氮，$\varphi(N_2):\varphi(H_2)=1:1$	1385~1670	850℃×1h 渗氮	仿人体液	0.0021
TC4 合金	800℃×2h 离子渗氮，$\varphi(N_2):\varphi(Ar)=1:1$	800~1100	850℃×1h 渗氮	15% H_2SO_4	0.0211
TA7 合金	970℃×2h 离子渗氮，纯 N_2	1500~1800			
TA7 合金	800℃×2h 离子渗氮，纯 N_2	1050~1280			

　① 离子渗氮结束后600℃停氢。

9.3.5　稀土催渗离子渗氮技术

　　在等离子体中进行渗氮处理的速度较快，但总的来讲，化学热处理是一个时间较长的过程，能耗大，因此，提高渗速、缩短处理周期是一项意义重大的工作。近年来，已有一些离子渗氮的催渗技术被开发，并在生产中获得应用，其中较突出的是稀土催渗离子渗氮工艺。

　　稀土是一类原子结构非常独特的元素。一般认为，它对离子渗氮的气相活化、活性原子吸附及扩散三个过程均有影响。与普通离子渗氮相比，稀土离子渗氮渗层的表层晶粒得以细化，各种晶体缺陷的增加，使渗氮速度和表面硬度提高。稀土对离子渗氮的催渗作用已被大量试验所证明，渗速可提高20%~30%。

　　一般利用 La、Ce 等稀土元素的化合物进行离子渗氮的催渗。可先将稀土化合物溶于有机溶剂，制成饱和溶液后，再按一定的比例将其混合于易挥发的有机溶液中（如丙酮等），依靠负压吸入炉内，稀土混合气的比例不超过10%。

　　38CrMoAl 和 40Cr 稀土离子渗氮和普通离子渗氮的渗层硬度分布曲线如图 9-52 所示，不同工艺条件下的

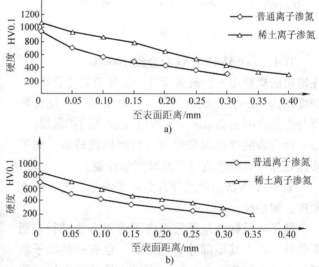

图 9-52　稀土离子渗氮和普通离子渗氮的渗层硬度分布曲线
a) 38CrMoAl　b) 40Cr

渗层深度见表 9-22。

表 9-22　稀土离子渗氮和普通离子渗氮的渗层深度

工艺条件	38CrMoAl				40Cr			
	普通离子渗氮		稀土离子渗氮		普通离子渗氮		稀土离子渗氮	
	化合物层深度/μm	扩散层深度/mm	化合物层深度/μm	扩散层深度/mm	化合物层深度/μm	扩散层深度/mm	化合物层深度/μm	扩散层深度/mm
520℃×4h	6.0	0.156	10.0	0.195	5.0	0.127	8.0	0.160
520℃×6h	9.9	0.205	13.2	0.270	8.0	0.138	9.9	0.220
520℃×8h	13.2	0.260	16.5	0.345	12.0	0.234	13.2	0.292

在稀土离子渗氮过程中，稀土的加入量对渗层深度影响较大，且有一最佳值。表 9-23 为 53Cr21Mn9Ni4N 钢离子渗氮时稀土加入量对渗层深度的影响。

表 9-23　53Cr21Mn9Ni4N 钢离子渗氮时稀土加入量对渗层深度的影响（单位：μm）

$w(RE)=2\%$		$w(RE)=4\%$		$w(RE)=6\%$		$w(RE)=8\%$		$w(RE)=10\%$	
化合物层深度	扩散层深度	化合物层深度	扩散层深度	化合物层深度	扩散层深度	化合物层深度	扩散层深度	化合物层深度	扩散层深度
—	26	—	33	2	50	—	36	—	30

注：共渗工艺为 560℃×2h，稀土加入量是指稀土有机溶液蒸汽的通入量。

除稀土催渗离子渗氮技术外，还有一些通过调整工艺过程达到强渗目的的方法。例如，通过周期性的渗氮和时效处理，在渗层中形成多种有利于氮原子扩散的通道，强化内扩散过程；渗氮时在不同的温度区间进行热循环，以控制界面与内扩散时化学位的变化而加速渗氮过程。总之，人们正在不断地尝试不同的催渗方法，以期达到高质、高效的目的。

9.3.6　活性屏离子渗氮技术

20 世纪 90 年代末，卢森堡工程师 Georges 发明了活性屏离子渗氮技术（Through Cage PlasmaNitriding，或称为 Active Screen Plasma Nitriding），并在活塞环等一些机械零部件获得成功应用。

与普通直流离子渗氮技术不同的是，活性屏离子渗氮技术是将高压直流电源的负极接在真空室内一个铁制的网状圆筒上，被处理的工件置于网罩的中间，工件呈电悬浮状态或与 100V 左右的直流负偏压相接（见图 9-53）。当直流高压电源被接通后，低压反应室内的气体被电离。在直流电场的作用下，这些被激活的离子轰击圆筒的表面，离子撞击的动能在圆筒的表面转变成热能，因而圆筒被加热。同时，在离子轰击下不断有铁或铁的渗氮物微粒被溅射下来。因此，

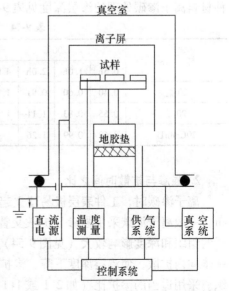

图 9-53　活性屏离子渗氮试验装置示意图

在活性屏离子渗氮过程中，这个圆筒同时起到两个作用：一是通过辐射加热，将工件加热到渗氮处理所需的温度；二是向工件表面提供铁或铁的氮化物微粒。当这些微粒吸附到工件表面后，高氮含量的微粒便向工件内部扩散，达到渗氮的目的。由于在活性屏离子渗氮处理过程中，气体离子是轰击这个圆筒，而不是直接轰击工件表面，所以直流离子渗氮技术中存在的一些问题也就迎刃而解，如工件打弧、空心阴极效应、电场效应、温度测量等。由于在活性屏离子渗氮处理过程中不再发生打弧现象，对离子渗氮电源的要求也大大降低，以往消耗大量电能的限流电阻也可以拆除。试验已经证明，活性屏离子渗氮可以达到和普通直流离子渗氮一样的处理效果，它的出现是直流离子渗氮技术的一大进步。

722M24（En40B）低合金钢［化学成分（质量分数）为：C0.3%，Mo6%，Cr5%，Mn2%，Fe余量］，经(520 ± 1)℃×12h、炉气$\varphi(H_2):\varphi(N_2)=75:25$、炉压为500Pa的活性屏离子渗氮处理，可获得深度为$100 \sim 110\mu m$的渗氮层，这一深度比直流离子渗氮处理的低10%~15%。

38CrMoAl钢经540℃×6h、纯N_2气氛、辉光放电电压为800V~1200V的活性屏离子渗氮处理，可获得深度为$210 \sim 250\mu m$的渗氮层，表面硬度可达700~900HV。

9.4　离子渗碳及碳氮共渗

9.4.1　离子渗碳工艺

1. 离子渗碳温度与时间

由于辉光放电及离子轰击作用，离子态的碳活性更高，且工件表层形成大量的微观缺陷，提高了渗碳速度。但总的来讲，离子渗碳过程主要还是受碳的扩散控制，渗碳时间与渗碳层深度之间符合抛物线规律。较之于渗碳时间，渗碳温度对渗速的影响更大。在真空条件下加热，工件的畸变量较小，因此，离子渗碳可在较高的温度下进行，以缩短渗碳周期。几种材料离子渗碳处理的渗层深度见表9-24。

表9-24　离子渗碳处理的渗层深度　　　　　　　　　　（单位：mm）

材　料	900℃				1000℃				1050℃			
	0.5h	1.0h	2.0h	4.0h	0.5h	1.0h	2.0h	4.0h	0.5h	1.0h	2.0h	4.0h
20钢	0.40	0.60	0.91	1.11	0.55	0.69	1.01	1.61	0.75	0.91	1.43	—
20Cr	0.55	0.83	1.11	1.76	0.84	0.98	1.37	1.99	0.94	1.24	1.82	2.73
20CrMnTi	0.69	0.99	1.26	—	0.95	1.08	1.56	2.15	1.04	1.37	2.08	2.86

2. 强渗与扩散时间之比

离子渗碳时，工件表层极易建立起高碳势。为了获得理想的表面碳浓度及渗层碳浓度分布，一般离子渗碳采用强渗与扩散交替的方式进行。强渗与扩散时间之比（渗扩比）对渗层的组织和深度影响较大（见图9-54）。渗扩比过高，表层易形成块状碳化物，并阻碍碳进一步向内扩散，使渗层深度下降；渗扩比太小，表层供碳不足，也会影响渗层深度及表层组织。采用适当的渗扩比（如2:1或1:1），可获得较好的渗层组织（表层碳化物弥散分布），且能保证足够的渗速。对深层渗碳件，扩散时间所占比例应适当增加。

3. 辉光电流密度

工业生产时，离子渗碳所用的辉光电流密度较大，足以提供离解含碳气氛所需能量，建立向基体扩散的碳含量。离子渗碳层深度主要受扩散速度控制，如果排除电流密度增加使工件与炉膛温差加大这一因素，辉光电流密度对离子渗碳层深度不会产生太大影响，但会影响表面碳含量达到饱和的时间。

4. 稀释气体

离子渗碳的供碳剂主要采用 CH_4 和 C_3H_8，以氢气或氮气稀释，渗碳剂与稀释气体的体积比约为 1:10，工作炉压控制在 $133 \sim 532Pa$。氢气具有较强的还原性，能迅速洁净工件表面，促进渗碳过程，对清除表面炭黑也较为有利，但使用时应注意安全。

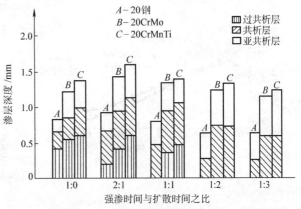

图 9-54 强渗与扩散时间之比对渗层深度及组织的影响
注：离子渗碳工艺为 1000℃ ×2h。

9.4.2 离子碳氮共渗工艺

离子渗碳气氛中加入一定量的氨气，或直接用氮气作为稀释剂，可进行离子碳氮共渗。离子碳氮共渗可在比气体法更宽的温度区间内进行。温度升高，钢中渗入的氮减少。用普通方法进行碳氮共渗时，温度一般不超过 900℃，而采用离子法，可实现 900℃ 以上的碳氮共渗。

与离子渗碳相似，离子碳氮共渗也应采用强渗 + 扩散的方式进行，不同的渗扩比对渗层组织和深度将会产生较大的影响。20CrMnTi 及 20Cr2Ni4 钢在不同渗扩比的条件下进行离子碳氮共渗，其共渗层深度及组织分布见表 9-25。

表 9-25 不同渗扩比的离子碳氮共渗层深度及组织分布 （单位：mm）

渗扩比	20CrMnTi				20Cr2Ni4			
	过共析层深度	共析层深度	亚共析层深度	总渗层深度	过共析层深度	共析层深度	亚共析层深度	总渗层深度
6:0	0.30	0.50	0.40	1.20	0.20	0.55	0.45	1.20
4:2	0.15	0.60	0.45	1.20	0.15	0.55	0.50	1.20
3:3	0.05	0.60	0.40	1.05	0.03	0.60	0.52	1.15
2:4	0	0.60	0.45	1.05	0	0.60	0.50	1.10

注：共渗温度为 850℃，共渗时间（强渗 + 扩散）为 6h；氢气作为放电介质，强渗阶段 $\varphi(C_3H_8) = 5\%$，扩散阶段 $\varphi(C_3H_8) = 0.5\%$；共渗后直接淬火，然后在 250℃ 进行 2h 真空回火。

综合考虑渗层组织及表面硬度等因素，渗扩比在 3:3 时较佳，其共渗层硬度分布及碳、氮含量分布如图 9-55 和图 9-56 所示。

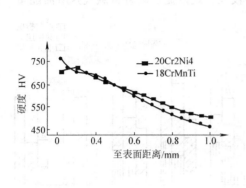

图 9-55　离子碳氮共渗层硬度分布

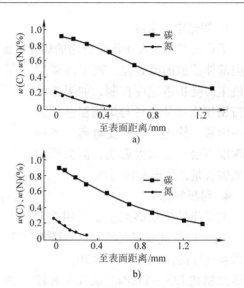

图 9-56　离子碳氮共渗层碳、氮含量分布

9.5　离子渗硫及多元共渗

9.5.1　低温离子渗硫工艺

在辉光电场的作用下含硫介质被电离，硫元素渗入工件表层形成硫化物层，从而提高零件表面的耐磨性和抗咬合性能，这种工艺方法称为离子渗硫。

低温离子渗硫一般在 160~280℃ 的较低温度下进行。设备大部分为经过改造的离子渗氮炉，设备改造的目的是防止硫对输气管道和密封件的腐蚀。含硫介质的供给方式主要有以下几种：①利用硫蒸气进行离子渗硫，硫的蒸发器可放在炉内或炉外；②依靠负压将 CS_2 直接吸入炉内；③将硫化亚铁与水蒸气反应生成 H_2S 气体再送入炉内。

离子渗硫的速度较快，一般经 2~4h 处理即可获得 10~20μm 的渗硫层，且随着渗硫温度的升高和保温时间的延长，渗层表面硫含量逐渐增多，见表 9-26。

表 9-26　45 钢在不同工艺条件下离子渗硫处理后表层硫含量

工艺参数	温度/℃	160	190	220	250	280	190				
	时间/h			1			0.5	1	2	3	4
$w(S)(\%)$		1.70	2.61	5.62	8.68	27.20	1.27	2.61	3.22	3.26	3.30

低温离子渗硫技术适用于基体硬度较高的材料，如经淬火 + 回火处理的轴承钢、模具钢等。如果基体强度太低，则很难充分发挥渗硫层的耐磨性。

9.5.2　离子硫氮共渗及离子硫氮碳共渗工艺

渗硫层只有结合在高硬度的基体上，才能充分发挥硫化物的减摩润滑作用。因此，实际生产中应用较多的是离子硫氮共渗和离子硫氮碳共渗。

1. 离子硫氮共渗

一般采用 NH_3 和 H_2S 作为共渗剂进行离子硫氮共渗，$\varphi(NH_3):\varphi(H_2S)$ 为 10:1~30:1。

图 9-57 所示为 20CrMnTi 钢在不同气氛下离子硫氮共渗层的硬度分布。气氛配比对离子硫氮共渗层硬度、深度和硫含量的影响见表 9-27。硫的渗入，不仅在工件表面形成硫化物层，而且还对渗氮过程起到一定的催渗作用。气氛中硫含量存在一个最佳配比，硫含量太高易形成脆性 FeS_2 相，出现表层剥落。

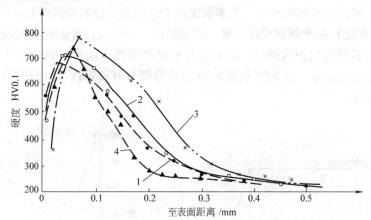

图 9-57　20CrMnTi 钢在不同气氛下的离子硫氮共渗层硬度分布

1—$\varphi(NH_3):\varphi(H_2S)=10:1$　　2—$\varphi(NH_3):\varphi(H_2S)=20:1$　　3—$\varphi(NH_3):\varphi(H_2S)=30:1$

4—$\varphi(NH_3):\varphi(H_2S)=60:1$

注：离子硫氮共渗工艺为 570℃ ×2h。

表 9-27　气氛配比对共渗层硬度、深度及硫含量的影响

气氛配比 $\varphi(NH_3):$ $\varphi(H_2S)$	表面硫含量 $w(S)$ （%）	W18Cr4V		40Cr		脆性等级 （HV5 压痕）
		渗层深度 /mm	表面硬度 HV0.05	渗层深度 /mm	表面硬度 HV0.05	
氨	—	0.110	1302	0.28	692	Ⅰ
15:1	0.057 ~ 0.060	0.110	1302	0.28	698	Ⅰ
10:1	0.079 ~ 0.093	0.116	1283	0.31	676	Ⅰ
5:1	0.13 ~ 0.18	0.130	1275	0.32	644	Ⅰ
3:1	—	0.107	1197	0.27	575	Ⅰ ~ Ⅱ
2:1	0.36	0.093	1095	0.23	539	Ⅰ

注：离子硫氮共渗工艺为 （520 ±10）℃ ×2h。

离子硫氮共渗已用于工具、模具及一些摩擦件处理，该工艺具有比其他共渗方法更高的效率（见表 9-28）。

表 9-28　高速钢不同共渗方法的渗速比较

共渗工艺	离子硫氮共渗	液体硫氮共渗	气体硫氮共渗	气体硫氮共渗	碳氮氧硫硼共渗
	（550 ±10）℃ × 15 ~ 30min	530 ~ 550℃ × 1.5 ~ 3h	570℃ ×6h	550 ~ 560℃ ×3h	560 ~ 570℃ ×2h
渗层深度/mm	0.051 ~ 0.067	0.03 ~ 0.06	0.097	0.04 ~ 0.07	0.03 ~ 0.07

2. 离子硫氮碳共渗

离子硫氮碳共渗可用 NH_3（或 N_2、H_2 等）加入 H_2S 及 CH_4（或 C_3H_8 等）作为处理介质。

如 20CrMo 钢在 $\varphi(N_2)$ 为 $20\%\sim80\%$、$\varphi(H_2S)$ 为 $0.1\%\sim2\%$、$\varphi(C_3H_8)$ 为 $0.1\%\sim7\%$ 及余量 H_2(或 Ar)的气氛中，进行 $400\sim600\text{℃}$ 离子硫氮碳共渗，硫化物层可达 $3\sim50\mu m$，表面硬度为 $600\sim700HV$。

由于采用硫化亚铁与稀盐酸反应制备 H_2S 的方法工艺性较差，且 H_2S 对管路的腐蚀和环境污染严重，因而在实际生产中，大多数采用 CS_2 作为供硫剂及供碳剂。可将无水乙醇与 CS_2 按 2:1（体积比）的比例制成混合液，依靠炉内负压吸入，再以氨气与混合气按 $20:1\sim30:1$（体积比）的比例向炉内送气，即可进行硫氮碳共渗。共渗时硫的通入量同样不能太大，否则将引起表面剥落。图 9-58 和图 9-59 所示分别为 3Cr2W8V 钢离子硫氮碳共渗工艺曲线和硬度分布曲线。

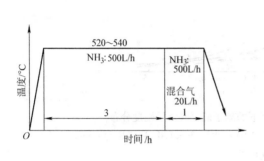

图 9-58　3Cr2W8V 钢离子
硫氮碳共渗工艺曲线

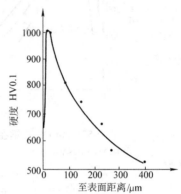

图 9-59　3Cr2W8V 钢离子硫氮碳
共渗层硬度分布曲线

9.5.3　离子渗硫及其多元共渗层的组织与性能

渗硫层一般由密排六方结构的 FeS 组成，硬度约为 60HV。当硫含量进一步提高，可能生成 FeS_2，FeS_2 为正交或立方结构，不具备自润滑性能。对离子硫氮共渗或离子硫氮碳共渗处理的材料，次表层为 ε 相或 $\varepsilon+\gamma'$ 组成的化合物层，接着为扩散层。

密排六方结构的 FeS 相具有类似石墨的层状结构，受力时易沿 {001} 滑移面产生滑移；其次，FeS 疏松多孔，便于储存并保持润滑介质，改善液体润滑效果；另外，硫化物层阻隔了金属之间的直接接触，降低了黏着磨损倾向。在受热和摩擦受热时，FeS 可能发生分解与重新生成，并沿晶界向内扩散。

FeS 具有的特性为离子渗硫或共渗层带来了优良的减摩、耐磨、抗咬死等性能。表 9-29 为不同离子渗硫工艺条件下，45 钢试样在 SKODA 试验机上的耐磨性对比情况。图 9-60 所示为离子渗硫试样与未渗硫试样的摩擦因数与磨损宽度对比。

表 9-29　不同离子渗硫工艺处理的 45 钢试样的耐磨性对比情况

载荷/N	50		30		10	
耐磨性	体积磨损量 /(mg/m^3)	相对磨损量	体积磨损量 /(mg/m^3)	相对磨损量	体积磨损量 /(mg/m^3)	相对磨损量
280℃×3h	20.81	6.57	10.30	7.05	1.362	4.66
240℃×3h	20.43	6.69	5.391	13.48	0.5867	10.90

（续）

载荷/N	50		30		10	
耐磨性	体积磨损量 /(mg/m³)	相对磨损量	体积磨损量 /(mg/m³)	相对磨损量	体积磨损量 /(mg/m³)	相对磨损量
200℃×3h	24.66	5.54	10.35	7.02	1.852	3.43
160℃×3h	53.27	2.57	33.31	2.18	6.396	0.99
45 钢未渗硫	136.7	1	72.66	1	6.353	1
240℃×0.5h	43.46	3.15	21.41	3.39	3.662	1.73
240℃×1h	29.66	4.61	11.70	6.21	1.995	3.18
240℃×2h	16.41	8.33	8.009	9.07	0.5313	11.96

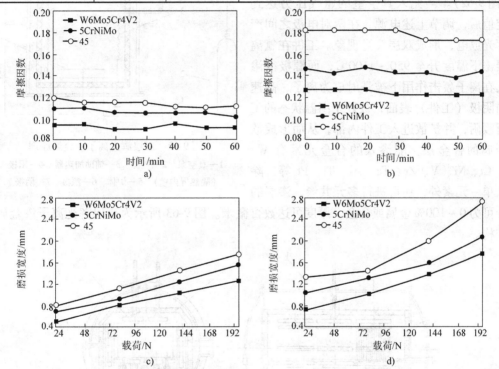

图 9-60　离子渗硫试样与未渗硫试样的摩擦因数和磨损宽度对比

a）渗硫层摩擦因数　b）未渗硫试样摩擦因数　c）渗硫层磨损宽度　d）未渗硫试样磨损宽度

3Cr2W8V 钢经图 9-52 所示的工艺进行离子硫氮碳共渗处理后的抗咬合试验曲线如图 9-61 所示。

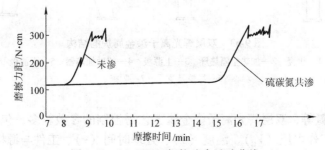

图 9-61　3Cr2W8V 钢抗咬合试验曲线

9.6 离子渗金属

9.6.1 双层辉光离子渗金属

双层辉光离子渗金属是多种离子渗金属技术中较为成熟的一种。该技术的基本原理是在真空容器内设置阳极、阴极（工件）以及欲渗金属制成的金属靶（源极），阴极和阳极之间以及阴极与源极之间各设一个可调直流电源（见图9-62）。当充入真空室的氩气压力达到一定值后，调节上述电源，在两对电极之间产生辉光放电，形成双层辉光现象。工件在氩离子轰击下温度升至 950~1100℃，而源极欲渗金属在离子轰击作用下被溅射成为离子，高速飞向阴极（工件）表面，被处于高温状态的工件所吸附，并扩散进入工件内部，从而形成欲渗金属的合金层。能渗入的合金元素有 W、Mo、Cr、Ni、V、Zr、Ta、Al、Ti、Pt 等，除渗入单一元素外，还可进行多元共渗，渗层的

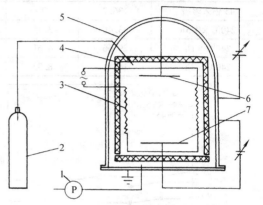

图 9-62　双层辉光离子渗金属原理
1—真空泵　2—气源　3—辅助加热器　4—阳极
（隔热屏内壁）　5—炉体　6—源极　7—阴极

成分可为 0~100% 金属或合金，厚度可达数百微米。图9-63 所示为双层辉光离子渗金属炉的结构。

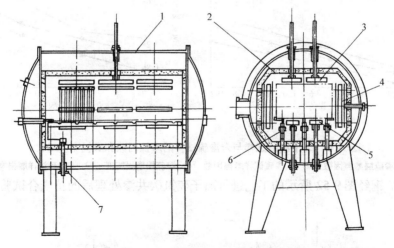

图 9-63　双层辉光离子渗金属炉的结构
1—炉壳　2—加热室隔热屏　3—上源极　4—辅助加热器　5—下源极
6—导轨及支承　7—阴极

较之于离子渗氮等，双层辉光离子渗金属工艺需控制的参数较多，包括工作压力（p）、源极电压（V_S）、工作电压（V_C）、温度（T）、处理时间（τ）、工件与源极间距离（d）等。在 $p = 39.9\text{Pa}$、$V_S > 900\text{V}$、$V_C = 400\text{V}$、$d = 15\text{mm}$ 的条件下，20 钢经 1000℃ × 1h + 800℃ ×

1.5h 离子渗金属处理（源极为 Ni80Cr20），渗层的合金分布曲线如图 9-64 所示；在 $p =$ 39.9Pa、$V_S = 700V$ 的条件下，20 钢经 1000℃ × 3h 离子渗金属处理（源极为 W-Mo），渗层的合金总含量分布曲线如图 9-65 所示。

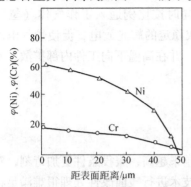

图 9-64　Ni、Cr 渗层的合金分布曲线

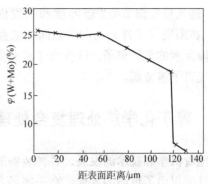

图 9-65　渗层 W、Mo 总含量分布曲线

双层辉光离子渗金属的渗层成分可调性强，能模拟许多高合金钢的成分，适用范围广。

9.6.2　其他离子渗金属方法介绍

1. 多弧离子渗金属

多弧离子渗金属是在多弧离子镀的基础上发展起来的渗金属技术。多弧离子渗金属设备的结构如图 9-66 所示。工作时，首先在工件上施加 2000V 以上的负偏压，用引弧极引燃阴极电弧，所产生的金属离子流被加速并迅速将工件轰击加热至 1000℃ 左右，金属离子除轰击加热工件外，还有足够的能量在工作表面迁移和扩散，实现离子渗金属的目的。与辉光放电相比，弧光放电具有放电电压低（一般为 20 ~ 70V）、电流密度大（>100A/cm²）的特点，因而多弧离子渗金属渗速快。只要能加工成阴极电弧源靶材的金属或合金，均可实现这些元素的多弧离子渗金属处理。

08 钢在 1100℃ 进行 20min 多弧离子渗钛，可获得渗层深度为 70μm 的渗钛层；经 13min 渗铝后，渗层深度可达 60μm。

2. 加弧辉光离子渗金属

该技术是在双层辉光离子渗金属的装置中引入冷阴极电弧源，产生弧光放电，选用欲渗元素的固态纯金属或合金制成阴极电弧源靶和辉光放电辅助源极溅射靶。阴极电弧作为蒸发源、加热源、离子化源，具

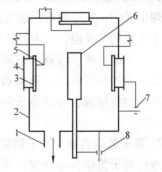

图 9-66　多弧离子渗金属设备的结构图

1—真空系统　2—真空室　3—弧源靶材
4—阴极弧源座　5—触发极　6—工件
7—弧源电源　8—工件偏压电源

有离子化率高、能量大、渗速快、设备简单、成本低等特点。双层辉光离子渗金属的源极作为辅助供给源和辅助阴极，可增加金属离子的绕射性，易使大型、复杂工件的温度、渗层及成分均匀。一般将工件加热至 1000℃ 左右，金属离子靠轰击与扩散渗入工件表面。例如，10 钢和 60 钢经 1050℃ × 35min 加弧辉光离子渗铝，渗层深度分别为 110μm 和 90μm，试样

表面铝含量可达8%（质量分数）左右。

3. 气相辉光离子渗金属

在离子化学热处理设备中，适量通入欲渗金属的化合物蒸气（如 $TiCl_4$、$AlCl_3$、$SiCl_4$ 等），通入量靠调节蒸发器温度和蒸发面积来控制，同时按比例通入工作气体（氢气或氮气）。在阴极（工件）与阳极之间施加直流电压，形成稳定的辉光放电，促使炉气电离，产生欲渗元素的金属离子。这些离子高速轰击工件表面，并在高温下向工件内部扩散，实现气相辉光离子渗金属。

9.7 离子化学热处理复合处理技术

随着科学和技术的发展，各种装备的可靠性要求越来越高，服役条件更加苛刻，对材料表面性能提出了更高的要求。在一些场合，采用单一技术进行表面改性处理很难满足特殊性能的需要，因而复合处理成为当今表面改性技术发展的一个重要方向。将几种离子化学热处理工艺复合，或将多种离子化学热处理技术与其他先进的表面处理方法匹配，可以解决单一处理方法或单一技术存在的不足，从而有效地提高工件表面的耐磨性、耐蚀性和强度等指标。

1. 离子渗氮 + 等离子体化学气相沉积复合处理

离子渗氮层具有较高的硬度，耐磨性较好，但与 TiN、TiC 等气相沉积层相比，差距仍然较大。对于气相沉积层，由于它与基体之间的结合介于机械结合和冶金结合之间，结合强度相对较差，疲劳性能较低，特别是在较大负载和冲击负载的作用下，容易出现溃裂。将离子渗氮与气相沉积技术结合起来，可以形成许多突出的特性，特别是与等离子体气相沉积技术（PCVD）复合，可在一套设备中完成整个工作。首先，将离子渗氮作为预处理，可为后续处理生成的 TiN 等耐磨层建立起良好的硬度梯度，提高覆层的疲劳强度；其次，在渗氮层基础上生长的 TiN 层，二者晶格结构相近，提高了 TiN 层的结合强度，抗剥落性能提高。据有关资料介绍，离子渗氮 + 等离子体化学气相层的耐磨性不仅优于单一的离子渗氮层，而且优于单一的气相沉积层。该项技术已在许多生产领域获得应用。例如，W6Mo5Cr4V2 钢制 M10 不锈钢挤压模，采用离子渗氮 + 等离子体化学气相处理，使用寿命从 8000 次提高到 16800 次。

2. 离子氮碳共渗 + 离子后氧化复合处理

进行离子氮碳共渗处理，可在工件表面形成化合物层，有效地提高了工件表面的耐磨性、抗咬合性和抗擦伤性。但离子氮碳共渗处理后的氮碳化合物层或多或少地存在疏松问题，对耐磨性和耐蚀性造成不利影响。近年来，国内外开发出一种新型的化学热处理工艺——离子氮碳共渗 + 离子后氧化（称之为 PLASOX 或 IONIT OX 技术），即在离子氮碳共渗形成的 ε 化合物表面，再经过离子渗氧处理，形成一层黑色致密的 Fe_3O_4 膜，有效地提高了工件表面的耐磨性和耐蚀性，其耐蚀性超过镀硬铬处理。与 QPQ 技术相比，该技术解决了后者的环保问题。

在离子渗氧过程中，由于通入的工作介质是氧气或水蒸气这样一些电负性较强的气体，离子导电性下降，离子轰击作用减弱。因此，进行离子渗氧处理适于采用带有辅助加热或带有保温装置的离子化学热处理炉。45 钢采用表 9-30 所示工艺进行离子氮碳共渗 + 离子后氧化复合处理，试样表面可获得 18μm 的 ε 化合物层，最表层为 2 ~ 3μm 致密的 Fe_3O_4 层。其渗层硬度分布如图 9-67 所示，表面硬度较低的区域为氧化层，它的摩擦因数低，且多孔易于储油，提高了抗咬合性能。通过 5% NaCl 浸泡试验，其耐蚀性能比单一的离子氮碳共渗层提高 13 倍，比发黑处理提高 17 倍，比镀硬铬提高 2 倍，是奥氏体不锈钢的 1.1 倍。

表 9-30　离子氮碳共渗 + 离子后氧化复合处理工艺参数

工艺参数	离子氮碳共渗	离子后氧化处理
电压/V	700 ~ 800	700 ~ 800
电流/A	≈20	≈20
$\varphi(NH_3):\varphi(N_2)$	4:1	—
$\varphi(H_2):\varphi(O_2)$	—	9:1
炉压/Pa	≈500	≈500
处理温度/℃	570	520
处理时间/h	3	1

3. 离子渗碳 + 离子渗氮复合处理

众所周知，离子渗氮层具有较高的耐磨性、耐蚀性和疲劳强度，但它的渗层较薄、硬度梯度较陡、表面承载能力较差，而渗碳层具有硬度梯度平缓、承载能力高的特点。因此，将离子渗碳工艺和离子渗氮工艺复合采用，可以充分发挥二者的优势，扩大材料的服役领域。

例如，奥氏体不锈钢是一种在石油、化工、食品、制药等行业广泛应用的金属材料，但硬度低和耐磨性差是其突出的缺点。目前，奥氏体不锈钢的强化方法包括离子渗氮、离子渗碳、离子注入等。对 06Cr17Ni12Mo2 不锈钢采用表 9-31 的离子渗碳、离子渗氮工艺以及二者的复合处理，可获得图 9-68 所示的渗层硬度，其硬度梯度分布

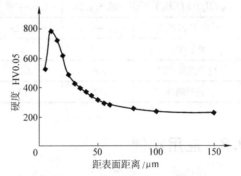

图 9-67　离子氮碳共渗 + 离子后
氧化复合处理的渗层硬度分布

曲线如图 9-69 所示（较低的处理温度，有利于防止基体中铬的析出，避免材料耐蚀性下降）。通过复合处理，可有效地改善渗层的硬度梯度；与未处理试样相比，耐蚀性大幅度提高（见表 9-32）。

4. 离子渗氮 + 离子注入复合处理

离子渗氮技术是提高金属材料表面硬度和耐磨性的有效手段，但受平衡条件的限制，渗氮层的氮含量有限。通过对渗氮层进行离子注入处理，可较大幅度地提高材料表面的氮含量，获得耐磨性更高的表面改性层。

对 25Cr3MoA 钢首先进行离子渗氮处理，表面获得深度为 0.35 ~ 0.55mm、最高氮含量达 10%（摩尔分数）的渗氮层，然后进行温度为 250℃ 的高温离子注入，离子注入层的深度超过 400nm，氮含量达 15%（摩尔分数）。通过对比试验，复合处理的耐磨性可比离子渗氮层提高 10.5%。

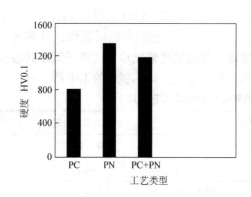

图 9-68　离子渗碳（PC）、离子渗氮（PN）
以及离子渗碳 + 离子渗氮复合处理
（PC + PN）的渗层厚度

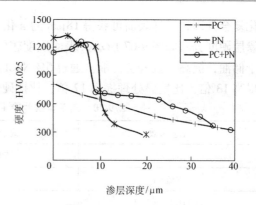

图 9-69　不同离子化学热处理
的渗层硬度分布曲线

表 9-31　06Cr17Ni12Mo2 不锈钢离子渗碳、
离子渗氮及复合处理的工艺参数

工艺参数	离子渗碳	离子渗氮
电压/V	500 ~ 700	500 ~ 700
电流/A	5	5
$\varphi(H_2):\varphi(CH_4)$	95.5:1.5	—
$\varphi(H_2):\varphi(N_2)$	—	75:25
炉压/Pa	540	450
处理温度/℃	500	500
处理时间/h	12	12

表 9-32　06Cr17Ni12Mo2 不锈钢离子化学
热处理前后的耐磨性能

工　艺	磨损体积 /10^{-3} mm^3
未处理	6.69
离子渗氮	0.0488
离子渗碳	0.0318
离子渗碳 + 离子渗氮复合处理	0.0486

9.8　应用实例

1. 离子渗氮及氮碳共渗应用实例（见表 9-33）

表 9-33　离子渗氮及氮碳共渗应用实例

序号	工件名称	材料及尺寸	处理工艺	处理效果
1	挤塑机螺杆	38CrMoAlA，调质预处理	520℃ × 18h + 560℃ × 12h 两段离子渗氮	表面硬度 > 950HV5，渗层深度 > 0.5mm
2	冷冻机缸套	HT250 灰铸铁，内径 ϕ170mm	520℃ × 18h 离子渗氮	表面硬度为 800 ~ 1130HV0.1，化合物层深度为 7μm，总渗层深度为 0.15mm。离子渗氮处理的缸套使用寿命比液体氮碳共渗提高 2 倍
3	冷冻机阀片	30CrMnSi，基体硬度为 37 ~ 41HRC	380 ~ 420℃ × 100 ~ 120min 离子渗氮	表面硬度为 61 ~ 65HRC，渗层深度为 0.1 ~ 0.12mm；使用寿命提高 3 倍以上
4	高压螺杆泵螺杆	38CrMoAlA，调质预处理	520 ~ 540℃ × 2h 离子渗氮	表面硬度为 950 ~ 1150HV，渗层深度 > 0.1mm，弯曲畸变量 ≤ 0.02mm，经 1050h 试车运行无磨损

（续）

序号	工件名称	材料及尺寸	处理工艺	处理效果
5	压缩机活塞拉杆	40Cr，调质预处理	520～540℃×12h 离子渗氮	表面硬度为 84～88HRN15，渗层深度为 0.3～0.4mm。代替 45 钢镀硬铬，使用寿命提高 10 倍以上
6	高速线材精轧机齿轮	25Cr2MoV，调质预处理。齿轮模数为 8mm，齿数 41～94，重 170～790kg	520～530℃×34h 离子渗氮，炉压为 532～1064Pa	表面硬度为 660～730HV5，化合物层深度为 5μm，深层深度为 0.5～0.65mm，脆性等级为 1 级。代替渗碳淬火工艺
7	12.5 万 kW 水轮机调速主阀衬套	40Cr，调质预处理。衬套长 595mm，外径 φ254mm，内径 φ190mm	（520±10）℃×8h 离子渗氮	表面硬度为 550HV，渗层深度为 0.30mm，脆性等级为 1 级；离子渗氮后直径方向最大畸变量＜0.034mm，大大低于气体渗氮的畸变量
8	高精度外圆磨床主轴	38CrMoAlA，调质预处理。主轴长 680mm，最大直径 φ80mm	520℃×18h+570℃×20h 离子渗氮	表面硬度为 100～1033HV，渗层深度为 0.48～0.56mm；离子渗氮后主轴径向圆跳动≤0.03mm，比气体渗氮后的跳动量减小 1/2
9	精密丝杆	38CrMoAlA，调质预处理	520℃×12h+570℃×6h 离子渗氮	表面硬度＞1000HV5，渗层深度≥0.4mm。取代原有 CrWMn 钢淬火丝杆，耐润滑磨损性能提高 47%，耐磨料磨损性能提高 14 倍
10	6250 型柴油机曲轴	球墨铸铁	510℃×6h+540℃×8h 两段离子渗氮	表面硬度为 850HV0.1，渗层深度为 0.21mm
11	柴油机进排气阀	4Cr14Ni14W2Mo	600℃×8h，离子渗氮	表面硬度为 800HV0.05，渗层深度为 0.1mm
12	高速锤精压叶片模	3Cr2W8V，淬火+回火预处理，硬度为 48～52HRC	540℃×12h 离子渗氮	表面硬度为 66～68HRC，渗层深度为 0.4mm；离子渗氮后脱模容易，叶片光洁，寿命提高数倍
13	铝压铸模	3Cr2W8V，淬火+回火预处理	500～520℃×6～9h 离子渗氮	寿命提高 2～3 倍
14	蜗壳拉深成形模	Cr12MoV，淬火+回火预处理	500℃×5h 离子渗氮	表面硬度为 1200HV，化合物层深度为 15μm，渗层深度为 0.12mm，使用寿命提高 25 倍
15	立铣刀	65Mn，φ28mm	450℃×60min+500℃×20min 离子渗氮	寿命比未经渗氮处理的产品提高 5.6 倍
16	锯片铣刀	GCr15，φ150mm×4mm×50 齿	480℃×55min 离子渗氮	寿命提高 46 倍
17	花键孔推刀	W18Cr4V，淬火+回火预处理	520℃×50min 离子渗氮	寿命提高 3.3 倍

（续）

序号	工件名称	材料及尺寸	处理工艺	处理效果
18	6105型柴油机活塞环	灰铸铁	570℃×4h 离子氮碳共渗，φ（CH$_2$COCH$_3$）：φ（NH$_3$）= 1:3.5~5	表面硬度 667~713HV0.05，化合物层厚度 12~16μm，扩散层深度 0.19~0.22mm。装机考核，寿命比普通活塞环提高1倍以上
19	自行车冷挤压模	LD钢，挤压 Q235钢自行车花盘	540℃×4h 离子氮碳共渗，φ（C$_2$H$_5$OH）：φ（NH$_3$）= 1:9	表面硬度为 1132HV0.1，化合物层深度为 16μm，渗层深度为 0.31mm。由 W18Cr4V 气体氮碳共渗的 800 次寿命、LD钢气体氮碳共渗的 2000 次寿命提高到 4000 次
20	液压马达转子	42CrMo	CO$_2$+NH$_3$ 为渗剂的离子氮碳共渗	表面硬度 ≥800HV0.1，化合物层深度为 13~18μm，扩散层深度 >0.5mm
21	活塞环	50CrV，ϕ60~ϕ90mm	480℃×8h 稀土催渗离子渗氮，φ(H$_2$):φ(N$_2$):φ(稀土混合液)= 0.3:0.7:0.02	表面硬度为 894HV0.1，渗层深度为 0.33mm。比普通离子渗氮处理渗速提高 32%，硬度提高 7.5%，使用寿命高于镀铬环
22	TY102型发动机排气门	5Cr21Mn9Ni4N	540℃×6h 稀土催渗离子氮碳共渗，分解氨+6%稀土混合液	表面硬度为 1000HV0.1，渗层深度为 55~59μm。渗速比普通离子氮碳共渗处理提高 47%

2. 离子渗碳及碳氮共渗应用实例（见表9-34）

表9-34 离子渗碳及碳氮共渗应用实例

序号	工件名称	材料及尺寸	处理工艺	处理效果
1	喷油嘴针阀体	18Cr2Ni4WA	（895±5）℃×1.5h 离子渗碳、淬火及低温回火	表面硬度 ≥58HRC，渗碳层深度为 0.9mm
2	大马力推土机履带销套	20CrMo，ϕ71.2mm×165mm（内孔 ϕ48mm）	1050℃×5h 离子渗碳，中频感应淬火	表面硬度为 62~63HRC，有效硬化层深度为 3.3mm
3	大型减速机齿轮	20CrMnMo，ϕ817×ϕ180mm	（960±10）℃离子渗碳，强渗 3h（氨气 0.8~1.0m³/h，丙酮 225~270L/h）+扩散 1.5h（氨气 0.8~1.0m³/h，丙酮 120~150L/h）	渗碳层深度为 1.9mm，表面碳含量 w(C)为 0.82%
4	搓丝板	12CrNi2	910℃离子渗碳，强渗 30min+扩散 45min，淬火及低温回火	表面硬度为 830HV0.5，有效硬化层深度为 0.68mm
5	齿轮套	30CrMo	910℃离子渗碳，强渗 30min+扩散 60min，淬火及低温回火	表面硬度为 780HV0.5，有效硬化层深度为 0.86mm
6	钢领圈	20钢	860~870℃×1h 离子碳氮共渗，氨气 0.3L/min，φ（甲醇）:φ（丙酮）= 4:1，混合液 15mL/min，共渗后炉冷，重新加热淬火回火	表面硬度为 84.5~85.0HRA，有效硬化层深度为 0.3~0.4mm。处理周期为气体碳氮共渗的 1/4。装机使用，其磨损失重为气体碳氮共渗的 71.3%

3. 其他离子化学热处理应用实例（见表9-35）

表9-35 其他离子化学热处理应用实例

序号	工件名称	材料及尺寸	处理工艺	处理效果
1	直柄钻头	W18Cr4V, ϕ10mm	离子氮碳共渗 + 离子渗硫复合处理。离子碳氮共渗工艺：520℃×45min，氨气 3L/min + 丙酮挥发气 0.23L/min；离子渗硫工艺：220℃×60min，氨气 0.52L/min + 含硫介质挥发气 0.7L/min	灰黑色硫化物层深度为 10~12μm，硬度为 203~216HV；化合物层深度为 12~15μm，硬度 1200~1400HV；扩散层深度为 90~100μm。复合处理的钻头在调质45钢上钻孔，比未经复合处理的钻头寿命提高 0.5~0.8 倍
2	内燃机车活塞环	Cr-Mo-Cu 铸铁	520℃×3h 离子硫氮共渗	硫化物层深度为 5μm，硬度为 200HV0.1；化合物层深度为 10μm，硬度为 900HV0.1；扩散层厚度 250μm。装机运行，耐磨性较铜衬环提高 2~3 倍
3	铝合金型材挤压模	3Cr2W8V	520~540℃ 离子硫氮共渗，先进行 2~3h 离子渗氮，接着进行 1h 离子硫氮共渗(500L/hNH_3 +20L/h 乙醇与 CS_2 的混合液)	表面层深度 15μm，硬度为 100~150HV；总渗层深度为 0.2mm。使用寿命成倍提高
4	手用钢锯条	基材为 20 钢或 20Cr 钢	离子钨钼共渗，温度为 950~1100℃，炉压为 133Pa，工作气体为氩气，工业纯钨和纯钼为源极，离子渗金属后进行渗碳处理	表面硬度为 790~850HV，渗层深度 >150μm，$w(Mo)$ = 8%~10%，$w(W)$ = 2.6%~3.0%。离子渗金属的切削寿命与高速钢锯条相当，但成本仅为后者的 17%

附录 A　国内外表面热处理常用钢铁牌号对照表

钢种	钢类	中国 GB	美国 AISI/SAE	美国 UNS	英国 BS	俄罗斯 ГОСТ	日本 JIS	德国 DIN	德国 W-Nr	法国 NF	瑞典 SS
		Q215A	—	—	—	Ст.2кп	SS34	USt34-2	1.0028	A34	—
		Q235A	A570Gr.36	K02502	4360-40B	Ст.3кп	SS34	USt37-2	1.0036	E24-2	1311
结构钢	碳素结构钢	08	1008	G10080	040A04	08	—	—	—	XC6	—
		10	1010	G10100	040A10	10	S10C	C10	1.0301	C10	1265
		15	1015	G10150	040A15	15	S15C	C15	1.0401	C12	1350
		20	1020	G10200	050A20	20	S20C	C22	1.0402	C20	1435
		35	1035	G10350	060A35	35	S35C	C35	1.0501	C35	1572
		40	1040	G10400	060A40	40	S40C	C40	1.0510	C40	—
		45	1045	G10450	060A47	45	S45C	C45	1.0503	C45	1660
		50	1050	G10500	060A52	50	S50C	C50	1.0540	XC50	1674
		55	1055	G10550	060A57	55	S55C	C55	1.0535	C55	1665
		60	1060	G10600	060A62	60	—	C60	1.0601	XC60	1678
	锰钢	20Mn2	1320	—	150M19	20Г2	SMn420	20Mn5	1.1169	20M5	—
		30Mn2	1330	G13300	150M28	30Г2	—	30Mn5	1.1165	32M5	—
		45Mn	1046	G10460	080A47	45Г	—	50Mn7		45M5	1672
		50Mn2	—	—	—	50Г2	—		1.0913	55Mn5	—
		65Mn	1066	—	080A67	65Г	—	—	—	—	—

（续）

钢种	钢类	中国 GB	美国 AISI/SAE	美国 UNS	英国 BS	俄罗斯 ГОСТ	日本 JIS	德国 DIN	德国 W-Nr	法国 NF	瑞典 SS
结构钢	硅锰钢	35SiMn	—	—	En46	35СГ	—	37MnSi5	1.5122	38MS5	—
		42SiMn	—	—	—	42СГ	—	46MnSi4	1.5121	41S7	—
		60Si2Mn	—	—	—	60С2Г	SUP6	60Si7	1.0909	60S7	—
	铬钢	15Cr	5115	G51150	523A14	15Х	SCr415	15Cr3	1.7015	12C3	—
		20Cr	5120	G51200	527A20	20Х	SCr420	17Cr3	1.7016	18C3	—
		40Cr	5140	G51400	530A40	40Х	SCr440	41Cr4	1.7035	42C4	2245
		45Cr	5145	G51450	—	45Х	SCr445	—	—	45C4	—
	铬钼钢	35CrMo	4135	G41350	708A37	35ХМ	SCM435	34CrMo4	1.7220	35CD4	2234
		42CrMo	4140	G41400	708M40	—	SCM440	42CrMo4	1.7225	42CD4	2244
	铬锰钢	20CrMn	5120	G51200	—	20ХГ	SMnC420	20MnCr5	1.7147	20MC5	—
		50CrMn	9261H	—	—	—	SUP7	—	—	—	—
	铬钒钢	50CrVA	6150	G61500	735A50	50ХФА	SUP10	50CrV4	1.8159	50CrV4	2230
	铬锰钼钢	20Cr4MnMo	4119	—	—	18ХГМ	—	—	—	—	—
		40CrMnMo	4142	G41420	708A42	40ХГМ	—	—	—	—	—
	铬锰钛钢	20CrMnTi	—	—	—	18ХГТ	—	—	—	—	—
		30CrMnTi	—	—	—	30ХГТ	—	30MnCrTi4	1.8401	—	—
	铬锰硅钢	20CrMnSi	—	—	—	20ХГС	—	—	—	—	—
		30CrMnSi	—	—	—	30ХГС	—	—	—	—	—
	铬硅钢	38CrSi	—	—	—	38ХС	—	—	—	—	—
	铬镍钢	12CrNi2	3415	—	—	12ХН2А	SNC415	14NiCr10	1.5732	14NC11	—
		12CrNi3	3310	G33100	665A12	12ХН3А	SNC815	14NiCr14	1.5752	14NC12	—
		20CrNi3	—	—	—	20ХН3А	—	—	—	20NC11	—

（续）

钢种	钢类	中国 GB	美国 AISI/SAE	美国 UNS	英国 BS	俄罗斯 ГОСТ	日本 JIS	德国 DIN	德国 W-Nr	法国 NF	瑞典 SS
结构钢	铬镍钢	30CrNi3	3435	—	653M31	30ХН3А	SNC836	31NiCr14	1.5755	30NC11	—
		12Cr2Ni4A	2515	—	659M15	12Х2Н4А	—	14NiCr18	1.5860	12NC15	—
		20Cr2Ni4	3316	—	665M13	20Х2Н4А	SNC815	14NiCr14	1.5752	18NC13	—
		40CrNi	3140	G31400	640M40	40ХН	—	40NiCr6	1.5711	—	—
	铬镍钨钢	18Cr2Ni4WA	—	—	—	18Х2Н4ВА	—	—	—	—	2506
	铬镍钼钢	20CrNiMo	8620	G86200	805M20	20ХНМ	SNCM220	21NiCrMo2	1.6523	20NCD2	—
		40CrNiMo	4340	G43400	816M40	40ХНМ	SNCM439	36NiCrMo4	1.6511	40NCD3	—
	铬镍钼钒钢	30CrNi2MoVA	—	—	—	30ХН2МФА	—	—	—	—	—
		45CrNiMoVA	—	—	—	45ХНМФА	—	—	—	—	—
工具钢	碳素工具钢	T7	—	—	—	у7	—	C70W2	1.1620	Y$_3$65	—
		T8	W107	T72302	—	у8	SK5	C80W2	1.1625	Y$_2$75	—
		T8Mn	—	—	—	у8Г	—	C85WS	1.1830	—	—
		T9	—	—	—	у9	—	—	—	Y$_3$90	—
		T10	W110	T72302	BW1B	у10	SK3	C105W2	1.1645	—	—
		T11	—	—	—	у11	—	C110W2	1.1654	Y$_2$105	—
		T12	W112	T72302	BW1C	у12	SK2	C125W2	1.1663	Y$_2$120	—
		T13	—	—	—	у13	SK1	C130W2	1.1673	Y$_2$135	—
	量具刃具用钢	9SiCr	—	T31507	—	9ХС	—	90CrSi5	1.2108	—	2092
		CrW	07	—	—	ХВ	SKS2	110CrV5	1.2519	110WC20	—
		Cr06	W5	—	—	13Х	SKS8	140Cr3	1.2008	130C3	—
		G2	L3	T61203	L3	Х	SUJ2	100Cr6	1.2067	Y100C6	—

（续）

钢种	钢类	中国 GB	美国 AISI/SAE	美国 UNS	英国 BS	俄罗斯 ГОСТ	日本 JIS	德国 DIN	德国 W-Nr	法国 NF	瑞典 SS
工具钢	量具刃具用钢	9Cr2	–	–	BL3	–	–	90Cr3	1.2056	Y100C6	–
		V	W210	T72302	BW2	Ф	SKS43	100V1	1.2833	$Y_1$105V	–
		W	F1	T60601	–	В1	SKS41	120W4	1.2414	–	–
		5CrW2Si	S1	T41901	BS1	5ХВ2С	–	–	–	55WC20	2710
		4CrW2SiV	–	–	–	–	–	45WCr7	1.2542	–	–
	冷作模具钢	Cr12	D3	T30403	BD3	Х12	SKD1	X210Cr12	1.2080	Z200C12	2310
		Cr12MoV	D2	T30402	BD2	Х12М	SKD11	X155CrMoVC12.1	1.2379	Z160CDV12	–
		CrWMn	O7	T31507	–	ХВГ	SKS31	105WCr6	1.2419	105WC13	2140
		9CrWMn	–	–	–	9ХВГ	–	–	–	–	–
		CrWMnV	O1	T31501	BO1	–	–	100MnCrW4	1.2510	90MWCV5	–
		9Mn2V	O2	T31502	BO2	–	–	90MnCrV8	1.2842	90MV8	–
	热作模具钢	5CrMnMo	–	–	–	5ХГМ	SKT5	40CrMnMo7	1.2311	–	–
		5CrNiMo	L6	T61206	–	5ХНМ	SKT4	55NiCrMoV6	1.2713	55NCDV7	–
		3Cr2W8V	H21	T20821	BH21	3Х2В8Ф	SKD5	X30WCrV93	1.2581	X30WCV9	2730
		4CrSiV	–	–	–	4ХС	–	45SiCrV6	1.2249	–	–
		4Cr5MoSiV	H12	T20812	BH12	4Х5ВМФС	SKD62	X37CrMoW51	1.2606	Z35CWDV5	–
		4Cr5MoSiV1	H13	T20813	BH13	4Х5ВФ1С	SKD61	X40CrMoV51	1.2344	Z40CDV5	–
	高速钢	W9Cr4V2	T7	–	–	Р9	–	S9-1-2	1.3316	Z70WD12	–
		W18Cr4V	T1	T12001	BT1	Р18	SKH2	S18-0-1	1.3355	Z280WCN18-04-01	2750
		W6Mo5Cr4V2	M2	T11302	BM2	Р6М5	SKH9	S6-5-2	1.3343	Z85WDCV06-05-04-02	2722
		W6Mo5Cr4V2Co5	M35	–	–	Р6М5к5	SKH55	S6-5-2-5	1.3243	Z85WDKCV06-05-05-04-02	2732

（续）

钢种	钢类	中国 GB	美国 AISI/SAE	美国 UNS	英国 BS	俄罗斯 ГОСТ	日本 JIS	德国 DIN	德国 W-Nr	法国 NF	瑞典 SS
不锈钢	铁素体型	06Cr13Al	405	S40500	405S17	—	SUS405	X6CrAl13	1.4002	Z6CA13	2302
		10Cr17	430	S43000	430S15	12X17	SUS430	X6Cr17	1.4016	Z8C17	2320
		10Cr17Mo	434	S43400	434S17	—	SUS434	X6CrMo17	1.4113	Z8CD17.01	2325
	马氏体型	12Cr13	410	S41000	410S21	12X13	SUS410	X10Cr13	1.4006	Z12C13	2302
		20Cr13	420	S42000	420S37	20X13	SUS420J1	X20Cr13	1.4021	Z20C13	2303
		30Cr13	—	—	420S45	30X13	SUS420J2	X30Cr13	1.4028	Z30C13	2304
		40Cr13	—	—	—	—	—	X40Cr13	1.4034	—	—
		14Cr17Ni2	431	S43100	431S29	14X17H2	SUS431	X20CrNi17-2	1.4057	Z15CN16.02	2321
		95Cr18	440C	S44004	—	95X18	SUS440C	—	—	—	—
	奥氏体型	022Cr19Ni10	304L	S30403	304S12	03X18H11	SUS304L	X2CrNi19-11	1.4306	Z2CN18.10	2332
		06Cr19Ni10	304	S30400	304S15	08X18H10	SUS304	X5CrNi18-10	1.4301	Z6CN18.09	—
		12Cr18Ni9	302	S30200	302S25	12X18H9	SUS302	X12CrNi18-8	1.4300	Z10CN18.09	—
		12Cr18Mn8Ni5N	202	S20200	284S16	12X17Г9AH4	SUS202	—	—	—	—
		022Cr17Ni14Mo2	316L	S31603	316S11	03X17H14M2	SUS316L	X2CrNiMo18-14-3	1.4435	Z2CND17.13	2353
耐热钢	马氏体型	14Cr11MoV	—	—	—	15X11MФ	—	—	—	—	—
		42Cr9Si2	—	—	—	40X9C2	—	—	—	Z45CS9	—
		14Cr17Ni2	431	S43100	431S29	14X17H2	SUS431	X21CrNi17-2	1.4057	Z15CN16.02	2321
		80Cr20Si2Ni	HNV6	S65006	443S65	—	SUH4	X80CrNiSi20	1.4747	Z80CSN20.02	—
	奥氏体型	10Cr18Ni12	305	S30500	305S19	—	SUS305	X5CrNi18-12	1.4303	Z8CN18.12	—
		45Cr14Ni14W2Mo	—	—	—	45X14H14B2M	—	—	—	—	—
		06Cr23Ni13	309S	S30908	—	—	SUS309S	X7CrNi23-14	1.4833	Z15CN24.13	—
		20Cr25Ni20	310	S31000	—	20X25H20C2	SUH310	X15CrNiSi25-20	1.4841	Z15CNS25.20	—
		53Cr21Mn9Ni4N	EV8	S63008	349S52	55X20Г9AH4	SUH35	X53CrMnNiN21-9	1.4871	Z52CMN21.09	—

（续）

钢种	钢类	中国 GB	美国 AISI/SAE	美国 UNS	英国 BS	俄罗斯 ГОСТ	日本 JIS	德国 DIN	德国 W-Nr	法国 NF	瑞典 SS
铸铁	灰铸铁	HT100	No. 20A	F11401	—	сч10	FC100 (FC10)	CG10	0.6010	—	—
		HT100	No. 25A	F11701	—	сч15	FC150 (FC15)	CG15	0.6015	—	—
		HT200	No. 30A	F12101	—	сч20	FC200 (FC20)	CG20	0.6020	—	—
		HT250	No. 35A / No. 40A	F12401 / F12801	—	сч25	FC250 (FC25)	CG25	0.6025	—	—
		HT300	No. 45A	F13301	—	сч30	FC300 (FC30)	CG30	0.6030	—	—
		HT350	No. 50A	F13501	—	сч35	FC350 (FC35)	CG35	0.6035	—	—
	球墨铸铁	QT400-18	60-40-18	F32800	—	вч40	FCD400-18	GGG—40	0.7040	—	—
		QT400-15	60-42-10	—	—	вч40	FCD400-15	GGG—40	0.7040	—	—
		QT450-10	65-42-12	F33100	—	вч45	FCD450-10	—	—	—	—
		QT500-7	70-50-05	—	—	вч50	FCD500-7	GGG—50	0.7050	—	—
		QT600-3	80-60-03	—	—	вч60	FCD600-3	GGG—60	0.7060	—	—
		QT700-2	100-70-03	F34800	—	вч70	FCD700-2	GGG—70	0.7070	—	—
		QT800-2	120-90-02	F36200	—	вч80	FCD800-2	GGG—80	0.7080	—	—
		QT900-2	120-90-02	F36200	—	вч100	—	—	—	—	—

附录 B 常用硬度值换算表

表 B-1 各种钢的硬度换算表 (GB/T 1172—1999)

洛氏		表面洛氏			维氏	布氏 $(0.102F/D^2=30)$	
HRC	HRA	HR15N	HR30N	HR45N	HV	HBS	HBW
20.0	60.2	68.8	40.7	19.2	226	225	
20.5	60.4	69.0	41.2	19.8	228	227	
21.0	60.7	69.3	41.7	20.4	230	229	
21.5	61.0	69.5	42.2	21.0	233	232	
22.0	61.2	69.8	42.6	21.5	235	234	
22.5	61.5	70.0	43.1	22.1	238	237	
23.0	61.7	70.3	43.6	22.7	241	240	
23.5	62.0	70.6	44.0	23.3	244	242	
24.0	62.2	70.8	44.5	23.9	247	245	
24.5	62.5	71.1	45.0	24.5	250	248	
25.0	62.8	71.4	45.5	25.1	253	251	
25.5	63.0	71.6	45.9	25.7	256	254	
26.0	63.3	71.9	46.4	26.3	259	257	
26.5	63.5	72.2	46.9	26.9	262	260	
27.0	63.8	72.4	47.3	27.5	266	263	
27.5	64.0	72.7	47.8	28.1	269	266	
28.0	64.3	73.0	48.3	28.7	273	269	
28.5	64.6	73.3	48.7	29.3	276	273	
29.0	64.8	73.5	49.2	29.9	280	276	
29.5	65.1	73.8	49.7	30.5	284	280	
30.0	65.3	74.1	50.2	31.1	288	283	
30.5	65.6	74.4	50.6	31.7	292	287	
31.0	65.8	74.7	51.1	32.3	296	291	
31.5	66.1	74.9	51.6	32.9	300	294	
32.0	66.4	75.2	52.0	33.5	304	298	
32.5	66.6	75.5	52.5	34.1	308	302	
33.0	66.9	75.8	53.0	34.7	313	306	
33.5	67.1	76.1	53.4	35.3	317	310	
34.0	67.4	76.4	53.9	35.9	321	314	
34.5	67.7	76.7	54.4	36.5	326	318	
35.0	67.9	77.0	54.8	37.0	331	323	
35.5	68.2	77.2	55.3	37.6	335	327	

（续）

洛氏		表面洛氏			维氏	布氏(0.102F/D^2=30)	
HRC	HRA	HR15N	HR30N	HR45N	HV	HBS	HBW
36.0	68.4	77.5	55.8	38.2	340	332	
36.5	68.7	77.8	56.2	38.8	345	336	
37.0	69.0	78.1	56.7	39.4	350	341	
37.5	69.2	78.4	57.2	40.0	355	345	
38.0	69.5	78.7	57.6	40.6	360	350	
38.5	69.7	79.0	58.1	41.2	365	355	
39.0	70.0	79.3	58.6	41.8	371	360	
39.5	70.3	79.6	59.0	42.4	376	365	
40.0	70.5	79.9	59.5	43.0	381	370	370
40.5	70.8	80.2	60.0	43.6	387	375	375
41.0	71.1	80.5	60.4	44.2	393	380	381
41.5	71.3	80.8	60.9	44.8	398	385	386
42.0	71.6	81.1	61.3	45.4	404	391	392
42.5	71.8	81.4	61.8	45.9	410	396	397
43.0	72.1	81.7	62.3	46.5	416	401	403
43.5	72.4	82.0	62.7	47.1	422	407	409
44.0	72.6	82.3	63.2	47.7	428	413	415
44.5	72.9	82.6	63.6	48.3	435	418	422
45.0	73.2	82.9	64.1	48.9	441	424	428
45.5	73.4	83.2	64.6	49.5	448	430	435
46.0	73.7	83.5	65.0	50.1	454	436	441
46.5	73.9	83.7	65.5	50.7	461	442	448
47.0	74.2	84.0	65.9	51.2	468	449	455
47.5	74.5	84.3	66.4	51.8	475		463
48.0	74.7	84.6	66.8	52.4	482		470
48.5	75.0	84.9	67.3	53.0	489		478
49.0	75.3	85.2	67.7	53.6	497		486
49.5	75.5	85.5	68.2	54.2	504		494
50.0	75.8	85.7	68.6	54.7	512		502
50.5	76.1	86.0	69.1	55.3	520		510
51.0	76.3	86.3	69.5	55.9	527		518
51.5	76.6	86.6	70.0	56.5	535		527
52.0	76.9	86.8	70.4	57.1	544		535

（续）

洛氏		表面洛氏			维氏	布氏$(0.102F/D^2=30)$	
HRC	HRA	HR15N	HR30N	HR45N	HV	HBS	HBW
52.5	77.1	87.1	70.9	57.6	552		544
53.0	77.4	87.4	71.3	58.2	561		552
53.5	77.7	87.6	71.8	58.8	569		561
54.0	77.9	87.9	72.2	59.4	578		569
54.5	78.2	88.1	72.6	59.9	587		577
55.0	78.5	88.4	73.1	60.5	596		585
55.5	78.7	88.6	73.5	61.1	606		593
56.0	79.0	88.9	73.9	61.7	615		601
56.5	79.3	89.1	74.4	62.2	625		608
57.0	79.5	89.4	74.8	62.8	635		616
57.5	79.8	89.6	75.2	63.4	645		622
58.0	80.1	89.8	75.6	63.9	655		628
58.5	80.3	90.0	76.1	64.5	666		634
59.0	80.6	90.2	76.5	65.1	676		639
59.5	80.9	90.4	76.9	65.6	687		643
60.0	81.2	90.6	77.3	66.2	698		647
60.5	81.4	90.8	77.7	66.8	710		650
61.0	81.7	91.0	78.1	67.3	721		
61.5	82.0	91.2	78.6	67.9	733		
62.0	82.2	91.4	79.0	68.4	745		
62.5	82.5	91.5	79.4	69.0	757		
63.0	82.8	91.7	79.8	69.5	770		
63.5	83.1	91.8	80.2	70.1	782		
64.0	83.3	91.9	80.6	70.6	795		
64.5	83.6	92.1	81.0	71.2	809		
65.0	83.9	92.2	81.3	71.7	822		
65.5	84.1				836		
66.0	84.4				850		
66.5	84.7				865		
67.0	85.0				879		
67.5	85.2				894		
68.0	85.5				909		

注：HBS、HBW 分别表示采用钢球压头、硬质合金压头所测的布氏硬度。

表 B-2　低碳钢的硬度换算表（GB/T 1172—1999）

洛氏	表面洛氏			维氏	布氏	
					HBS	
HRB	HR15T	HR30T	HR45T	HV	$0.102F/D^2=10$	$0.102F/D^2=30$
60.0	80.4	56.1	30.4	105	102	
60.5	80.5	56.4	30.9	105	102	
61.0	80.7	56.7	31.4	106	103	
61.5	80.8	57.1	31.9	107	103	
62.0	80.9	57.4	32.4	108	104	
62.5	81.1	57.7	32.9	108	104	
63.0	81.2	58.0	33.5	109	105	
63.5	81.4	58.3	34.0	110	105	
64.0	81.5	58.7	34.5	110	106	
64.5	81.6	59.0	35.0	111	106	
65.0	81.8	59.3	35.5	112	107	
65.5	81.9	59.6	36.1	113	107	
66.0	82.1	59.9	36.6	114	108	
66.5	82.2	60.3	37.1	115	108	
67.0	82.3	60.6	37.6	115	109	
67.5	82.5	60.9	38.1	116	110	
68.0	82.6	61.2	38.6	117	110	
68.5	82.7	61.5	39.2	118	111	
69.0	82.9	61.9	39.7	119	112	
69.5	83.0	62.2	40.2	120	112	
70.0	83.2	62.5	40.7	121	113	
70.5	83.3	62.8	41.2	122	114	
71.0	83.4	63.1	41.7	123	115	
71.5	83.6	63.5	42.3	124	115	
72.0	83.7	63.8	42.8	125	116	
72.5	83.9	64.1	43.3	126	117	
73.0	84.0	64.4	43.8	128	118	
73.5	84.1	64.7	44.3	129	119	
74.0	84.3	65.1	44.8	130	120	
74.5	84.4	65.4	45.4	131	121	
75.0	84.5	65.7	45.9	132	122	
75.5	84.7	66.0	46.4	134	123	
76.0	84.8	66.3	46.9	135	124	
76.5	85.0	66.6	47.4	136	125	

（续）

洛氏	表面洛氏			维氏	布氏	
					HBS	
HRB	HR15T	HR30T	HR45T	HV	$0.102F/D^2=10$	$0.102F/D^2=30$
77.0	85.1	67.0	47.9	138	126	
77.5	85.2	67.3	48.5	139	127	
78.0	85.4	67.6	49.0	140	128	
78.5	85.5	67.9	49.5	142	129	
79.0	85.7	68.2	50.0	143	130	
79.5	85.8	68.6	50.5	145	132	
80.0	85.9	68.9	51.0	146	133	
80.5	86.1	69.2	51.6	148	134	
81.0	86.2	69.5	52.1	149	136	
81.5	86.3	69.8	52.6	151	137	
82.0	86.5	70.2	53.1	152	138	
82.5	86.6	70.5	53.6	154	140	
83.0	86.8	70.8	54.1	156		152
83.5	86.9	71.1	54.7	157		154
84.0	87.0	71.4	55.2	159		155
84.5	87.2	71.8	55.7	161		156
85.0	87.3	72.1	56.2	163		158
85.5	87.5	72.4	56.7	165		159
86.0	87.6	72.7	57.2	166		161
86.5	87.7	73.0	57.8	168		163
87.0	87.9	73.4	58.3	170		164
87.5	88.0	73.7	58.8	172		166
88.0	88.1	74.0	59.3	174		168
88.5	88.3	74.3	59.8	176		170
89.0	88.4	74.6	60.3	178		172
89.5	88.6	75.0	60.9	180		174
90.0	88.7	75.3	61.4	183		176
90.5	88.8	75.6	61.9	185		178
91.0	89.0	75.9	62.4	187		180
91.5	89.1	76.2	62.9	189		182
92.0	89.3	76.6	63.4	191		184
92.5	89.4	76.9	64.0	194		187
93.0	89.5	77.2	64.5	196		189
93.5	89.7	77.5	65.0	199		192

（续）

洛氏	表面洛氏			维氏	布氏	
HRB	HR15T	HR30T	HR45T	HV	HBS	
					$0.102F/D^2 = 10$	$0.102F/D^2 = 30$
94.0	89.8	77.8	65.5	201		195
94.5	89.9	78.2	66.0	203		197
95.0	90.1	78.5	66.5	206		200
95.5	90.2	78.8	67.1	208		203
96.0	90.4	79.1	67.6	211		206
96.5	90.5	79.4	68.1	214		209
97.0	90.6	79.8	68.6	216		212
97.5	90.8	80.1	69.1	219		215
98.0	90.9	80.4	69.6	222		218
98.5	91.1	80.7	70.2	225		222
99.0	91.2	81.0	70.7	227		226
99.5	91.3	81.4	71.2	230		229
100.0	91.5	81.7	71.7	233		232

表 B-3　肖氏与洛氏硬度换算表

HRC	HS	HRC	HS	HRC	HS	HRC	HS
68.0	97	47.1	63	56.0	75	26.6	39
67.5	96	45.7	61	54.7	73	25.4	38
67.0	95	44.5	59	53.5	71	24.2	37
66.4	93	43.1	58	52.1	70	22.8	36
65.9	92	41.8	56	51.0	68	21.7	35
65.3	91	40.4	54	49.6	66	20.5	34
64.7	90	39.1	52	48.5	65		
64.0	88	37.9	51	HRB	HS	HRB	HS
63.3	87	36.6	50	96.4	33	85.0	25
62.5	86	35.5	48	94.6	32	80.8	23
61.7	84	34.3	47	93.8	31	78.7	22
61.0	83	33.1	46	92.8	30	76.4	21
60.0	81	32.1	45	91.9	29	72.0	20
59.2	80	30.9	43	90.0	28	69.8	19
58.7	79	28.8	41	89.0	27	67.6	18
57.3	77	27.6	40	86.8	26	65.7	15

参 考 文 献

[1] 潘邻. 表面改性热处理与应用[M]. 北京：机械工业出版社，2006.

[2] 中国机械工程学会热处理学会. 热处理手册：第1卷 工艺基础[M]. 4版修订本. 北京：机械工业出版社，2013.

[3] 雷廷权，傅家骐. 金属热处理工艺方法500种[M]. 北京：机械工业出版社，2002.

[4] 曾晓雁，吴懿平. 表面工程学[M]. 北京：机械工业出版社，2001.

[5] 史玉升，等. 激光制造技术[M]. 北京：机械工业出版社，2012.

[6] 樊东黎，徐跃明，佟晓辉. 热处理技术数据手册[M]. 2版. 北京：机械工业出版社，2009.

[7] 武汉材料保护研究所，上海材料研究所. 钢铁化学热处理金相图谱[M]. 北京：机械工业出版社，1980.

[8] 樊东黎，徐跃明，佟晓辉. 热处理工程师手册[M]. 3版. 北京：机械工业出版社，2011.

[9] 李惠友，罗德福，吴少旭. QPQ技术的原理与应用[M]. 北京：机械工业出版社，1997.

[10] 胡杰忠. 钢及其热处理曲线手册[M]. 北京：国防工业出版社，1986.

[11] 卢燕平. 渗镀[M]. 北京：机械工业出版社，1997.

[12] 安亚君，马壮，杨杰，等. 工业纯铜煤矸石渗硅层制备工艺及耐蚀性研究[J]. 金属热处理，2014，39(10)：68-71.

[13] 李明，宋力昕，乐军，等. 铌表面固体粉末包埋渗硅研究[J]. 无机材料学报，2005，20(3)：764-768.

[14] 任研研，郭宁，吴明铂. 渗硼提高炭材料抗氧化性研究进展[J]. 中国腐蚀与防护学报，2012，32(3)：38-45.

[15] 郝少祥，孙玉福，杨凯军. Cr12MoV钢渗硼工艺及渗层的组织与性能[J]. 金属热处理，2006，31(7)：67-71.

[16] 李鹏，贾建刚，马勤，等. 0Cr18Ni9不锈钢表面渗Si层制备及抗氧化性能研究[J]. 金属热处理，2011，36(5)：54-57.

[17] 李爱农，雍伟凡，路鹏程，等. Cr12钢稀土盐浴渗铬试验研究[J]. 2011，37(3)：65-67.

[18] 伍翠兰，罗承萍，陈振华，等. H13钢低温复合渗铬层组织及其形成机理[J]. 材料热处理学报，2007，28(6)：93-97.

[19] 潘应君，周磊，王蕾. 等离子体在材料中的应用[M]. 武汉：湖北科学技术出版社，2003.

[20] 史平均. 实用电源技术手册：电源元器件分册[M]. 沈阳：辽宁科学技术出版社，1999.

[21] 赵程. 活性屏离子渗氮技术的研究[J]. 金属热处理，2004，29(3)：1-4.